新曲綫 | 用心雕刻每一本……
New Curves

http://site.douban.com/110283/
http://weibo.com/nccpub

用心字里行间　雕刻名著经典

社会心理学精品译丛

编委会

主　编：彭凯平
副主编：钟　年　刘　力

编　委（以姓氏笔画为序）
王　垒　北京大学
王登峰　北京大学
乐国安　南开大学
朱永新　苏州大学
朱　滢　北京大学
杨中芳　北京大学
杨国枢　中原大学
张智勇　北京大学
佐　斌　华中师范大学
金盛华　北京师范大学
侯玉波　北京大学
荆其诚　中国科学院
钟　年　武汉大学
彭凯平　美国加州大学，清华大学

自 我

（第2版）

［美］乔纳森·布朗　玛格丽特·布朗 著

王伟平　陈浩莺 译

人民邮电出版社

北　京

图书在版编目(CIP)数据

自我 /（美）布朗，（美）布朗 著；王伟平，陈浩莺 译.
—北京：人民邮电出版社，2015.1（2023.10重印）
ISBN 978-7-115-37653-4

Ⅰ.①自…　Ⅱ.①布…②王…③陈…　Ⅲ.①自我意识－研究Ⅳ.①B844

中国版本图书馆CIP数据核字（2014）第273806号

The Self, by Jonathon D. Brown/ISBN: 978-0-8058-6156-3
Authorized translation from English language edition published by Psychology Press, part of Taylor & Francis Group LLC; Copyright © 2015 Taylor & Francis Group LLC. All rights reserved; Posts & Telecom Press is authorized to publish and distribute exclusively the Chinese (Simplified Characters) language edition. This edition is authorized for sale throughout Mainland of China. No part of the publication may be reproduced or distributed by any means, or stored in a database or retrieval system, without the prior written permission of the publisher.
Copies of this book sold without a Taylor & Francis sticker on the cover are unauthorized and illegal.

本书原版由Taylor & Francis出版集团旗下Psychology Press出版，并经其授权翻译出版。
版权所有，侵权必究。
本书中文简体翻译版授权由人民邮电出版社独家出版并仅限在中国大陆地区销售。未经出版者书面许可，不得以任何方式复制或发行本书的任何部分。
本书贴有Taylor & Francis公司防伪标签，无标签者不得销售。

自　我（第2版）

- 著　　　[美] 乔纳森·布朗　玛格丽特·布朗
- 译　　　王伟平　陈浩莺
- 策　划　刘力　陆瑜
- 责任编辑　王伟平
- 装帧设计　陶建胜

◆ 人民邮电出版社出版发行　北京市丰台区成寿寺路11号
邮编　100164　电子邮件　315@ptpress.com.cn
网址　http://www.ptpress.com.cn
电话　（编辑部）010-84931398　（市场部）010-84937152
三河市少明印务有限公司印刷
新华书店经销

◆ 开本：710×1000　1/16
印张：27.75
字数：408千字　2015年1月第1版　2023年10月第10次印刷
著作权合同登记号　图字：01-2014-5890

定价：88.00元
本书如有印装质量问题，请与本社联系　电话：（010）84937152

内容提要

我自己到底是谁；如何对他人和环境做出思考和反应；如何才能最好地了解自己；如何调节自己的情绪和行为以实现期望的目标……为什么有人如此悲观和消沉，甚至抑郁自杀，也有人面对压力和失败却能如此乐观，坚韧不屈？什么是自尊？为什么我看待世界的方式与别人迥异？自我研究已经成为现代心理学的中心主题。布朗夫妇在《自我》中回答了这些问题，他们对复杂思想的表述通俗易懂，全书读来轻松有趣，生动活泼。

《自我》综合了哲学、社会学和心理学的知识，材料新颖，研究严谨，科学理论结合研究实践，表述方式引人入胜。《自我》详细阐述了与自我有关的概念与理论，如自尊、自我调节、自我监控、自我中心的偏差、刻板印象、认知失调，甚至文化对自我概念的塑造等内容。剖析了这些概念的变化历程和社会心理学中自我研究的价值。作者对研究报告精挑细选，跨越了多个学科领域，旨在阐明自我概念和诸多有趣现象的关系。不论读者的知识背景和专业水平如何，都能从这本书获得重要的信息。

心理活动的方方面面都与人的自我意识有关，如果不能透彻地理解自我，我们就不可能全面而深刻地理解人类行为。本书的对象是心理学、社会学和其他领域的高年级本科生和研究生。本书还可以作为社会心理学的辅助材料或者作为自我的专题课教材。而普通读者读完本书后都有助于自我发现和自我认识。

主 编 简 介

彭凯平（Kaiping Peng）

清华大学心理学系主任
清华大学社科学院学术委员会主席
美国加州大学（UCLA）心理学与东亚研究终身教授

现任清华大学心理学系主任、清华大学社科学院学术委员会主席、美国加州大学伯克利分校心理学及东亚研究终身教授。美国密西根大学心理学博士。曾教授的课程包括普通心理学，管理心理学、文化心理学、积极心理学、跨文化沟通心理学。现任职国际积极心理联合会执行委员（2010年至今）、中国国际积极心理学大会执行主席（2009年至今），曾任职美国心理学会科学领导小组成员、伯克利加州大学社会人格心理专业主任、第五届世界华人心理学家学术大会共同主席，并担任过美国唐氏基金会董事和德国宝马公司青年领袖论坛董事会成员；为众多政府和国际公司作战略、人事、文化，管理咨询，例如：福特，宝马，美国航天局，富士康，宏达电，万科，中化，中航，海总，总装备部等。他还是多所国际著名商学院常聘客座教授，并连续多年获得清华大学经管学院EMBA最佳教学奖。

彭教授曾发表140多篇期刊论文，多次获得重要学术奖项（包括2004年美国社会问题心理学会最佳论文奖，2006年美国管理学院最佳论文奖），出版学术专著多部，2007年被美国人格与社会心理学会评为全世界论文引用最多的中青年社会心理学家。2008年5月起受聘清华大学心理学系教授和首任系主任；2009年入选中组部国家级海外高级引进人才（千人计划），回国后主要贡献包括：主持清华大学心理学系的复系工作；主持与国防有关的特殊人员的心理保障工作；主持并推动积极心理学在中国的普及工作并担任国际积极心理学联合会中国理事；参与中国各城市幸福城市建设工作；以清华名义发布科研论文70多篇，为论文国际引用名列前茅的少数中国社会科学学者。

序一：译丛新序

1979年，我在北京大学校园开始了我的心理学求学生涯，当时我们心理系的老师委婉地告诉我们，你们学心理学可能早了20年。老实说，年轻的我们当时并没有完全领会这句话的多重含义。

2004年，我在美国伯克利加州大学的校园，开始了和新曲线出版咨询公司的合作，推荐出版《社会心理学精品译丛》。坦率地说，我并没有预料到这样一套关于人性、人情、人欲、人世的学术丛书，会有这么大的社会影响，成为中国出版界发行的最畅销的心理学丛书之一。

2013年的今天，我已经到了清华校园。受清华大学之邀、加州大学之托，五年前我开始帮助清华大学恢复它历史上曾经辉煌的心理学系，并出任复建后的首任系主任。五年的国际穿梭，以及和国内心理学界同仁的共苦同甘，已经让我看到了中国社会心理学的兴起，等来了中国心理学的春天！

所以，当新曲线公司的同事们决定出版该丛书的十周年纪念版，不仅新增《社会认知：洞悉人心的科学》、《不确定世界的理性选择》、《社会冲突》、《社会心理学之旅》、《社会心理学纲要》等新品种，而且对《态度改变与社会影响》、《决策与判断》、《自我》等原有品种的译文进行精益求精的再加工，将丛书以更加精致、高雅、系统的方式介绍给我们的读者，并邀请我为新书重新写序，我已经一点也不感到意外，并相信它一定会成为人们喜爱的优秀的心理学书籍。

那么，为什么短短几年社会心理学会在中国变得如此大受欢迎？甚至我们还可以问问，为什么清华大学要在2008年恢复它的心理学系？我觉得，中国的现代化是背后最主要的原因。正是在2008年，中国的人均GDP达到3400美元。根据经济学家在上世纪40年代提出的人均3000美元的现代化标准，这正式表明中国已经迈入现代化国家的门槛。美国是在1962年首先进入现代化国家的行列，英国是1968年，法国是1972年。

现代化国家的一个重要标志就是人变得比物更为重要。现代化之前，我们追求小康，以物质的丰富作为社会发展的目标，现代化以后，我们追求和谐、文化、美和幸福，以人民的尊严和完美生活为奋斗目标。这种变化，也不断反映在中国政府的执政理念变化上。从"全面建设小康社会"到"构建和谐社会"，从"建设文化强国"再到"建设美丽中国"，这些理念其实反映的正是中国社会的发展进步，特别是人民基本需求的变化和提升。心理学家马斯洛早就提出人类的需要层次理论，就是说人类从一开始衣食住行的生理需求，逐渐上升到安全、归属、爱和尊严的社会需求。再往上，就得有文化和知识的需求，以及对美的追求。人类最高级的需求就是马斯洛的自我实现，而其中一个很重要的心理指标就是幸福的巅峰体验。

2007年的中共十七大报告明确提出："科学发展观，第一要义是发展，核心是以人为本。"那人又是什么？其实，人最重要的标志是他有心理活动。"人者，心之器也。"正是因为人类的心理活动，人生活得才有意义，才有价值。没有心理活动，人就是行尸走肉。

自然科学的研究对象，没有人类的心理，可以照样存在。没有人类，星空依然灿烂，太阳照常升落，但一旦人类的活动参与进来，星空就不仅仅是自然科学研究的对象，它就成为心理学的研究对象。在中国东海，北纬25°40′～26°、东经123°～124°34′之间有一片岛屿，这本来是一个地理科学的概念，是属于自然科学的知识，但当我们意识到，这片岛屿就是钓鱼岛列岛时，这个知识就变成社会心理学的研究范畴。它就有了感情、意识、行动。没有人类的思想和意识，自然世界本身是不会有特别的意义的。

科学发展，以人为本。它呼唤的其实就是社会心理学。因为社会就是人的集合；人的本质就是心理的载体。正是人类的心理活动，如需求、欲望、价值、信念、判断、决策、竞争、合作、冲突、博弈，等等，使得我们的生活更加丰富多彩，也更加复杂多变，需要更多的智慧、理性、善良、宽容和理解。

中国社会的发展变化为中国的社会心理学提出了无数引人入胜的问题。社会如何管理？创新如何推进？什么是中国人共同的民族意识？中华文化薪火相传，传的到底是什么？甚至还包括一些看起来肤浅、实际上很难回答的问题，比如，你幸福吗？

2000年，美国科学院组织了一批著名的学者讨论人类的未来科学究竟有哪些，他们的结论是NBICS（纳米—生物—信息—认知—社会）。

"在下个世纪，或者在大约五代人的时期之内，一些突破会出现在纳米技术（消弭了自然的和人造的分子系统之间的界限）、信息科学（导向更加自主的、智能的机器）、生物科学和生命科学（通过基因学和蛋白质学来延长人类生命）、认知和神经科学（创造出人工神经网络并破译人类认知）和社会科学（理解文化信息，驾驭集体智商）领域，这些突破被用于加快技术进步的步伐，并可能会再一次改变我们的物种，其深远的意义可以媲美数十万代人以前人类首次学会口头语言知识。"

其中提出的社会科学问题——理解文化信息，驾驭集体智商——正是我推荐社会心理学精品译丛的初衷。丰富中国人民的社会文化生活，提高我们中国人的集体智商，这是这个时代赋予我们这些心理学工作者的责任，让我们大家一起为人民的心理幸福而奋斗。

彭凯平
清华大学心理学系伟清楼501
2012年12月12日

序二：译丛序

社会心理学是在第二次世界大战后兴起的一门社会科学学科，它研究的是人的心理和社会现象之间的关系，试图探讨人的思想、情感和行为如何受到其他人的影响，这些影响包括实际的、想象中的和推测出来的人际作用。社会心理学家通常思考的问题有：我们如何认识他人（社会认知），我们如何与他人打交道（社会互动）以及文化、社会、团体如何作用于我们（社会影响）等方面的内容。

众所周知，社会心理学研究向来有心理学的、社会学的和符号学的三种取向，其中心理学取向的社会心理学更强调实证的研究和对社会中个体心理的关注。本译丛以津巴多（Philip G. Zimbardo）主编的"麦格劳—希尔社会心理学系列丛书"为基础，从中遴选出精品（如《决策与判断》、《自我》、《亲密关系》、《态度改变与社会影响》），并在更大的范围内，补充一些在近年来有广泛影响的社会心理学新著。

十几年前，香港中文大学著名社会心理学家彭迈克（Michael Bond）就曾经说过："心理学不幸是由西方人创建的，结果，西方的心理学研究了太多的变态心理和个性行为。如果心理学是由中国人创建的，那么它一定是一门强调社会心理学的基础学科。"确实，这门学科是我们中国人有可能做得比其他国家的学者更好的心理学领域，因为我们的文化几千年来就很强调人与他人、人与环境、人与社会的关系，而这些关系正好是社会心理学关注的焦点所在。可惜时至今日，中国的社会心理学并没有得到它所应有的关注。我们推出这套丛书的目的，一方面是为了让国内有志于学习、研究和应用社会心理学的各界人士较为系统地了解当代社会心理学的来龙去脉、重大发现以及最新前沿，而更重要的是，我们希望通过这套丛书，为推动中国社会心理学的发展以及提高中国社会心理学的国际影响贡献绵薄之力。

彭凯平

美国加州大学伯克利分校心理学教授

2004 年 9 月

序三：英文版序

在过去的一个世纪里，心理学中自我的研究经历了最起伏不定的旅程。最初威廉·詹姆斯把自我安排在心理学的前排，但是随着其他更易操纵和进行实验控制的概念不断出现，自我在心理学中的地位不断下降。当行为主义者摒弃这类模糊的研究主题，因为无法得出易于观察的反应，心理学就彻底地抛弃了自我。幸运的是，人格心理学家们又让"自我"这名不知疲倦的徒步者搭上了车，并赋予其临床学上的意义。但荒谬的是，直到心理学的新"司机"社会心理学的兴起，才又把自我安排到完全由行为占据的前排位置。虽然社会心理学的传统主题侧重人际关系（从两人到群体），但心理学的认知革命促使一些社会心理学家重新关注心灵内部的过程，那么又有什么概念比自我更加个人化，更加接近人际关系？

故而近年来，自我在某些新颖的社会心理学理论中不仅再次回到前排就坐，而且事实上成为司机。这些新理论阐述的主题有：自尊、自我调节、自我监控、自我中心的偏差思维、刻板印象、认知失调，甚至文化对自我概念的塑造。

本书详细地记录了多年来这些概念的变化历程和心理学自我研究的价值。而且进一步概述了社会心理学中这一日益重要领域的诸多相关概念。研究和概念兼容并蓄，不论新旧。作者对研究报告精挑细选，跨越了多个知识领域，旨在阐明自我概念和诸多有趣现象的关系。不论读者的知识背景和专业水平如何，都能从这本书获得重要的信息。

对心理学"自我研究"有较多了解的读者会欣慰地发现，本书许多主题和材料原本枯燥无味，甚至令人厌烦，但在布朗的生花妙笔下却变得栩栩如生，饶有趣味。的确，作者对传统材料的组织和表述令人振奋，新颖独特，致使许多心理学专业的教师在读了之后，决定根据本书去开发新的课程。

对自我研究知之甚少的社会心理学和人格心理学的学生，会很高兴地发现，这本书回答了许多关乎人性的问题。许多学习心理学的学生，他们最初的目的就是想了解自己到底是谁，他们又是如何对他人和环境做出思考和反应。他们想知道如何才能最好地了解自己，如何调节自己的情绪和行为以实现期望的目标。他们经常会问诸如此类的心理学问题：为什么有人如此悲观和消沉，也有人面对压力和失败却能如此乐观，坚韧不屈？什么是自尊？为什么我看待世界的方式与别人迥异？布朗在书中回答了这些问题，他对复杂思想的表述通俗易懂，没有使用太多的行话和术语，全书读来轻松有趣，生动活泼。

《自我》综合了哲学、社会学和心理学的知识，材料新颖，研究严谨，表述方式引人入胜，所有人都能从中了解独特的自我思想。这本著作可以用作社会心理学或人格心理学课程的辅助读物，也可以用作自我专业课的核心教材。无论怎样，读者读完本书后都会有收获。

《社会心理学精品译丛》是奉献给读者的一场盛宴，记载了社会心理学领域的研究者们、理论学家们及实践者们所做出的重要贡献，这套丛书能增进我们对人性的理解，善加应用就能提高我们生活的质量。这套丛书已成为心理学领域杰出学者展示新理论，对原有理论进行分析、整合以及介绍当前方法论进展的平台。本套丛书的作者都有一个共同心愿，要与读者分享他们的专业知识和思想观点，分享对象包括同事、研究生、本科生以及所有对社会心理学感兴趣的普通读者。这套丛书的每位作者都遵循着共同的写作目标，要以生动有趣的语言传授社会心理学的重要原理和课程，传播专业知识却不诉诸专业行话，同时激发读者在思想或实践层面应用这些思想。《自我》显然实现了这两个目标。基于对基本社会心理过程的理解，这本书是当前自我研究的最好综述，其清晰传递的信息一定会得到学者和学生的喜爱。

虽然这套丛书的每一本都是各自专业领域的巅峰之作，但精品译丛作为一个整体，代表着当代社会心理学的精华和核心。社会心理学专业的教师们可以选用其中任何一本，用作通用教材的"深度"辅助读物，而普通读者则可选用整个系列的精品图书来完成系统的社会心理学课程。可以将这些书与戴维·迈尔斯的《社会心理学纲要》结合使用。戴维·迈尔斯的这本新书是专门为本系列而写作的，它精简地概览了社会心理学的全貌。有些老师已经完全根据这套丛书明智地安排他们的社会心理学课程，以便给学生提供丰富的研究文献作为背景材料。无论如何，乔纳森·布朗的著作有利于我们了解人类本性最基本的层面，这本书正是为你而写。

菲利普·津巴多（Philip G. Zimbardo）
《麦格劳-希尔社会心理学丛书》主编

序四：中文版序

稍具中国文化知识的人大概都知道"庄周梦蝶"的典故。庄周有次梦见了蝴蝶，但醒来后却犯起了迷糊："不知周之梦为蝴蝶欤，蝴蝶之梦为周欤？"（《庄子·齐物论》）唐代大诗人李白将这个典故写到了自己的诗里："庄周梦蝴蝶，蝴蝶梦庄周，一体更变易，万事良悠悠。"其实，中国思想家庄周在两千多年前提出的的问题，至今仍让人困惑——"我是谁？谁是我？"这个问题不光哲学家、文学家、艺术家感兴趣，科学家也同样对之兴趣盎然。现代心理学就将自我研究列入中心课题，当然它所感兴趣的主要不是作为主体的自我，而是作为客体的自我以及我对自己的认识，这种认识包括社会特性（如社会角色、社会类别）和自我认识（如个性、品味和目标）。这类自我的研究还涉及人们对自己的控制（比如如何向他人表现自己），也包括对自己的评价，以及自我认识对我们的知觉，情感和行为的影响。

库利曾经形象地把心理学的自我研究比喻成"镜中自我"，也就是说它不是研究个人的自我，而是我们自己感受到的与他人互动后产生的自我认识，这种自我认识理所当然会受到文化、社会和个人诸多因素的影响。譬如心理学的自我研究发现：很多情况下我们并不知道，事实上我们并不如想象的那样了解自己，我们常常会把自己想象得比别人好，比别人更强。我们还经常觉得我们和别人不太一样，但别人应该和我们一样。70%的人认为他们的能力比平均水平要高；80%的人认为他们的情感控制要比平均水平强；90%的人认为他们的道德水平比平均水平要高，但我们恰恰忘记了平均水平就是50%，只有50%的人比另外50%的人在某一方面略强一些。

对自我的心理学研究在某种意义上克服了我们自我认识中的另外一个常见

偏差，那就是我应该比别人更了解我自己，而实际上心理学家对你的了解可能要超过你对你自己的了解。举例来说，每一个人在商店购物时都会认为他买的一定是自己喜欢的、需要的，而且能付得起钞票的商品，但他未必知道他的喜好和决策在很大程度上会受到一些不易察觉的因素的影响，例如商品摆放的位置、商品的包装、价格定位、时尚、参照团体、文化、个人性格等等。心理学家的贡献就是把这些因素挖掘出来，加深我们对自我的理解，惠及社会。所以，《自我》这本书的出版对纠正人们自我认识的过分自信有很大帮助。

本书还能帮助我们纠正日常生活中的一些心理定势。如我们通常会认为现实生活中，中国人不如西方人那样大胆冒险，但心理学研究往往会发现一些意想不到的结果，如在经济风险决策上，中国人往往胆子更大，冒险性更强，而自己还意识不到。在与法律有关的事务上，中国人也并不像人们通常认为的那样谨小慎微，我们的行为有时其他文化中的人根本不敢想象。所有这些研究结果本书都有所描述，因此，阅读这本关于自我的著作也是你发现自我的过程。

100多年前，美国心理学的创始人威廉·詹姆斯声称"自我是个人心理宇宙的中心"，对自我的研究业已成为现代心理学的中心主题。心理活动的方方面面都与人的自我意识有关，如果不能透彻地理解自我，我们就不可能全面而深刻地理解人类行为。我们选择《自我》加入这套社会心理学精品译丛，既希望对人们的自我发现、自我认识有所助益，也希望为人们学习和了解社会心理学的其他领域奠定一个良好的基础。

彭凯平

清华大学心理学系系主任、教授、博导

序　言

我们对自我的认识和感知，在心理学界引起充分的关注，鲜有课题能与此比拟。几百年以来，人们都在思考自我认识和感知是如何发展的，自我认知对行为有何主导作用，如何才能改变自我认知，让人们更加幸福和满足。

许多心理学的学生同样对这些主题感兴趣。不幸的是，他们的好奇心并不能在传统的课程中得到满足。他们没有学到关于自我的知识，学到的反而是很多孤立的细节和零散的片段，他们只能靠自己将这些支离破碎的知识拼凑成一个整体。

本书试图填补这一空白。它的主题是心理学的自我研究，主要是人们认识和感知自己的方式。我认为这是一本独特的著作，关于自我的专著不少，但是类似的教科书却非常缺乏，这的确令人遗憾。自我的研究对很多学者都有意义。人格和社会心理学家显然特别关注自我，但是，发展、认知、动机和临床心理学家的研究也都会涉及自我这一主题。自我也是社会学、哲学和人类学的热门主题。本书将回顾这些不同领域的研究结果，将它们整合成一套完整的体系。

本书的对象是心理学、社会学和相关领域的高年级本科生和研究生。写作本书的过程中，我尽量兼容并蓄，但不想使之成为自我的百科全书；通俗易懂，但不能过于简单。本书可以作为社会心理学的辅助读物或者自我的专业教材。

在过去的8年来，我一直在美国华盛顿大学教授自我这门课程，我很希望其他老师也能开发类似的课程。最后，我也希望这本书能够对研究自我的同行们有所裨益。

乔纳森·布朗（Jonathon D. Brown）
玛格丽特·布朗（Margaret A. Brown）

简要目录

前　言 ·· 1

第1章　导　言 ·· 13

第2章　自我的特点 ······································ 35

第3章　寻求自我认识 ···································· 73

第4章　自我的发展 ····································· 113

第5章　从认知观点看自我 ······························· 143

第6章　行为的自我调节 ································· 175

第7章　自我展示 ······································· 209

第8章　自　尊 ··· 247

第9章　抑　郁 ··· 295

第10章　错觉与健康 ···································· 333

参考文献 ·· 367

详细目录

前　言 ··· 1

自我提升偏差 ·· 2
优于平均效应 ·· 2
理想伴侣选择中的自我提升偏差 ······································ 4
自尊和隐蔽的自我提升 ·· 4

自我提升偏差的文化差异 ··· 4
自爱或自我评价上的文化差异 ·· 5
对认知性自我评价文化差异的理解 ···································· 5
自尊的相关因素和结果 ·· 8

结　论 ··· 9

补充读物 ··· 10

第1章　导　言 ··· 13

心理学家所指的自我 ··· 14
主我和宾我 ··· 14
自我心理学与人格 ··· 16
自我心理学与现象学 ··· 18

美国心理学界的自我研究 ······ 20
美国心理学界的行为主义运动 ······ 20
行为主义的衰落和自我的回归 ······ 25
认知革命与自我研究 ······ 28

本书概览 ······ 30
各章简介 ······ 30
本书不会涉及的内容 ······ 31

总　结 ······ 31

补充读物 ······ 33

第 2 章　自我的特点 ······ 35

宾我的特点 ······ 36
经验自我的三个组成部分 ······ 36
对詹姆斯思想的检验与修正 ······ 44

自我感受、自利和自卫 ······ 52
自我感受的决定因素 ······ 53
自我感受和假定的自我观念 ······ 57
自我感受和社会关系 ······ 58
小　结 ······ 59

主我的特点 ······ 60
个人同一性疑问 ······ 61
实体论学派：灵魂是联结的纽带 ······ 62
洛克：同一性是一种记忆 ······ 62
休谟：同一性是一种假象 ······ 63

詹姆斯：同一性是一种持续感 ·············· 65
　　　小结和评论 ························· 67

总　结 ······························· 69

补充读物 ······························ 72

第3章　寻求自我认识 ······················· 73

开始寻求自我认识 ························ 74
　　　引起寻求自我认识的情境 ················· 74
　　　引导寻求自我认识的动机 ················· 75

自我认识的来源 ·························· 78
　　　物理世界 ························· 78
　　　社会世界 ························· 79
　　　内部（心理）世界 ····················· 84
　　　小　结 ·························· 88

人们如何看待他们自己 ······················ 88
　　　正向偏见 ························· 89
　　　小　结 ·························· 97

人们如何保持积极的自我观念 ···················· 98
　　　提升积极自我观念的行为因素 ··············· 100
　　　提升自我观念的个人因素 ················· 106

对引导寻求自我认识的动机的修正 ················· 108

总　结 ······························ 110

补充读物 ······························ 112

第 4 章　自我的发展 ········· 113

自我发展的理论 ········· 114
米德的符号交互理论 ········· 114
皮亚杰的认知发展模型 ········· 119
艾里克森的心理社会性发展模型 ········· 121

自我发展过程 ········· 124
非人类的视觉自我识别 ········· 124
宾我的发展过程 ········· 130

一生中的自我发展 ········· 132
自我评价的发展过程 ········· 132
青少年 ········· 133
成年期的自我概念 ········· 137

总　结 ········· 138

补充读物 ········· 141

第 5 章　从认知观点看自我 ········· 143

自我认识表征 ········· 145
自我复杂性 ········· 146
自我概念的确定性和重要性 ········· 149
自我图式 ········· 151

自我认识的激活 ········· 152
影响自我认识激活的个人因素 ········· 153
影响自我认识激活的情境因素 ········· 155

自我概念的稳定性与可塑性 ································· 162

加工与自我有关的信息 ································· 164
对与自我有关的材料的记忆 ································· 164
应对不一致的个人信息 ································· 168
有动机的信息加工 ································· 170

总　结 ································· 173

补充读物 ································· 174

第6章　行为的自我调节 ································· **175**

自我调节的一般模型 ································· 176
三个过程 ································· 176
三种与自我有关的现象 ································· 179

自我与自我调节 ································· 182
自我和目标选择 ································· 182
自我和行动准备 ································· 183
自我和行为控制环路 ································· 185
小　结 ································· 192

成就领域的应用 ································· 192
防御性悲观主义 ································· 192
成就情境下的目标定向 ································· 195
内部动机和外部动机 ································· 197

自我调节失败 ································· 199
过分缺乏自我意识的消极影响 ································· 200

过度自我意识的消极作用 ··· 202

总　结 ··· 205

补充读物 ·· 207

第 7 章　自我展示 ·· **209**

自我展示的性质 ··· 211
　　人们为什么要进行自我展示 ······································ 211
　　印象管理的时间和方式 ·· 214
　　自我展示的个体差异 ··· 217

塑造期望的印象 ··· 221
　　人们想要塑造什么样的印象 ······································ 221
　　期望的形象具有哪些特征 ··· 223

自我展示和内向性自我概念 ································· 232
　　角色内化 ··· 232
　　自我展示的延续效应 ··· 234
　　符号自我完成理论 ·· 236

自我展示与社会行为 ·· 239
　　社会展示与社会增强 ··· 240
　　真诚、真实与伪装、欺骗 ··· 242

总　结 ··· 244

补充读物 ·· 246

第8章 自尊 247

什么是自尊 248
自尊的三个含义 249
自尊的测量 252

自尊的性质和起源 255
自尊的情感模型 255
自尊的认知模型 260
自尊的社会学模型 266

自尊与对评价性反馈的反应 270
对失败的情绪反应 272
对失败的认知反应 274
对失败的行为反应 277
理论阐释 281

应用和反思 284
自我增强和自我一致性 284
整体自尊心和具体的自我评估 286
作者注：对感知的一些思考 287

总　结 292

补充读物 294

第9章 抑 郁 295

主要概念 296
抑郁的素质—应激模型 296

抑郁中与自我有关的两个特点：无望和无价值 ·············· 298

抑郁的过程：抑郁反应和持续抑郁 ·············· 299

抑郁的自尊模型 299

低自尊是导致抑郁的高危因素 ·············· 299

抑郁的自我价值关联模型 ·············· 301

抑郁的一个高危因素——易变的自尊 ·············· 304

贝克提出的抑郁的认知理论 305

理论模型 ·············· 306

实验研究 ·············· 309

抑郁的归因模型 317

理论的发展 ·············· 317

实验研究 ·············· 319

抑郁的注意过程 322

自我觉知和抑郁 ·············· 322

沉思默想的应对方式 ·············· 324

抑郁中的有害想法 ·············· 326

总　结 328

补充读物 331

第10章　错觉与健康 333

自我认识与心理健康 334

理论观点：正确认识自我是心理健康的必要条件 ·············· 334

实验证据：大部分人都具有正确的自我认识吗？·············· 334

人们真的认为自己有那么棒吗 ·· 342

积极的错觉与心理健康 ·· 349
积极错觉、幸福和爱 ·· 350
积极错觉和工作 ·· 351
积极错觉、应激和应对 ·· 352
积极错觉和存在恐惧的应对 ·· 357

积极错觉的局限性和潜在的危害 ·· 359
过度积极的自我观念的潜在危害 ·· 359
夸张的控制知觉的潜在危害 ·· 361
过分乐观的潜在危害 ·· 362
积极错觉和职业选择 ·· 363

总 结 ·· 364

补充读物 ·· 366

参考文献 ·· 367

前　言

三十年前我们着手写《自我》第一版时，人们要表现自我时还会受到一定的限制。万维网才刚刚诞生，没有人听说过脸谱（Facebook）或推特（Twitter），也不会把自拍照贴到照片分享软件 Instagram（Instagram 是一款支持 iOS、Windows Phone、Android 平台的移动应用，拥有极高的人气，允许用户在任何环境下抓拍下自己的生活记忆，一键分享至 Instagram、Facebook、Twitter、Flickr、Tumblr、foursquare 或者新浪微博平台上。——译者注）上，不会在一些网站（如 Pinterest）上展示他们的品味和偏好。今天的变化日新月异。只要借助互联网的触角，世界各地千千万万的人现在都能与天各一方的人分享自己的日常体验。随着新的站点和 app 如雨后春笋般增长，人们自我表现的机会越来越多，每个月甚至每天都能公开自己的心情和体验，这种社会媒介的强大力量方兴未艾。

心理学对自我的研究也在发生类似的爆炸式的增长。专门研究自我的杂志在增多，每个月都会发表数十篇关于自我的文章和论文，其中充满令人兴奋的新发展和新见解。

这里我们要介绍近期自我研究的一些新进展，包括相关的三部分：（1）自我提升偏差；（2）自我表现的文化异同；（3）自尊与人们对成功和失败的情绪反应。因为书中详细介绍了每个主题的背景信息，所以我们可以略去研究的历史，介绍我们最新的研究结果。

自我提升偏差

在过去的 25 年中，很少有研究如自我提升偏差那般受到关注。简而言之，大多数人都认为自己比真实中的样子更好（Taylor & Brown，1988）。

优于平均效应

优于平均（better than average，BTA）效应非常清楚地证明了自我提升偏差。为证明这一点，假设你随机选取一群人问他们："与其他大部分人相比较，你有多聪明？"按照常理，应该有一半的人说他们比其他人聪明，而应该有另一半人说他们不如其他人聪明。但实际情况并非如此。相反，大多数人都会说自己比别人更聪明。而且，这种优于平均效应出现得非常广泛，在才华、技能和人格特质等各方面都会有所表现。人们认为自己比别人更受人尊敬、更有道德和更加善良；更为能干、更有资格和才华；更为忠诚、慈悲和有同情心。人们甚至认为自己更有人性，同时较少受到人类意志薄弱和缺点的影响（综述请参看 Brown，2012）。

虽然优于平均效应的存在非常明确，但其起源却存在争议。起初，学者认为这种偏差乃由提升自我价值感的欲望所激励或促发（Brown，1986）。根据这种观点，人们对自己的评价更积极，是因为认为自己比他人更优秀，让他们自我感觉良好。

也有研究者不赞同这种观点，他们认为人们评价自己时表现出自我提升，乃起源于基本的认知过程，通常情况都能得出准确的判断，但偶尔也会犯错（Moore & Healy，2008）。例如，即使没有任何动机上的需要，信息差异（即对自己比对别人更了解的倾向）、焦点效应（即做比较判断时更关注个体自己的倾向）、素朴实在论（认为个体自己的世界观是对真实世界被动反映的倾向）、自我中心（即过分重视个体自己观点的倾向）都会导致优于平均效应。

我们做了 5 项研究来验证这些可能的归因解释。我们推断：只要优于他人能提高自我价值感，自我提升偏差就可能导致自我评价的夸大。因此每项研究的设计都考虑了优于他人的重要影响。比如，一项研究中我们请参与者就一系列的品格特性评价他们自己和大多数人。我们告诉一半参与者这些特性非常重要和值得拥有，而告诉另一半参与者这些特性稀松平常。重要的一点是，两种条件下用到的都是同样的品格特性，故而惟一变化的因素是参与者认为特性是否重要。

研究结果支持了激励模型。如果把特性描述为非常重要而非稀松平常，人们明显倾向于更积极地描述自己而非他人。显而易见，人们认为自己比他人更优秀，尤其是在重要的方面超过他人。从这种选择性可推断激励偏差在起作用，通过持有非常积极的自我观点来提升自我价值感。

有时人们承认自己在某些特定任务或能力上逊于他人，这可能是因为没有仔细考虑这些任务或能力的重要性。如克鲁格（Kruger，1999）要求参与者评价自己与他人在难度不同的若干任务（如骑自行车、讲述真正有趣的笑话、编程和玩杂耍）上的熟练程度。结果表明，在容易的任务（骑自行车、讲述真正有趣的笑话）上出现优于平均效应，但在困难任务（编程、玩杂耍）上却出现相反的结果。为解释这一结果，克鲁格认为，人们首先通过评价他们自己的技能来做出比较判断，之后并没有充分地调整这一锚定。虽然这一解释貌似很有道理，但克鲁格研究所采用的任务没有一项特别重要，故而我们不应期望动机会起很大的作用。毕竟，会玩杂耍与成为具有优秀品格和活力的人不可同日而语。

乐观主义的研究也可以进行类似的解释。与优于平均效应相似，人们一般也认为自己的未来比其他大多数人的未来更光明。比如，大部分人认为自己比起同龄人更可能拥有自己的家，生养天赋过人的孩子，或者活过80岁；与同龄人相比不太可能发生严重的车祸，受到刑事伤害，或者生重病（Taylor & Brown，1988）。如优于平均效应一样，这一比较性的乐观主义偏差最初也归因于动机的力量（即这样做让人们自我感觉良好，认为自己的人生尤其美好），但也有研究者（Chambers，Windschitl & Suls，2003）主张，负面事件很少发生可以解释这一效应。人们认为坏事罕见，不太可能发生，因而不切实际地乐观，以为自己不会遭遇它们。有明显的证据支持这一解释，研究者发现对于很少发生的积极事件（如人们认为自己较同龄人不太可能中奖或看到流星），人们都有悲观主义的偏差。这些结果并不是很重要，因此我们不应预期动机能支配比较性评价。然而，中奖或看到流星固然有趣，但这些活动与幸福的婚姻或健康长寿的人生相比都显得苍白无力。

理想伴侣选择中的自我提升偏差

请思考人们迷恋自己的程度有多大，我们（Brown & Brown, under review）预测人们会寻找与自己相像的恋人。为检验这一假设，我们请人们在各种特质上描述自己及心目中的理想伴侣。然后我们利用混合模型来考察这两种判断之间的关联。不出所料，数据表明存在一种基本倾向：人们创造出的理想伴侣形象与自己的形象非常匹配。而且，这种倾向在非常喜欢自己的参与者（即高自尊的人）身上更强，而在那些自我感觉更为矛盾的参与者（即低自尊的人）身上更弱。简言之，你越喜欢自己，就越希望恋人是（略好于）自己的翻版。

自尊和隐蔽的自我提升

虽然低自尊者不太可能像高自尊者那样把自我形象用作理想伴侣的模板，但前者更可能利用恋人支撑自己的自我价值感。我与另一位研究者（Brown & Han, 2012）让参与者进行一次虚假的智能测试，让一部分相信他们顺利通过，而另一部分人则认为他们没有通过。之后，所有参与者都要就各种评价性特质（如魅力、才干、兴趣、诚实）评估他们目前（或最近）约会的对象。低自尊者（而非高自尊者）面对失败会夸大恋人的优点，从而表现出隐蔽的自我提升。

自我提升偏差的文化差异

尽管自我提升偏差的影响无处不在，仍有研究者坚持认为这种偏差只局限于某些特定的文化之中（Heine，2003）。文化差异的关注点集中在东亚人（如中国人、日本人和韩国人）与西方人（如美国人、加拿大人和西欧人），东亚人居住在相互依赖、集体主义的文化背景中，注重人际和谐和与他人的接触；西方人居住在独立、个人主义的文化背景中，注重独创性和自立。可以想见，这些文化差异会潜在地影响自我评价过程。

在思考与此问题有关的研究之前，有必要解释为什么任何人都应该关注自我评价过程是否具有跨文化的一致性。答案在于几乎所有的人类动机理论都主张，人们会努力寻找自我良好的感觉。因此，如果某些文化中不存在自我提升偏差，就可以质疑这一观点的普遍性，从而实际上限制所有人类行为理论的适用性。

自爱或自我评价上的文化差异

研究这一问题的一种方法是区分人们对自己的感受（即情感性自爱）和在特定品格和能力上的自我评价（即认知性自我评价）。人类动机理论针对的是前者的需要，而非后者，故而关键问题并非自我评价的积极性是否存在文化差异，而是自我感受是否存在文化差异。

为考察这种差别，研究者（Cai et al., 2007）请欧裔和华裔大学生完成自我评价问卷（如"你有多么吸引人、能干、愚蠢和无情？"）和情感性自爱测试（"通常多大程度上你对自己感到羞愧、屈辱、自豪和愉悦？"）。在自我评价量表上欧裔学生得分高于华裔学生，但在情感性自爱上并不存在文化差异。这一研究结果表明东亚人和西方人对自己都感觉良好，但东亚人对自己某些方面的评价并不如西方人积极。

对认知性自我评价文化差异的理解

我们已经确切地知道，只有认知性自我评价存在文化差异，现在来思考这种文化差异的起源。研究表明存在4种影响变量。

谦逊

人们普遍认为谦逊（无论公开场合还是私底下）在集体主义的东亚文化下较个人主义的西方文化都更为重要。比如，中国的儒家文化传统注重顺从和谦卑，不允许儿童自我吹嘘，尤其在贬低别人的情况下。为确定谦逊规范是否是自我评价文化差异的原因，研究者（Cai et al., 2007，研究2）让欧裔和华裔大学生评价自己，并填写一份谦逊量表。量表项目诸如"我认为过分地谈论个人自己的成就是不礼貌的，即使他们真的杰出。"和"我很难向别人透露我的优势，即使我心里明白我有这些优点。"不出所料，欧裔学生比华裔学生更积极地评价自己，但华裔学生比欧裔学生报告自己更为谦逊。而且，一旦对谦逊进行统计控制，自我评价的文化差异就消失了。这一研究结果表明，谦逊的文化规范的确是自我评价文化差异的原因。

特质重要性

自我评价的文化差异还受到特质重要性的影响。显然，不同文化珍视的特质并不一样。正如我们所看到的，谦卑是东亚文化更为重视的特质，而西方文化往往重视其他品质，如独创性和自立。控制这种文化差异的一种方法是，测量自我评价时直接让参与者评估特质的重要性。

按照这种方法，我们（Brown & Kobayashi, 2002）让美国和日本的学生就一系列特质评价自己与他人，这些特质在不同文化中的重要程度不一样。不出所料，一旦考虑到特质重要性上的文化差异，日本学生比较性的自我描述与美国学生一样有自夸成分。

自尊的个体差异

在西方样本中，高自尊的参与者比低自尊者更积极地评价自己。为考察这种倾向在中国人身上是否会出现，研究者（Brown & Cai, 2009a）让华裔和欧裔大学生就能力和热情特质评价自己与同龄人（1= 最差的10%，5= 中等的

50%，9=最好的10%）。结果发现，在高自尊的参与者中并没有出现文化差异，他们在这两类特质上都一致地表现出积极的自我评价。相形之下，在低自尊参与者中，美国学生在评价能力的项目上比中国学生表现出更积极的自我评价，但中国学生在评价热情的项目上比美国学生表现出更积极的自我评价。

理解这一研究结果的意义非常重要。很多研究表明东亚人与西方人相比不太可能炫耀他们的能力（比如 Heine，2003，p.606）。然而这些差异只表现在低自尊者之中。即使这样，如果论及不同的特质（如热情）也会出现相反的模式（即低自尊的西方人比低自尊的东方人更为谦逊）。这一有限的研究结果能否支持以下观点：自我评价的文化差异普遍存在而又十分突出。这是个问题。

自我服务归因

先前我们把自我提升定义为尽量增加积极的自我价值感而减少消极自我价值感的愿望。尽管不太规范，但自我提升动机促使我们注意：人们更喜欢自我感觉自豪而非羞辱。可以认为这是一种普遍的需要，在所有的文化里都会出现。

我们已经发现，如果考察这种自尊感的强度，文化差异就不存在（Cai et al., 2007），但它们又如何得以维系？积极和消极的经历通常会引起这类情感，据此我们可以考察不同的文化群体对积极和消极结果的反应。考察的反应方式很多（比如对积极和消极反馈的回忆），但自我服务归因大概是最基本的反应。在过去50年所有心理学的历史中，个体对积极和消极结果的不对称归因倾向是证据最多的研究结果之一（Brown, 2007）。个体将积极结果归因为自己稳定、核心的特质（如"我考了高分是因为我聪明"），而将消极结果要么归因于外部因素（如"我考了低分是因为考题不清楚"），要么归因于不太核心的自我特质（如"我考了低分是因为我看错了题或者压力太大"）。重要的是，这种不对称的归因模式能提升自我价值感。人们将积极结果归因于持久的个人优点时自我感觉良好，而否认消极结果源于重要的个人缺点则可避免自我感觉糟糕。

我们（Brown & Cai, 2009b）考察了这种归因—情绪关联的跨文化普遍性。美国和华裔大学生参加了一项智力任务和社会敏感性测试，但给他们（虚假的）

成绩反馈。之后，要求他们回答：(1)"你的成绩多大程度上是因为你的能力？"(2)"你对自己感到有多自豪、愉悦或者羞愧、耻辱？"结果发现，在两类测试和两种文化中都观察到自我服务偏差（也就是说，两个文化群体都在成功而非失败条件下判断能力是更为重要原因），而且两种文化中自我服务归因能预测积极的自我价值感（也就是说，如果把能力视为可能的成功原因，而非失败的原因，则自我价值感最高）。

自尊的相关因素和结果

在西方样本中，高自尊是重要的个人品格，能预测较高的幸福程度和主观幸福感、较少的抑郁和焦虑（Brown, 1998；Taylor & Brown, 1988）。在一项涉及 2 万名参与者、50 个样本的元分析研究中，研究者（Cai, Wu & Brown, 2009）发现这种关联在中国也存在，表明自尊的体验具有跨文化的相似性。

自尊所起的作用貌似也有跨文化的相似性。根据西方人样本的研究证据，我们认为自尊在人们面对消极反馈时起着十分重要的作用（Brown, 2010；Brown & Marshall, 2001）。虽然消极反馈导致低自尊者自我感觉尤其糟糕，但对于高自尊者完全不是这样。高自尊者在失败时会感到悲伤或失望，但不会对自己产生羞愧或耻辱感。我们认为，这是高自尊的主要优势：让你失败时不会自我感觉太糟糕。

研究者（Brown et al., 2009）考察了东亚国家是否会像西方国家一样发生自尊的情感调节功能。欧裔和华裔大学生在填写自尊量表之后，收到（所谓的）智能测试成功或失败的（虚假）反馈。然后，他们评估了自己的自我价值感。结果发现，在两个文化群体中反馈对低自尊者比对高自尊者影响更大。而且，在两个国家里自尊在失败之后比成功之后显得更为重要。

结 论

前言部分我们回顾了我们对自我评价过程的一些新近研究。还有很多其他的主题，比如自我表现的神经生物学基础或社会媒体对自我评价的影响等，都可以进行探讨。《自我》这一版要给读者理解和体会最新研究和前沿结果的知识背景，我们非常高兴能为中国读者进行此次修订。

乔纳森·布朗（Jonathon D. Brown）
玛格丽特·布朗（Margaret A. Brown）
2014年9月于美国华盛顿

补充读物

Brown, J. D. (1986). Evaluations of self and others: Self-enhancement biases in social judgments. *Social Cognition, 4*, 353-376.

Brown, J. D. (2007). Social psychology. New York: McGraw-Hill

Brown, J. D. (2010). High self-esteem buffers negative feedback: Once more with feeling. *Cognition and Emotion, 24*, 1389-1404.

Brown, J. D. (2012). Understanding the "Better than Average" effect: Motives (still) matter. *Personality and Social Psychology Bulletin, 38*, 209-219.

Brown, J. D., & Cai, H. (2009a). Self-esteem and trait importance moderate cultural differences in self-evaluations. *Journal of Cross-Cultural Psychology, 41*, 116-122.

Brown, M. A., & Brown, J. D. (under review). *Self-enhancement biases in ideal mate preferences: SWF seeks (slightly better) version of herself.*

Brown, J. D., & Cai, H. (2009b). Thinking and feeling in the People's Republic of China: Testing the generality of the 'laws of emotion'. *International Journal of Psychology, 44*, 1-11.

Brown, J. D., Cai, H., Oakes, M. A., & Deng, C. (2009). Cultural similarities in self-esteem functioning: East is East and West is West, but sometimes the twain do meet. *Journal of Cross-Cultural Psychology, 40*, 140-157.

Brown, J. D., & Han, A. (2012). My better half: Partner enhancement as self-enhancement. *Social psychological and personality science, 3*, 479-48.

Brown, J. D., & Kobayashi, C. (2002). Self-enhancement in Japan and America. *Asian Journal of Social Psychology, 5*, 145-167.

Brown, J. D., & Marshall, M. A. (2001). Self-esteem and emotion: Some thoughts about feelings. *Personality and Social Psychology Bulletin, 27*, 575-584.

Cai, H., Brown, J. D., Deng, C., & Oakes, M. A. (2007). Self-esteem and culture: Differences in cognitive self-evaluations or affective self-regard? *Asian Journal of Social Psychology, 10*, 162-170.

Cai, H., Wu, Q., & Brown, J. D. (2009). Is self-esteem a universal need? Evidence from the People's Republic of China. *Asian Journal of Social Psychology, 12*, 104-120.

Chambers, J. R., Windschitl, P. D., & Suls, J. (2003). Egocentrism, event frequency, and comparative optimism: When what happens frequently is "more likely to happen to me." *Personality and Social Psychology Bulletin, 29,* 1343-1356.

Heine, S. J. (2003). Making sense of East Asian self-enhancement. *Journal of Cross-cultural Psychology, 34*, 596-602.

Kruger, J. (1999). Lake Wobegon be gone! The "below-average effect" and the egocentric nature of comparative ability judgments. *Journal of Personality and Social Psychology, 77,* 221-232.

Marshall, M. A., & Brown, J. D. (2007). On the psychological benefits of self-enhancement. In E. Chang (Ed.), *Self-enhancement and self-criticism: Theory, research, and clinical implications* (pp. 19-35). New York: American Psychological Association.

Moore, D. A., & Healy, P. J. (2008). The trouble with overconfidence. *Psychological Review, 115,* 502-517.

Taylor, S. E., & Brown, J. D. (1988). Illusion and well-being: A social psychological perspective on mental health. *Psychological Bulletin, 103,* 193-210.

1

导　言

———◆———

最近，加拿大魁北克的公民以微弱的优势投票决定不独立。但说法语的魁北克人之中仍有逾 60% 的人投票赞成独立，尽管独立将导致经济、政治和社会动荡。究竟是什么导致了如此强烈的种族认同？为什么人们要冒如此大的风险建立独立的法语国家？

显然，这些问题会有许多种回答，如多年来法裔加拿大人对于发起亚布拉罕平原战争的英国人积怨难消。但其中也蕴涵了更多的心理学问题。许多法裔加拿大人担心他们的法裔特性受到占主导地位的盎格鲁文化的侵害。他们想要保持他们的特性，即便这样做将意味着牺牲和斗争。简言之，他们希望他们自己看起来像法国人。

概而言之，本书关注于理解这类问题：人们如何思考和感受自己，他们希望如何思考和感受他们自己，以及这些自我思考和感受如何塑造并引导行为。在我们努力理解我们是谁的过程中，诸如此类的问题非常有趣和重要。这类问题构成自我心理分析的核心。

第 1 章要让你了解心理学家研究自我的方法。本章第一节要定义一些术语，并考察自我研究与心理学其他领域的一致性。

本章第二节呈现了自我研究的历史背景。我们将看到,多年来大部分美国心理学家都忽视了自我的研究。因为行为主义运动(该学派支配了美国心理学界)认为,人们对于自我的思考和感受太过主观,无足轻重,不值得研究。最终,多方面的研究进展促使心理学家重新思考对自我研究的反对态度,因而自我重新成为心理学研究领域的一个重要主题。

本章最后一节简要介绍了本书的主要内容,突出了已经把自我纳入研究范围的诸多心理学领域。当然,研究自我的人并不限于心理学家。哲学家、神学家、文化人类学家以及社会学家也关注这一主题。诗歌与小说也会探索自我的本质,在图书馆和书店里可以发现大量有关该主题的著作。尽管我们会在书中引用许多这样的观点,但我们的重点是具有理论来源和经过实证检验的有关自我本质的观点。我们尤其会关注人格和社会心理学家的工作,因为他们在近年来对自我进行了诸多研究。

心理学家所指的自我

> ……自我意识是……最不可靠的。你……会发现自己就像坐在理发店里的两面镜子中间一样,一个影像看着另外一个,你看着我,我看着你,很快,你就会对自我是观察者还是被观察者感到迷惑(Hilgard, 149, p.377)。

主我和宾我

我们将从自我的独特性质——自反性(reflexivity)——开始说起。想一想句子"我看到帕特"(I see Pat)。句子中的自我所使用的是人称代词"I",是我在看。现在想一想句子"我看到我"(I see me)。这里,自我以两种方式出现。我仍然在看,而我看到的对象是人称代词"me"。更规范地说,我们可以说人们能把自己当做注意的客体。他们看到自己，非常像看到镜子中自己的影像（因此使用自反性这个词）。

心理学家威廉·詹姆斯（James，1890）最先认识到这种二元性。他建议使用不同的术语主我（I）和宾我（ME）来区分这两种不同的自我。根据他的建议，我们用主我来指代自我中积极地感知、思考的部分，用宾我来指代自我中注意、思考或感知的客体部分。当我说"我看见帕特"时，其中只牵涉到主我，当我说"我看到我"时，两种自我都涉及了。我是看的主体，也是看的客体。

根据这一定义，主我似乎与所有基本的心理过程（如知觉、感觉、思维）都有关。事实并非如此。实际上，这些心理过程本身并不能构成主我，而是我们对它们的主观意识构成了主我。主我指我们对于我们正在思考或感知的意识，而不是生理或心理过程本身。

宾我也是非常主观的心理现象。我们用宾我指代人们对于他们是谁、是什么样的人的看法。例如，我认为我很强壮或者我认为我不够耐心。心理学家称这些想法为自我参照思想（self-referent thoughts）。自我参照思想只是指向自己的想法，即人们对于自己是什么样的人的看法。有大量的术语可以用来表示自我参照思想，如自我看法、自我意象、同一性和自我概念。我们认为这些术语可以通用，统指人们对于他们是谁或他们是什么样的人的看法。

人们除了对自己有看法外，也对自己有感受。我可能喜欢我自己，也可能因为自己不够耐心而感到不舒服。这些都是自我参照感受的例子，即指向自己的感受。

心理学家通常使用不同的术语来指代宾我的这两个方面。自我概念指人们思考他们自己的特定方式，自尊指人们感受他们自己的特定方式。自我的使用范围更广，它不仅指我们如何思考和感受自己，还指前述我们认定为主我活动的过程（如我们对于我们思考和感知的意识）。

尽管主我和宾我是自我的两个重要方面，但心理学家更关注宾我的性质。他们把研究重点放在人们如何思考和感受他们自己，以及这些想法和感受如何形成并影响心理的其他方面。另一方面，哲学家往往更关注主我的性质。他们在力图理解自我中直接体验世界的那部分。阅读本书时我们有机会思考自我这两个重要方面，但我们更关注宾我的性质。

自我心理学与人格

自我心理学关注人们对他们自己的思考和感受，从而有别于心理学的其他领域。比如，人格心理学更关注客观体验（即人们实际上是什么样）；而自我心理学更关注主观体验（即人们认为自己是什么样）。

为了说明这种区别，我们再想一想前述我认为我很强壮的看法。这是一种自我参照思想——我所持有的关于我是什么样的看法。而我是否真的很强壮则完全是另外一回事。遗憾的是，认为自己很强壮并不意味着我确实强壮。如果你看到我在网球场上的表现，你可能就另有发现。关键问题在于自我心理学关注我们的自我图像——我们对我们是什么样的人的看法（Rosenberg，1979）。但我们的自我图像未必完全正确，它们也许不能描绘我们真正的样子。

在本书中，我们会把人格心理学视为研究人们实际情况的学科。人格心理学并不关注人们对他们自己的看法，这属于自我心理学的范畴。人格心理学关注人们的实际样子。也许如下说法很普遍："杰克是个内向的人"，或"吉尔是个尽责的人。"这些语句表明，我们所指的一个个体真正是什么样的人，并不仅仅是这个人所认为的自己的样子。

由此，应该注意自我心理学和人格心理学的区别很容易混淆。理由至少有以下四点（McCrae & Costa，1988）。

1. **我们的实际情况会影响我们对自己的看法**。首先，人格影响了我们对我们自己的看法。理论上，人们能形成关于自我的任何想法。而事实上，这却受到客观标准的限制。智商较低（人格特征之一）的人不太可能认为他们很出色。同样，2米多高的人不太可能认为他们矮小。相反的情况可能发生，但概率很小。这些例子表明，尽管没有人生来就拥有智力或身高方面的自我概念，但他们却有着与生俱来的生理和心理特征，这会影响他们对自己的看法。

这并不意味着我们对自己的看法与实际情况相同。我们都会认识某些夜郎自大的人。我们也会遇到一些令人厌烦却自视甚高的家伙。综观本书，我们会明白，尽管人们对自己的看法会受自己实际情况的影响，但人们并不会忠实地反映自己的真实特征。多数人用过于正面（即有些夸大）的词语来描述自己。

2. **我们的实际情况会影响我们对自己的感受**。自我心理学和人格心理学关联的另一点是人格会影响我们对自己的感受。一些重要的人格特质乃遗传而来。例如，气质（temperament）指个体总的行为水平和通常的情绪状态。这是一种遗传特征：一些婴儿从出生的那一刻起，就比其他的婴儿更为抑郁（Kagan，1989）。这种人格变量会影响自尊。更多地体验到消极情绪的人往往对自己有更消极的感受（Watson & Clark，1984）。毕竟，如果你总是躁动不安或者痛苦忧伤，那么自我感觉就很难保持良好。因此，气质作为一种人格变量会影响自尊。

3. **自我是人格的一个方面**。两种心理学的第三个交点是人们对于自己的想法和感受都是其人格的一个方面。例如，一些人认为他们很有吸引力，而另一些人却不这么认为。尽管我们并不能通过这些想法了解真相，但它的确表明了这样一个事实：人们对于自己的看法是不同的。这些个体差异可以作为人格变量。

我们也可以根据人们对自己的感受来识别人，这就是自尊研究。自尊研究把人分成两类，那些自我感觉良好的人称为高自尊的人，反之则称为低自尊的人。因此，个体对自己感受的个体差异也可作为人格变量。

如果我们把自我参照思想和感受作为个体差异的变量，我们就已把自我视为人格的内容。准此而论，人格的含义极为宽泛，它涉及个体的全部心理特性（McCrae & Costa，1988）。自我参照思想和感受是人格的子集。

4. **我们通常用自我报告法来测量人格**。两者关联的第四点是人格研究通常使用自我报告法来评估人格。许多人格测验要求人们描述他们对于自己的看法。例如，一个外向性测验也许会询问"你好交际的程度如何？"或"你有多害羞？"严格地说，这类测验是在测量个体对于自己情况的看法，而非他们真实的状况。

总之，自我心理学和人格心理学表明了截然不同（尽管有关联）的取向。自我心理学关注人们对自我的看法，人格心理学关注人们的真实情况。但两者之间的界限往往不是那么清晰。

要比较自我心理学和人格心理学，重点是了解决定行为的因素。自我理论家们认为心理活动是在自我的基础上进行的，尤其在预测自由选择的行为时。某个人认为自己很聪明、有幽默感，会在聚会上不停地讲故事，即便别人一丝也没有被他的口才打动。再看另一个例子，某个人很聪明，但由于某种原因怀疑自己的能力。尽管依据某种客观标准这个人的确聪明，但由于他持有自我挫败的看法，认为自己缺乏能力，就可能无法在学校里出类拔萃。问题的关键在于人们对自己的看法有时会和他们的实际情况发生冲突。设若如此，自我理论家们认为，人们对自己的想法和感受将决定他们的行为。

自我心理学与现象学

除了考虑自我心理学与人格心理学的相同特点，我们也可以考察一下自我心理学和思维哲学派别即现象学之间的关系（Schutz，1972）。现象学（phenomenology）这个词起源于希腊语 *phainesthai*，它的意思是"显现"（to appear so）（Burns，1979）。现象学涉及人们对于现实的感知，即世界呈现在个体面前的方式。现象学认为正是这些主观感知支配着我们的心理活动，而非客观世界本身。

格式塔学派的知觉理论就存在现象学取向。格式塔心理学家认为个体的心理世界并不等同于物质世界（Wertheimer，1912）。为了说明这个观点，让我们来检验一下你可能以前就已经看到过的视错觉图片。请判断以下两条横线哪一条更长。

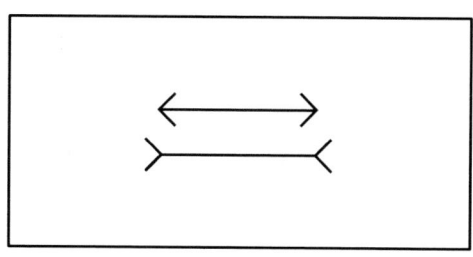

事实上，这两条横线是等长的。但第二条看上去却更长。假设这是两根巧克力棒，然后要求儿童说出他们更想要哪一根。结果表明，即使这两根巧克力棒一样长，但儿童更可能会选择看上去更长的那根。如果它们是花椰菜呢？大部分儿童又会更想要哪一根？

所有这些都是现象学的研究内容。它说明了两个问题：(1) 我们感知到的世界未必与客观存在的外部世界相同；(2) 我们的行为更多地取决于显现出的世界，而非实际存在的世界。著名的动机和社会心理学家勒温（Kurt Levin）对这一问题做出如下解释：

> 如果坐在屋子里的某个人确信天花板不会掉下来，那么预测行为时是否只应考虑此人的"主观概率"，或者我们还应考虑由工程师确定的天花板掉下来的"客观概率"？我认为只要考虑第一种可能性（Lewin，1951，p.58）。

勒温的观点并不是说客观世界不重要。客观世界很重要，但只有在它影响了人们的主观知觉时才重要，这是现象学观点的本质。现象学家强调指出，行为取决于知觉到的世界——显现出的世界，而非真实存在的世界。

强调事物看上去的样子，而非它们真实的样子，这一点让我们回想起自我心理学与人格心理学的区别。自我心理学是现象学的，它涉及人们对他们自己的样子的感知和看法，而不仅仅是他们真实的样子。对自我理论家而言，行为通常更多地取决于你对你自己的看法，而非你的真实情况。

最后，举厌食症的例子来说明这一观点，虽然有点极端。厌食症患者总认为自己超重，因此节食挨饿，努力减肥。尽管根据客观的标准她已经很瘦了，但她还是会坚持减肥，因为在她的眼里，她认为自己很胖。

美国心理学界的自我研究

> 现代心理学史中最不可思议的事情是自我研究变得次要，甚至消失殆尽。（Allport，1943，p.451）

想一想生活中人们对自己的想法和感受有多么重要，你或许会认为心理学的重点其实始终就应放在自我上。而事实并非如此。尽管威廉·詹姆斯在19世纪末所写的里程碑式的教科书中，特别重视这一主题（James，1890），但在心理学的发展过程中，大多数美国心理学家仍然无视自我的研究。只有到了20世纪下半叶，自我才恢复正统地位，成为科学心理学研究的对象。

美国心理学界的行为主义运动

要理解这一事件，我们就必须了解美国心理学界的行为主义运动。美国心理学界在将近40年里（约1915~1955）受行为主义支配。行为主义运动由美国心理学家约翰·华生（John Watson）发起。华生对于19世纪末20世纪初美国心理学界普遍存在的主观性感到很不满（Watson，1913）。当时内省主义是心理学的主流学派，该学派的特点是对意识进行系统的分析。内省心理学家会将个体置于多种刺激之下（如涂上蜂蜡），并让他们尽可能详细地描述自己的主观体验。然后，内省心理学家会分析报告内容，提取感觉的基本要素。例如内省主义学派的奠基人冯特从他的研究中得出结论：存在四种基本的味觉——甜味、酸味、苦味和咸味。所有其他的味觉均由这四种基本味觉组合而成。同样，他也发现了四种基本的肤觉——温觉、冷觉、疼觉和压力觉，所有其他的触觉都由这四种肤觉混合而成（Woodworth，1948）。

华生反对这种侧重于私密、主观的感知觉的研究取向。他指出，人们通常在其所看、所听、所闻、所尝和所感上存在分歧，这种分歧根本无法解决。华生认为，心理学作为一门独立科学要站住脚，就必须放弃研究私密的心理现象，转而侧重于研究外显行为。作为坚定的行为主义者，华生这样描述自己心中的心理学图像：

> 在行为主义者看来：1.心理学是自然科学的分支，使用完全客观的实验方法；2.它的理论目标是预测和控制行为；3.内省法并非不可或缺的心理学研究方法；4.它承认人和动物没有明确的分界线。（Watson，1913，p.158）

行为主义运动的两个核心假说：实证主义和机能主义

最终，另外两位美国心理学家——斯金纳（B. F. Skinner）和霍尔（Clark Hull）使行为主义运动确立了地位，进入鼎盛时期。行为主义者都遵循两条至关重要的假设。其一是实证主义原则，这是方法论的原则，认为只有能实际测量和公正验证的现象才适合科学研究，该术语出自奥古斯特·孔德（Auguste Comte，1798~1857）。孔德认为，实证意味着可以观察和无可辩驳，绝不是推论性的或是猜测的（Boring，1957）。

其二，行为主义运动也吸收了机能主义学说。机能主义[1]是对人类心理活动本质的假说，它声称思想并不能指导行为，相反，行为是简单的刺激—反应联结的函数。为了说明这一点，我们可以训练鸽子学会啄食特定的图案，方法是不论该图案何时出现鸽子只要啄食就给予食物。经过一段时间后，当该刺激出现时，鸽子会表现出越来越频繁的特定啄食行为。行为主义者认为，出现这种现象的原因在于食物（强化物）加强了图案（刺激）和啄食行为（反应）之间的联结。

机能主义认为刺激和反应的关系是直接和即时的。心理过程对于理解行为完全没有必要，除了那些与注意或刺激本身登记有关的心理过程。换言之，行

---

[1] 机能主义一词源于该学派认为行为是机械式的或本质上是机械的。

为主义者认为,无需考虑心理过程就能完全理解行为。鸽子(和人)之所以表现出特定行为,仅仅是因为特定的环境刺激与特定的反应之间形成了联结或者发生了条件化作用。

实证主义、机能主义和自我心理学

行为主义运动对实证主义和机能主义的倾斜,使得行为主义的拥护者忽视自我研究。让我们先来看一看实证主义学说中自我研究的地位。实证主义认为,只有能客观验证的具体现象才能进行心理学研究。这就将自我排除在外。我们不能直接观察到自我,自我不像手臂、腿脚和大脑一样是一种物质实体,它是纯心理的,对它的测量本质上是主观的。主观性与实证主义水火不容,任何不具备身体基础的事物都不应进行研究。这就排除了自我、情绪、幻想、梦及其他重要的心理现象。

比起测量方面存在的问题,行为主义不认同自我研究的第二个问题更为基础。那就是自我的解释性价值。行为主义认为,即使自我能进行客观测量,它对于心理学的价值也很有限。这是因为行为主义者秉持机能主义,他们认定环境刺激能直接引发行为反应,心理过程的介入(如人们对自己的看法)对于预测和理解行为无关紧要。

这并不是说这些思想不存在。作为人,行为主义者认识到人们对自己会有看法(和感受)。但他们认为这些思想和感受并不会影响行为,它们是附带现象,处于现象之上,或者并非现象的直接部分。根据这个观点,就算我们能客观评价人们对自己的思想和情感,这样做也没有任何意义。因为这并不能改善我们对于行为的理解和预测。

机能主义学说迥异于有目的或目标导向的行为分析。根据目标模型,产生行为的原因在于实现某一目标(即行为受目的驱动)。有机体会渴望获得某个物体或达到某种状态而采取行动。机能主义对行为的解释完全不重视目标导向的行为。

为了说明这些差异,假设有个人认为,"我饿了,我想吃东西",然后他走向冰箱，取出了一些食物。行为的目的分析会认为是"我饿了"及"我想吃东西"致使此人走向冰箱拿食物。而行为主义却不会同意这种观点。他们主张这些想法并不会发起行为（这些想法只是附带出现的）。此人走向冰箱仅仅是因为过去感到饥饿的时候在冰箱里发现过食物。

机能主义和达尔文的自然选择理论

机能主义与达尔文的自然选择理论有着密切联系。自然选择过程并没有目的性。种群中的个体会发生随机变异，某些变异具有适应性，有利于有机体生存和繁衍，因而得以选择并延续。因此，尽管自然选择是积极的过程，但它并不具有目标导向。两栖动物不会这样想："哎呀，如果我能弄清怎样在陆地上产卵，那么我就能成为爬行动物了！"事实上，由于随机变化的结果，某些两栖动物是在更为坚硬的甲壳内产卵的。随着地球逐渐变得更为温暖和干燥，这些卵更具有生存优势。最终，这些动物演化为爬行动物。整个过程都是随机选择的结果，不具有目的性。正如所罗门·阿施所言："自然选择……没有目的却产生了与有目的行为相同的结果"（Asch，1952，p. 97）。

行为的机能主义观与自然选择过程非常相似（Skinner，1990）。就像自然选择理论认为生理特征是由其适应性结果所塑造的那样，机能主义认为行为也是由它的适应性结果塑造的。得到强化的行为就能巩固或重复，未获强化的行为则会减弱和消失。就像在陆地上孵卵可以提高适应性和生存能力一样，适应性行为也成为动物生存技能中的一部分。

机能主义和桑代克的效果律

桑代克在对工具性学习（instrumental learning，即操作性条件反射）的分析充分说明了这一原理在心理学中的应用（Thorndike，1911）。他在威廉·詹姆斯家中的地下室工作，把各种动物（通常是猫和狗）关在迷箱里。把食物放在迷箱外。当动物表现出桑代克任意规定的正确反应时，动物就能逃离迷箱，获得食物。

桑代克指出，首先，动物会表现出相对随意的行为（这些随意动作在概念上类似于种群成员中所发生的随机变异）。有时，动物会碰巧做出由桑代克主观规定的正确反应，因而迷箱门打开，动物可以逃离迷箱，吃到食物。之后再把动物放入迷箱，它就能比第一次尝试更快地做出正确反应。经过多次这样的尝试，一把动物放入该迷箱它就能马上做出正确反应。

行为主义者用刺激—反应联结来分析这种行为。食物的强化作用使得行为（反应）和迷箱（刺激）建立联系。一旦把动物放回迷箱，它就会表现出与环境线索联系最为紧密的任何行为。这种情况下，此反应就是桑代克事先确定的正确反应。

行为主义者认为，特别要注意动物从来不会为了逃离迷箱或得到食物而做出正确的动作。相反，动物之所以做出所谓的正确反应，仅仅是因为与其他行为相比，这种行为通过食物的强化作用与迷箱刺激联结最为紧密。桑代克将这一过程描述如下（Thorndike，1911）：

> 学习涉及的过程显然是一种选择过程。动物面对某种困境或者我们所说的"情境"。它会表现出各种各样的反应，由它的天生本能或者先前的训练决定。这些行为包括能使它成功的特定的正确行为。在成功之后的再次尝试中，该行为变得越来越稳固……其他行为渐渐消失……因此最后动物在该情境中只会做出最适宜的反应。由此，我们掌握了世界上最简单，而同时又是最普遍的智力或学习原理。它不需要推理，不需要推论或比较；不需要思考；不需要数学计算；不需要思想——动物不会考虑迷箱、食物或它要做出的反应。（Thorndike，1991，pp.283-284）

这种学习过程学术界称为效果律。根据该定律，行为由过去（即已经有过的效果或过去所获得的强化）决定，它并不受对将来的期望支配和影响。这就是效果律并非行为的目的观的原因。

行为主义者在大量行为中应用这些原理，远不止相对简单的逃离迷箱行为。经由联结过程，可以假定即使非常复杂的行为背后也有一系列的刺激—反应联系。例如，设想某位即将毕业的中学生这样想自己，"我认为成为一个有文化的人很重要"，然后他就向大学递交了申请表。在行为主义者看来，他想进入大学的决定与他想做一个什么样的人没有任何关系，甚至与他认为大学教育很重要的看法也没有任何关系。他做出这一行为仅仅是因为该行为（或其他非常类似的行为）在过去受到过强化。他的行为只是对刺激的一种习得反应，他对自己的看法完全是附带现象。

充分理解这些假说对于自我心理学的冲击很重要。比起实证主义来，机能主义代表行为主义更为基础的方面。机能主义主张，即使能充分地测量思维，即使方法学的进展能对心理经验进行量化，从而保证客观的观察者能对所发生的事件达成一致意见，简言之，即使思维能进入科研范围，其结果也毫无意义。思维不会影响行为，所以没有必要研究。这些假说支配了美国心理学界半个多世纪之久，并使心理学界认为自我是不受欢迎的人。

> 与他人面对面接触时，不可避免地会先提及自我。有"你"也有"我"。我看到"你"所做的，听到"你"所说的，你也看到"我"所做的，听到"我"所说的。而我们并没有看到决定行为的选择经历，并由此推断内在的起源，但是，心理学实践中娴熟运用的术语并不能支持其在科学中的使用。站在科学分析的角度，变异和选择的经历具有引发行为的作用。但在对行为的科学分析中并没有心理或自我的一席之地。（Skinner，1990，p.1209）

行为主义的衰落和自我的回归

坚持自我研究使之复活的理论家

20世纪上半叶尽管行为主义占据主导地位，但并非所有的理论家都忽视自我。美国社会学家库利（Cooley，1902）和米德（Mead，1934）对自我进行了理论分析，阐述了自我在社会化过程中的重要作用。我们将在第3章和第4章介绍他们的理论。

有些心理学家似乎有点偏离正统的学术心理学，也对自我保有兴趣。有学者（如 Allport，1943；Goldstein，1940；Lecky，1945；Rogers，1951；Snygg & Combs，1949）反对行为主义对自我被动的和混乱的描述。他们认为，人类的行为并不是机械地受过去经验所驱使，而是积极地面对未来。人类寻求成长和挑战；他们的心理活动具有能动性和连贯性，受统一的原则支配。他们将这种原则称为自我实现——个体"成为自己有能力成为的任何人"的愿望（Maslow，1970，p.46）。

一些临床心理学家还研究了与自我有关的现象。这些理论家（如，Erikson，1956；Sullivan，1953）从他们所受的精神分析（弗洛伊德的）理论训练中幡然醒悟。经典的弗洛伊德理论对自我只有短暂的关注。虽然术语"ego"通常与"self"通用，但并不恰当。[2] 弗洛伊德认为，ego 由一系列心理过程（如思维、记忆、推理）构成，协调本我的无理需要和超我的刚正不阿之间的关系。人们对于自己的思考和感受（即 self）仅仅是 ego 的一个方面。

然而，ego 作用的过程的确在自我研究中起了重要作用。ego 因（自我）防御机制而进入理论家的视野。弗洛伊德和他的追随者确认了一系列能使个体免受心理痛苦的心理过程（如合理化、投射、自居作用、反向形成）。这些过程往往可以使人们避免承认关于自己的残酷事实。例如，人们会采用合理化以避免把自己想象为举止不端或带来祸害的人。该机制的运用意味着个体试图防御或保护自我形象（Hilgard，1949）。

---

[2] Self和ego都有"自我"的含义，但两者含义并不一样。Self，意指具有独特、持久的同一身份的我，是个体意识到的自身存在的实体。包括意识到的"我"的身体、心理和社会的各种特征，以及"我"的过去、现在和将来各种特征的总和。亦即作为被认知对象的"我"。Ego，在弗洛伊德精神分析论中指人格结构中的管理和执行部分。亦即行为主宰者的"我"。在本我（id）的基础上发展起来，受超我（superego）的观察、评判和监督，若违背超我，便会受到惩罚，产生自卑感或罪恶感。其功能是保持个体心理的完整性，协调人格结构中各部分之间的关系，以及机体与环境的关系。贯穿心理意识的三个水平——潜意识、前意识和意识。——编者注

实验研究结果

除上述理论成果外，一些实验研究也突出了心理过程（也包括自我）的重要性。其中最引人注目的就是对抱负水平的研究。这项研究工作由勒温及其同事于20世纪40年代开始实行（Lewin et al., 1944）。抱负水平指人们在完成以成就为目标的活动时为自己设定的绩效标准。

投环游戏就是很好的例子。假定你参加一次普通的心理实验。你的任务是把环投到一个木桩上，你有10次机会进行练习。然后，要求你估计你在接下来的10次投环的命中率。你也可以自行决定木桩的距离，站的越远难度越大，这些判断就构成了你的抱负水平。每10次投掷后都要重复这一程序，让你不断调整你的抱负水平。

假定你第一次尝试时预测1米远的木桩可以投中6个环。实际上你刚好做到了。那么你接下来会做些什么呢？如果你和大多数人一样，就会增加游戏的难度，如增加你预期的命中率（"这一次我要投中7个"）或后退一两步，这就意味着你提高了你的抱负水平。

只援引机能主义原理很难解释这种行为。效果律的应用表明你只应重复你先前的操作，它已经获得成功（即得到强化），所以就应该重复出现。然而大多数人并不满足于仅仅重复他们先前的操作。相反，他们会不断提高任务的难度，直到离木桩的距离既有挑战性但又不至于无法投中。人们避免重复先前已获强化行为的倾向违反了效果律，因而与行为的机能主义分析不一致。相反，这种倾向表明人类的行为具有目的性，受到愿望的控制，希望肯定自己的能力和拥有自豪感。

> 如果效果律主张，个体在过去获得奖赏，只要他认为有可能在将来给他带来满足感就会表现出过去的成功行为，那么效果律就更为正确……个体过去的表现对当事人可谓无关紧要。只要自我藉此获得满足，个体就会重复成功的行为。（Allport, 1943, p.468）

诸如此类的研究结果促使奥尔波特（Allport, 1943）假设人类存在两种动机系统。一种动机受习惯、本能和反射支配；另一种受目的、远见和意志引导。

> ……是否存在自我卷入会导致人类行为的重大差别。个体以中性的、非个人的、常规的态度反应时，他的行为是一回事。但他个人化地、甚或兴奋地、非常投入地从事活动时，他的行为完全是另一回事。第一种情况并未参与其中；第二种情况则充分调动了自我。（Allport, 1943, p.122）

认知革命与自我研究

奥尔波特提出他的观点20年后，行为主义运动的支配地位开始有所动摇。新运动即认知革命开始取而代之。认知运动方兴未艾，影响着心理学的每个领域。它的核心假说是人类（以及低等动物）并不是盲目和被动应对环境刺激的生物。相反，他们是积极的有机体，为了实现渴望的最终目标会计划并发起行动。其强调的重点不仅仅是过去（行为主义的论点），而且还有现在和未来。[3]

认知运动非常关注行为有机体内部的心理过程。因此它与自我研究非常一致。与自我有关的想法和感受是与行为心理分析有关的内部心理过程的一方面。

把自我纳入正规研究的意愿促使理论家们确认了自我的多种功能。尽管在这个问题上还没有完全一致的意见，但自我的六种重要功能已经引起学界的关注。其中三种功能涉及我们对自身存在的意识（即主我），另外三种涉及我们对自己状况的看法（即宾我）。

主我的功能

首先，自我概念有助于我们区分自己与其他人或物。我们用锤子击打桌子时不会感到疼痛，但用锤子砸自己的拇指就完全是另一回事了。这是我们要掌

---

[3] 认知运动并不意味着人类的行为总有目的，指向目标。显然，人们有时会因习惯和冲动行事。认知革命只是强调行为有时具有理性，指向目标，但并非总是如此。

握的重要差别！第 4 章我们将看到，对此进行区分是形成自我概念的第一步。

自我概念也具有动机和意志功能。认识到个体独立于其他人或物，就能意识到某些事情此人能控制，但另一些事情却不能控制。我们都知道我们不能用意志力使桌子移动，但我们能用意志力使自己站起来，并且移动。理解我们能控制什么和不能控制什么是我们在第 4 章要讨论的另一个重要的发展里程碑。

最后，自我概念还给我们带来连续感和统一感。由于我具有自我概念，所以我知道几天前坐在这里的人就是同一个我。如果没有自我概念，我会认为每一天的我都是不同的。我醒来时就会问自己："这个家伙是谁？"同样，我们的自我概念给我们的心理活动带来了统一感。我们统合地感知我们的各种思维和知觉，而非切割成片段。正是我们的自我感将这些体验结合在一起。我们将在第 2 章详细讨论主我的这一功能。

宾我的功能

除了考虑主我的三种功能，我们还要思考宾我的三种功能。这里宾我指人们对他们自己状况的看法。

首先，人们对他们自己的看法具有重要的认知功能（Epstein，1973；Kelly，1963；Markus，1977）。这些看法影响着人们对信息的加工和解释。例如，人们尤其容易注意与他们对自己看法相一致的信息，并能快速而有效地加工（Markus，1977）。人们也能更好地记忆与他们有关的信息（Rogers, Kuiper, & Kirker，1977），尤其是那些与他们独特的自我看法匹配的信息（Markus，1977）。

其次，人们对自己的看法会引导他们的行为。认为自己有艺术才华的人会从事艺术追求，认为自己很时尚的个体会穿戴最时髦的服饰。概而言之，可以说人们所从事的许多活动，所做出的生活方式决策，都会受到他们对自己看法的影响（Niedenthal, Cantor, & Kihlstrom，1985；Swann，1990）。

最后，自我概念具有动机功能。由于人们能将他们的同一性投射到未来，所以他们能努力想象自己正在成为某个人（Markus & Ruvolo，1989）。学生为了成为教授可以进入研究生院学习。如果这个学生没有自我概念，那么他就不可能有"我要成为教授"的想法。

本书概览

与自我有关的现象目前涉及心理学的所有领域，社会学家、人类学家和哲学家也对自我怀有浓厚的兴趣。花点时间浏览一下本书的所有章节后，你就会理解我的意思。

各章简介

第2章我们要考察自我的特点。我们将侧重于理解人们思考宾我时有何看法。为此，我们会汲取多个心理学领域（如认知心理学、社会心理学）以及社会学领域的研究成果。我们也会在古代哲学问题（个人同一性问题）背景下思考主我的特点。

第3章我们要思考人们是如何开始认识他们是谁以及他们的状况的。多种力量促进了关于自我知识的获取，包括想知道我们到底是什么样的愿望，想对我们是谁感觉良好的渴望，以及希望保持对我们自己一致、稳定看法的需要。对这些问题的讨论我们会汲取大量最新的社会心理学和人格方面的研究成果。

第4章我们要考察自我的发展。我们提出的问题有：人们如何形成自我概念，人们对自己的看法又如何随着时间发生变化？这章我们会汲取发展心理学、社会学和社会心理学的研究成果。

第5章将从认知的角度考察自我。我们会考察：1.记忆中的自我知识如何表征；2.任一时间点上哪些因素决定了哪些自我观念能激活；3.关于自我的知识会如何影响人们加工信息的方式。

第6章将从动机心理学的角度探索自我。我们要考察与自我有关的过程如何发起和引导行为，自我过程有时又如何干扰有效的行为调控。

第7章将从社会心理学的角度研究自我。我们将询问以下几个问题：人们如何向他人呈现自己，自我呈现对人们私人的思想和感受有什么影响。

第8章将从人格心理学的角度考察自我。本章的重点是理解自尊的特点及功能。主要问题有：自尊的本质是什么？自尊如何发展，对人的心理活动会产生什么影响？

第9章我们侧重于临床心理学，主要探索自我过程在抑郁中的作用。我们将考察人们抑郁时会如何思考和感受他们自己，探索自我过程会如何影响抑郁的发展与康复。

第10章我们将思考自我过程和心理及生理健康的关系。主要考察的问题是：了解我们自己真实的状况是否对我们最有益，或者把我们自己想得比真实状况更好一些是否对我们更有益。

本书不会涉及的内容

前面我们预览了本书将要涉及的一些问题。结束本章之际，我想提醒读者本书不会涉及的内容。首先，我们不会从灵魂或神秘主义的角度探讨自我。许多宗教，尤其是东方宗教非常重视自我意识，或者走出自我的迫切需要。这些观点超越了当代心理学的范畴。这并不意味着这些观点不重要，而只是说明它们不属于自我心理学研究的内容。

我们的分析也将透过西方文化背景来关注理解自我的现代取向。人们的自我观念极大程度上依赖于他们出生的年代和生活的地点。数百年来，自我观念发生了巨大的变化（从关注自我的超自然性到关注自我不同的心理特征）（Baumeister，1986；Cushman，1990；Gergen，1985；Sampson，1985）。我们回顾的重点将放在现代人们对自己的看法上，我们还关注支配当代西方文化的自我观点，虽然有资料时我们偶然也会进行跨文化比较。

总　结

本章从心理学的角度分析了自我。一开始我们区分了自我的两种表达方式

（主我和宾我）。然后我们考察了自我心理学和人格心理学的关系，以及自我心理学和现象学观点的共同之处。

接下来，我们在历史背景下考察自我研究。行为主义在心理学发展过程中曾经占据了主导地位。行为主义遵循两种假说（实证主义和机能主义），致使心理学家忽视了自我研究将近50年。最终，行为主义学说的影响开始逐渐减弱，自我研究重新引起心理学界的重视，心理学的所有领域当前几乎都对自我感兴趣。

本章最后我们简要说明了本书的主要内容，并指出不会涉及的几个主题。

- 本书对自我做了心理学的分析。心理学家研究人们如何思考和感受自己，他们希望如何思考和感受他们自己，以及这些自我思考和感受如何塑造并引导行为。
- 自我由两个关联的部分构成：主我和宾我。主我指代自我中积极地体验世界的那部分（如感知、思考或感受）。宾我指代自我中我们注意、思考或感知的客体部分。主我（实际上）包含在我们所做的任何事情当中，它几乎总在意识中出现。宾我并不总是我们经验中的一部分，我们更多地把其他人和事物当做注意的客体。
- 自我概念指人们思考他们自己的特定方式，自尊指人们感受他们自己的特定方式。
- 自我心理学更关注主观体验（即人们认为自己是什么样）；人格心理学更关注客观体验（即人们实际上是什么样）。除了这些差异，自我心理学和人格心理学有许多共同点。这是因为人们的实际状况会影响他们对自己的看法和感受，也因为人们对自己的看法和感受是他们人格的一部分。
- 现象学思想强调行为乃由"显现出的"世界支配，而非"实际的"世界。自我心理学具有现象学的特点，它强调行为通常受人们对自己状况的看法支配，而非他们的真实状况。厌食症就是很生动的例子，尽管厌食症患者确实已经很瘦了，但她仍然认为自己超重，觉得应该节食减肥。
- 自我在19世纪后期成为美国心理学的重要部分，但20世纪初行为主义运动的兴起使得大多数心理学家忽视了自我。行为主义运动受两种核心假说支配：实证主义和机能主义。实证主义是一种方法学学说，主张只有能由中立观察者客观测量的具体现象才适合科学研究。这种对客观性的强调就排斥了自我研究，因为自我本质上是一种主观的心理现象。机能主义学说涉及心理活动的本质，它主张无论如何思想在引导行为方面没有一丝作用，因而也排斥了自我研究。正如机能主义所宣称的，人们对自己的看法和感受并不能引导行为。

- 行为主义的机能主义立场与有目的或指向目标的行为分析形成了鲜明的对比。根据目标模型，行为是为了目标而发动的。有机体想要或渴望达到某种目标或结果，从而采取行动。机能主义对行为的解释根本不重视目标指向的行为或有目的的行为。

- 在行为主义统治时期，并非所有的理论家都忽视自我。社会学家和很多临床心理学家主张，人们自我参照的思想和感受是心理学研究的重要课题。一些实验结果也对完全机能主义的行为分析提出了质疑。这些进展使得自我重新成为心理学研究的重要课题。

- 学界确认了自我的一些功能。主我指我们对自己的意识，认识到我们是独特而统一的实体，具有时间上的持续性，能做出意志行为。宾我会影响信息加工并引导当前和未来的行为。

补充读物

Allport, G.W. (1943). The ego in contemporary psychology. *Psychological Review*, 50, 451-478.

Boring, E.G. (1951). *A history of experimental psychology*. New York: Appleton, Century, Corfts.

Woodworth, R.S. (1948). *Contemproary schools of psychology* (2nd ed.). New York: RonaldPress.

2

自我的特点

美国前总统约翰逊（Lyndon Johnson）曾经这样描述自己："（我是）随意的美国人、合众国参议员、民主党人、自由主义者、保守派、得克萨斯人、纳税人、农场主，不再像过去那样幼稚，亦不会如我预期的那般老迈"（引自Gergen，1971）。虽然并非每个人都会用如此多的词语来描述自己，但每个人的确都会有丰富的自我认识。他们对自己的身体状况、能力高低、社会角色、个性特质、意见、天赋等诸多方面都会有看法。

本章我们要考察自我的特点。我们的分析特别倚重威廉·詹姆斯1890年的著作《心理学原理》（The Principles of Psychology）中的第10章。詹姆斯既是心理学家，又是哲学家，他的著作既有概念综合、隐喻分析，又有敏锐洞察、批判思维，令人叹为观止。该书在出版后的一个多世纪里，一直是美国心理学界最重要的出版物。所有想系统学习自我理论的学生都必须从詹姆斯的理论入手，因而，我们的分析也从这里开始。

本章第一节探索宾我的特点。我们会关注人们在回答"我是谁"这个问题时的想法。我们会看到，威廉·詹姆斯在一百多年前所提出的许多观点仍然适用于今天。同时，我们也将看到新近研究拓展和修正了詹姆斯的许多观点。

本章第二节将考察自我的情感和动机作用。詹姆斯特别关注理解自我感受（self-feelings，又译自感）的特点以及它引发的行为。我们将讨论詹姆斯的观点，同时要查找新近的研究，看看不同的自我观点（如你认为你应该成为什么样的人）和自我感受之间的关系。

本章最后一节将考察主我的特点。几个世纪以来，哲学家们都在苦苦思索一个哲学问题，即个人同一性[1]问题。这里的关键问题是，自我的某些方面是否可以用来解释所感知到的心理统一体。威廉·詹姆斯也致力于该问题的研究，我们将研究他提出的解决方案。我们还要回顾两位早期哲学家（约翰·洛克和大卫·休谟）所提出的解决方案，因为他们解决个人同一性疑问的尝试正是詹姆斯分析该问题的基础。

宾我的特点

我们首先要讨论宾我的特点。正如第 1 章所述，我们用"宾我"这个词来指代人们对于他们是谁以及他们是什么样的看法。在继续阅读之前，花一点时间填写表 2.1 中的问卷，从中可以反映你是如何看待你自己的。

经验自我的三个组成部分

威廉·詹姆斯用"经验自我"一词指代人们对于他们自己的各种各样的看法。他的分析非常广泛。[2]

---

1 personal identity，又译为个人身份、个人认同、人格同一性，即个体作为持续存在的实体所具有的独特人格——编者注。

2 我将在本章直接原文引用詹姆斯的著作。然而，必须指出的是，詹姆斯总是使用男性的人称名词"他"，这与现在的标准相矛盾。在此情况下，我认为忠实原著更为重要，因此就没有做任何修改。

表 2.1　自我测验#1

假设你想让某人知道你真实的情况。你可以告诉此人你自己的 20 件事，包括你的个性、背景、生理特征、爱好、属于你的东西、你亲近的人，等等——简言之，就是任何能帮助这个人了解你真实情况的事物。你会告诉他什么？

1. _____
2. _____
3. _____
4. _____
5. _____
6. _____
7. _____
8. _____
9. _____
10. _____
11. _____
12. _____
13. _____
14. _____
15. _____
16. _____
17. _____
18. _____
19. _____
20. _____

我们每个人的经验自我就是所谓的宾我。但很明显,宾我和我的(mine)之间的界线很难区分。我们对属于我们的东西的感受和举动与我们对于我们自己的感受和举动十分相似。我们的名望、我们的孩子、我们的杰作对于我们就像我们的身体一样宝贵。而且一旦它们受到了攻击,会引起像身体受到攻击一样的报复情感和行为。那么我们的身体本身仅仅是属于我们的,还是本来就是我们(us)?(James,1990,p.291)

詹姆斯继续将经验自我的不同部分划为三类:(1)物质自我,(2)社会自我,以及(3)精神自我。

物质自我

物质自我指可以承载"我的"(主我的 [my] 或宾我的 [mine])所指向的有形客体、人或地点。物质自我还可以分为躯体自我和躯体外(超越躯体的)自我。罗森伯格(Rosenberg,1979)认为躯体外自我是延伸的自我,整本书我们都会使用该术语。

物质自我的躯体部分无需多做解释。某个人谈及我的手臂或我的双腿,这些实体显然属于"我是谁"的固有组成部分。但我们对于自我的感知却并不限于我们的身体。它还包括其他人(我的孩子)、宠物(我的狗)、财产(我的汽车)、地方(我的家乡),以及我们的劳动成果(我的绘画作品)。

然而,物质自我并非由物质实体本身构成。相反,恰恰由我们对这些物质实体心理上的占有欲组成(Scheibe,1985)。例如,某个人也许有一张他最喜欢坐的椅子,椅子本身并不是他自我的一部分。相反,是句子"我最喜欢的椅子"表达了一种占有感。这就是延伸的自我意之所指,它包括心理上属于"我是谁"的所有人、地方和事物。

思考詹姆斯为什么如此广泛地定义自我很有意思。在他写这本书之前,自我的心理学研究局限在物质自我上。回忆一下第1章,内省主义者要求人们在接受各种刺激时报告他们的想法和感受。其中一些报告涉及个体对自己身体状态的意识。例如，个体可能报告说"我感到胳膊很重"或"我的皮肤感到温暖"。这些都是自我的不同方面。但詹姆斯想把自我研究扩展到个体的非物质方面。他认为自我比我们的身体更易变，含义更广。

既然自我是易变的，那么我们怎么能断定某一实体（entity）是否是自我的一部分？詹姆斯认为可以考察我们对于这一实体的情感投入来做此判断。当实体受到褒扬或攻击时，我们表现出情绪反应，该实体就可能是自我的一部分。

> 最可能的情况是……个体的自我是他所能称为"他的（his）"所有事物的总和，不仅限于他的身体和他的心理力量，还包括他的衣服、他的房子、他的妻儿、他的祖先和朋友、他的名声和成果、他的土地和马匹、他的游艇和银行账户。所有这些都赋予他相同的情感。如果这一切都兴旺，那么他会产生成就感；如果这一切都衰败，那他会产生沮丧感——虽然每件事的情感强度未必相同，但总的趋势大体一样。（pp.291-292）

判断某一实体是否属于延伸的自我的另一个方法是，看我们对它的反应方式。如果我们非常关注它，并努力想提升或拥有它，就能推断该实体属于自我。

> [物质自我的所有部分]都是人们本能偏爱的事物，它们对人们的生活具有十分重要的实际利益。我们都会无条件关注自己的身体，为它穿戴华美的服饰；关爱妻儿老小；寻找能安居的家。
> 同样的本能冲动驱使我们积攒财产，财物因而成为经验自我的重要组成部分，虽然它们带来的亲密感不一样。感觉最亲密的财富当属饱含我们辛勤劳动汗水的那部分……诚然，财产损失导致的沮丧感部分源于我们的感知：我们再也享受不到财产预期带来的好处，然而远不止此，任何财产损失都会带来我们人格的缩小感，我们自己的一部分自我变为空白，这本身是一种心理现象。（p.293）

除了强调动机在确认自我中的重要性以外，詹姆斯也有趣地指出能成为自我之事物的特点。詹姆斯认为，这些财物并不仅仅因为它们的功用而受重视，还因为它们已经成为我们的一部分。詹姆斯写道："不仅仅是我认识的人，我所了解的地方和事物也都以一种隐喻的方式扩展了自我。"（p.308）。

有大量研究支持詹姆斯对财物和自我紧密关联的经验之谈（参见 Belk，1988）。首先，要求人们描述自己时，他们往往自然而然地提及他们拥有的财物（Gordon，1968）。人们也热衷于聚敛财物，例如，幼儿都是热心的收藏者。他们会收集瓶盖、石块、贝壳等。收藏这些东西并不仅仅因为重视它们的物质价值（其价值往往可以忽略不计）；相反，它们代表了自我的重要部分。把财物视为部分自我的倾向将贯穿我们一生，也许这可以解释为什么那么多人很舍不得丢弃旧衣服或早已没有用处的东西。

关于这一点，还有若干原因。首先，财物具有象征功能，可以帮助人们定义自己。我们穿戴的服饰、驾驶的汽车以及装饰房间和办公室的风格都在提醒我们：我们认为自己是谁，我们希望他人怎样看待自己。当人们感到自己的同一性不明确或受到威胁时，尤其容易攫取并展示这类标志或象征（Wicklund & Gollwitzer，1982）。例如，刚获得博士学位的人可能会突出展示他的学位证书，以说服他自己和他人，自己已经成为渴望已久的学识渊博的学者。财物的这些功能支持了萨特（Sartre，1958）的主张：人们积累财物是为了扩展他们的自我感。

财物最终也会延伸自我。大多数人都会设法确保他们的信件、照片、财产和纪念品在死后能分享给别人。尽管分享某些物品的本意是让他人享有这些物品的实用价值，但昂鲁（Unruh，1983，引自 Belk，1988）认为这种散播依然具有象征功能。人们总是希望将他们的财物传递给下一代而获得永生。

人们对财物的情绪反应也证明了财物对于自我的重要性。丢失了钱包里的照片通常比丢失一些钱更为痛苦。同样，许多车主会为汽车的损坏而感到极度愤怒，哪怕那只不过是很轻微的损伤。最后，许多因自然灾害而损失财产的人会体验到与失去心爱的人一样的悲痛（McLeod，1984，引自 Belk，1988）。

财物是部分延伸的自我的更多证据来自于贝根（Beggan，1992）的一系列调查。在最初的研究中，展示给参与者大量廉价物品（如钥匙环、塑料梳子、纸牌），从中选取一样，要求他们保管。之后，参与者对于他们的物件的评价要高于未得到的物件。跟踪调查发现，在无关实验测试中失败的参与者身上这种倾向显得尤为明显。对于这种"纯粹占有效应"（mere ownership effect）有几种解释，一种可能是，一旦财物成为自我的一部分，我们就会赋予其价值，利用它们提升积极的自我价值感。

最后，珍视与自我有关的物件或实体的倾向甚至延伸到了字母表。要求人们判断不同字母的愉悦度时，他们更喜欢自己名字（尤其是词首大写字母）中包含的字母（Greenwald & Banaji, 1995; Nuttin, 1985, 1987）。"人名字母效应"进一步支持詹姆斯的断言：我们的自我感远远超越了我们的身体，它还包括我们称为"我们的［ours］"所指向的物体和实体。

社会自我

詹姆斯认为第二种经验自我是社会自我。社会自我指的是他人如何认识和对待我们。（我将把自我的这些方面称为个体的社会同一性。）如前所述，詹姆斯的论述非常广泛。

> ……有多少人认可个体并将这种印象牢记于心，个体就拥有多少种社会自我……但是形成印象的人也分属不同阶层，我们可以很实际地说，只要个体在乎不同群体之人的看法，那么有多少群体就会有多少种社会自我。（p.294）

有学者（Deaux et al., 1995）划分了五类社会身份：私人关系（如夫妻）、种族/宗教（如非裔美国人、穆斯林）、政治倾向（如民主党人、和平主义者）、烙印群体（如酒鬼、罪犯），以及职业/副业（如教授、艺术家）。有些身份是先赋身份（生而具有，如儿子或女儿），有些是自致身份（通过个人努力获得，如教授或博士）。

每一种身份都伴有一系列特别的期望和行为。"父亲"角色显然与"教授"角色有不同的行为表现。有时这些差异微不足道，有时却又意义重大，差异悬殊。

> 许多年轻人在父母和老师面前举止文雅,而在"顽劣"的同伴面前却会肆无忌惮,赌注发誓,狂妄自大得像个海盗。我们不会把自己展现给孩子一面呈现给俱乐部同伴,展现给客户的一面呈现给雇员,展现给师长和老板的一面呈现给密友。准此而论,个体实际上有着若干不同的自我。不同的自我之间可能割裂,正如某个人在外地时可能担心有熟人认识他;或者也可能完美地进行分工合作,正如某个人可能会温柔地照顾孩子,也会严厉地对待手下的士兵和囚犯。(p.294)

詹姆斯这里提出的重要观点非常关键。很大程度上,我们对自己的认识取决于我们所扮演的社会角色(Roberts & Donahue,1994)。在不同的社会情境中,我们的自我并不相同。而当我们面临关涉两个以上自我的情境时,就会产生问题。比如家庭聚会中同时是父母又是孩子的人就会明白此类场合下的尴尬。只在固定情境出现或只以一种角色示人的人出位时,我们也会感到惊讶。比如学生在校外(如电影院、饭店或运动会)遇到教师往往会感到慌乱,因为他们很少看到他们的老师穿着如此休闲,举止如此随便。

不同社会情境下人们倾向于展现不同的自我,这引发了一个重要问题:是否存在一个稳定的核心自我,能超越这些不同的社会角色?一些学者非常坚定地认为"不存在"。他们认为自我完全由我们的各种社会角色构成,并不存在独立于社会角色之外的所谓"真实"自我(Gergen,1982;Sorokin,1947)。也有许多学者(如果不是大多数)反对这一观点,认为太过极端。这些学者虽然承认人们在不同的社会情境下会有不同的行为,但也主张存在一种普遍的自我,贯穿这些不同的社会身份。威廉·詹姆斯赞同这一观点。詹姆斯认为我们的社会角色是自我的重要部分,但它们绝不是自我的惟一部分,也不是最重要的部分。

詹姆斯继续对社会自我进行论述。他假定存在一种渴望他人注意和认可的本能驱力。詹姆斯认为,我们与他人发生联系并不仅仅是因为我们喜欢有同伴,而是因为我们渴望得到认可和地位。

个体的社会自我是从伙伴那里获得的一种认可。我们不仅是群居动物，喜欢出现在同伴的视野中，而且我们天生就有获得同类积极注意的倾向。个体在社会一旦被人抛弃，变得散漫，自此决不会引起任何群体成员的注意，这世界还没有任何一件事情能带来如此残忍的惩罚。（p.293）

总之，社会自我包括我们所拥有的各种社会地位和我们所扮演的各种社会角色。但从本质上看，自我并不仅仅是这些社会身份。更重要的是，我们认为他人会如何认识和对待我们，即我们认为他人会怎样评价我们。这些内容将在第3章（反射性评价过程）重点讨论。

精神自我

詹姆斯理论的第三种经验自我是精神自我。精神自我是我们的内部自我或心理自我。除去真实物体、人、地方和社会角色之外，由能称为我的（my 或者 mine）的一切构成。我们感知到的能力、态度、情绪、兴趣、动机、观点、特质及愿望都是精神自我的组成部分。（我将把精神自我的这些部分称为个人同一性）。简言之，精神自我指的是我们所感知到的内在心理品质，它代表了我们对于我们自己的主观体验——我们对自己的感受。

> 精神自我……我认为指的是个体内在或主观的存在，他的心理能力或性格倾向……这些心理倾向是自我最持久和私密的部分，即我们看来最真实存在的部分。我们思考自己的争论和辨别能力、道德感和良心、不屈不挠的意志时，比浏览我们的财物会获得更纯粹的自我满足感。（p.296）

詹姆斯提出思考精神自我的两种方法。其一（他称为抽象方法）是孤立地考虑每一种特性，特性彼此不同。其二（他称为具体方法）是把特性视为统合的整体，就如连绵不息的河流。

> ……思考精神自我的方法很多。我们可以把它分成不同的能力，……彼此剥离，轮流确认我们自己的每种能力。这是处理意识的抽象方

法；……或者我们也可以坚持具体的观点，那么我们的精神自我要么是我们的全部个人意识河流，要么是当前的"片段流"……但是，不管具体还是抽象思考，我们对于精神自我的理解毕竟是一个反映过程，……我们摒弃只看外表的观点，其结果是……［开始］把我们自己当作思想家。（p.296）

本章稍后我们将看看詹姆斯是如何利用这种区分来解决古代哲学家对个人同一性疑问的争论的。

最后，还请注意我们的财物（物质自我方面）和我们的情绪、态度以及信念（精神自我的组成部分）之间的密切关联。正如埃布尔森（Abelson，1986）所观察到的，我们的语言能体现两者的关联。我们说某个人拥有信念指的是从最先获得信念到摒弃或丢弃信念的这段时间。我们也这样说"我承继了某个观点"或"我不能买账！"最后，我们会说有人放弃了自己坚定的信仰或否认最初的立场。这些术语意味着财物和态度具有共同的潜在概念特征：它们都属于自我（Gilovich，1991；Heider，1956）。

对詹姆斯思想的检验与修正

詹姆斯的分类真的体现了你思考自己的方式吗？为了回答这个问题，试着对詹姆斯的分析与你先前所填写的问卷做比较。我已经在华盛顿大学的课堂上用了这个问卷，发现学生的回答确实可以归入这三个类别之中。惟一的窍门就是确定哪一类可用。做出这种判断的一个办法是考虑学生的回答是名词还是形容词。罗森伯格（Rosenberg，1979）指出，社会同一性往往以名词的形式出现，并且把我们置身于更为广阔的社会背景当中（如我是美国人；我是民主党人）。相形之下，个人同一性（詹姆斯所谓的精神自我）往往以形容词的形式出现，并且有助于区分我们与他人（如我郁郁寡欢；我责任心强）。

戈登（Gordon，1968）对詹姆斯的分类做了详细的阐述，并用 8 大类、30 子类编制了一个编码程序，如表 2.2 所示。表 2.3 是问卷的样例，用于说明表 2.2。

你可以把你自己回答的问卷与它们进行比较。

表 2.2　戈登的同一性分类表

A. 先赋身份

1. 年龄

2. 性别

3. 姓名

4. 种族

5. 宗教

B. 角色和从属关系

6. 亲属关系（家庭——儿子，女儿，兄弟，姐妹）

7. 职业

8. 学生

9. 政治立场

10. 社会地位（中产阶级；贵族）

11. 国籍／地区（来自明尼阿波利斯；美国人）

12. 现实群体成员（童子军；圣地兄弟会）

C. 抽象

13. 存在主义（我；一个个体）

14. 抽象（人；人类）

15. 意识形态和信念（自由主义者；环保主义者）

D. 兴趣和活动

16. 判断，品位，喜好（爵士迷）

17. 知性兴趣（喜爱文学）

18. 艺术活动（舞蹈；绘画）

19. 其他活动（集邮）

E. 物质财物

20. 财产

21. 身体

F. 主要的自我感

22. 能力（智慧的；有才能的；有创造力的）

23. 自主性（有抱负的；兢兢业业的）

24. 团结（与人相处融洽的；抱成团的）

25. 道德价值（可信赖的；诚实的）

G. 人格特征

26. 人际类型（友好的；公正的；优雅的；羞怯的）

27. 心理类型（快乐的；忧伤的；好奇的；镇定的）

H. 外部参照

28. 给他人的印象（受人敬佩的；受欢迎的）

29. 当前状况（饥饿的；无聊的）

30. 无法确定

资料来源：Copyright 1965 John Wiley & Sons, Inc. Reprinted by permission of John Wiley & Sons, Inc.

集体自我

詹姆斯撰写《心理学原理》的时期，心理学还是欧洲受过高等教育的男性独占的领域，因而他的分析具有一定的狭隘性。这种局限性明显表现在詹姆斯不太关注人们的种族、宗教和种族身份。这些身份（现代研究者称之为集体自我）对人们有非同寻常的意义，尤其是少数民族的人，例如，爱尔兰人、犹太人和非裔美国人等格外重视他们的种族身份。

针对这些集体身份的两个相关课题已经引起了学界的关注。研究方向之一是侧重人们如何评价这些特定的身份。历史上看，少数民族身份往往带有负面含义。少数族裔被打上耻辱的烙印，受到歧视。这种状况使得某些少数族裔成员变得怨恨，否认自己的种族身份，甚至背叛自己的种族身份（Lewin, 1948）。

近年来可以看到这些趋势发生了变化。以 20 世纪 60 年代的黑人自豪运动（Black Pride Movement）为起点，少数族裔群体已经开始为提高本民族在本族成员心目中的地位而努力。他们鼓励本族成员庆祝民族传统节日，要他们把自己的种族身份视为自豪的源泉，而非耻辱的烙印。这些努力看来取得了成功。现在，多数少数族裔成员都开始用积极的词语来形容他们的种族身份（Crocker et al., 1994；Phinney, 1990）。

表 2.3　对于问卷"你会告诉他们什么"的回答（样例）

回　答		詹姆斯	戈　登
1.	精明的	精神	能力
2.	褐色头发，棕色眼睛	物质	身体
3.	友好的	精神	人际类型
4.	意大利移民的女儿	物质	亲属关系
5.	华盛顿大学大三学生	社会	学生
6.	喜欢心理学	精神	兴趣和活动
7.	天主教徒	社会	宗教
8.	在日托所工作	社会	职业
9.	爱好戏剧	精神	兴趣和活动
10.	拥有一辆本田汽车	物质	财物
11.	绿色和平组织成员	社会	现实群体
12.	计划成为一名教师	社会	职业
13.	22 岁	物质	年龄
14.	独生子女	社会	亲属关系
15.	爱笑	精神	判断、品位和喜好
16.	有责任心的	精神	自主性
17.	舞蹈者	社会	艺术活动
18.	可信赖的	精神	道德价值
19.	忧郁的	精神	心理类型；人格
20.	娇小的	物质	身体

研究方向之二是审视少数族裔接触主流文化时如何保留自己的民族身份。想想拉丁裔的美国孩子，在他们生命的早期（学前）岁月里，他们的拉丁裔身份显然非常重要，这是他们的养育和交友模式的自然结果。之后，他们进入学校，开始接触到更为广泛的美国文化，这会对他们的种族身份产生什么影响？

表 2.4 根据儿童对少数和多数族裔群体的认同强度，介绍了四种可能的结果（Phinney，1990）。有些儿童能采纳主流文化身份，但同时也保留对本民族文化背景的强烈认同，这类儿童可谓具有文化适应性，是统合的或者二元文化

表 2.4　少数族裔和主流族裔同一性各因素强度的比较

		认同少数族群	
		强	弱
认同主流族群	强	文化适应 统合的 二元文化的	同化
	弱	隔离	边缘化

资料来源：Adapted from Phinney，1990，*Psychological Bulletin*，108，499-514. Copyright 1990. Adapted by permission of The American Psychology Association.

的。抛弃本民族身份而认同美国身份的儿童则被同化。拒绝认同主流文化的儿童出现了隔离现象（separation），而与两种文化群体都失去联系的儿童则被边缘化。

对于许多世纪之交的移民而言，同化是他们期望的结果。美国新移民希望完全融入美国文化，摆脱他们自己的种族身份。因而，许多人改了自己的名字，努力矫正口音，毫无保留地接纳美国习俗和文化。

时移势易，人们开始提倡多元文化，许多少数民族成员努力使自己适应文化而不是被同化。菲尼（Phinney，1990）介绍了促进文化适应这一目标的诸多行为：参加本民族活动，继续使用本民族的语言，以及结交本民族的其他成员。研究者（Ethier & Deaux，1994）还发现，这类行为能帮助西班牙裔学生在第一年进入以英国人为主的大学时仍保持他们的民族身份。

身份重要性的文化差异

人们赋予其各种身份的重要程度具有文化差异，这已经成为一个研究课题。詹姆斯认为人们的个人同一性（精神自我）比社会同一性（社会自我）更重要。

……人们有着各种各样的自我……根据它们的价值大小分为不同的等

级。……身体自我在底端，精神自我在顶端，而身体之外的物质自我和各种社会自我居中。（p.313）

不同自我的层级具有文化差异性（Markus & Kitayama，1991；Triandis，1989）。西方国家（如美国、加拿大和西欧国家）非常崇尚个人主义。他们是竞争取向的，强调人们的差异性。这种倾向使得他们非常注重个人同一性；相反，东方文化（如日本、中国和印度）更倾向于合作、集体主义的和相互依赖。他们的文化并不强调人们的差异性，而重视人与人之间的相互联系，因而他们更注重社会同一性。

卡曾斯（Cousins，1989）的调查证明了自我重要性的文化差异。此次调查中，美国和日本大学生要填写一份问卷，它与你先前所做的问卷很相似，然后在他们认为最能描述自我的5个回答上打钩。研究者再根据这5个回答是属于个人同一性（感知到的特质、能力或气质）、社会同一性（社会角色或人际关系）或其他（如生理特征）来分类。

图2.1就是该调查的结果。图上显示了美国学生有59%的次数列举了个人同一性（如我是诚实的，我是聪明的），但日本学生只有19%。相反，日本学生有27%的次数列举了社会同一性（如我是学生，我是女儿），但美国学生只有9%。这些差异证明人们在自我看法上存在文化差异（参见Trafimow，Triandis & Goto，1991）。

卡曾斯在该研究中还发现了另一个重要的文化差异。西方人认为自己拥有超越特定情境的心理特质。比如，要求西方人描述自己时，她可能会说"我很有礼貌"。东方人则往往会将自己与特定的人或情境联系起来；要求东方人描述自己时，她可能会说"我在学校很有礼貌"或"我对我父亲很有礼貌"。两者之间关键的差别在于，西方人的回答不受情境约束，而东方人的回答则会具体说明关系或情境条件。

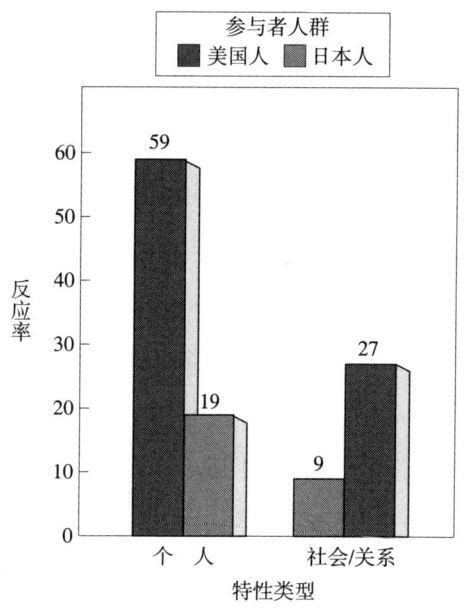

图 2.1 美国学生和日本学生对于"我是谁"问卷所回答的身份陈述。数据显示美国学生更倾向于根据他们的个人特性来描述自己,而日本学生更倾向于根据他们的社会特性来描述自己。这些结果表明自我概念存在文化差异。

资料来源:Adapted from Cousins,1989,*Journal of Personality and Social Psychology*,56,124 -131.Copyright 1989.Adapted by permission of The American Psychology Association.

身份重要性的个体差异

即便同一文化中的人对他们各种身份的重视程度也有差别(Cheek,1989;Dollinger et al., 1996)。继续阅读之前,请花点时间完成表 2.5 中的问卷。该问卷改编自奇克等人(Cheek et al., 1994)编制的问卷。它测量了人们对自己各种身份所赋予的权重。该问卷将同一性分为三类:个人同一性(我们所知觉到的内部或心理品质)、社会同一性(我们认为他人认识和对待自己的方式)和集体同一性(我们对于某个更大的社会群体如种族、宗教的归属感)。

要计算你的分数,请把你在表示个人同一性的四项(项目 1、4、7 和 10);

表 2.5　同一性问卷

这些项目描述了同一性的不同方面。请仔细阅读每个项目，思考它适合你的程度。然后从以下几个等级数字中选择一个填写在每个项目的空白处。

1=对我是谁的感觉并不重要

2=对我是谁的感觉有点重要

3=对我是谁的感觉比较重要

4=对我是谁的感觉非常重要

5=对我是谁的感觉极端重要

1.____我的梦和想象。

2.____我对于他人的吸引力。

3.____成为我家谱中的一员。

4.____我的情绪和情感。

5.____我受他人欢迎。

6.____我的种族背景。

7.____我个人的自我评价；我对自己的个人看法。

8.____我的名声；别人如何看待我。

9.____我的宗教信仰。

10.____我个人的价值观和道德标准。

11.____人们对于我言行的反应。

12.____我对所在社区的归属感。

资料来源：Adapted form Cheek，Tropp，Chen，& Underwood，1994.Paper presented at the 102nd Annual Convention of The American Psychological Association，Los Angeles. Reprinted by permission of Jonathan M.Cheek.

表示社会同一性的四项（项目 2、5、8 和 11）；表示集体同一性的四项（项目 3、6、9 和 12）上的给分平均。多数美国大学生在个人同一性项目上得分最高。此外，亚裔美国人比欧裔美国人更看重集体同一性，这进一步证明了文化对人们自我观念的影响。最后，有证据表明，所有文化的女性比男性更倾向于用关系词语（本量表中的集体主义部分）看待自己（Kashima et al., 1995；Markus & Oyserman，1989）。

个人叙述

宾我的性质还有一个问题也值得研究。前述宾我犹如由一堆知觉到的财物、社会角色和特质等构成的凌乱集合体。其实不然,大多数人会把他们经验自我的多个方面组织成连贯的整体。

麦克亚当斯(McAdams, 1996)认为这种组织通常以个人叙述的方式完成。个人叙述指个体(内隐地)构造的自己生活的故事。叙述包括个体思考自己的方式、个体的记忆、情感和体验。这一持续进行的故事涵盖了小说典型的文学手法(如主要情节和次要情节、人物描述)。许多故事也有关键的转折点或自我定义联结点(如你要真正了解我,就必须了解我为什么放弃了出租车司机这样一个谋生的职业,转而攻读心理学的博士学位)。简言之,个人叙述整合了个体生活的各个方面(包括经验自我)并赋予其意义。

自我感受、自利和自卫

除了讨论自我的特点,詹姆斯还探讨了自感和自我的动机方面(他称为自利和自卫)。就自感而言,詹姆斯认为某些情绪总是以自我为参照点,称为自我满足和自我不满,并将它们与更一般的情绪(如快乐和忧伤)进行了区分。这些与自我有关的情绪包括:

……一方面是骄傲、自负、空虚、自尊、傲慢[和]虚荣;另一方面是谦逊、谦卑、困惑、胆怯、害羞、羞耻、屈辱、悔悟、污名和绝望。(p.306)

詹姆斯把这些情绪视为自然本能,就像

……我们天性中直接而基本的天赋……每一种情绪都值得归入基本的情绪类别,如愤怒或痛苦。(pp.306-307)

最后,詹姆斯认为,人类具有体验积极情感,避免消极情感的内在驱力。

我们知道，某个在逃的人被逮捕，基本上可以判定他人生的成败，但这与我们没什么关系，他可能被绞死，我们一点也不关心。但我们知道，如果这个人是我的话，那就变得极为重要和万分可怕了。"我绝不能失败"，是每个人心中迸发出的最响亮的声音，谁都可以失败，我不能，我一定要成功……我们每个人都为自己关注个人存在的纯粹性这种直接情感所鼓舞……只要是我都是宝贵的，因为是我，所以宝贵；我的一切都不允许失败，因为是我的，所以必须不能失败，等等。（p.308）

自我感受的决定因素

区分了各种与自我有关的情绪以后，詹姆斯开始思考这些情感的唤起问题。在一段常为人引用的话语里，他提出以下公式：

这个世界上我们的自感完全取决于支撑我们存在和行动的因素。它决定于我们实际的能力和认为的潜能之间的比值，即以自负为分母、成功为分子的分数，因而，自尊=成功/自负。（p.310）

本书第 8 章我们会专门讨论自尊，那里我们将有机会检验詹姆斯公式的价值。现在，我们只简略地阐明他的观点。

自负和价值

詹姆斯书中的自负（pretensions）有两种不同的含义。有时他用它来指代个人重要性领域（domains of personal importance）。

当时我不遗余力要成为一名心理学家，如果有人比我的心理学知识渊博，我就会感觉蒙羞。但我满足于沉浸在希腊人所忽视的领域。我在拉丁语上的不足并没有给我带来任何耻辱感。如果我自负想成为一名语言学家，情形将恰恰相反。（p.310）

这里詹姆斯指出，作为心理学家的表现比作为语言学家的表现，更能激发他强烈的情绪反应。概而言之，他认为，高个人重要性领域的结果比起低个人重要性领域能引起更强烈的情绪反应。这就赋予了自负以价值（依据事物对个人的重要性）。

举个例子，假设你在上两门课。一门选修课，你选这门课只是为了消遣；另一门是专业必修课。詹姆斯的公式表明，你在后一门课（更重要的课）上的表现，比前一门课（不重要的课）的表现，能激发你更强烈的情绪反应。

自负和抱负

自负除了可以指代对个人重要的事物之外，詹姆斯也用它来指代个人的抱负水平，即能让个体满意的最低成绩。

> 如果一个人只因为拳击或皮划艇世界排名第二就羞愧至死，我们会感到很不解。他能够打败全世界一人之外的所有人，却认为没有任何意义；他要求自己一定要打败那个人，只要他做不到，任何事都不重要。然而，一个能被所有人都打败的软蛋却不会为此懊恼，因为他很久以前就根本放弃了自我的这一目标。（pp.210-311）

这段文字根据个体的抱负水平来解释自负。这说明，人们对所获结果的感受并不仅仅受结果本身的影响——它还取决于人们衡量成败的标准。

假设两位学生在同一门课上都得了 70 分。甲学生可能并不满意，因为他原本期望得到 80 分；乙学生却可能非常兴奋，因为 60 分他就满足。即使客观结果一样，但两位学生的情绪反应却截然相反。为什么？因为正如现象学学说所言，人们对事件的反应并不仅仅取决于事件本身，还取决于人们赋予事件的意义。400 多年前，莎士比亚就已经认识到了这一点。莎士比亚在《哈姆雷特》里这样写道："事物无好坏之分，唯思维使然"（第二幕，第 2 场，第 259 句）。我们得到 70 分时欢快还是沮丧，取决于我们赋予分数的意义。70 分是否意味着学生个人学业成败？是知觉而非分数本身支配我们的情绪活动。

上述分析表明，有两种方法可以让你对某领域的表现感觉良好。你可以提高你的成绩或降低抱负水平。用詹姆斯的话来讲，任何一种方法都能让你感觉更好。

> 可以减小分母或增加分子来提高自尊。放弃自负可以让他们如释重负，得到满足……加诸于自我的一切都是负担，自豪也一样……我们的自感就体现在我们的实力里。正如卡里尔（Caryle）所言："让他们免费工作，那么世界都在你的脚下。"（pp.310-311）

梅德维克等人（Medvec，Madey & Gilovich，1995）最近证明了一个相关趋势。他们研究了1992年夏季奥运会获得奖牌运动员的情绪反应。有趣的关键问题是：银牌获得者是否比铜牌获得者感觉更好。逻辑上，前者应该比后者感觉更好，因为前者成绩更好。但梅德维克等人假设却恰恰相反，因为银牌获得者会想：他们只要稍微调整策略或更努力一点，他们就能得到金牌了，这使他们很沮丧。

为了验证他们的观点，梅德维克等人要求中立观察者评价两类奖牌获得者在比赛刚刚结束之际和之后站在领奖台上的表情。图2.2显示了研究结果，和他们的预测一样，在两个时间段里，银牌获得者都不如铜牌获得者高兴。研究结果很有趣，突出显示了人们对成绩的情绪反应并不仅仅取决于客观结果本身。

羞愧与内疚

除了探索成就对自感的影响以外，研究者还扩展了詹姆斯对消极自我情绪之性质的看法（参见 Tangney & Fischer，1995）。受关注的一个问题是羞愧和内疚的区别。一些学者（如 Buss，1980）认为，这些情绪因其私密程度而有所区别。羞愧感是公开的情绪，跟随外界的反对和责骂而产生，而内疚感是一种更为私密的知觉反应，因为个体没能达到他的标准和理想而产生。

其他一些学者（如 Barrett，1995；Lewis，1971；Lazarus，1991；Niedenthal，Tangney，& Gavanski，1994）认为羞愧是一种比内疚更具弥散性的情感。内疚的焦点是行为，人们在发现他们做了不应该做的事情时会有内疚感。相反，羞愧

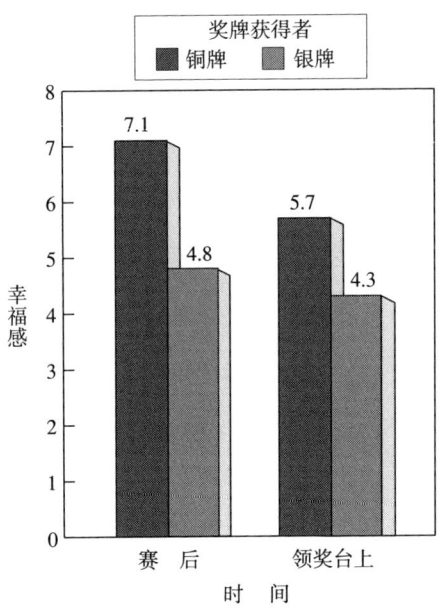

图 2.2 奥林匹克运动会中刚比赛完毕时和登上领奖台时获银牌和获铜牌者的快乐级别。数据显示,银牌获得者显得比铜牌获得者要不愉快。这些发现指出,我们的情绪反应不仅仅取决于结果本身,还取决于我们对于结果的期望。

资料来源:Adapted from Medvec,Madey,& Gilovich,1995,*Journal of Personality and Social Psychology*,69,603-610.Copyright 1995.Adapted by permission of The American Psychological Association.

是一种未分化的知觉,源于知觉到自己是坏人或完全不够格。简言之,内疚的焦点集中在某种不端行为,羞愧则涉及一种认为整个自我都很坏的感觉(Barrett,1995)。

最后,羞愧和内疚在其行为倾向也不同(Lazarus,1991;Roseman,Wiest & Swartz,1994)。内疚促使个体弥补自己(知觉到)的过失并做出赔偿。相反,羞愧使得个体想避开其他人,隐藏自己(知觉到)的不足和缺点。

自我感受和假定的自我观念

羞愧和内疚的差别突出表明,自感往往受到我们可以、应该或理应是谁这类观念的影响。总的说来,这些假定的自我观念可以分为四类。

可达自我

这类自我观念中有一些是现实的。个体可能希望成为"一名更优秀的高尔夫球手"、"理解力更强"或"不那么好胜"。这些自我观念是罗森伯格(Rosenberg,1979)所谓的承诺自我的某些方面,也是马库斯等人(Markus & Nurius,1986;Markus & Ruvolo,1989)所谓的可能自我,它们是可以实现的,代表了个体想要或能够成为的一类人。这看起来好像是詹姆斯在讨论自负时所说的抱负水平。他的分析也表明,我们当前的自我观念与这些可达到的自我越接近,我们的自我感觉就越好。

理想自我

人们往往也怀有更为理想或光辉的自我观念。他们梦想成为"摇滚巨星"、"百万富翁"或"诺贝尔奖获得者"。每个人都怀有这样的自我观念,但大多数人并不会混淆理想的自我意象与可达到的自我意象。他们知道这些理想的自我意象大都只是幻想而已。

然而,并不是所有人都能区分清楚。霍尼(Horney,1945)认为,神经质人格的特征就是固执的、理想化的自我。她指出,这类人不能忍受低人一等的感觉,因而构建出理想的自我意象,隐藏真实的自我。这样的人在任何事上都要做到最好,想要得到所有人的喜欢、崇拜和认可。当然,不可能达到如此苛刻的期望,因而他们注定要失望和受挫。

需要着重指出的是,区分神经质人格和正常人格在本质上并非理想的自我意象。每个人或多或少都渴望成为梦想中的人物。当理想自我变成必须自我(must self)时,问题就出现了:因为当我们必须成为"完美的丈夫"、"尖子生"、

"学校里最受欢迎的人"时,这样的理想自我意象才成为心理问题的来源(Blatt,1985)。

应为自我

另一个自我观念的类别是我们应该成为的自我。例如,某个孩子可能认为他有责任成为"继承家族生意的忠诚的孩子";某位已婚妇女可能感到她有责任成为"生育和照料孩子的母亲"。希金斯(Higgins,1987)把这些信念视为应为自我的组成元素,并据此解释人们的内疚和焦虑感,原因在于他们发现现在的自我与观念中的应为自我不一致。

不欲自我

最后,人们也会考虑他们害怕或不想成为的自我。如害怕成为"生意上的失败者"、"过气演员"或"依靠子女的人"。奥格尔维(Ogilvie,1987)把这些形象归结为不欲(不想成为的)自我,并指出,它们在决定人们快乐和满足的程度上起了重要的作用。我们现在的自我与害怕成为的自我心理距离越远(即我们越不类似这些负面的自我意象),我们的生活越幸福。这些潜在的负面自我意象还具有重要的动机功能。如果不是太极端还具有诱因的作用。它们可以激励人们努力工作以避免这些负面身份(Oyserman & Markus,1990)。

自我感受和社会关系

社会关系是自感的另一个重要来源。回忆一下詹姆斯所说的物质自我,不仅包括我们的身体特征和财物,也包括社会中的其他成员,如我们的家庭、朋友和所爱的人。比如,人们在描述自己时往往会捎上其他人(如"我是希拉里的丈夫")(Kuhn & McPartland,1954;Dollinger & Chancy,1993),或在自我概念中纳入其他人的表征(Aron et al., 1991;Davis et al., 1996;Smith & Henry,1996)。

沐浴在反射的光辉下

其他人作为自我概念的一部分，也能唤起自感。这种现象在我们所爱的人身上尤为明显（如父母会为子女取得的成就非常骄傲），但是这种影响也会延伸到不太亲密的关系中。例如，设想一下，体育场上的体育迷们会被其他人的情绪征服。一场重要比赛取得胜利后，球迷们高唱"我们是第一"涌向球场的情景并不少见。人称代词"我们"的使用意味着胜利的体验非常个人化，而且这种欣快感与自我有关（相关研究请参考 Cialdini et al., 1986；Hirt et al., 1995）。

社会同一性理论

有学者认为社会关系和自感之间的联系也具有动机意义。这一点可谓社会同一性理论的核心（Tajfel & Turner，1986）。社会同一性理论（social identity theory）主张：（1）社会关系是自我概念的重要组成部分；（2）人们受动机的激励要自我感觉良好；（3）当人们发现自己所属群体比其他群体更好时自我感觉更好。

对该理论的检验有多种形式。利用最小的跨群体范式的研究具有特殊价值。在这些研究里，依据相对无意义的标准将参与者分成几个组。例如，可能展示给参与者两幅图画，然后根据他们最喜欢哪一幅来对他们分组。之后要求参与者在两组间分配钱币奖励。很明显，参与者的分配更有利于自己所在的那一组，这样做会使他们的自我感觉更好（Lemyre & Smith，1985；Maass, Ceccarelli, & Rudin，1996；Oakes & Turner，1980）。这种倾向被称为群体内偏好（ingroup favoritism），它支持了这样一个观点：即便是与他人之间微不足道的联系也会对个体的自我感觉产生有力的影响。

小 结

表 2.6 总结了我们讨论过的许多观点。它是以布鲁耶和加德纳（Brewer &

表 2.6 对经验自我的四重分类

自我概念标签	描 述	例 子	与詹姆斯理论的关系	自感的基础
个人	知觉到的身体特征、特质、能力及个人财物	我是金发女郎；我很害羞；我有一辆凌志车	属于物质自我（不包括其他人）和精神自我	个人成就；当前自我观念与各种假定的自我观念的一致性
社会	社会角色和在他人心目中的声誉	我是一名会计师	社会自我	公众认可，名望；他人的赞赏
关系	我们有着直接的、私人的联系的人	我是雪莉的丈夫	属于物质自我	为与我们有特殊关系的人所取得的成就而感到骄傲
集体	我们所归属的社会类别	我是爱尔兰人	詹姆斯对此没有明确的论述	种族自豪感；因为是成员而自豪

资料来源：Adapted form Brewer & Gardner，1996，*Journal of Personality and Social Psychology*，71，83-93.Copyright 1996.Adapted by permission of The American Psychological Association.

Gardner，1996；Greenwald & Breckler，1985；Prentice，Miller，& Lightdale，1994）的理论为基础的，对经验自我做了四重分类。第一行描述了个人自我。这里，身份由区分我们与他人的那部分自我构成。第二行描述了社会自我。这部分自我包括我们的社会角色和我们在他人心目中的声誉。第三行描述了关系自我，其中包括属于我们自我概念的特殊个体。最后一行描述了集体自我。自我的这个方面由我们所归属的社会类别所构成，包括我们的种族、宗教身份等。

主我的特点

在第 1 章里，我们区分了自我的两个方面：主我（主动地体验世界的自我）和宾我（注意目标指向的自我）。到现在为止，我们一直都在关注宾我的特点。

我们已经考察了人们对自己的思考和感觉。

詹姆斯也极为关注理解主我的性质。他对这个问题的处理发生在讨论哲学难题即个人同一性疑问上。接下来我们将（1）介绍个人同一性疑问，（2）思考詹姆斯之前的哲学家们为解决此难题而进行的尝试，（3）然后考虑詹姆斯的解决方法。

个人同一性疑问

个人同一性疑问乃指是否存在将我们无数的知觉和思维联为一体的事物。我们的心理活动是变动不居的感知万花筒（我们看到、听到、思考、记忆），种种知觉看似联系在一起，我们采用术语主我来指代这种联系。正是我听到了雷声；正是我在昨天想到了你。统合这些知觉的这个我的特点是什么呢？这就是个人同一性疑问。

具有欺骗性的简单答案是该词指代我们身体的某些方面。那么是哪些方面呢？如果你失去了一条胳膊或一条腿，你仍会用人称代词我来指代你自己吗？可以公平地说，大多数人会。也许四肢还不足以否定你的同一性；也许如果你缺少了身上的其他部分会使你不再用人称代词我来指代你自己。倘若如此，那些部分又是什么呢？在回答这个问题前，想一想以下忒修斯船的古代难题。

> 船板被一块块地卸掉，新的船板被不断地安上。由一块新板代替一块旧板并不会使船变得与以前不同；它仍然是原来那艘船，只不过其中一块船板变成了新的。随着时间的流逝，每一块船板都被新的所代替，但如果这种情况是逐渐发生的，那么这艘船仍然是原来那艘船……［因而］，随着时间的变化，某件事物的同一性并不需要使其所有的部分都保持不变。（Nozick，1981，p.33）

这个故事说明，某个实体的物理特性对于确定其同一性既不充分也不必要。古希腊哲学家亚里士多德在区分某个客体的本质和它的形式时发现了这一点。物体的本质是它的材质——它是由什么材料组成的，它的形式是抽象的和非物质的。比如一尊青铜雕像，这件物体的本质（即材质）是青铜，雕像是它的形式。如果我们将它熔化，做成其他物体（如器皿），我们将不再拥有同样的物体，即使它的本质仍旧是青铜。

亚里士多德认为人也一样。人的本质不在于其物理存在，而在于他的形式，亚里士多德称之为人的灵魂。对亚里士多德（以及许多其他理论家）而言，灵魂是非物质（非肉体）的实体，统合了我们诸多知觉并确定了我们的同一性。曾是某甲身体上的一模一样的原子和分子却可能够构成另一个人（某乙）的躯体，尽管这不大可能发生。但就算这种情况发生了，某甲也不会成为某乙，这是因为人的本质是形式而不是材质。

实体论学派：灵魂是联结的纽带

亚里士多德认为灵魂是统合个体多种感、知觉的非物质实体，这一观点在他去世后的两千多年里一直影响着人们。并得到中世纪的经院哲学家们（奥古斯丁、阿奎那）及理性时期的笛卡儿及其追随者接纳。固然，每位哲学家都会修正这一学说并关注灵魂不同的方面和功能。但所有人都认为在我们无数知觉的背后存在物质实体支持个体的同一性整体。因此，这种观点的追随者可称为实体论者（substantialists）。

在随后的时期（17 世纪中叶到现代），仍有许多哲学家在努力解决个人同一性问题。本章接下来将思考其中的三种尝试，因为它们都对自我心理学产生了极大的影响。

洛克：同一性是一种记忆

英国哲学家洛克（John Locke，1632-1704）曾研究过这一问题。洛克撰写了大量文章并被公认为现代民主之父。他提出人来到这个世界就是一块白板（*tabula rasa*），反对某些人生来就具有特权，注定要成为统治者。托马斯·杰斐逊等人在起草《独立宣言》时就采纳了洛克的立场，声称"人人生而平等"。

洛克还论述了道德责任问题。他想知道何时人们才要对他们的行为负责，这个问题非常类似今天的"精神失常辩护"（insanity defense）。他开始区分两个词语：物质人（man）和精神人（person）。物质人指的是存在的物质方面，即我们的身体。精神人指的是我们的个人同一性。在他的主要著作《人类理智论》中，洛克（Locke, 1690/1979）这样定义精神人：

> 一种有思考智慧的存在，有理智，能反省，能把自己作为自己来思考，……即使时空不同依然能认为自己是一样的。而且，由于这一意识能延伸至任何过去的行为和思维，因而能够触及此人的同一性。

洛克在三方面的分析尤其值得我们注意。首先，洛克强调人类心理的自反性特性，即人们将自己作为注意对象的能力。他和早期的哲学家一样，认为这种能力是人类所独有（我们将在第 4 章考察这个命题）。第二，他对物质人和精神人的区分让人联想起亚里士多德对本质和形式的区分。物质人是实质的，精神人是形式的。最后，洛克所提"跨时空"的思想确立了人格（personhood）的标准是，记住我们在以前情境中的多种知觉。于是在洛克看来，个人的同一性是与记忆联系在一起的；它一直可以追溯到个体最初具有记忆的时候。

当涉及道德责任时，洛克认为，只有精神人才能对他的行为负责。如果物质人承认犯罪，但却不记得发生的事情，那么他就没有像精神人那样行为，因而不需要为他的罪行负责。

依据记忆来解释同一性，洛克把自我的研究从精神层面转向了实证层面。同时，他从实体论传统的脱离并不彻底。洛克无法让自己相信：个体的知觉并不是以某种方式统合在一起。他得出结论：我们的记忆存在于一种非物质中。尽管他认为我们无法了解这种非物质是什么，但却确定它存在。

休谟：同一性是一种假象

大卫·休谟（David Hume, 1711-1776）随后拓展和修正了洛克的思想。休谟是苏格兰哲学家，他对一切事物都持怀疑论观点。他最著名的是对因果律的抨击。休谟主张永远无法直接得知事件的确切起因，只能进行推断。设想一下，我们看到一个人把甲球滚向静止的乙球，当甲球撞到乙球时，乙球开始滚动。在这种情况下，很容易让人得出是第一个球使第二个球移动的结论。休谟警告说这是经常出现的推论错误。还存在其他促使乙球移动的力量。我们所直接体验到的只是一个球与另一个球发生接触的时间顺序。我们得出的第一个球引起第二个球移动的结论只是一种推论，并非直接的知觉。

休谟在其《人性论》（*Treatise on Human Nature*，1739-1740）中论述个人同一性的那章就把这些思想用到了自我研究上。与洛克一样，休谟假定自我的主观整体来源于记忆：我们记得有过特定的知觉，因而认为存在这样一个统一实体拥有那些知觉。然而，对于这些知觉是否仅以主观的、心理的形式整合在一起，休谟并不同意洛克的观点。他认为该统一实体的载体并不是一种非物质。相反，他认为所有的存在都是孤立的知觉。我们却把它们作为联合的整体来知觉，但这种知觉是一种幻觉，事实上这些孤立的知觉本身从未以任何方式结合在一起。

休谟得出这一结论的基础是，他不能在他自己身上发现任何这样的物质或实体。

> 有一些哲学家设想我们每时每刻都能深刻地意识到我们所谓的**自我**。我们的确能察觉它的存在和延续，而且无须证明，可以肯定它完美的同一性和简单性……这些哲学家喜欢刨根问底，他们关注我们知觉内在的本质究竟是物质的还是非物质的。为了终止双方在这一问题上没完没了的争执，我知道没有比问一个简单问题更好的办法：**这些知觉的内在本质究竟意味着什么？**……我希望那些自以为人类能了解我们心理本质的哲学家们能说明这一印象是什么，如何得出这种结论，这种印象以何种方式产生影响，它来源于什么客体。它是一种知觉印象还是一种内省印象？它是愉快的，痛苦的，还是中性的？它在任何时候都会出现吗，或者只会间歇性地出现？
>
> 就我而言，当我最深刻地进入我所说的**自我**时，我总会意外地发现

某些特定的知觉，如热或冷、明或暗、爱或恨、苦或乐。任何时候没有知觉，我都无法捕捉到**自我**。任何时候知觉如果消失了，如酣睡，……真的可以说"我"不存在了……若有人经过严肃和客观的深思后认为他对**自我**有不同的看法，那么我必须承认无法说服他。我所能认同他的是，也许他和我一样都是对的，而我们在这一点上根本不同。或许他所谓的**自我**就是简单而持续的事物；而我断定那不适用于我。

休谟继续指出，我们的个人同一性观念来自这样一个事实：我们的想法纷至沓来、快速更替，以至于我们混淆了时间的连续性和单一性。

人的心理类似剧院，不同的知觉接连出现……［但］剧院的比喻不应该误导我们。［只有］连续的知觉……才构成心理；［我们不］知道心理这座剧院离我们有多远，或者由什么材料构成……个人同一性只是不同知觉的集合体，而各种知觉彼此更迭，快速无比。

总结一下，休谟与洛克一样认为，个人同一性的感觉乃由想法和知觉构成。然而，不同于洛克的是，休谟并没有把这些知觉看成统一体。休谟认为，"我们归结为人类心理的同一性是虚幻的"。我们体验到的一切都是飞速地依次出现的想法和知觉。各种想法的快速出现造成了统一体的幻觉。我们的知觉以为它们是连接在一起的整体，而事实上它们彼此分离。对休谟而言，任何自我的观点都是虚幻的，除了知觉的连续出现之外。³

詹姆斯：同一性是一种持续感

在这些理论的基础上，詹姆斯着手解决个人同一性难题。他注意到个人同

---

3 在提出自我只是一种假象的论断之后，休谟在他那本书的附录中又表达了他的疑虑。他写道："至于那段关于个人同一性的严肃评论，我发现我自己也好像身处迷宫当中，从而必须承认，我既不知道如何纠正我先前的观点，也不知道如何坚持它们。"

一性的本质是心理学领域中最为令人生畏的问题。

> 从休谟时代到现在，[个人同一性的本质]理所当然地成为心理学必须面对的最令人困惑的谜题；不论你赞成什么观点，都很难坚持你的立场。如果有人主张存在实质上的灵魂（如唯心论者）……他却无法给出有事实根据的解释。还有人认为一切自我都只是各种想法的意识流（如休谟这类人），这显然完全有悖于人类的常识：自我独特的本质似乎是个人同一性必不可少的部分。（p.330）

詹姆斯试图调和这些不同的立场，从而解决这个谜题。他不同意知觉具有内在的非物质的本质；但他也不同意不存在联结这些知觉的纽带。相反，詹姆斯的观点是：自我存在一个统一体，由各种想法和知觉组成，情感是它们的纽带。

让我们来看看詹姆斯的论证过程。他首先注意到每个人都熟悉某方面的存在，就好像这是他独有的。

> ……所有人都必须从他们所谓的自我里挑选出一些核心部分……有人会说那才是纯粹的能动物质，即灵魂，有了它才能产生意识；也有人认为，它只不过是一种假象，由代词"我"表示的虚假存在，在这两种极端观点之间可以发现各种折中的观点……[但留出点时间想一想核心部分究竟是什么，]让我们尽可能清楚地面对自我，自我的这个核心会带给你怎样的**感觉**。[因为]不论它是精神物质还是欺骗性的词语……自我的核心部分是感觉到的。仅仅用理性的方式并不能认识它……自我就存在于感觉之中。（pp.298-299）

詹姆斯继续声称自我的这一核心（所谓的主我）是精神自我的一种成分。我们曾在前面指出过詹姆斯认为，思考精神自我的方法有两种。抽象方法指孤立地探查精神自我的每一个单独方面；具体方法指把精神自我视为一种连续的知觉流。

他所提出的理解个人同一性的方法是，应该用具体方法看待精神自我，从而寻找个人同一性。每一种知觉都在流动，但这些知觉并非分离和独立的，正如休谟所言，只是由于它们的邻近而造成一种联结的假象。相反，它们结合在一起是因为它们同属于一个意识流。而且，正是与每种知觉都有关的情感为它们提供了联系的纽带。每种知觉都承载着独特的情感，我们认为它属于我们，仅仅属于我们。

> 在我们萌生的浩如繁星的想法中，每一种想法都可以区分为属于它自己［自我］与不属于它自己。前者能带给人温暖和亲密觉，而后者完全没有……（p.330）

但如何识别每种想法的温暖和亲密感？詹姆斯试图援引爵位继承来类比作答。如果，在某个特定的时刻爵位遗赠者去世，爵位继承者开始出现，作为其诞生的条件，爵位继承者会拥有之前所有宝贵的想法。当前的想法会成为先前所有想法的拥有者。

> 每种想法都会消退，并为另一种想法所取代。新想法了解它之前的想法，如前所述对它产生"温暖感"，问候它说："你是我的，是我身上同一个自我的一部分。"由于每一种后来的想法都了解，因而包含先前的想法，因而它们是容纳和占有一切的最后容器（侵吞它们后成为最后的所有者）。因而每一种想法在其诞生时就是所有者，在其消退时则被侵吞，从而把它认识到的任何自我要素都传递给后来的所有者。（p.339）

小结和评论

总而言之，詹姆斯认为自我的单一性完全可以用心理学术语来解释。每种连续的想法都会与先前的想法发生联结，中介是它们共有的感受。同一性既不存在非物质的本质，也不是假象。个人同一性是我们对于先前知觉及相关影响的持续记忆。我们的同一性与古代忒修斯船非常相似，忒修斯船的每块床板被逐渐替换时其同一性保持不变，而随着每种观念、知觉或感觉逐渐消退，并旋即被承载相同独特感受的同类取代时,我们的同一性仍能保持不变。

> 始终如一的"亲切"感……充满了[我们的各种自我],这赋予它们以**普遍的**统一性,也使得它们属于同**一类别**……一旦无法再感受到这种类似性和连续性,个人同一性也将随之消失。(p.335)

不可否认詹姆斯的分析有猜测成分,并非所有人都认可他对消退想法的主张(如 Gergen,1971)。这种主张究竟能否得出确定的解决方案,令人怀疑,故而詹姆斯解决方案的合理性由读者自己判断。

从本书的立场来看,了解詹姆斯尝试在自我心理学的框架里理解主我的特点非常重要。许多读过其论述自我章节的心理学家都声称,詹姆斯认为主我的特点并不适合进行心理学研究(如 Allport,1943)。而事实绝非如此。詹姆斯认为心理学不必涉及灵魂自然是事实,他认为灵魂是"虚幻的术语","完全多余"(p.348)。但他也认为主我(即我们所指的个人同一性)是值得研究的真实的心理现象。

詹姆斯认为自我与情绪之间的紧密关系也非常重要。这种强调屡屡表现在他对我们童年事件记忆的讨论上。

> 我们从我们的父母那里听到过婴儿时期的许多趣闻轶事,但我们却无法从自己的记忆中提取它们。那些不得体的行为没有让我们脸红,而那些聪明的行为也并没有让我们沾沾自喜。那个孩子是一个与我们毫不相干的人,现在的自我无法认同他,对他的感觉并不比对今天某个陌生的孩子更好。这是为什么?一部分原因在于巨大的时间鸿沟割裂了所有的早期岁月(通过连续的记忆我们根本无法追溯它们);另一部分原因在于故事中的孩子并没有带给我们**情感**表征。我们知道他的言行举止,但对于他幼小的身体、情感,以及他所经历的心理挣扎却一无所知,而这种了解能给我们听到的故事带来一丝温暖和亲密感,故而联系当前自我的主要纽带也消失了。(p.335)

这段引文值得我们关注的原因有几方面。首先是时间持续的作用。我们无法认同婴儿期的一个原因是时间鸿沟。我们完全无法回忆起父母所描述的孩童时代。更有趣的是对情感、温暖和亲密感的强调。我们无法与婴儿期建立联系是因为我们无法再次感觉到它。也就是说，即便我们能回想起事件本身，我们也不会认同我们的婴儿时代，除非我们能记得当时我们的感觉。对詹姆斯而言，个人同一性的基础是持续的温暖和亲密感。

比较一下詹姆斯的分析和洛克对物质人和精神人的区分，你会发现很有趣。洛克主张，只有记得自己行动的人，才应对他的行为负责。詹姆斯对此做了进一步的分析，他认为光记住自己的行动并不足够，个体还必须能通达产生行为的情感。设想被控嫌犯说"我记得做过这件事，但只是以冷漠超脱的心态行事，对发生的事情没有任何情感记忆，就好像在看一部电影，是电影中的人在做这件事。"我们会认为此人要对他的行为负责吗？如果用詹姆斯对个人同一性的分析来判断的话，答案将是"不"。个人同一性不仅需要记忆，还需要再体验与经历有关的感觉的能力。

更广泛地说，本节开始我们询问了这样一个问题：是否存在某样东西，一旦丢失就会否认我们的同一性，从而使我们不再能用人称代词"我"来指代我们自己。詹姆斯的回答是，这样东西就是我们对于成为我们自己的感受。

> 如果一个人某天醒来时再也不能回忆起他已往的任何经历，他不得不重新了解自己的人生经历，或者他只能**以冷漠而抽象的方式回忆自己的人生经历**⋯⋯他就会觉得自己是另一个变化了的人。（p.336）

总　结

本章我们考察了自我的特点。我们先开始探索宾我的特点。威廉·詹姆斯把宾我分为三类：物质自我（我们的身体和延伸的自我）、社会自我（社会生活中我们扮演的各种角色以及他人认识和对待我们的方式），以及精神自我（我们内部的或心理的自我，包括我们对于自己的特质和能力、价值观和习惯及我们感受自己方式的看法）。接着我们考察了检验和拓展詹姆斯理论的当代研究。

然后我们思考了自感的特点。詹姆斯确认了一类直接影响人们自我感受的情绪。这些关乎自我的情绪包括自豪感、内疚感、羞愧感等。詹姆斯认为这些情绪来自本能，并且人们受到鼓励要多体验积极情绪而避免消极情绪。后来的研究者检验了这些情绪的特点以及它们受各种自我观念（如我们对于应该成为什么人的观念）影响的方式。

最后，我们思考了主我的特点。古代哲学家假设存在灵魂实体，它包含了个体的本质要素，整合了个体的知觉。英国哲学家洛克修正了这一观点，声称同一性由知觉、感觉和记忆组成，而它们栖居在非物质的实体中。另一位英国哲学家休谟进而对这一论断提出了挑战。他认为知觉、感觉和记忆并不会以任何方式联结，它们都是虚假的存在。威廉·詹姆斯采取了中间立场，认为并不存在灵魂物质，但知觉通过它们所共同具有的情感而结合在一起。

讨论这些问题的过程中，我们始终特别关注威廉·詹姆斯的观点。这与他在该领域所产生的影响完全一致。詹姆斯写了大量的文章，他在一百多年前所提出的观点为后续研究者提供了大量可供检验的假设。在本书后续章节里，我们还有机会重新看到许多诸如此类的议题。尽管詹姆斯的分析面甚广，但有一个思想就像主旋律一样贯穿其中。那就是不管自我是什么，自我都承载着各种情绪。对詹姆斯而言，情绪是定义自我的关键特征。

- 威廉·詹姆斯区分了三类经验自我（或宾我）。它们是（1）物质自我：可以承载"我的"（主我的[my]或宾我的[mine]）所指向的有形客体、人或地点；（2）社会自我：我们的社会角色以及他人认识和对待我们的方式；（3）精神自我：我们内部的或心理的自我，包括我们知觉到的特质、能力、情绪和信念。
- 当今的研究者修正和拓展了詹姆斯的自我结构，增加了集体自我和关系自我两类。集体自我是指我们所归属的社会类别，包括我们的种族、宗教和族群身份。关系自我包括属于我们自我概念一部分的特殊个体（如我的孩子，我的妻子）。

- 人们对于各种同一性的重视程度不同。西方文化的人看重人与人之间的差异性，认为个人同一性非常重要。东方文化的人看重人与人之间的相似性或关联性，他们更重视集体和关系同一性。每种文化内的人也存在个体差异。

- 威廉·詹姆斯确定了一类情绪，这类情绪总是以自我为参照点。他把积极的情绪称为自我满足，把消极的情绪称为自我不满。詹姆斯认为这些情绪来自本能，并且人们受到鼓励要多体验积极情绪而避免消极情绪。随后的研究都以詹姆斯的分析为基础：（1）更好地区分这些情绪（如区分羞愧和内疚）；（2）探索人们对于自己能够、想要或应该成为之人的信念对这些情绪的影响。

- 他人也可以成为自感的重要来源。人们会沐浴在他人成就投射的荣耀下（球迷在球队获胜后能体验到骄傲和狂喜）。人们也能从他们所归属的社会群体中获得自我价值感，当他们对自己所在的群体给出更高评价时感觉更好。

- 几个世纪以来，哲学家们一直在思考个人同一性疑问的难题。这个问题的核心是，是否存在统合我们诸多感觉和知觉的事物。早期的哲学家（从亚里士多德到笛卡儿）认为，人类拥有统合这些心理活动的灵魂。英国哲学家洛克把个人同一性归结于记忆，认为我们所体验到的统一体乃由记忆完成。苏格兰哲学家休谟不同意这一观点，声称个人同一性完全是一种错觉。威廉·詹姆斯在这些论断的基础上指出，个人同一性涉及对自我带给我们感觉的持续记忆。

补充读物

Brewer, M.B., & Gardner, W. (1996). Who is this "we"? Levels of collective identity and self-representations. *Journal of Personality and Social Psychology*, 71, 83-93.

James, W. (1890). *The principles of psychology* (Vol.1). NewYork: Holt.

Lyon, A.J. (1988). Problems of personal identity. In G.Parkinson (Ed.), *An encyclopedia of philosophy* (pp.441-462). London: Rutledge.

Markus, H.R., & Kitayama, S. (1991). Culture and the self: Implications for cognition, emotion, and motivation. *Psychological Review*, 98, 224-253.

3

寻求自我认识

◆

把认识自己作为自己的任务，这是世界上最困难的课程。

——塞万提斯（《堂吉诃德》，第二部分，第42章）

我有个朋友认为自己有创造性、敏感、害羞和热情。另一个朋友则认为自己独立、好胜、有抱负和上进心。这些想法从何而来？为什么人们会如此看待自己，这些想法与他们的真实状况有多大差距？

第3章将探讨这类问题。在此过程中，我们将着重探讨人们对于自己人格特质和能力的看法。我们尤其关注社会珍视和期望的特质和能力，如人们对于自己智力、友善、忠诚以及魅力的看法。这些都属于詹姆斯所谓的精神自我范畴（James, 1890）。

一开始我们将思考人们对自我认识的寻求始于何时，缘何而起。这里，我们尤其想弄清楚人们思考自己想得到什么。这个问题很重要，因为以特定方式思考自我的愿望会影响自我认识过程。

本章第二节我们将考察自我认识的重要来源，包括三部分：（1）物理世界，

(2)社会世界,(3)思维和情感组成的内部(心理)世界。我们将会看到,自我认识的每一种来源都提供了关于我们的重要信息,但它们都不明确,受到扭曲。

本章第三节要考察人们自我评估过程。我们将看到,大多数人都非常积极地评价自己,因而这些自我看法并不总是正确和真实。最后,我们注意到人们寻求自我知识中的偏差对这些积极自我观念的促进作用。

开始寻求自我认识

在自我认识之路上,文化因素是第一个路标。在很大程度上,我们是谁——我们认为我们是谁——是由我们所生活的时代和地点所决定的(Baumeister,1986)。如果我们在传统的农业社会中长大,那么我们不太可能自视为崭露头角的企业家。这种情况有可能发生,但可能性非常小。

文化在塑造我们的社会同一性上所起的作用最为明显。种姓制度的国家(如印度)实际上规定了人们的社会身份。但文化因素也影响着我们的个人同一性。例如,要自视为争强好胜之人,我们就需要生活在具备这种条件的文化,并有参与竞争的机会。我们可以想象一个重视合作的社会,根本没有竞争的概念。如果文化都没有这种概念,它怎能成为自我的一部分?

文化期望也影响着人们的自我观念。鲁宾等人(Rubin, Provenzano, & Luria, 1974)的研究证明了这一点。他们对出生一天的婴儿的父母做了访谈,结果发现父母更倾向于使用"漂亮"、"可爱"和"美丽"之类词语来形容女婴而非男婴。这类无处不在的文化期望不可避免地影响着人们思考自己的方式。

引起寻求自我认识的情境

文化因素代表了获取自我认识的被动形式,因为人们在此过程中并没有主动参与。然而,这并不是人们获得自我认识的惟一途径。有时,人们还会刻意了解自己。

人们的生活发生重大变化时，尤其可能主动寻求自我认识。多伊奇等人（Deutsch et al., 1988）研究了计划怀孕和期待新生命出生的妇女。他们发现，这些妇女在积极寻找为母之道的信息，并把这些信息整合到她们的自我概念之中。而且，这样做有重要的益处：在怀孕期间明确树立母亲身份的妇女要比很难树立这种身份的妇女表现出更好的产后适应，对生活也更满意（Oakley，1980）。这些结果表明，人们面对生活中重要的转折点时尤其可能主动寻求自我认识。

引导寻求自我认识的动机

当人们积极寻找自我认识时，他们并不会表现得平心静气和不偏不倚。相反，他们心里有特定的目标，这些目标指引着他们选择性地搜索、关注和解释关乎自我的信息。这种选择性是三种力量作用的结果。

自我提升动机

第一种力量被称为自我提升动机（self-enhancement motive）。第2章我们提到威廉·詹姆斯曾区分出一类与自我有关的情绪状态（James，1890）。他举了两个例子：对我们自己（积极一面）感到自豪或愉悦，对我们自己（消极一面）感到羞愧或屈辱。自我提升动机指人们受激励去体验积极情绪并避免体验消极情绪这一事实。人们喜欢自我感觉良好，并尽量增大自我价值感。

这种强调情绪的说法与其他理论家所定义的自我提升需要有一点不同。其他理论家认为自我提升是指人们受激励用非常有利的词语形容自己（如Rosenberg，1979；Shrauger，1975；Swann，1990）。在许多情境和许多文化中的确如此，认为自己很有能力或比同龄人优秀能提高自我价值感。但这并非一成不变。在某些情境和某些文化中，自我价值感却可以通过认为自己很平常甚至比别人差（如父母可能因为子女比自己更聪明和有才而感到自豪）而获得。这些差异掩盖了潜在的共同点。这两种情况下，对自我的看法都服务为提升自我价值感。普遍的需要（universal need，被 McDougall[1923]称为"主导情绪"，master sentiment）并不是以任何特定方式看待自我的需要，而是最大限度地体会自我价值感的需要。这就是我们提到自我提升动机的意思。

准确动机

准确性的需要也影响了人们寻求自我认识的方式。有时人们想要知道关于自我的真实情况，而不管他们所听到的是好的还是坏的（Trope，1986）。这种需要下隐含着三种考虑（Brown，1991）。首先，有时人们只是想减少不确定性，他们为了获得当知道自己是什么样子时而体验到的纯粹的喜悦而想知道他们自己的样子。

人们可能也认为他们有责任知道自己真正的样子。这种忠告在神学和哲学思想中是很突出的。例如，存在主义哲学家认为人们有道德上的责任来揭露他们的真实本质。不愿了解自我的人被认为是软弱的、胆怯的、堕落的和没有生活目标的人。

最后，我们寻求关于自我的准确信息是因为知道我们真实的样子有时可以帮助我们实现其他目标。这些目标之一就是生存。例如，让我们想象一下，实际上我走得比蜗牛还慢却还认为自己疾走如飞。如果我所做的只是绕着跑道跑，那么我关于自己的不切实际的想法可能不会对我有什么伤害。但当我为了看我是否能跑得比野兽快而故意刺激它，让它变得疯狂并且追赶我时，知道我自己真实的速度也许对我更有利，否则，我必死无疑。这里所说的关键是准确的自我认识有时具有适应性。有时，了解我们真实的样子是很重要的（Festinger，1954）。

准确的自我认识也有助于最大限度地体验到自尊感（Sedikides & Strube，待发）。成功是使人们对自己感觉良好的因素之一。确切知道自己真实的样子更有可能获得成功。例如，一个笨手笨脚的人可能在做木匠活时不断体验到失败。对于他而言，在决定是否从事木工这个职业时知道自己在这个方面的才能有限应该是有好处的。这就是为什么在强调自我提升时提及情绪的另一个原因——最大限度地获得自尊感，而不需要认为自己在任何方面都很出色。有时也可以通过了解自己不擅长之处来满足自我提升的需要。

一致性动机

要考虑的最后一种力量是一致性动机。在第1章里，我们看到我们关于自我的想法具有几种重要功能：它们影响我们加工信息的方式，它们引导我们的行为，它们还是我们未来行为所指向的目标状态。许多理论家相信，正是这些功能使得动机能够保护自我概念不发生变化（如 Epstein，1980；Lecky，1945；Rosenberg，1979；Swann，1990）。这种动机促使人们寻求和信奉与他们自己所认为的自我相一致的信息，回避与他们所想的不一致的信息。普雷斯科特·莱基（PrescottLecky，1945）是早期支持这一论断的研究者之一。

> 从自我一致性来看，心理是一个完整的、有组织的思想系统。所有属于该系统的思想都必须相互一致。心理的核心是个体的思想或自我概念。如果一个新的想法看起来和……个体的自我概念相一致，它就会很快被接受和吸收。然而，如果它与自我概念不一致，它就会面临抵制。（p.246）

并非所有人都认可自我一致性动机（Steelen & Spencer，1992），但它确实在一些有影响力的理论中起了重要作用。例如，认知失调理论（cognitive dissonance theory，Festinger，1957）认为两种不一致的想法会引起让人感到不舒服的状态，使人们努力想避免这种状态。阿伦森（Aronson，1968）随后修正了该程式，主张其中一种想法必须属于个人对自我的信念。阿伦森指出，导致失调的并不是认识到"在我认为是 y 时却做了 x"，而是"我并不是个伪善的人，但却做了或说了我并不认同的事情"。在第5章里，我们会对该理论做更多的论述。

自我一致性动机也在斯旺（Swann，1990，1996）的自我验证理论（self-verification theory）中有重要作用。自我验证理论主张一旦人们有了关于他们自身的想法，他们就会努力证明这些自我观念。例如，设想一下一个认为自己智商很高的人。根据斯旺的理论，这个人会被激励去验证关于他自己的这一观点。为此，他会（1）从事能表明他聪明的活动；（2）选择性地寻找、接受和保留能证明他睿智的信息；（3）试图使他人相信他拥有卓越的智能。

有两种考虑被认为在驱使个体寻求自我验证反馈（Swann，Stein-Seroussi，& Giesler，1992）。首先，当我们相信其他人对我们的想法和我们自己对自己的想法相一致时会让我们感到更舒服和安全。设想一下，当你突然得知你并非像你自己所想的那样时，你会有多不安。对自我验证反馈的寻求能帮助人们避免经历这样的焦虑和认识混乱。更实际的和人际的考虑也能促进个体寻求自我验证反馈。自我验证理论假设，当其他人对我们的看法与我们对自己的看法一致时，我们的社会交往可以进行得更加平稳和有益。这是人们选择性地寻求自我验证反馈的另一个原因。

自我验证理论中尤其引起争议的一方面是当人们持有消极自我观念时它所做的预测。该理论声称，人们在验证他们消极的自我观念上有着与验证积极自我观念同样的兴趣。在本章的后面我们将检验该设想。

自我认识的来源

设想有一天你读到了一种你以前从未听说过的特征。你会怎样找出你身上是否有这种特征？一般而言，你有三种信息来源：物理世界、社会世界和你思维和情感的内部（心理）世界。

物理世界

物理世界为我们了解自身提供了手段。如果你想知道你有多高，你可以对你的身高进行测量；如果你想知道你能举起多重的东西，你可以在健身俱乐部获得此信息。在这些例子中，我们就是在运用物理世界中的线索来获得关于你自身的知识。

尽管物理世界是自我认识的一个重要来源，但它也有两方面的局限性。首先，许多特性在物理现实中并不存在（Festinger，1954）。假设你想知道你是多好的人，但你却不能简单地拿出一根标尺来测量。同样，我们也无法借助物理世界信息来测量我们有多聪明和多真诚。获得有关这些方面知识的物理信息是缺乏的。

第二，即便可以用物理世界的线索来评估这些特征，那么如此得来的信息也必然不是我们想要的。知道你的身高并不能告诉你是高还是矮。你需要知道别人有多高，以及你和他们比起来是高还是矮。对于你能举多重的问题也是一样，在你确定你强壮与否时，应该先了解别人所能举起的重量。

前面所说的一个关键是诸如高矮和强壮之类的特征只需要了解他人有关这些特征的情况即可。很多情况下人们都是这样思考自我的。我们的大多数个人特性是用比较的词汇来进行描述的。当我们说我们独立时，其实心里想的是我们比其他人要更加独立；当我们说我们有才干时，其实心里在说我们要比大多数其他人更有才干。

社会世界

自我观念的比较特征意味着人们在寻求理解他们是谁以及他们是什么样子时必须很多地依赖于社会世界。有两种社会过程尤其重要。

社会比较

首先，正如刚才所指出的，人们会进行社会比较。他们把自己的特征与他人进行比较，并由此得出关于自己特点的线索。费斯汀格（Leon Festinger，1954）最先对社会比较过程进行了研究。费斯汀格假定人们有想要知道自己真正的样子的需要，因而他们可以通过将自己和他人进行比较来满足这种需要。为了更形象地进行描述，设想你发现你可以在 7 分钟内跑一英里。为了了解你的速度属于快还是慢，你必须知道别人跑一英里所花的时间。

当然，你所得出的关于你自己的结论在很大程度上依赖于你是在和谁进行比较。最初被认为引导社会比较过程的是想要获得准确的自我认识的需要（Festinger，1954），而且，研究者假设当我们和与我们相似的人进行比较时所获得的信息是最可靠的。根据这一观点，当你和与你相同性别、相同年龄群体的人进行比较时，你能更好地得出关于你跑步速度的结论。与异性进行比较，或与比你年长或年轻的人进行比较所得到的可靠性都要差一些。这些人在与跑步有关的领域里与你差异太大，因而不是合适的比较对象。

有相当多的证据表明人们在很多方面都愿意和与自己相似的人做比较（Wood，1989）。但也不尽然（Collins，1996；Goethals & Darley，1977；Taylor & Lobel，1989；Wills，1981；Wood，1989）。人们也把自己和稍稍比自己强的人（被称为向上比较）以及在某些方面稍逊自己的人（被称为向下比较）做比较。也有充分的证据表明，对准确的自我认识的需求也并非引导社会比较过程的惟一或最重要的因素（Helgeson & Mickelson，1995）。在很多情况下，想要对自己感觉良好的需要会影响社会比较过程（Wood，1989）。

反射性评价

人们获得自我认识的另一种方式是观察其他人对他们的反应。例如，想象一下一个人讲了个笑话，并觉察到别人都笑了。这个人可以有理由推断出他是个有幽默感的人。这种过程形式上被称为反射性评价（reflectedappraisal）过程。

19世纪末20世纪初的美国社会学家查尔斯·霍顿·库利（Charles Horton Cooley）在他关于镜像自我（looking-glassself）的讨论中最先表达了这一观点。库利（1902）主要关注人们是如何感觉自身发展的。他认为，这些情感是由社会决定的。我们想象一下我们是如何被另一个人看待的，这种知觉决定了我们如何感觉我们自己。术语镜像自我所说的就是以他人为镜子，即我们在他人眼中所看到的自我。

> 很多有趣的社会线索是以某人的自我如何……出现在特定头脑中的一种明确的想象为形式的，而个体所具有的自我情感类型取决于对他

人态度所做的归因。这类社会自我可以被称为镜像自我。（Cooley，1902，pp.152-153）

库利继续提出三步过程。首先，我们对我们在他人眼中的形象进行想象；第二，我们想象这个人如何评价我们；第三，我们因为这种想象里的判断而感觉好或不好。请注意库利模型的现象学特性。是我们想象中的判断而不是他人对我们的真实想法使我们对我们的自我感到骄傲或羞愧。

> 对自我的想法看起来具有三种元素：想象他人心目中对我们外貌的看法；想象他对这种长相的评价；以及有些自我情感，如骄傲或羞辱。与镜像的比较很难产生第二个元素，想象中的判断，那是非常基本的东西。使我们感到骄傲或羞愧的不仅仅是对我们自我的机械反映，而是注入了情感，并且是想象中对他人心目中的想法的反映。（Cooley，1902，p.153）

尽管库利关注人们对于自身的情感是如何发展的，金奇（Kinch，1963）却把这些思想用于解释人们关于他们自身的想法是如何发展的问题上。图3.1展示了金奇的模型，它也有三个成分：（1）他人对于我们的真实想法是什么（他人的真实评价）；（2）我们对这些评价的知觉（我们知觉到的评价）；（3）我们自己关于我们自己样子的想法（我们的自我评价）。模型假设真实评价决定了知觉到的评价，知觉到的评价又决定了自我评价。作为例子，模型设想：（1）另一个人认为你具有吸引力（真实评价），（2）你意识到了这个（知觉到的评价），（3）由此，你认为你是有吸引力的。请再一次注意该模型的现象学特性。真实评价和自我评价之间没有箭头意味着正是我们对于他人对我们看法的知觉（而不是他们对我们的真实评价）决定了我们的自我评价。

近年来，有大量的研究对该模型进行了检验（Felson，1993；Kenny & DePaulo，1993）。一项针对大学生的调查包括朋友群体、室友或熟人。学生对他们自己和彼此在大量维度上进行评分（如你认为X所具有的吸引力、智力、社会能力如何？）。要求学生预测别人对他们的评价（如你认为Y会怎么评价

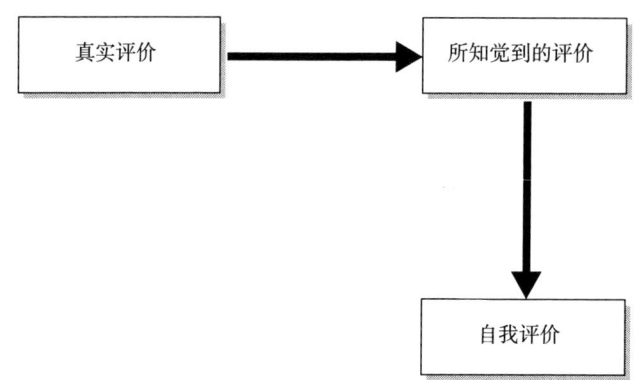

图 3.1 一个反射性评价模型的图示。在该模型中，他人对我们的看法（真实评价）经过知觉评价间接影响了我们的自我评价。

你的吸引力？）。最后，检验真实评价、知觉评价和自我评价之间的关系。

总的看来，该研究结果对模型的支持程度很有限。首先，与模型所描述的相反，人们对于了解特定个人对于他们的想法并不那么在行。费尔森（Felson，1993）相信这是因为沟通障碍和社会规范限制了我们从他人那里得到的信息，尤其当反馈是负面的时候。人们很少给予他人负面反馈（"如果你不说某人的好话，那就什么都别说"），所以很少得出其他人不喜欢他们或对他们有消极评价的结论。

尽管一点也不知道特定个体对他们的评价，人们对于了解一般人对他们的看法更为擅长。这与图 3.1 并不一致。反射性评价模型假定真实的评价决定了知觉到的评价（如别人认为你聪明，并把这个信息传达给你，你正确地知觉到他们对你的看法）。尽管可能出现这种模式，常见的第三变量的影响也可能产生真实评价和知觉到的评价之间虚假的联系（Felson，1993；Kenny & DePaulo，1993）。

课堂成绩就是一个合适的例子（见图 3.2）。一些学生比起其他学生来在学校更能取得好分数。老师会认为成绩好的学生聪明，而成绩好的学生则推断他们的老师认为他们聪明。既然如此，真实评价和知觉到的评价将是相关的，但它们之间却并没有因果关系。它们相关仅仅是因为它们都和分数有关。

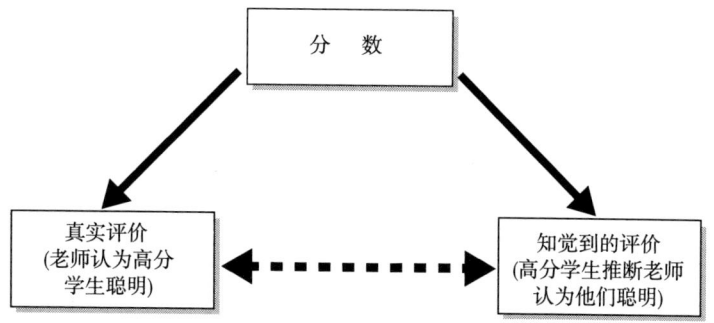

图 3.2 图为反射性评价过程。在这个例子中,分数是联系真实评价与知觉到的评价之间的第三个变量。

一个相关的问题使得对知觉到的评价和自我评价之间的联系的解释变得模糊。正如图 3.1 所示,这些变量高度相关(Felson,1993;Kenny & Depaulo,1993;Shrauger & Schoeneman,1979),但它们之间的因果关系却不明确。来自他人评价模型假设知觉到的评价决定了自我评价(如如果我们知觉到他人认为我们是聪明的人,那么我们就认为我们是聪明的),但是,相反的因果顺序也是可能的(如如果我们认为我们是聪明的,那么我们推断他人也是这么认为的)。尽管相关研究并不能为该问题提供权威的验证,但假设他人对我们的看法和我们对自己的看法一样的趋势看起来可以解释知觉到的评价和自我评价之间相关的大部分原因(Felson,1993)。

这些发现表明,反射性评价模型应该具有一些重要条件。正如最初所考虑的那样,该模型假定人们对他们自己的看法和他人对他们的看法一致。A 对 B 有某种看法,B 因而表现出这种看法并把其纳入自我概念当中。这种顺序也许精确地刻画了儿童早期所出现的问题(父母给予了子女大量的个人反馈,因而子女把这些反馈纳入他们关于他们自己的看法当中),但它看起来与以后生活的关系要小一些。这是因为人们并不像模型所假设的那样被动;他们从社会世界中主动地、有选择性地加工信息。一旦人们关于他们自己的看法开始成型,这些看法就会影响收集和解释新信息的方式。

内部（心理）世界

一个更为个人化的过程也影响着人们获得关于他们自身的知识的方式。它包括三种过程。

内 省

内省是其中的一个过程，它指个体向内部寻求答案，直接考虑我们的态度、情感和动机。例如，假定我想知道我是否是一个感情丰富的人。我可以问自己当自己处于和感情有关的场合如婚礼、葬礼上时的情绪如何。如果我在这些场合感到激动和同情，那么我就可以得出我是个感情丰富的人的结论。

内省看起来是一种了解自己的非常可靠的方式。毕竟，还有什么比检验我们自己的思想和情感更好的方式来了解我们自己呢？看来很多人都是这么认为的。安德森和罗斯（Andersen & Ross，1984）询问大学生（1）如果让一些人知道他们一天内的私密想法和感受，或（2）如果让这些人在几个月里对他们的行为进行观察，是否这些人就能更好地了解他们。多数学生相信，如果这些人能够走进他们思想和情感的内心世界，他们就会更好地被了解。

安德森（1984）进而进行了一项调查来检验这个假设。他让被试对陌生人描述他们自己，要么强调他们内心的思想情感，要么强调行为，或者两方面都强调。接着，观察者对被试在大量维度上进行评分，然后安德森计算这些分数和被试自我评估之间的相关。

调查结果（图3.3）显示，当被试向观察者描述了他们的思想和情感时，两者的评分最为接近。这些发现表明你的思想和情感为他人提供了关于你的样子的最有价值的信息。这也说明，考虑你自己的思想和情感能够提供有意义的自我认识（Hixon & Swann，1993；Johnson & Boyd，1995；Millar Tesser，1989）。

然而，是否内省总是能促进自我觉察还不是很明确。威尔逊和他的同事认为，如果对我们对某些人、物或问题会有这种想法的原因太过关注，就会使

自我认识的来源 **85**

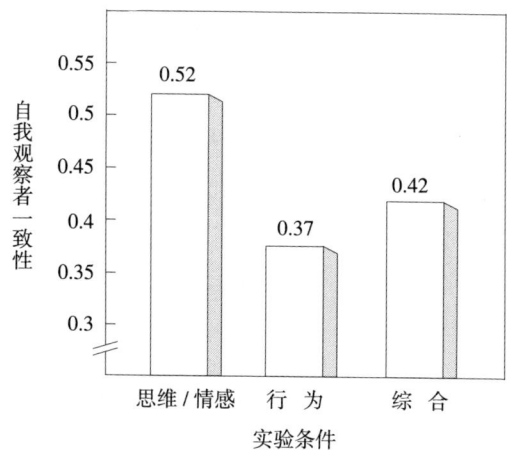

图 3.3 对于人们是否暴露了他们的思想和情感，他们的行为，或两者的自我评价和观察者评价之间的相关。数据显示了当个体揭示他的思想和情感时，观察者能获得更多有关个体的信息。

资料来源：Adapted from Andersen，1984，*Journal of Personality and Social Psychology*，46，294-307. Copyright 1984. Adapted by permission of The American Psychological Association.

我们陷入迷惑，并破坏自我认识的准确性（Wilson & Hodges，1992）。威尔逊的研究是建立在人们并不总是知道为什么他们会有这种想法的前提之上的（Freud，1957；Lyons，1986；Nisbett & Wilson，1977）。而且，人们在对他们的情感做出似乎比较合理的解释上没有任何困难。问题是这些理由往往反映了普遍的文化假设，而不是私人的、准确的自我认识。例如，如果有人问你为什么喜欢你的男朋友或女朋友，你很有可能会说是因为喜欢这个人的人格（如这个人很热情或很好）。事实上，这些理由并不完全与你为什么这么想有关系。其他的理由如这个人的身体很吸引人，或他走路、微笑的样子，或手势很吸引你倒显得更为重要。

威尔逊和他的同事做了大量的研究证明当人们反省原因时会出现问题。在这些研究中，他们鼓励一些被试（内省条件下）在做出决定前仔细地思考他们为什么会这么想某些人和物，或问题。其他被试（控制条件下）则在没对他们的情感进行分析的基础上就做出了决定。结果显示，比起控制条件下的被试来，内省条件下的被试在预测他们未来行为上的准确性要差一些（Wilson & LaFleur，1995）。基于这些和其他一些发现，威尔逊得出这样的结论，即对我们为什么这样想的原因想得太多会降低（而不是提高）自我认识的准确性。

自我知觉过程

威尔逊的工作是建立在假设人们并不总能意识到他们为什么那样想的基础之上的。贝姆（Bem，1972）的自我知觉理论也做了类似的假设。自我知觉理论是关于人们如何对他们的行为进行解释的理论。该理论认为，人们并不总能知道他们做事的原因。当这种情况发生时，他们是通过分析事情所发生的背景来推断他们行为的原因的。

为了形象地描述该理论，假定你问我是否喜欢乡村音乐。要回答这个问题，我可能会想起我每次在车里打开收音机收听乡村音乐频道的情景。因此我回答道："是的，我喜欢乡村音乐。"毕竟，还会有什么其他的理由呢？没有人逼我听乡村音乐，所以为什么我总是听它的一个最合理的解释就是我喜欢。

请注意，一个外部的观察者也可能得出类似的结论。如果你知道我总是听乡村音乐，你就会推断我爱听这种音乐。这种等价性是贝姆理论的一个特点。理论假定人们往往只是通过观察他们自己的行为来获得自我认识，并得出为什么会产生这种行为的逻辑性结论。

> 个体开始了解他们自己的态度、情绪以及其他内部状态部分是通过从他们对他们自己外部行为的观察，以及/或该行为发生的环境推断出来的。因此，如果内部线索是不牢固的、模糊的，或无法解释的，那么个体在功能上与一个外部观察者处在同一位置，观察者必须依赖那些相同的外部线索来推断个体的内部状态。（Bem，1972，p.2）

自我知觉理论已经被应用于广泛的现象当中。在特定的条件下，人们表现出以理论归纳出的方式推断他们的态度（Olson & Hafer, 1990）、情绪（Laird, 1974；Schachter & Singer, 1962）和动机（Lepper, Greene, & Nisbett, 1973）。最让人感兴趣的理论证明来自对情绪的研究。在一个研究（Laird, 1974）中，诱导被试在自己读一系列卡通故事时表现出微笑和皱眉的行为。被试认为那些微笑时读的卡通比皱眉时读的卡通更有趣，并更喜欢这些微笑时读的卡通。根据自我知觉理论，被试认为"哦，我笑得很厉害。我猜我认为这些卡通是更有趣的"（Strack, Martin, & Stepper, 1988 有不同的解释）。

自我知觉过程与内省过程类似，但它们之间也存在一个重要的差别。我们利用内省直接检验我们的态度、情感和动机；我们利用自我知觉通过分析间接地推断我们的态度、情感和动机。换一种方式表达，只有内省参与到直接考虑我们的内部状态的过程当中，自我知觉过程才是间接的。

因果归因

人们对他们行为所做的解释是自我知觉理论的关键元素。形式上，这些解释被称为因果归因。因果归因是对为什么的回答（Weiner, 1985）。想象一下，当我们看到一个走路摇摇晃晃的人横穿马路时，我们会问，"为什么？"是因为他受伤了、心理不稳定、喝醉了还是服用毒品了？我们所做的解释就是归因；我们把这个人的行为归结为某个原因。人们也对他们自己的行为进行归因。在我们以前的例子中，我认为我总是听乡村音乐的原因是我喜欢听，这就是因果归因。

人们对他们的生活事件所做的归因构成了自我认识的重要来源。当人们对正面事件或负面事件做归因时尤其如此。例如，设想一下你所有的数学考试都不及格，你可能会认为你不擅长数学。在这个例子中，你对你差劲的测验成绩所做的归因导致你做出你的数学能力很低这样一个结论。如果你把这一结果归结为其他原因（如你没有用功学习；你的学习材料不正确；或测验不公平），你就不会得出你能力差的结论了。

最后，人们可以通过对他人行为的归因而获得自我认识。例如，设想一下我请几个人和我一起打桥牌但他们都不愿意,如果我认为他们不和我打的原因是我打得很臭,那么我对他人行为所做的归因已经影响到了我对自己的看法。

小　结

这一节里我们已经讨论了人们了解自我的很多方式。他们可以(1)参考物理世界;(2)对他们和其他人进行比较(社会比较);(3)结合他人对他们的看法(反射性评价);(4)考虑自己内部的问题(内省);以及(5)检验他们行为发生的背景并得出适宜的线索(自我知觉和归因)。

并非所有这些信息来源都和每一种归因有关,但绝大多数是。例如,设想一下,这些过程是如何促使个体认为她是个害羞和内向的人的。一开始,她可能会想她在聚会时的行为举止。如果她总是远离人群,那么她就会通过这一自我知觉过程认为自己是内向的人。她也可以通过内省方式考察她在社会情境中的情感。如果她对和他人在一起感到焦虑和不舒服,那么她可以得出她是个害羞的人这一结论。人们也可能已经告诉过她这一点。如果她准确地知觉到他们所说的,并把这种看法纳入自己的自我概念当中,她可能会通过反射性评价过程认识到她具有害羞的特点。最后,她也可以将她的社会活动水平与他人进行比较,并得出和多数人比起来,她的社会性要差一些的结论。根据这个信息,她也可以推断出自己是内向的。

人们如何看待他们自己

已经确认了寻求自我认识的几种动机,并检验了各种人们为了了解他们自身而参照的信息来源,现在更进一步地来看一看人们是如何看待他们自己。首先,让我们记住到现在为止我们已经指出的人们获取与自身有关的知识的方式。如果我们能够解决困难问题,如果我们胜过学校的其他同伴,如果其他人认为我们聪明,如此等等,那么我们就会认为我们聪明。简言之,如果我们是聪明的,那么我们就认为我们聪明。这表明,人们对他们自己的看法和他们实际情况之间的相关程度很高。

正向偏见

然而事实却并非如此。有关社会看重的品质和能力（如他们的善良、吸引力和智力）时，许多（不是大多数）人对于他们自身的判断并不完全准确。他们对自己的评价要比实际更高一些。

表3.1为该论断提供了最初的支持。数据来自一群刚进入华盛顿大学的学生。作为课堂计划的一部分，我要求这些学生说明大量的品质与他们、其他人以及多数华盛顿大学学生的符合程度（1=完全不符合；5=非常符合）。有些数据非常有趣。首先，要注意这些学生用非常正面的词汇描述他们自己的程度。他们在所有正面品质上对自己的评分都要高于3分，而在所有负面品质上的评分远低于3分。这种倾向表明，人们往往会用非常积极的词汇来形容他们自己。他们认为他们自己非常忠诚、真诚、善良和智慧，一点也不轻率、虚伪、迟钝和愚蠢。

第二个要注意的是，当学生对"大多数其他人"进行评价时，这种正向偏见就要少得多。事实上，对"大多数其他人"的评分多徘徊在3分左右。也就是说，比起对其他人的评价来，学生会用更为积极的词汇来描述自己。在对每一种品质的评价中都可以看到这种偏见，当有关重要的人际品质时，这种情况尤为明显（如和善、忠诚、真诚）。[1]而且这种偏见非常普遍，并不仅限于参加实验的这些学生。89%的学生把自己评价得要比大多数其他人积极，92%的学生把自己评价得比大多数其他人消极程度要低。简言之，这些学生中有非常普遍的把自己看得要比大多数其他人好的倾向。

---

[1] 该发现具有重要意义。科尔文和布洛克（1994）认为，在与大学入学要求有关的品质（如智力）上，大学生对自己的评价要高于对别人的评价是适宜的。尽管这有可能是正确的，但表3.1所列出的数据说明，这种趋势与该品质是否是大学入学要求（如忠诚、真诚、和善）并无关联。

表 3.1 自我和他人的评价

品 质	目 标		
	自 我	他 人	UW
积极品质			
忠诚	4.25a	2.59b	2.74b
真诚	4.03a	2.63b	2.74b
和善	3.99a	2.90b	2.86b
聪明	3.85a	2.90b	3.74a
健壮	3.22a	2.61b	3.29a
受欢迎	3.58a	3.03b	3.23c
有才能	3.46a	3.08b	3.60a
有魅力	3.26a	2.91b	3.20a
$M =$	3.71a	2.83b	3.18c
消极品质			
轻率	1.43a	3.02b	2.70c
虚伪	1.44a	2.91b	2.97b
迟钝	1.46a	2.91b	2.53c
愚蠢	1.25a	2.30b	1.70c
傻瓜	1.10a	2.11b	1.48c
平凡	1.64a	2.43b	2.10c
不智慧	1.52a	2.42b	2.00c
不受欢迎	1.82a	2.31b	2.09c
$M =$	1.46a	2.55b	2.20c

注释：分数范围从1（完全不符合）到5（非常符合）。他人=多数其他人；UW=华盛顿大学学生。在每一行内，平均数下标是指$p<0.05$或更低。

表3.1展示了另一个有趣的结果。当把学生的自我评价与他们对华盛顿大学多数学生的评价做比较时，认为自己"比其他人好"的趋势降低了，但却并没有完全消除。在社会看重的品质（忠诚、真诚、和善）上这一点依然十分明显。还有一个相应的趋势，那就是这些学生会用非常积极的词汇来评价他们在

华盛顿大学的同学。比起对其他人来，几乎所有的学生都会对自己的同学使用更积极的和更不消极的词汇。这种趋势在第 2 章已经讨论过，被称为群体内偏好（Tajfel & Turner，1986）。它指的是，人们不仅把自己看得比其他人更好，也把他们的家庭、朋友以及同伴看得比其他人要好（Brown，1986）。

认为自己比别人好的倾向是很普遍的。人们认为他们比别人要公正（Messick，Bloom，Boldizar，& Samuelson，1985）、更加富有和拥有更好的人格（Sande，Goethals，&Radloff，1988）、开车开得比别人好（Svenson，1981）、比别人有很令人满意的人际关系（Buunk & vanderEijnden，1997；VanLange & Rusbult，1995）。关于这种倾向的一个最富有戏剧性的描述源于 1976 年大学委员会所做的调查。该调查要求近 100 万高中生对他们自己和同伴进行比较（引自 Dunning，Meyerowitz，& Holzberg，1989）。70% 的学生认为自己的领导才能高于平均水平，60% 的学生认为他们的运动能力高于平均水平，85% 的学生认为自己与他人相处的能力高于平均水平。在这些人当中，25% 的人认为自己属于最出色的 1% 那部分人里的一员。

不仅在年轻人身上发现这种趋势，在成年人身上也发现了同样的结果。在一项调查中，90% 的商务经理认为他们的成绩比其他经理更突出，86% 的人认为他们自己比同事更道德（引自 Myers，1993）。另一项研究发现 94% 的大学教授认为他们所做的工作要高于平均水平（如癌症、艾滋病）。最后，在面对疾病时，人们对自己和他人的评价也表现出了同样的趋势（Buunk，Collins，Taylor，VanYperen，& Dakof，1990；Helgeson & Taylor，1993；Taylor，Kemeny，Reed，& Aspinwall，1991）。

总之，多方面的证据都表明，多数人会用更有利的词汇来描述他们自己（Alicke，1985；Brown，1986，1991；Brown&Dutton，1995a；Greenwald，1980；Taylor & Brown，1988，1994）。他们认为他们有许多好的品质，很少有缺点。这种现象在我们对他们的自我评价和他们对多数其他人的评价进行比较时尤其明显。绝大多数个体会用比他们用来形容其他人好得多的词来形容他们自己（以及与他们关系密切的人）。

对个体自我观念的准确性进行评估

由于大多数人不可能比大多数其他人更好，因此表 3.1 所列数据对人们自我观念的准确性产生了怀疑。他们认为人们对于他们自己的看法不仅是高度正面的，而且也是不准确的。但要得出这样的结论也需要谨慎。也可能（虽然可能性不大）存在例外的情况。事实上，这些学生可能非常忠诚、真诚和善良。这是有可能的。判断人们关于他们自己的看法准确与否需要一个更为坚实的标准，这些看法可以依据该标准得以测量。

找到这些标准并不像看上去那么容易。现实具有多样性，无一例外（Watzlawick，1976）。两个人可以对同一件事物产生不同的看法。对社会的知觉尤其如此（Funder，1987；Kenny，1991；Kruglanski，1989；Swann，1984）。假设玛丽认为拉里友好而热情，但凯利认为拉里冷淡和疏离。两者可能都是对的：拉里可能对玛丽是友善的，但对凯利确实是冷淡的。当我们努力评价人们关于他们自己看法的有效性时类似这样的问题只能变得更糟糕（Robins & John，1997）。如果巴里认为他自己很有幽默感，谁会说他错了？如果他被自己所有笑话都逗乐了，那么对他而言，他当然很有幽默感了。

除了这些差异，已经有人开始尝试评价人们自我观念的准确性了。接下来的研究所谈到的就是这个问题。

自我观念与客观标准之间的一致性

确定人们的自我观念是否准确的最显而易见（和明确）的方式是将这些观念与客观标准进行比较。然而这很难做到，部分原因是因为物理现实往往缺乏针对多数品质的标准。

人们对他们智力的知觉是一个（尽管还有缺陷）例外。想一想智力在我们文化中的重要性，以及人们通过学校教育所获得的关于他们智能的反馈，我们可以预计在这个维度上的判断应该是非常准确的。然而事实并非如此。人们对他们智力的自我评价与他们在标准智力测验中的得分的相关系数徘徊在 0.3 左右（Borkenau & Liebler，1993；Hansford & Hattie，1982）。重要的是，这些评价并不仅仅出现在大学生群体中间。社会群体样本中也发现了这个现象，未能出现适度的相关是由于智力分数范围缩小的缘故。

智力是由许多成分构成的结构，而这使得对它的测量变得困难。如果人们在一个相对狭窄，更为特殊的领域内来评价自己，那么准确性会更高一些。有一些理由可以说明这一点。学生对自己在学校中能力的自我评价（"你是一个什么样的学生？"）与他们实际的课堂成绩相关（Cauce，1987；Faunce，1984；Felson，1984）。当我们考察学生对自己能力的自我评价和他们在特定课程上的成绩之间的关联时，这一点显得尤为明显（Marsh，1993a）。这表明，人们关于他们在特定领域内的能力的看法要更为准确。

遗憾的是，运用相关来评价人们自我观念的准确性限制了这些结果的信息价值。为了说明这个问题，思考一下表3.2所呈现的信息。在这些假设的例子当中，我们要求三个学生评价他们的课堂排名。数据显示有一个学生在第25%，一个在第50%，一个在第75%。

在两个例了中，实际的课堂等级和评价的课堂排名的相关系数是1.0。但只有例子1表现出了高度的准确性。在例子2中，所有三个学生都极大地高估

表 3.2　两个假设的关于实际班级排名和自我报告班级排名之间的关系的例子

	例子 1		例子 2	
	实际班级排名	自我报告班级排名	实际排名	自我报告班级排名
	25	25	25	93
	50	50	50	96
	75	75	75	99
相关		$r=1.0$		$r=1.0$

注释：在两个例子中，实际班级排名和自我报告班级排名的相关系数都是1.0，只有例子1提供了准确性的证据。在例子2中，所有三个学生都高估了他们的班级排名。

了他们的班级排名。这个例子表明了为什么用相关系数来表示人们是否真正了解他们真实的情况在很大程度上是没有什么意义的。它们能告诉我们人们是否相对准确,而不能告诉我们人们是否绝对准确。尽管这个问题很早就出现了(Cronbach,1955),而且也有了更多可以用来分析类似这样的数据的恰当方法(Gonzales & Griffin,1995),但研究者在评估人们自我观念准确性时却总是忽视这个问题的重要性(Sheppard,1993的研究是一个例外)。

自我观念与他人看法之间的一致性

自我评价与客观标准之间关系的研究很少,相反,有许多研究是关于自我评价和他人判断之间关系的。尽管自我—他人一致并不能构成准确性(信度并不等同于效度),但一些特征,如魅力和声望却具有社会含义。在这样的案例中,他人的看法为衡量人们的自我观念提供了合适的标准。

首先考虑一下人们对于自身魅力的知觉。在一个包括5000多名被试的元分析中,范戈尔德(feingold,1992)发现人们对自身魅力的知觉和他人对他们的评价之间的相关系数是0.24。需要着重指出的是由于观察者在谁有魅力谁没有魅力上无法达成一致,所以没有出现相当适度的值。事实上,只有相反才是正确的:这些研究中的评分者一致性通常很高,往往超过0.60。因而,人们在评价他人的魅力程度时往往有较高的一致性,但这与人们对他们自身的吸引力的知觉并不相符。费尔森(Felson,1981)在让大学足球运动员评价他们的能力时也发现了类似的模式。在这项调查中,每一个球员对他们自身的运动能力进行评价,然后将这些评价与教练们的评价进行比较。教练员之间对球员的评价有比较高的一致性($r=0.65$),但球员自身评价和教练对其的评价之间的相关就很低($r=0.16$)。

一项关于声望的调查也得到类似的结果。博恩施泰特和费尔森(1983)要求415名6~8年级孩子评价他们在他们班里受男生或女生欢迎的程度。评价结果与这些孩子的实际受欢迎程度做比较。博恩施泰特和费尔森发现两者之间的相关为0.32。这些值又一次为人们的自我知觉和对他人的知觉之间并不存在较大的联系提供了证据（Malloy，Yarlas，Montvilo，& Sugarman）。

当我们考察人们对他们自己和他人人格特质知觉之间的相关时，情况又有所变化。这一领域的研究发现这两者之间稳定的一致性关系是明确的（Hayes & Dunning，1997），或者在行为方面很明确（Funder & Dobroth，1987）。例如，非常爱说的、好交往的、随和的人倾向于认为自己外向，也被他人评价为外向。在尽责性这一点上，也显示出了类似的效应。一个看上去很细心，行为上很讲究的人认识到他们是谨慎尽责的，他人对他也是如此评价的。这些效应是如此强烈，以至于通过很少的接触就能够对这些特质有所察觉：只要很少的时间，我们对一个人的印象就能与此人对他自己的看法相差无几（Albright，Kenny，& Malloy，1988；Borkenau & Liebler，1992；Watson，1989）。

当然，这个最近的发现并不意味着陌生人就能够像你的好朋友和家人一样了解你。芬德和科尔文（Funder & Colvin，1988）发现，比起陌生人来，朋友对个体的人格评价与个体对自身的评价之间的相关更高。丈夫和妻子对彼此人格特质的判断显示出了较高的一致性（Costa & McCrae，1988；McCrae，1982）。对于潜藏的特质（即不能用外在的行为线索来推断的特质）而言，这些效应尤其明显。例如，尽管陌生人能很好地判断你的社交特征，但只有你的家人和朋友才能了解你是个多么好奇的人（Paulhus & Bruce，1992；Paunonen，1989）。

影响自我—他人评价一致性强度的最后一个变量是特质的理想程度。对于越理想的特质，自我—他人评价的一致性程度越低（John & Robins，1993；Park & Judd，1989）。对于这一发现的一个解释是，在不存在价值高低的特质上，人们对自己的评价是相当准确的，但当特质是很多人心中的理想时，自我评价的准确性就会出现问题。

总之，人们对自身人格特质的评价与他人对他们的评价通常是（有时是非常）相关的（Funder，1987，1995）。这一相关表明，人们知道他们自己的样子。同时，一致并不能说明准确。我妻子和我都认为我有创造性，但这未必真实（Costa & McCrae，1988；McCrae，1982）。而且，正如前面所提到的，相关并不能提供明确的准确性评价。最后,需要记住的是,存在一致性的特质通常是不存在价值高低的。在人们非常想具有的特质上,人们对自身的评价与他人对他们的评价往往相关很低。

自我观念与行为之间的一致性

另一个与准确性问题有关的领域是人们关于他们自己的看法和他们实际行为之间的一致性。例如,认为自己是个好人的人是否在行动上也是同样富有同情心的呢?认为自己慷慨的人是否真的很大方呢?一些研究对这个问题的本质做了分析。

首先,有大量的文献探讨了人格与行为之间的关系。通常采用自我报告法来测量人格,这类研究非常依赖于人们关于他们自身的看法是否能准确地预测他们的行为。研究发现这种可能性很小。在被给予欺骗机会时,那些认为自己"极端诚实"但却做出欺骗行为的人只比认为自己"有点诚实"的人少一点点(Mischel, 1968)。同样,人们的态度(由自我报告得出)也并不总能预测他们的行为。例如,认为自己有"环境意识"的人并不总能够像他所认为的那样去行动(Wicker, 1969)。

最后,人们往往会高估他们预测自己行为的能力。瓦龙等人(Vallone, Griffin, Lin, & Ross, 1990)所做的一项研究对这个问题进行了检验(也可以参见 Osberg & Shrauger, 1986)。在每学期初,大学生们指出他们在接下来的几个星期里要参与的大量活动的可能性(如选课,在即将到来的选举中投票)。

然后指出他们所做判断的确定性。除去预测个人未来行为过程中有明显的困难,学生们对于他们的预测非常自信。不到 2/3 的人的行为预测是准确的,大大低于他们事先所认为的。关于这些结果的一个解释是,人们往往错误地相信他们的自我认识非常准确,从而能使他们准确地预测他们的行为。

对于正面的有价值的结果的预测尤其会产生预测错误。例如,多数学生所预测的他们在班上的成绩要比实际成绩好(Robins & John, 1997)。人们也往往会高估他们参与社会期许活动的可能性。舍曼(Sherman, 1980,实验 3)询问大学生，如果要求他们花三小时时间为美国癌症协会募捐，他们是否会去做。接近半数的学生（47.8%）说他们会。然而当过了一段时间再与他们接触，请他们为协会贡献三个小时，只有不到 1/3（31.1%）的人真的这么做了。

与其他研究（Greenwald，Carnot，Beach，& Young，1987）一起，这些发现支持了这样一个论断，即人们往往会夸大他们的行为。

小 结

总之，在有价值的领域，人们关于他们自身的看法与他们实际的样子是不相符合的。与其他人相比，多数人用更为积极的词汇形容他们自己（以及属于他们延伸自我一部分的人）。从逻辑上看，多数人都比其他人要好是不可能的，这些趋势表明，人们关于自身的看法并不是完全正确的。

与该结论相一致的是，在可以客观测量的领域（如智力）以及诸如魅力、声望等特质领域内，人们的自我观念与他们的实际是存在适度一致性的。另外，尽管人们关于他们自身人格特质的判断与他人判断有关联，但这种一致性更多地存在于非价值领域。最后，人们并不擅长预测他们在特定情境中的行为。考虑到所有的证据，看起来做出人们关于他们在社会称许领域内的信念总是过于积极的结论是公正的。

我们马上就要对作用于这类问题的因素进行考察。在此之前，我们应该考虑到以下几点问题。首先，我们仅仅使用了自我报告法来检验人们是如何看待他们自己的。有大量因素可能对这些报告产生影响，包括希望以一种积极的方式将自己呈现在他人面前的愿望，以及对关于自身的真实相反的防御性歪曲。我们将在第 7 章和第 10 章对这些问题进行探讨。

另一个我们需要记住的重要因素是我们所回顾的这些研究都是西方文化背景下的研究。正如我们之前所指出的，这些国家是竞争性的和崇尚个人主义的，因而这些因素会促使人们通过夸大他们的美德而努力将他们自己与他人区分开来。尽管关于这个问题的研究还处于很不成熟的阶段，但看起来在东方文化背景下过于正面的自我观念似乎并不是那么明显（Heine & Lehman，1995；Falbo，Poston，Triscari，& Zhang，1997；Kurman & Sriram，1995）。

还有一个值得注意的地方是，当前的讨论仅局限于人们关于他们的社会称许能力和心理品质的信念。在评价性相对较低的品质（如整洁、准时）上，人们的评价显示出了较高的准确性。而且，偏见也不是那么极端。人们并不是对他们自己完全没有意识。成绩很差的学生不大会认为他是班里最聪明的学生；没有朋友的孩子不大会认为自己是学校里最受欢迎的孩子。相反，人们在可评价领域内对于自己的看法就趋向于比实际上的要更积极一些。

最后，并非每个人都会自我提升（John & Robins，1994）。一些人的自我观念是适度的，一些人甚至是自我贬低的。有时这些差异与更高的准确性相联系，有时则不然。我们将在第 8、9、10 章讨论这些差异。那时我们也将来考虑这些偏见是否会损害心理或生理健康。

人们如何保持积极的自我观念

在这一节，让我们来看一看人们是如何能够保持有关自己的积极的信念的。例如，多数人是如何能够保持他们比他们的同伴更为和善、忠诚和真诚的信念的？有一些过程在支持这些信念。

也许最为重要的一点是多数人格特征本质上是不明确的。例如，想一想诚实的含义。它是指你从来不逃避个人所得税？经常告诉你的朋友你对于他们新衣服和新发型的看法？在服务员忘记跟你收某些项目的款时提醒了他？所有这些例子都和诚实有关，但没有一个是必须的或可用来定义的。这却为人们定义诚实提供了一些可能性。

邓宁（Dunning）和他的同事为人们确实在用有利于自己的方式定义特质提供了值得考虑的证据（参见 Dunning，1993）。例如，邓宁等人（Dunning，Perie，& Story，1991）要求被试在两套和领导能力有关的特质上对自己进行评分。一套特质侧重于任务取向的品质（如野心、独立性和竞争性），另一套侧重于人际技能（如友好、欣悦性、友善）。然后，要求被试回答哪一种品质对于领导能力是重要的。结果显示，相信自己拥有更多任务取向特质的被试也认为成功的领导者应该雄心勃勃、独立和富有竞争性。相反，相信自己拥有很好的人际交往技能的被试认为成功的领导者应该友好和友善。简言之，被试用与他们对自己的看法相一致的方式来定义领导能力（Kunda & Sanitioso, 1989）。在后续研究中，邓宁等人（1995）发现，自我服务特质定义在人们获得关于他们自身的消极反馈时尤其明显，这表明这种趋势是由对提高自尊感的需求所驱动的。

用自我服务的方式定义特质的倾向在很难被验证的特质上表现得最为明显。费尔森（1981）所做的一项调查证明了这一点。正如前面所讨论的，费尔森让大学足球运动员在大量与足球成绩有关的特质上对自己进行评分，教练也对这些球员在这些维度上做评价。一些能力（如速度和身材）是相对明确并可以验证的，因为测量个体在这些特质上的水平是有标准可依的。其余的能力（如韧性，球感）则是不明确的和主观的。研究所做的预测是，比起明确的特质来，球员在不明确和较主观特质上对自己的评价会高于教练的评价，该预测被证明是有效的。这表明，夸大的自我评价往往会出现在更为主观的特质上（Dunning et al., 1989）。

多数特质的不确定性特征是使个体对他们自己保留有高度积极观念的一个因素，但并不是惟一因素，还存在其他相关的过程。我们可以通过重新考虑我们之前所讨论过的自我认识来源，对这些因素作更深入的了解。这些因素是（1）用物理世界来指导自我评估，（2）社会比较，（3）反射性评价，（4）内省，（5）自我知觉，（6）归因过程。所有这些过程都包含了大量线索。我们决定何时用物理标准来评价我们自己；我们选择社会比较目标；我们解释他人对我们的看法；我们标定我们的情绪；我们推断我们的性格倾向。我们所接收到的关于我们自己的信息中很少有不经过过滤的。

一般而言，这些过滤器反映了我们在前面所讨论过的两方面的动机。自我提升动机（如希望让自己感觉良好）使人们用能使他们相信他们具有许多有利的特征的方式来加工信息。自我一致性动机（如希望能保持我们的自我观念）使人们用能确保他们当前的自我观念保持下去的方式来加工信息。在接下来的部分里，我们将看到这些过滤器是如何影响人们收集和加工关于他们自己的信息的。

提升积极自我观念的行为因素

对有利反馈的选择性接触

人们得以形成和保留积极自我观念的一种方式是只寻找关于他们的有利信息。然而，让自己完全脱离消极反馈是不可能的。完全忘记自己在某些领域缺乏能力的个体也会让自己在那个领域不断地经历失败。一个更为适度、更具适应性的策略是更加有力地接近积极的自我信息。照这样，个体所接受到的反馈就是积极的，而对于消极反馈而言，尽管个体并没有积极地寻求它们，但个体也能不时地得到这些反馈。

已经有证据支持这种有偏见的信息搜寻行为模式。在一项研究（Brown, 1990）中，首先引导被试相信他们在一个智力任务上具有较高的能力或较低的能力。然后，给他们获得更多关于他们能力信息的机会。高能力条件下的被试对于了解自己表现出了更为浓厚的兴趣，而低能力组则显得更为矛盾。这个模式（当人们在非公共条件下寻求信息时尤其显著）表明，当人们得知他们的能力是正面的时，他们会热心地寻求反馈，反之则不然（也可以参见 Sachs, 1982；Sedikides, 1993）。

该趋势并不受与成就有关的情境的限制。许多调查已经证明了关于个体健康状况的积极信息会被最先搜寻和接受（如 Croyle, Sun, & Louie, 1993；Ditto & Lopez, 1992；Quattrone & Tversky, 1984）。与这一证据相一致，艾滋病及其他严重疾病（如亨廷顿氏病）的高危人群选择不去了解他们是否感染了疾病，尽管诊断测验非常有效（Bloch, Fahy, Fox, & Hayden, 1989；

Myers，Orr，Locker，& Jackson，1993）。

自我妨碍

有时，个体甚至会有意地使消极反馈信息价值变得模糊（Berglas & Jones，1978；Darley & Goethals，1980；Jones & Berglas，1978；Snyder & Wicklund，1981）。伯格拉斯和琼斯（Berglas & Jones，1978）最先用自我妨碍（self-handicapping）策略这个术语来指代人们给他们自己的成功设置障碍的情境。学生不好好准备考试或运动员在一次重要比赛前不进行训练都是自我妨碍行为。这些行为使成功的可能性减小，但它们能使个体不把失败看做自身能力的不足。

自我妨碍在人际交往中也会出现。当我读高中时，我和我的朋友曾经常常等到最后一分钟才会向女孩发出约会邀请，部分原因是因为我们害怕打电话。但当受到女孩拒绝时这也给了我们一个绝妙的借口，我们会告诉自己那只是因为我说得太晚了，而不是归结于我们自己的问题。

伯格拉斯和琼斯（1978）对引发自我妨碍行为的条件进行了检验。他们首先使一些男性被试相信他们在接下来的测验中很有可能会成功；而让另一些被试相信未来的成功可能性不大。然后告诉所有的被试实验的第二部分将包括测试两种新药物在测验成绩上所起的作用。一种药物被认为能促进测验成绩；另一种可能削弱测验成绩。然后给予被试服用药物的选择权。对他们能否成功有所怀疑的被试更愿意服用成绩—抑制药物，即使这种药物使得成功变得更加不可能。

这类发现对于人们的心理提出了一个重要问题。通常，对人们而言，重要的并不只是成功还是失败，而是结果是否揭示了关于自我的积极或消极方面。通过自我妨碍行为，人们主动地冒可能失败的风险，因为这样做能确保失败不会牵连自我中有价值的方面（如低能力）。由此，人们即使失败也还是能坚持自己是有能力的这样一种信念。

成就背景中的任务选择

到现在为止，我们已经看到人们积极地寻求积极反馈，而不接近或主动避免消极反馈。有一项研究计划似乎与这种倾向相矛盾，那就是特罗普（Trope，1986）关于成就背景中的任务选择研究。在这些研究中，首先告诉被试他们将要完成一个智力测验。然后给予他们选择测验的机会。一些测验被认为能非常有效地确定个体是否有能力；另一些则不然。在几个调查（如 Strube, Lott, Le-Xuan-hy, Oxenberg, & Deichmann, 1986；Trope, 1975, 1979）中，被试表现出更愿意使用能提供给他们有关他们能力水平的测验。而且，即使测验能暴露个体能力上的缺陷，情况依然如此。

这些发现使一些理论家得出人们努力想了解关于他们自己的真实情况的结论（Strube et al., 1986；Trope, 1986）。然而，这里面有一个问题。这些研究中大量的被试认为他们的能力很高，并且预计自己会在任务中获得成功。因此，他们所表现出的更多地了解自己的兴趣可能代表了一种确认自己的确有能力的愿望，以及希望获得关于他们自身更多的积极信息，而不是真正想要更多地了解自己。只有当人们并不因为信息的好坏而寻求反馈才说明他们想要寻求准确的反馈。成就背景下的任务选择研究并不满足这些条件（想要获得详细的观点，请参见 Brown, 1990；Brown & Dutton, 1995a）。

策略性信息搜寻行为的进一步的证据

关于对积极反馈的选择性暴露有另外两个问题值得考虑。首先，避免消极反馈并不总是明显的或有意的（Greenwald, 1988）。通常，人们认为他们拥有某些能力或天赋，但他们并不是很有把握。所以他们会通过避免某些可能检测出这种能力的场合来不发现这个问题（Shrauger, 1982）。例如，设想一下，在他内心深处，他认为他的嗓音仅次于弗兰克·西纳特拉。由于他明智地避免了在公共场合歌唱，所以他永远不会使这一信念得到检测，因而，他可以一直拥有他是个歌声优美的歌唱家这样一个信念。

其次，人们的确在寻求有关特质的可更改的诊断性反馈（Brown，1990；Dunning，1995）。例如，许多教授要他们的同事对他们的原稿进行评论。在一定程度上，这是因为他们希望得到好的评价（很少有教授会将他们的论文寄给他们的敌人和批评家），但它也反映了他们想提高其作品质量的意愿。但为个体能力的产品寻求反馈与为个体潜在能力寻求反馈是不同的。个体的作品是可以修改和提高的，而能力却是相对稳定的。因而，尽管他们可能想要获得他们论文的反馈，却很少有教授会要求他们的同事让他们知道是否同事确实认为他们具有在这一领域作出贡献的能力，是否他们天生就具备写作的能力，等等。

提高积极自我观念的社会因素

有大量社会因素能使个体保持关于他们自己的积极看法。在很小的时候，多数（尽管不是所有）儿童从他们的父母那里得到了大量的赞扬。他们被过分地表扬和溺爱。随着儿童的成长，社会反馈仍然是积极的。教师们被鼓励去发现每个孩子的"才能"，并让孩子们知道他们被关注和看重。社会规范也要求同伴不要给予彼此消极反馈。除匿名的期刊评论外，我们很少听到我们同伴对我们的真实看法，尤其是当反馈是消极的时候（Blumberg，1972；Felson，1993；Tesser & Rosen，1975）。

选择性交互作用

选择性联盟也使得人们得以保持积极的自我观念。多数人选择与喜欢他们的人（而不是不喜欢他们的人）联合。花一点时间想一想你的朋友们。你难道不认为他们具有许多好品质吗？同样，他们可能也是这样想你的（否则他们就不会成为你的朋友）！选择与喜欢和欣赏我们的人交往能确保我们所得到的多数人际反馈都是积极的。在一定程度上我们将这些反馈纳入我们的自我观念当中（正如反射性评价模型所主张的那样），这意味着我们最终将积极地看待我们自己。

有偏见的社会比较

人们也通过社会比较过程来形成和保持积极的自我观念。一种方式是通过策略性地选择比较目标。如果我和多数诺贝尔奖获得者比运动能力，那么我可能得出我是个出色的运动员这样的结论。如果我和多数职业运动员比智力，那么我可能认为我非常聪明。如果我把比较对象弄混了，那么必然会得出非常不同的结论。

在一个相关的维度上与比自己情况更差的人做比较被称为下行社会比较（Wills，1981）。惠勒和麦亚克（Wheeler & Miyake，1992）发现这种社会比较类型相当普遍。他们要求罗切斯特大学的学生在10天内记录他们与他人进行比较的频率。这些学生也要对比较对象在相关维度（我的室友比我受欢迎）上是否比他们好（和他们一样［我的室友和我的成绩一样好］，或比他们差［我的室友比我更虚伪和肤浅]）做描述。下行比较非常频繁，并使人对他们自己感觉更好（Aspinwall & Taylor，1993；Gibbons & Gerrard，1991）。

当周围没有人比我们差时，人们有时会杜撰出更差的人。例如，一个学生可以简单地假设其他学生在完成家庭作业上有很大难度。当人们受到威胁时，类似这样的倾向性就会增加，如当他们在一些重要的活动中失败时（Brown & Gallagher，1992；Crocker，Thompson，McGraw，& Ingerman，1987），或面对健康威胁时（如 Affleck & Tennen，1991；Taylor&Lobel，1989）。伍德、泰勒和利希曼（Wood，Taylor，& Lichtman，1985）所做的一项调查证明了这些效应。在一批乳腺癌病人样本中，这些调查发现，大量妇女通过与比她们情况更差的人进行比较来安慰她们自己。大体上，这些妇女说："是的，情况很糟，但她们可能更糟。我的情况比得癌症的其他妇女好多了。"通常，这些更差的人是创造出来的，他们代表了经受更严酷创伤的人的复合体。杜撰出一个更差的人使这些妇女在比较中对自我感觉更好一些。

下行比较并不是社会比较的惟一形式。人们也和与他们相似的人，甚至比他们更好的人进行比较。近年来，上行比较得到了大量的关注。起初，研究者假设上行比较只会产生消极效应。毕竟，当你与比你强的人比较时，你看起来要显得差一些（Brickman & Bulman, 1977）。尽管有时可能会出现这种结果，但却并不总是如此。上行比较也可以使个体对自己感觉更好，或者因为他们是灵感和希望的来源，或者因为他们从另一个人的优秀品质和成就中感受到了荣誉（Buunk et al., 1990；Brown, Novick, Lord, & Richards, 1992；Cialdini et al., 1976；Collins, 1996；Brewer & Weber, 1994；Major, Testa, & Bylsma, 1991；Taylor & Lobel, 1989；Wood, 1989）。也许出于这个原因，癌症病人更愿意与比他们做得更好的人交往（Taylor & Lobel, 1989）。

特瑟的自我评价维护模型

特瑟（Tesser, 1988, 1991）的研究考察了使上行比较具有积极或消极效应的条件。该模型最为关注人们与他们最好的朋友、家庭成员等人进行比较的情境。例如，拥有一个"超级聪明的姐姐"或"美艳无比的室友"的感觉如何？这些积极的品质是否使你自己的品质看上去一无是处，或你是否能从他人的才能或优势中获益？这些就是特瑟想要解决的问题。

特瑟认为，与比较领域的个人联系是所要考虑的关键变量。在与个人关联很低的领域，被与你关系密切的人超过会产生积极的心理效应。例如，如果你的姐姐是个钢琴家，而你对音乐并不感兴趣，那么你就可以沐浴在她成就的荣耀下。因而，你姐姐的成就会让你对自己感觉良好。然而，当某个领域是你非常在意的时，情况就变得不同了。在这种情况下，被与你关系密切的人超过时就会对你产生消极影响。例如，如果你和你的姐姐都想努力创造积极的社会生活，但只有你姐姐成功了，你可能会因为她的成就而感到妒忌，受到威胁和变得渺小。简言之，在个人关联度较低的领域，上行比较会对个体产生积极影响，反之则会产生消极作用。

特瑟的模型是一种自我提升模型。它假设人们会接近能让他们对自己感觉良好的情境，避免让他们感觉不好的情境。该模型在这些假设的基础上对友谊模式提出了一些有趣的预测。它推测人们选择在高个人关联领域做得比他们差的人做朋友，也会选择在低个人关联领域做得比他们好的人做朋友。例如，一个非常看重他的运动能力，不重视智力的人会更愿意和比他更聪明但运动能力比他差的人做朋友。特瑟等人（Tesser，Campbell，& Smith，1984）在一项针对学龄儿童做的研究中检验和发现了支持这一预测的证据。比奇和特瑟（Beach & Tesser，1995）近来将这些思想运用到了亲密个人关系的研究当中。他们相信，丈夫和妻子通常是这样安排事情的，即配偶之一表现出色的领域往往是另一方所不看重的。这种安排也使双方各得其所：人们在某些他们很在意的领域上胜过他们的配偶，但在他们很不在意的领域则能体会到配偶取得成就时的荣耀。

提升自我观念的个人因素

到现在为止，我们已经考虑了使个体获得和保持积极自我观念的行为和社会因素。一个更为心理的过程也与之有关。这些过程是以人们处理与自我有关的积极和消极信息的不平衡方式为中心的（Taylor，1991）。大多数人（1）未加考虑地接受与自我有关的积极反馈，却仔细地审查和反驳与自我有关的消极反馈（Ditto & Lopez，1992；Kunda，1990；Liberman & Chaiken，1992；Pyszczynski & Greenberg，1987）；（2）比起与自我有关的消极信息来，更容易记住积极信息（Kuiper & Derry，1982）；（3）以有利于他们表明他们拥有好的特质的方式回忆过去（Conway & Ross，1984；Klein & Kunda，1993；Sanitioso，Kunda，& Fong，1990）；（4）以使他们坚信他们拥有积极特质，没有消极特质的方式来反省他们自己（Sedikides，1993）。

自我服务归因是另一个帮助人们保持积极自我观念的因素。过去20年来社会心理学领域最可靠的发现之一是个体有对积极和消极结果做不平衡归因的倾向（Greenwald，1980；Snyder & Higgins，1988；Taylor & Brown，1988；Zuckerman，1979）。可能的结果被归因于自我稳定的、核心的方面（如"我得了高分是因为我聪明"），但消极结果要么归因于外部因素（如"我得了低分是因为测验很难"），要么归因于自我的非核心方面（如"我得了低分是因为我用错了复习材料"）。通过否认消极结果是因为个体的特性、能力或特质，即便个体面对消极反馈,他也能保持自我提升的信念。

早期关于这种现象的一个有影响力的评论中,米勒和罗斯(Miller & Ross,1975)报告说,比起失败来,自我服务归因更明显地会作用于成功。随后的研究却没能证实这个结论。个体偶尔会让步,承认成功是因为好运气或测验简单,但他们很少会把失败归因于自我的特点。

部分这样的迷惑可能已经出现,因为研究者在对内部归因(个人因素的归因)和外部归因(除个体以外的因素)进行比较。这种区分忽视了一个至关重要的问题。这个问题不是消极因素是否可以归因于个人因素,而是它们是否被归因于自我中高度有价值和稳定的方面。例如,学生可以自由地承认他们是因为没有努力学习,或学错了材料而导致测验成绩很差。事实上,自我妨碍研究表明人们有时会主动为成功设置障碍。然而,学生所没有做的,是欣然地把糟糕的成绩归因于智力低下。

这个发现与另一个问题有关。很多假设认为人们通常会为行为做出性格倾向归因(Gilbert & Malone,1995;Ross,1977)。性格倾向归因是将原因归结于个体稳定的、固有的特性,如个体的特征、能力或人格。当人们对他们自己的行为做归因时不会存在这样的偏见。相反,它完全取决于讨论中的结果是好是坏。人们通常会对积极结果做出性格倾向归因(如"我因为聪明、可靠和积极而被提升"),但他们很少为消极结果做出这种归因(如"我因为愚蠢、不可靠和懒惰而被解雇")。相反,人们把消极结果归因为外部因素(如"老板不喜欢我")或自我中价值较低的方面(如"我们只是不大适合这份工作")。

当我们为我们延伸自我的成员做归因时也会出现这种倾向。前面我们曾谈到过自己人集团偏爱。这个术语部分含义指的是,人们用高度积极的态度来评价自己人集团成员(与我们关系亲密或有联系的人)。因果归因受自己人集团偏爱的影响。我们会把自己人集团成员的成功做性格倾向归因,但对他们的失败做情境归因。当对与我们关系普通的人做归因时,就不会出现这种偏见(Islam & Hewstone,1993;Pettigrew,1979;Weber,1994)。

对引导寻求自我认识的动机的修正

已经确定了大量使多数人相信他们拥有许多积极品质、很少消极品质的策略，让我们重新考虑一下这些策略所告诉我们有关引导自我认识获得的动机的问题。自我提升模型认为，人们想要对自己感觉良好。在西方文化当中，这种动机促使人们以能够使他们得出他们拥有很多积极品质很少消极品质的方式来寻求信息。准确性模型认为，人们想要了解他们自己真实的样子。这促使他们寻求关于自身的真实信息，而不管这些信息是积极的还是消极的。最后，自我一致性模型假定人们被鼓励去保持和强化他们现有的自我观念。正如斯旺（1990，1996）自我验证理论中所描述的，自我一致性需要促使人们寻找与他们对自己的看法一致的信息，避免和否认与他们对自己的看法不一致的信息。在我们评论的基础上，我们能对这些动机的强度做出什么样的结论呢？大多数人的自我观念过于积极的事实与客观现实或他人提出的准确性立场问题并不特别一致。问题在于：如果人们主动地寻找关于自身的真实情况，那他们为什么无法支配它？尽管有许多理由可以相信，就算人们努力地寻找真相，但他们仍然很难找到它（Felson，1993）。大量证据表明，多数人并没有付出努力。

但当某些特质是人们非常想拥有的时候，他们往往会寻求积极反馈而不是必要的准确性（Brown，1990；Brown & Dutton，1995a；Sedikides，1993）。自我提升模型和自我验证理论都能解释这些发现。两者都假设具有关于自我的积极观念的人更愿意寻求积极的反馈。由于多数人都会用积极的词汇来描述自己，所以两个模型假设这种偏见模式能应用于大多数人。

但具有消极自我观念的人又是怎么样的呢？自我提升模型认为，这些人也渴望积极反馈；自我验证模型认为，这些人渴望消极反馈。可以看出，后者的立场是反直觉的，并不是没有证据支持。事实上，比起具有消极自我观念的人来，所有前面提到的效应对于具有积极自我观念的人更具有典型性（Swann，1990，1996）。例如，比起认为自己能力很高的人来，认为自己在某些任务上缺乏能力的人较少把失败归因为外部因素（Swann，Griffin，Predmore，&

Gaines，1987）。

自我验证理论在被应用到人际关系研究中时做出了它最受争议的预测。该理论断言"人们需要他人证实他们的'自我观念'，即使那些'自我观念'是消极的"（McNulty & Swann，1984，p.1013）。这意味着那些对自己持有消极看法的人更愿意与同样具有这种感觉的人来往，即使有人对他们的看法更为积极（也可以参见 Secord & Backman，1965）。

斯旺和他的同事已经用两种方式对这种假设进行了检验。在实验室研究中，被试首先获悉另一个人对他们持有积极或消极的看法。例如，这些研究中的一个被试可以发表一番演说，并被告知另一个通过单向玻璃观察他的人认为他神情泰然自若或笨拙不堪。然后被试指出他对与该评价者交往的兴趣水平。对自己持有积极看法（泰然自若）的被试毫无疑问地更愿意和对他们积极看法的人交往。对自己持有消极看法（笨拙不堪）的被试程度稍微低一些。在两种方式下，这些个体都只表现出了对积极评价者偏好程度的降低或根本没有偏好。

在自然实验中也发现了类似的现象。一项对大学室友的研究中，对自己有积极看法的人希望和对他们有同样看法的人保持室友关系，但这种偏好在对自己看法不那么积极的人身上就不那么明显了（Swann，1990）。夫妇看起来对从配偶那里获得一致性（与仅仅是积极相对）的反馈尤其感兴趣（Swann，DeLaRonde，& Hixon，1994）。

总之，比起对自己持有积极看法的人来，对自己持有消极看法的人对于积极反馈的渴望明显要低一些。然而这并不意味着他们希望别人都不喜欢他们（Alloy & Lipman，1992；Hooley & Richters，1992；Swann，Wenzlaff，Krull，& Pelham，1992）。他们也渴望积极反馈，但反馈必须是可信的（Swann，Pelham，& Krull，1989）。

考虑到这一点，斯旺和他的同事（DeLaRonde & Swann，1993；Swann，1990，1996）得出人们具有两种相互独立的动机这一结论：对积极反馈的渴望和自我验证（一致性）的渴望。通常，人们通过寻找对他们积极自我观念有利的反馈来满足这些双重需要（Swann et al.，1989）。例如，一个认为自己聪明但协调性较差的人会从他人那里寻求能证明他聪明的信息,但不会让他人信服他很笨拙。然而,如果环境迫使他面对这个问题(如要求他作为办公室垒球队的投球手),他会让他人看到真实的自己。在这些情况下,人们更愿意获得真实的消极反馈而不是虚假的积极反馈。

总　结

本章检验了人们在社会称许领域看待自己的几种方式。我们首先确定了三种主要的引导自我认识研究的动机。它们是自我提升需要、准确性需要和自我一致性需要。然后,我们讨论了多种人们在寻求关于自身的知识时所参考的信息来源。这些来源包括物理因素、社会因素和心理因素(如内省和自我知觉过程)。

接下来,我们考察了人们在高价值领域对自己的看法。我们发现,多数人用非常积极的词汇形容他们自己,尤其是在和多数其他人进行比较时。我们也注意到,人们的自我观念并不完全准确。在高价值领域,人们的自我观念和他们实际的样子只有中等程度的相关。

最后,我们检验了使人们得以保持自我观念的多种机制。其中一些确保了个体在他们的生活中得到有力的积极反馈;另一些则能使消极反馈对自我核心部分的影响降低到最小。我们通过考虑这些发现之间的关系来理解人们寻求自我认识的动机。想要对自己感觉良好的愿望看来是主要的动机因素。

- 人们在他们的一生中都在积极地获取关于自身的知识。这一过程由三种需要驱动:自我提升需要(想要对自己感觉良好,避免感觉不好的愿望);准确性需要(了解我们真正样子的需要);一致性需要(使我们的自我观念保持一致,防止发生变化)。
- 在寻求关于他们自身的信息时,人们参考了多种自我认识来源。他们参考(1)物理世界;(2)和他人做比较(社会比较);(3)纳入他人对他们的看法(反射性评价);(4)内省;(5)考察行为发生的背景并提取恰当的线索（自我知觉和归因）。
- 多数人用非常积极的词汇形容他们自己（以及与他们关系密切的人）。他们认为他们具备很多积极的品质，很少消极品质。当人们对自己和他人进行评价时，这种现象非常明显。许多人相信他们比大多数其他人都更好。
- 评定人们自我观念准确性的研究发现人们知道他们真实的情况。人们在非评估领域（如你的准时性和尽责性如何？）的自我观念相当准确。但在高度评价性领域（如你的聪明程度和吸引力如何？）的自我观念就不是这样。人们在预测他们未来行为时也会对他们的能力过于自信，尤其当行为是社会所希望的或积极的时候。
- 有多种机制可以帮助人们保持他们的自我观念。多数人在认为与自我有关的反馈是积极的时会努力地去寻找它，当反馈是消极的时候，他们就显得很勉强。在某些情境下，人们通过为他们的成功设置障碍而主动地隐藏消极反馈。人们也会选择性地与喜欢他们的人联合，并以能够使他们的自我观念得到提升和保持的方式来和他人进行比较。最后，人们对积极和消极结果所做的归因是为了支持他们积极的自我观念。
- 并不是所有人都对自己持积极观念，也并不是所有人都寻求积极反馈。在某些情境下，具有消极自我观念的人会寻找关于他们的消极信息。当人们担心他们无法做到他人对他们的期望时，这种情况就会发生。

补充读物

Dunning, D. (1993). Words to live by: The self and defintions of social concepts and categories. In J. Suls (Ed.). *Psychological perspectives on the self* (Vol.4, pp.99-126). Hillsdale, NJ: Lawrence Erlbaum Associates.

Felson, R.B. (1993). The (somewhat) social self: How others affect self-appraisals. In J.Suls (Ed.), *Psychological perspectives on the self* (Vol.4, pp.1-27). Hillsdale, NJ: Lawrence Erlbaum Associates.

Kenny, D.A., &DePaulo, B.M. (1993). Do people know how others view them? An empirical and theoretical account. *Psychological Bulletin*, 114, 145-161.

4

自我的发展

毫无疑问，每个地方的人都有自我概念。当然，他们看待自己的方式是不同的，但至少几千年前，人们就已经意识到了他们的存在，并已经开始思考他们究竟是什么样的（Jaynes，1976）。理解这些思想的发展和演变就是本章的主旨。

本章的开头将涉及自我发展的三个理论。第一个理论实际上是社会学范畴的；第二个是认知领域的；第三个强调人际和情绪过程。这些观点能够帮助我们理解自我的发展。

本章的第二节考察了人类和动物自我意识的起源。几个世纪以来，自我意识都被认为是人类独有的能力。最近的研究对这种假说提出了挑战，为除人类外的其他物种也具有意识的说法提供了有启发性的证据。也有证据表明，意识在人类很小的时候就出现了，新生儿很有可能就已经拥有了意识。

本章的最后一节考察了自我理解的发展性变化。尽管在我们生命的早期，自我就发生了巨大的发展，但人们关于他们自身的看法在一生中都是不断变化的。青春期所发生的变化尤其值得注意，我们会对这一时期做一定的论述。

在我们开始这一章之前，我们还想提一下，本章的大部分内容都是关于人们对于自身的看法是如何发展和变化的。对自尊的起源和发展（对人们对他们自己的情感的发展变化的考察）的彻底论述将被放到第 8 章。

自我发展的理论

米德的符号交互理论

我们所要考虑的第一个理论是由美国社会学家乔治·赫伯特·米德提出的。实际上，在我们考虑库利（Cooley，1902）有关镜像自我概念时，我们就已经接触到了米德的一些思想了（参见第 3 章）。库利认为，人们对于他们自己的感觉通过观点采择过程（perspective-taking process）而得到发展：我们想象自己如何被他人看待，并且因为想象的结果而产生或好或坏的情感。

米德对这些思想做了极大的延伸。[1] 尽管库利把观点采择和与自我有关的情感的发展相联系，但米德相信，观点采择包含了自我的起源。这些思想的基础存在于符号交互理论中（参见 Hewitt，1997；Meltzer, Petras, & Reynolds，1975；Stryker & Statham，1985）。符号交互理论关注社会化过程。文化如何被接纳并且一直留存下来？人们是怎样开始采用他们所在社会的价值观、标准和规范的？简言之，该理论关注个体是如何从刚出生时那个与社会毫不相干的生物转变为一个社会人的。

观点采择，社会化和自我的出现

米德（Mead，1934）相信，自我的出现是理解这种转变的关键。米德认为，

---

[1] 库利和米德是芝加哥大学的同事，并且在几乎同时形成了他们各自的理论。然而，米德在生前并没有出版他的著作，他的著作在他去世后才由他的学生根据他们的笔记整理出版。由于这个原因，尽管两人曾经是同事，但米德著作的出版时间要比库利晚。

个体在采用他人的观点并且设想他们在他人眼里的样子。对米德而言，这种观点采择能力与自我的获得具有相同含义。

为了形象地描述这一点，请想象有一个非常小的孩子用粉笔在墙上乱画。由于这个孩子还不会说话，"我想知道爸爸和妈妈会对我的行为作何感想？"因此这个孩子不会依据自我线索去行动，也不会按照社会规范行动。当孩子逐渐长大，采用他人对自我观点的能力不断发展（"我敢打赌，如果爸妈看到我在墙上乱画不会高兴的"）。根据米德的理论，我们想象自己在他人心中形象的能力预示着自我的出现。当我们进而能够修正我们的行为，使之符合我们所知觉到的他人的期望时，我们就成了社会人。

符号沟通和自我发展

米德也思考了这种观点采择能力是如何发展的。"个体如何能超越他自己，"他问道，"……从而成为自我的客体"（1934，p.138）。米德相信，人际沟通，尤其是以语言形式进行的符号沟通是理解这种"自我的本质问题"的关键。

米德的分析建立在达尔文情绪表达进化理论的基础之上。在达尔文名为《动物和人的情绪表达》（*Expression of the Emotions in Man and Animals*，1872）一书中，他断言，特定的情绪状态是与特定的身体和面部表情相联系的。例如，愤怒的情绪会伴随龇牙咧嘴的表情。达尔文认为这些面部表情揭示了动物的某些内部状态，它们是动物情感的信号，并指示动物将要做出的行为。照此说来，这些姿态构成了沟通的某种形式，使得其他动物能够知晓将要发生的事情。

低等动物的沟通具有很大的本能性。一匹愤怒的狼不会扪心自问，"我怎么能让其他的狼知道我恼怒呢？"它本能地露出它的牙齿，传递出它的内部状态。人类也通过本能的面部表情进行沟通（Ekman，1993），但这些表现只占人类多种沟通方式的一小部分。人类也运用有意义的姿势来进行沟通（"有意义"指具有某种符号特性）。米德认为，为了达到这样的目的，我们必须采用其他人对我们的观点，并想象他人是如何看待我们的姿势的。对米德而言，这种观点采择能力与自我的获得具有相同的意义。

为了形象地说明这个问题，想象一下如果我想让你知道我欢迎你来我家，那么我应该如何向你传达这个信息呢？根据米德的理论，我应该站在你的立场上想问题，"我什么样的行为和姿势会让你感受到这种信息呢？"经过这一过程，我可能认为如果我张开双臂拥抱你就能够达到这一目的。这个动作表示你很受欢迎。照这样，米德理论中，为了用符号进行沟通而采用他人观点的需要就产生了自我。

社会交互作用和自我的发展

需要着重指出的是，米德在他的理论中非常强调社会交互作用在自我发展中的作用。如果缺乏社会交互作用，那么符号沟通将不可能发生，而且自我也不可能通过米德所描述的观点采择过程产生。所以，对米德而言，社会交互作用是自我出现所不可或缺的。

然而，一旦自我开始发展，那么即便周围没有其他人它仍然会存在。这是事实，因为人们可以在心里表征其他人，并想象他们的行为在另一个人眼里会是什么样子。例如，多数人不会在店里偷东西，即使周围空无一人。对此的一个解释是，他们会在心里想象别人如果看到了他们的这种行为，这些人会对他们采取什么样的行动。更普遍的意义上，我们可以说一旦人们获得了自我，并且已经社会化，那么他们会内化所预计到的他人的反应，并继续用社会化的方式行动，即使他们一直都是一个人。但米德指出，如果他们不是在社会中长大的话，他们就不会发展出这种能力。

> 自我，正如它能成为它自己的客体一样，本质上是一种社会结果，它因社会经验而产生。当自我出现后，它为它自己提供它的社会经验，因而我们得以拥有一个完全独立的自我。但如果没有社会经验，自我也是有可能出现的。当它出现后，我们就可以独立地看待一个人，而这个人依然拥有他自己，能够思考他自己，并和他自己进行交谈，就像和其他人进行沟通一样。（Mead，1934，p.140）

这并不意味着人们总是以自觉的和社会化的方式来行动。有时人们并不参考自我就开始行动，也不从他人的观点来考虑他们自己。例如，如果我们一直在往前走，大脑一片空白地哼着一个调子，那么用米德的理论看来，我们没有参照自我就做出了行为。只有当发生了一些事情使得我们成为我们注意的对象（如有人叫我们的名字），我们才能从白日梦中醒来，回到自我意识状态。

普遍的其他

到现在为止，我们已经讨论了个体采用他人对自我观点的能力。当这种能力出现时，自我就开始发展了。最后，米德认为社会化不仅需要采用特定个体对自我观点的能力。为了真正的社会化，人们必须能够采用社会上大多数人的观点。我们必须用抽象的方式来看待我们自己，普遍的其他代表了我们所身处其中的更为广泛的社会和文化。

米德相信这种能力的起源可以追溯到儿童期所玩的游戏。起初，非常小的孩子的游戏没有任何社会化迹象，他们喜欢独自游戏。接着，孩子会与特定的个体玩。有时他们是想象中的游戏伙伴，在做游戏时，他们会轮流和对方说话。米德认为这种游戏类型对于自我的发展非常重要，因为它需要采纳特定个体的观点，从另一个人的角度看待自己。角色扮演也是这个年龄段儿童的特点。例如，孩子也许会玩打仗的游戏，并且模仿战士的行为和语言。这也需要采纳特定个体观点的能力，并为自我的发展打下基础。

> 游戏阶段是米德理论的下一个阶段。在游戏阶段存在大量的其他人，而且个体必须同时意识到这许多人的观点。米德用棒球比赛来形象地描述这个阶段。参加一项比赛的孩子必须要做好在比赛中了解所有比赛成员态度的准备……如果他打棒球，他必须对牵涉到自己位置的所有位置的行动做出反应，他必须参与所有这些角色。它们无须同时在意识中出现，但在某些时候，他自己的态度中不得不出现三个或四个个体，如，将要投球的人，将要接球的人，等等……然后，在比赛中，这些人的一系列反应组成个体的态度，使他能对其他人产生恰当

的态度。（Mead，1934，p.151）

游戏和比赛之间关键的区别在于，游戏时，儿童只需要采纳一个人的态度，而比赛中他则要采纳许多人的态度。

最后，采纳多个观点的能力使得个体能够采纳代表社会多数人的抽象的、普遍的观点。当这种现象发生时，那么说明自我已经充分发展，社会化过程已经完成。

> 假定人类个体的自我充分发展了，那么对他而言仅仅能够知晓他人对他的态度是不够的……；他必须也能了解人们普遍对他的态度。他只有在能够获得他所在团体或社会对于他的态度时，才能形成完整的自我。（Mead，1934，pp.155-156）
>
> ［因而］自我的完全发展需要两个阶段。在第一个阶段，个体的自我仅仅由其他各个个体对他的态度所构成……但在第二个阶段，自我还要由普通大众对他的社会性态度所构成……这两个阶段使得自我得以完全形成。（Mead，1934，p.158）

认知（非情绪）为自我的核心

米德理论另一个重要的方面是强调认知而不是情感过程。在第 3 章我们曾指出库利强调自我感觉的发展。事实上，情感在他的分析里都是极为重要的。"对自我无法进行检验，"库利写道，"除非对我们感觉的方式进行考察"（1902，p.172）。这种强调情绪的观点在威廉·詹姆斯的自我理论中也有所体现（参见第 2 章）。

米德给自我理论提供了一个完全不同的视角。对米德而言，是认知，而不是情绪，才是自我的核心。

> 在考虑自我的特点时应该把重心放在思维的核心位置上。自我意识，而不是情感体验……，为自我提供了一个核心和基本的结构，它本质上是一种认知，而不是情感现象……的确，库利和詹姆斯努力想要

在……情感体验中找到自我的基础,也就是,"自我情感"体验。但是这种理论并不能解释自我起源……个体不需要在这些体验中获取他人对他的态度。自我的本质……是认知的……(Mesd,1934,p.173)

皮亚杰的认知发展模型

由于米德强调观点采择能力和语言获得能力,因此他的模型假定自我发展需要大量的认知经验。认知能力也是皮亚杰(Piaget,1952)儿童发展理论的重点。尽管他的理论是一种认知发展的普遍理论,并没有明确地关注自我发展,但很多研究者把他的许多观点应用到了自我研究当中。

众所周知,皮亚杰通过观察他自己孩子努力解决各种问题的方式而形成了他自己的理论。在这些观察的基础上,皮亚杰认为人类的认知发展需要经历一系列的阶段,每个阶段都有独特的理解世界的方式。这种理解在阶段内变化很小,但在阶段之间存在非常大的差别。从一个阶段到另一个阶段的变化会带来认知和生理上的成熟。

感知运动阶段

皮亚杰理论的第一个阶段是感知运动阶段(0～15个月)。[2] 这个阶段的主要特点是极端的自我中心,儿童完全以自己的思想和感觉为中心。这个阶段也可以被称为前表征阶段(prerepresentational stage),因为这个阶段的儿童还需要完全发展他的表征思维。前表征思维包括对人、地点和事件进行心理表征的能力。有了这种能力,个体就可以考虑当前并没有发生的事件,思考当前并没有看到的人和物体。

---

[2] 尽管研究者普遍认同皮亚杰所描述的儿童发展阶段说,但关于这些阶段出现的时间还存在分歧。一般而言,皮亚杰的估计可能较为保守,有许多认知变化可能出现得要更早一些(Mandler,1990;Meltzoff,1990)。由于这些问题依然没有得到解决,因此我在这里所呈现的时间框架只是大致的推测,而并不确定。

这种能力可以用客体永久性测验来进行检测。如果我们给一个非常小的婴儿看一个物体，然后把它盖住或藏起来，婴儿会表现出根本不知道这个东西依然存在。这种能力在感知运动阶段的末期开始出现，这个时候的婴儿会做出寻找这个物体的行为，这表明他们知道即使他们没有看到这个东西，但它依然存在。

前运算阶段

第二个阶段是前运算阶段（15个月～6岁）尽管这个阶段的儿童依然比较自我中心，但他们已经开始发展出抽象思维的能力了（如他们会使用符号来表征东西）。这种能力极大地加速了语言的获得。

抽象思维能力也反映在假想游戏的出现上。回忆一下，米德认为假想游戏是自我发展的核心，而且随一系列阶段而不断发展。运用皮亚杰模型的研究极大地支持了米德的猜想（Bretherton，1984；McCune-Nicolich，1981）。首先，假想游戏只有自我导向的举动（如儿童假装喂她自己吃东西）。这个阶段的标志仍然是自我中心。到15至21个月大时，儿童开始把别人纳入到他的假想游戏当中。例如，儿童可能假装"喂她的凯蒂猫吃饭"。19至24个月大时，假想游戏中出现角色轮换（turn-taking）。这时，儿童会轮流扮演两个角色的行为。一直到6岁大时，假想游戏都在变得更为精细，然后开始减少。

具体运算阶段

皮亚杰模型的第三个阶段是具体运算阶段（6～11岁）。这个阶段的儿童在时间、空间和数字上的思维变得越来越具有逻辑性。多数处于这个阶段的儿童开始不再相信圣诞老人和关于牙齿的童话，因为一个人不可能在一个晚上造访每一个人。这个阶段的儿童也理解顺序可以颠倒，他们开始明白守恒的含义（如他们开始明白细长杯子里的水和短粗杯子里的水可以是等量的）。

形式运算阶段

形式运算阶段是皮亚杰模型的最后一个阶段（大于 11 岁）。这个阶段的一个标志是能够思考假设的事件和情境。例如，在解决一个问题时，青春初期的孩子可能会问，"我如果做了 X 会有什么后果？"这个阶段的个体也能有效地运用归纳推理和演绎推理。这些认知技能可以让个体摆脱自我中心，因为他们现在已经能够想到他人对事件的看法可能与他们不同。

艾里克森的心理社会性发展模型

心理分析模型为理解自我发展提供了第三种方法。在意识到社会交往和认知发展的重要性的同时，这些模型也强调情感因素，为自我发展提供了动力学解释。

这类理论的数量很多（如 Mahler, Pine, & Bergman，1975），但最有影响力的自我研究是艾里克森（Erikson，1963）的心理社会性发展模型。和弗洛伊德一样，艾里克森假定人生的特定阶段会产生特定的需求。如果这些需求被满足了，那么个体就会顺利发展到下一阶段。如果这些需求未被满足，那么发展就会停滞或倒退。对弗洛伊德而言，这些需要本质上是肉体的（如肛门满足；口欲满足）。在获奖著作《儿童期与社会》（*Childhood and Society*）中，艾里克森（1963）对弗洛伊德的思想做了修改，认为人整个发展包括八种需要，而且这种需要的本质是更为心理的。每一种需要都与人们如何看待和感觉他们自己有关。

表 4.1 显示了婴儿所要面对的第一个问题就是信任他人的能力，尤其是对母亲的信任。当婴儿受到温暖、持续的照顾时，他就能建立起信任感；如果缺乏照料或照顾不够时，信任感就无法建立。这些最初的信任感是以后人际关系的基础。在这个阶段没有建立起良好信任感的个体可能无法与人保持亲密关系。

在第二个阶段，自主和控制是最重要的问题。当给予儿童自由地探索他们自身以及环境的权力时，自主感就开始发展了。反之就会产生羞怯和怀疑。

在人生发展的第三个阶段，儿童努力积极地操纵（而不仅仅是简单的探索）环境。当允许儿童创造、构建和改变他们的世界时，他们的自发性就得到了发展。如果父母对于孩子改变环境的努力加以奚落和过度批评的话，就会使孩子产生内疚感。

处于第四个阶段的儿童已开始接受正规的学校教育。艾里克森认为这个阶

表 4.1 艾里克森的心理社会性发展八阶段模型

生命阶段	心理社会冲突	特征
第一年	信任对不信任	当婴儿受到温暖、持续的照顾时，他就能建立起信任感；缺乏照料或照顾不够则产生不信任感。
1～3岁	自主性对羞怯和怀疑	当鼓励儿童探索自我和环境时，自主感得以发展。当儿童的探索受到抑制时，羞怯感和怀疑产生。
3～5岁	自发性对内疚感	当鼓励儿童进行各种各样的尝试时，他们的自发性就得到促进。如果父母嘲笑孩子或过度批评他们，就会使他们产生内疚感。
6～12岁	勤奋对自卑	当儿童受到表扬时他们就会获得勤奋感。当他们所做的努力被认为是不充分的或差劲的时就会让他们产生自卑感。
青春期	同一性对角色混乱	处于这个阶段的个体要面临的一个关键问题是"我是谁？"拥有可靠和整合的特性的个体被认为是达到同一性的；无法建立稳定和统一特性的个体将会面临角色混乱。
成人早期	亲密对孤独	艾里克森认为处于这个时期的个体所面临的关键问题是建立一种承诺的和亲密的人际关系。这个过程出现失败将导致孤独。
成人中期	生殖对停滞	个体是社会中能够进行生产的成员，为社会作出贡献，为未来创造人口。这可以通过工作、志愿努力和抚养孩子来实现。与之相反是停滞，它的特征是个体过度关心自己的幸福或认为生活是无意义的。
成人后期	完整对绝望	完整是指当个体回过头看自己所经历的生活时会有满足感。这使他们能够有尊严地面对死亡。如果遗憾成为主导，那么个体会感到绝望。

段的主要特点是勤奋和自卑之间的冲突。勤奋指的是努力掌握与社会相适应的工具和技能。这是一个学徒阶段，在这个阶段里，儿童开始学习承担成年人的责任。艾里克森认为，成功地度过这个阶段的人能够获得勤奋感；他们学习"通过制造来获得认识"（1963，p.259）。反之则会获得自卑感。

接下来的阶段是青春期。艾里克森认为，青少年面临着同一性危机，他或她都面临着一个问题，那就是"我是谁？"拥有可靠和整合的特性的个体被认为是达到同一性的；无法建立稳定和统一特性的个体将会面临角色混乱。

艾里克森认为成人早期所面临的核心问题是建立一种亲密的人际关系。在这个阶段，许多个体开始进入一种承诺的和持久的关系。如果不能获得这种关系将导致孤独。

在成年中期，最重要的问题是知觉到个体是社会中具有生产力的一员，可以为社会作出贡献，为未来创造人口。这可以通过工作、志愿努力和抚养孩子来实现。与之相反是停滞，它的特征是个体过度关心自己的幸福或认为生活是无意义的。

个体所要面对的最后一个问题是"完整和绝望"。完整是指当个体回过头看自己所经历的人生时会有满足感。这是个体的一种信念，这种信念使他们相信"他们无可替代的"（Erikson，1963，p.268）。这使他们能够有尊严地面对死亡。如果遗憾成为主导，那么个体会感到绝望。

总之，艾里克森提出了心理社会性发展的八阶段模型。个体在每个阶段都会面临一个与之有关的重要冲突。这个模型并不完美，它受文化的限制并且有着严格的阶段顺序（现在许多人结婚很晚，因此，比起亲密问题来，他们可能要先面临生殖问题）。然而这些局限并不能掩盖艾里克森工作的重要性。艾里克森承认人的一生中可能会重复面临某些冲突，而且这些冲突可能永远无法完全解决。因此，最好的方式就是把这些冲突看成是人们在生活中所普遍会遇到的问题，而不是把它们看成每个人都会以同样的顺序体验到的固定序列。

自我发展过程

在大概描述了三种理论模型后,我们要来看一看研究者是如何运用这些思想来理解自我的出现和发展的。我们的讨论将围绕四个问题进行:(1)自我识别是人类独有的能力吗?(2)人类在什么年龄出现自我识别?(3)自我意识在刚出生时就有了吗?(4)儿童关于自身的看法是如何变化的?

前三个问题关注主我的起源和发展;第四个问题关注宾我的发展过程。因此,让我们从回顾我们对自我这两个方面所做的区分开始。主我是指我们对我们是独特的统一体的感觉,随着时间的发展具有持续性,能够按照意愿进行行为。宾我指我们关于我们的更为具体的想法。这些想法包括对我们的外表,社会角色和关系,喜好,价值观和人格特点的看法。

主我的发展要先于宾我的发展。在我们了解我们自身之前,我们首先要知道我们的存在。为了形象地描述这一点,想象一下有人突然开始意识到他们自己的存在了。如果就在那个时候我们问那个人,"你是什么样子?"他们会说"我还不知道我的样子;我刚刚开始意识到我的存在。"这就是我们所说的主我的发展要先于宾我。

非人类的视觉自我识别

我们将要考虑的第一个问题是人类是否是惟一能够把自己作为注意客体的物种。米德认为是的。事实上,米德相信这是人类和其他动物之间最为重要的区别。

> 人类的行为与他所在群体密切相关,因此他能够成为自我的客体,这也是他比其他较低等动物更为先进的原因。基本上,正是这个社会因素——而不是他所断言的,低等动物并不具有的灵魂或思想——造成了人类和动物的差别。(Mead,1934,p.137)

黑猩猩的镜像识别

在一系列有创造性的实验中,盖洛普(Gallup,1977)检验了动物是否能像人一样把自己当做注意的对象。盖洛普的实验采用了一个镜像识别任务,这个任务可以评估动物在镜子中识别自己的能力。盖洛普推断,镜像识别意味着未充分发展的自我概念的存在,因为这需要具备了解你和镜子中的影像是同一个这样一个道理。

在最初的研究中,盖洛普把黑猩猩带到一面全身镜子前,在10天里谨慎地录下它们的行为。盖洛普指出,首先,动物对镜像的反应是以为镜子里的是另一只猩猩。慢慢地,这种行为被自我导向的行为所代替。例如,它会看着镜子整理自己身体上不能直接看到的部分,并且会对着镜子剔牙。盖洛普认为这种行为的转变意味着黑猩猩已经开始认识到镜子里的动物实际上就是它自己。

后续的研究为这一主张提供了更为强有力的证据。盖洛普(1977)在后来的一项研究中对每一只黑猩猩进行了麻醉,在它们失去意识的时候把它们的眉毛上部染上了无味的红色。这样做是为了让黑猩猩只有在照镜子的时候才能够看到这个变化。这些动物醒来时又被带到了镜子前,它们指向染色处的行为被录了下来。在与它们先前的行为进行比较以后,盖洛普发现这些黑猩猩在看到镜子里的影像后有超过25次触摸了被染色的地方。而这些行为在控制组(一群从未被带到镜子前的黑猩猩)中并没有出现。这些发现意味着实验组的黑猩猩在第一次时已经学会了从镜子中识别它们自己,并且意识到镜子里额头被染红的猩猩就是它自己。

有大量的研究都得到了与盖洛普(1977)一样的结果,并且对其他动物是否会表现出同样的自我识别进行了检验(如 Meddin,1979;Povinelli, Rulf, Landau, & Bierschwale,1993)。这个研究表明,除了人类,只有两个物种(黑猩猩和猩猩)能够从镜子中识别自己。出于尚未知晓的原因,大猩猩虽然与人类极为相似,但却没能通过镜像识别测验。

自我识别的社会基础

如果我们承认能够进行自我识别就意味着拥有自我概念（参见 Heyes，1994），那么盖洛普的发现对米德所提出的自我意识是只有人类才有的能力将是一个挑战。但是米德所谓的自我意识只有在社会交往的背景下才会出现又做何解释呢？一个人在发展自我概念时必须要有机会从他人角度看待自己吗？

盖洛普（1977）为了检验这个想法而进行了一个附加研究。他用独立饲养的黑猩猩重复了先前的实验，它们从未见过其他的黑猩猩。如果就像米德所主张的那样，社会交往对自我发展非常必要，那么从来没有机会从"他人眼睛"里看待它们自己的黑猩猩会在这个任务中失败。事实果然如此。独立饲养的黑猩猩没有表现出任何说明它们知道镜子里的影像就是它们自己的迹象。只有在经过三个月的社会交往后它们才表现出自我识别的信号。尽管关于这些研究结果还存在其他的解释（如独立饲养的黑猩猩可能有一般性认知缺陷），但这与米德所主张的采纳他人观点的能力是自我发展的关键是一致的。

婴儿的视觉自我识别

一种经过修改的脸部标记测试被用来评价婴儿的自我识别能力。路易斯和布鲁克斯 - 冈恩（Lewis & Brooks-Gunn，1979）在这个领域做了一些最容易让人理解的研究。这些研究者指出镜像包含两种与自我相关的信息来源：偶然线索（当"我"移动时，镜子里的人也在移动）和特征线索（镜子里的人看上去像"我"）。为了了解哪一种线索对自我识别更为重要，路易斯和布鲁克斯 - 冈恩增加了其他的识别任务。它们是（1）静止的照片（它只具有特征线索）；（2）即时的视频（婴儿看到电视里移动的自己，它同时提供了两种线索）；（3）延迟的视频（提供了特征线索和延迟的偶然线索）。

路易斯和布鲁克斯 - 冈恩的被试是 9 ～ 36 个月大的婴儿，研究者以多种方法对自我识别进行评估，包括（1）自我导向行为（在看镜子时触摸自己鼻子上的标记）；（2）发出语音（用恰当的名词或人称代词来指代自己）；（3）自我意识情感（在看到自己时感到窘迫，而看到别人时并没有这种感觉）。

通过这些方法，路易斯和布鲁克斯-冈恩发现了发展的下列模式。9～12个月大时，偶然刺激能引起视觉自我识别。多数婴儿在镜子里看到他们自己时或看见即时视频时表现出认识他们自己的迹象。他们微笑、专注地看他们自己，并触摸他们的身体。然而，非偶然刺激（如照片和延迟的视频）只能引起有限的和可变的自我识别。这些发现表明，对于这个阶段的婴儿来说，偶然性对自我识别是必要的。

15～18个月大时，多数婴儿都通过了脸部标记测试。当看到镜子里的影像时，婴儿会在他们的脸上指出红点的正确位置。许多15～18个月大的婴儿也能够在照片里把他们自己和他人区别开来，并指出他们的位置。这些发现表明这个阶段的婴儿的自我识别不再需要偶然性线索。

这些能力在18～21个月时仍然在发展。到这个时候，几乎所有正常发育的婴儿都能够用偶然线索识别他们自己，有超过3/4的人能够使用非偶然刺激来进行自我识别。这个年龄的婴儿中有2/3的人在看他们自己的照片时也开始使用人称代词。到21个月大时，自我识别能力已经发展得很完善了。

生命头一个星期的自我意识

路易斯和布鲁克斯-冈恩的研究表明视觉自我识别在婴儿9个月大时就开始出现。其他的研究者（如Butterworth，1992；Meltzoff，1990；Neisser，1988）对更小的婴儿是否具有自我意识进行了考察。这些研究并不依赖于路易斯和布鲁克斯-冈恩所使用的视觉识别测试。他们指出，视觉识别需要相对高级的自我意识形式；为了在镜子中识别出自己，个体需要同时具备自我意识和了解镜子的原理。出于这种考虑，需要有其他的手段来检测自我意识是否会在更早期出现。

巴特沃思（Butterworth，1992）对这一研究进行了综述。他把自我意识分为三个方面：(1)自我—非自我辨别（把自我同他人以及外部世界区分开来的能力）；(2)意志感（理解我们能够控制某些事情，但不是全部）；(3)知觉到自我随时间变化而保持一致的特性（理解我们的存在具有稳定性）。这些方面符合我们在第 1 章描述过的主我的三种功能，它们也与我们对主我的定义一致，"我们对我们是独特统一实体的意识随时间变化而保持稳定，并能按意愿行动。"

巴特沃思（1992）相信，婴儿与生俱来就有这些辨别能力。他引用如下研究结果支持他的主张：

1. 新生儿能视觉定位，并且能在一个变化的环境里保持身体姿势，这表明对自我—世界（自我—环境）的辨别能力在出生时就已经具备。
2. 新生儿会比其他的婴儿哭得更响，却不会比自己哭得更响亮，表明对自我—他人的区分在出生时已经具备。
3. 新生儿很快地学会控制客体的运动，并且在控制成功时表现出喜悦，表明他们意识到他们能制造出想要的结果。
4. 在新生儿中，嘴总是期待手的到来，表明存在先天的身体图式。

早期婴儿的模仿

对模仿的研究为在婴儿早期就已经具备自我意识的主张提供了进一步的证据。长期以来，模仿都被认为是自我发展的组成部分。库利和米德在主张自我通过采纳他人观点而得到发展时强调了与模仿类似的过程：我们让自己穿上别人的鞋，采用他们看待我们的态度。早期理论家詹姆斯·马克·鲍德温对自我发展中模仿的角色有过更为明确的描述：

> 我的自我感因为模仿你而得到发展，你的自我感则因为我的自我感而得到发展。［自我］和［他人］因而在本质上都是社会性的；每一个都是……模仿的造物。（Baldwin, 1897, p.7）

梅尔佐夫和穆尔（Meltzoff & Moore, 1977）研究了出生 12～21 天的婴儿的脸部模仿能力。一个婴儿和一个成年人在一起，当婴儿注视成年人时，他对婴儿做各种鬼脸（如吐出舌头，撅起嘴）。记录婴儿的脸部行为，没有见过成年人表情的观察者对婴儿表情进行编码。有明显的证据表明婴儿在模仿他们所看到的表情。一个后续研究（Meltzoff & Moore，1993）发现，出生 2～3 天的婴儿就能进行这类模仿！

梅尔佐夫和穆尔（1994）对有关这些发现的两种解释进行了讨论。一种可能性是成年人的面部表情自动地引发了婴儿与之相匹配的表情。这种解释与"反射弧"模型类似，因为它并不假定模仿行为中含有任何更高级的过程。第二种可能性是新生儿拥有一种尚未充分发展的身体图式，使得他们能够故意模仿所看到的表情。根据这个解释，婴儿看到成年人的表情，并能够把他们所看到的翻译成他们自己的表情。

对这两个对立解释的研究刚刚开始（Meltzoff & Moore，1994），但初始的证据支持第二种解释而非第一种。梅尔佐夫在各种发现的基础上相信，自我意识的种子是婴儿正常的生理功能的一部分：

> 年幼的婴儿具有一种尚未充分发展的"身体图式"……［尽管］这种身体图式会［随年龄］而不断发展，但某些身体图式的精髓在婴儿最早的阶段以"心理本原"出现。这种自我的萌芽是自我持续发展的基础，并不是经过几个月或几年与社会环境进行交互作用后所达到的终点。（Meltzoff，1990，p.160）

小　结

这里要着重强调的是我们在上面提到了什么以及没有提到什么。巴特沃思和梅尔佐夫承认我们所讨论的每个效应都具有多种解释，每一种解释都不足以让一个尚未满月的婴儿建立起自我意识。而且，这些理论家都并不反对自我意识随年龄而发展的事实。相反，他们认为自我意识的基础在个体出生伊始就已经出现了。婴儿天生具有把自我从"非自我"中区别开来的能力，具有认识到他们有能力产生想要的结果的能力，具有使他们的运动和他们尚未完全发展的身体图式相协调的能力。这些发现表明，刚来到这个世界的新生儿具备尚未完全发展的自我感，从而为后来的发展打下了基础。社会交往和语言（正如米德所认为的）可能对于自我的完全发展是必要的，但对自我的出现却不那么必要。

宾我的发展过程

到现在为止我们已经通过婴儿对于其是个独特的、统一的实体的意识考虑了主我的发展。我们也要考虑宾我的发展。对宾我的关注会使我们提出以下问题：人们对于他们关于自己的想法会随年龄而发生变化这种情况是如何看待的？例如，6岁的孩子和16岁的孩子相比，他们对自己的看法是否存在不同？这个领域的研究（Damon & Hart，1988；Harter，1983；Lewis & Brooks Gunn，1979）显示了以下的发展趋势。

儿童早期（2~6岁）

性别和年龄是最早出现的和自我有关的特征。到2岁时，多数儿童能分清他们是男孩还是女孩，尽管他们可能还没有意识到性别特征是稳定不变的（Harter，1983）。这个年龄的孩子也会想要用具体的和可观察到的特征（如我有一头棕发；我有一个哥哥），以及典型行为和活动（如我玩游戏；我喜欢足球）来描述他们自己。简言之，年幼的孩子会用他们可观察到的，可检验的特征来看待他们自己。

儿童中期（7~11岁）

自我描述时的许多变化出现在儿童中期。首先，自我描述变得更为概括。例如，他们不再用特定的行为（我喜欢足球；我喜欢轮滑）来看待自己，他们开始运用含义更为广泛的标签来标定自己（我喜欢运动）。这个年龄的孩子也开始用强调所知觉到的特质的心理学术语来定义他们自己（和他人）。这些特质中的许多是重要的社会特征（如好看，可爱，或友好）。

这些变化中的许多都可以用认知成熟来解释。这个时期的儿童也属于皮亚杰理论中的具体运算阶段。在这个阶段，儿童获得了逻辑思考的能力，能够通过归纳推理来进行思考。这些能力使他们得以构建起关于他们自己的更为一般的观点。

这个年龄的儿童也获得了采纳他人观点的能力（用米德的话来说）以及从他人眼中看待他们自己的能力。社会比较过程也变得更有影响力。儿童对自己与他人进行比较，并从中得出和自我有关的结论（"吉姆比我更不会解决问题，所以我比他聪明"）。在6岁以前，社会比较被认为对儿童评估自己并没有太大的作用（Ruble，1983）。

青春期（12~18岁）

青春期带来了自我理解的另一种转变。青少年用着重于他们所知觉到的内部情绪和心理特点的抽象特征来定义自己。例如，一个青少年很可能会说他很忧郁或不可靠。这样的评价反映了自我定义时更为复杂和更具分析性的取向，也体现了个体更不为人知的一面。

表4.2对自我描述的这些发展趋势进行了归纳。它也将这些阶段和威廉·詹姆斯（1890）（参见第2章）提出的经验自我三成分理论进行了比较。在儿

表4.2 自我描述的发展性变化

发展阶段	占支配地位的自我描述	例子	与詹姆斯经验自我的比较
儿童早期 （大致年龄：2~6岁）	可观察到的，可验证的特征	我是个女孩。 我有一头棕发。 我有一个弟弟 我喜欢踢足球	物质自我
儿童中期 （大致年龄：7~11岁）	一般兴趣 运用社会比较 人际特征	我喜欢运动。 我比马克聪明。 我很好看。	社会自我
青春期 （大致年龄：12~18岁）	隐藏的，抽象的"心理"特征	我很忧郁。 我很自觉。	精神自我

童早期，儿童着重于物质自我（物理特性，所有物）；到了儿童中期，他们开始关注社会自我（他们运用社会比较信息，并且强调他们的人际特征）；青春期的儿童则开始关注精神自我（个体所知觉到的内部心理特性）。

一生中的自我发展

自我在婴儿期和儿童早期的发展速度最快，但人们对他们自身的看法却始终都在发生变化。在本章的最后一节，我们将开阔我们的视野，从终身发展的角度来看待自我发展。

自我评价的发展过程

我们将首先来看看与年龄有关的自我评价的变化。在第3章中，我们指出大多数人用非常有利的词汇来评价他们自己。一些研究已经对这种"积极性偏见"是否同样存在于人生的各个阶段进行了考察。

鲁布尔等人（Ruble, Eisenberg, & Higgins, 1994）所做的调查使这个问题变得容易理解。这些调查测试了三个年龄段的儿童：5～6岁，7～8岁，9～10岁。大约半数的孩子在实验任务中要么成功要么失败；另一半的孩子观察其他孩子（年龄、性别都相同）成功或失败。然后让孩子对他们自己（或其他孩子）的能力进行评分。

所有三个水平的孩子对自己能力的评价都要高于对其他孩子的评价。而且，这种趋势在失败条件下尤其明显，这使得鲁布尔和她的同事得出这样的结论，那就是孩子高度积极的自我评价是受使自尊感最大化的愿望的驱使。

鲁布尔等人也发现，对自己评价最高的是年幼的儿童（5～6岁），9～10岁的儿童对自己评价最低，这是一个普遍的模式。根据大量的研究结果（Demo, 1992；Eccles, Wigfield, Harold, & Blumenfeld, 1993；Marsh, 1989；Stipek, 1984）所得出的曲线如图4.1所示。我们可以看到，年幼儿童（3～8岁）对自己评价最高。9～10岁儿童对自我的评价就不那么高了。但和他们对别人

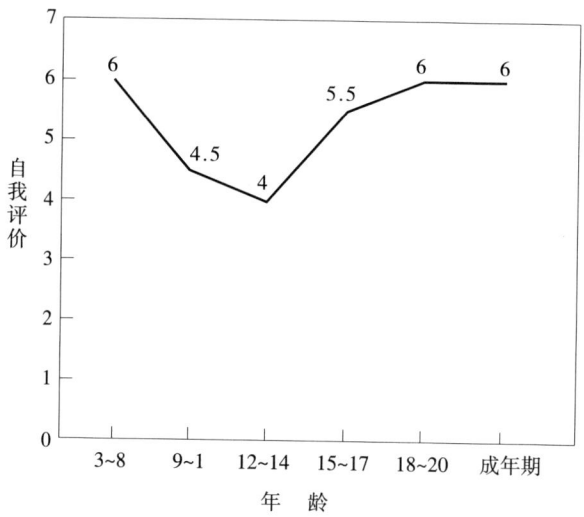

图 4.1 自我评价与年龄之间的关系。如图所示，自我评价分数范围是1～7，7表示自我评价最高。数据显示儿童期自我评价普遍偏高，在青春前期略有下降，而青春后期和成年早期又恢复上升趋势。

的评价比起来还不算低。这种下降趋势一直持续到青春前期，一直到他们从小学进入初中。但到了15岁这种状况开始发生逆转。从那时起一直到成年早期，他们的自我评价都呈上升趋势。

青少年

处于青春前期的个体自我评价下降的事实与这个时期是生命中的一个困难时期这一概念是一致的。这些困难被认为是由青春期所带来的许多变化造成的。它们包括身体变化（如月经来潮）、认知变化（形式运算思维的出现）和社会变化（社会期望的转变和友谊模式的变化）。

青春期同一性危机

艾里克森（1963，1968）用"同一性危机"来描绘这些能影响青少年看法和情感的变化。他指出，伴随青春期而来的许多变化都是突然性和暂时性的，并不会一直存在。这会造成自我概念的混乱和不稳定。青少年必须在青春期前的自我和现在的自我之间寻找连接点。他们还要把他们关于自己（包括新的社会角色和责任）的各种想法结合到统一的自我概念当中去。换言之，正如他们在婴儿期时所做的那样，青少年必须形成稳定和统一的自我观念。

> 为了体验到全体（wholeness），年轻的个体必须在儿童期的他和将来的他之间，以及他所知觉到的自己和他人所知觉到的与所期望的他之间体验到逐步前进的连续性。（Erikson，1968，p.87）然后，[同一]感就是一种自然增长的自信，因为[当前]的同一性和连续性与过去的同一性和连续性是匹配的。（Erikson，1963，p.261）

艾里克森相信，当青少年在三个主要的领域做出承诺，那么这些问题就得到了解决：（1）职业（也就是，选择一个职业）；（2）意识形态（也就是，建立一种宗教信仰、政治倾向和一般性的世界观）；（3）性取向（也就是，确定他们的性取向和产生与年龄相一致的性角色行为）。

在历史上，这些承诺并不难做（Baumeister & Tice，1986）。在工业革命以前，青少年为家庭农场工作或当学徒从而承担起家庭的职责。他们也会信奉父母所信奉的宗教或政治信仰，而且，由父母来决定他们的终身大事是非常理所当然的。今天情况则大不相同。至少在现今的西方社会，青少年能够自由地选择他们的职业、意识形态和结婚对象。这种自由明显是具有先进意义的，但它也并不意味着不会付出代价。今天，青少年必须决定他们是谁以及他们想要成为什么样的人，这就导致了艾里克森所描述的同一性危机的出现（Baumeister & Tice，1986）。

拥有形成同一性的自由（和责任）表明青少年在做出他们的同一性承诺上会存在差异。马西娅（Marcia，1966）仔细考虑了这个问题并区分出大学生同一性承诺的四种水平。如表4.3所示，成功地经受住了同一性危机，做出职业上的，意识形态上的以及性取向上的承诺的个体被认为处于同一性获得阶段。

表 4.3　大学生同一性承诺的四种水平

同一性水平	描述
同一性获得	个体通过做出同一性承诺而解决了同一性危机
同一性延缓	个体正面临同一性危机并正积极解决这一问题
同一性迷失	个体陷入同一性危机
过早闭合	个体在没有同一性危机的情况下做出同一性承诺

资料来源：Adapted from Marcia，1966，*Journal of Personality and Social Psychology*，5，551-558. Copyright 1966. Adapted by permission of The American Psychological Association.

也就是说，这些个体在经过一段时间的寻找后终于"找到了他们自己"。那些正积极解决他们的危机但还没有成功地解决的个体被认为处于同一性延缓阶段。陷入同一性危机中而且没有获得任何进步的个体被认为处于同一性迷失阶段。最后，在没有同一性危机的情况下做出同一性承诺的个体被认为处于过早闭合阶段。很典型的，这些个体接受了他们父母的承诺而没有尝试为他们自己规定这些承诺。正如我们所能预计的，在大学阶段存在一个发展性的转变，即与新生相比，高年级学生中同一性获得者的人数更多（Waterman，1982）。

青春期的自我意识

除了要经历一段时期的同一性混乱，青少年也会经历一个自我意识不断增长的阶段。这种提升的自我意识表现为两种形式。第一个表现为对自我的关注，可以概括为艾里克森所强调的灵魂搜寻。第二个表现为过度关注个体在他人心中的形象。他们认为有人在仔细地观察他们，谈论他们，并且评价他们（Elkind，1967）。这些感觉在青少年早期尤其敏感（Rosenberg，1979），当他们做出同一性承诺时强度开始减弱（Adams，Abraham，& Markstrom，1987；Ryan & Kuczkowski，1994）。

青春期自我评价的性别差异

另一个被关注的问题是青少年对他们自身的看法和感受是否存在性别差异。一个被广泛引用的研究发现，刚刚进入高中的白人女生的自尊有一个急速下降趋势（Simmons, Blyth, Van Cleave, & Bush, 1979）。而后续的研究没能得到相同的结果（Hirsch & Rapkin, 1987）。因而，尽管在青春期早期，与自我有关的感受呈现一个普遍的下降趋势（参见图4.1），但这种下降趋势与性别（或种族）无关。

然而，当青少年对自己特定的品质进行评价时，性别差异就表现了出来（Marsh, 1989）。在有一些特征（如数学能力）上，男生对自己的评价要比女生更为积极；在另一些特征（如语言能力）上，女生的评价就要高于男生的自我评价。这些差异服从文化的刻板印象，可能仅在西方社会中存在。

身体的成熟对男孩和女孩的自我评价也有不同的影响。对男孩而言，男性性征的出现与对于个体身体的更为积极的观点相联系；对女孩而言，情况却恰恰相反，身体的变化给她们带来的是消极的影响（Buchanan, Eccles, & Becker, 1992）。同样，这些差异也许与特定的文化背景有关，而不是普遍意义上的。

青春期总是带来压力吗？

青春期显然是生命中心理变化非常丰富的一个时期。身体、认知以及社会的巨大变化可能具有许多消极的后果，如未成年少女的高怀孕率、滥用酒精和药物、高风险行为所导致的事故，以及自杀率（Quadrel, Fischhoff & Davis, 1993）。遗憾的是，在我们跨入21世纪时，这些问题却似乎变得越来越严重（Garland & Zigler, 1993）。

是否青春期总是带来压力？回答应该是"不"。尽管许多青少年面临艾里克森和其他心理学家所提到的各种问题，并且可能体验到自我概念的暂时性失调，但这些变化很少是极端的或长期的。而且，这个时期也会出现许多积极的变化，包括与同伴群体联系更紧密，对自由和控制有一种全新的感受。出于这些原因，多数青少年并没有体验到术语"同一性危机"所指的苦闷和混乱。

多数青少年成功地度过了这个阶段，他们没有出现任何心理和情绪上的问题，并且形成了积极的个人同一感，在成功地形成了良好的同伴关系的同时与家庭的联系也更为紧密。（Petersen et al., 1993）

成年期的自我概念

时光从我身边飞逝，它对每个人都是公平的，
我比过去的我更老，比将来的我更年轻，那并不稀奇。
不，这不奇怪，经过不断变化的我们或多或少还是原来那个人。
经过变化，我们或多或少还是原来那个人。

——保罗·西蒙，"拳击手"（The Boxer）

尽管与出现诸多变化的青春期比起来，成年期要显得平静得多，但这个时期也要发生许多重要的转变。人们成家、立业、生子、到新的地方开始生活等等。除了这许多变化，成年人的人格是相当稳定的（McCrae & Costa, 1994）。不管我们是从平均水平（年长者是否比中年人更尽责？）看，还是从不同水平（一个人在中年时责任心强还是老年时责任心强？）看，结论是相同的：30岁以后人格特征就不怎么改变了。这种稳定性也标志着人们对自我看法的稳定。成年早期的自我评价与许多年以后的自我评价有着高度的一致性（Mortimer, Finch, & Kumka, 1982）。当然，同一性可能会增加或丢失，但对自我的看法是稳定的。

一些理论家（如 Cohler, 1982；Filipp & Klauer, 1986；Gergen & Gergen, 1983）认为这种稳定性来自建设性的过程，个体通过对个体生活事件的一致性叙述来创造稳定性。这种方式强调个体不是他们生活的被动的旁观者，他们是积极的历史创造者。他们以能使他们保持一种强烈的连续性的方式来解释他们的过去（McAdams, 1996）。用这种方式来看待经验使得人们能够知觉到连续性，

詹姆斯（1890）认为这种连续性对于同一性的保持是非常关键的。

这些解释过程一直延续到成年后期。尽管年龄的增长往往会带来许多变化，包括视觉、听觉以及运动机能的退化，却很少有证据表明人们对自我的看法到了晚年会有所变化（Brandtstadter & Greve，1994）。也没有研究证明老人是孤独的、压抑的和满怀绝望的。除了一些严重的健康问题，人们对自我的感觉以及所知觉到的他们的生活质量并不会随年龄的增长而下降。同样，这是因为人们并不是消极地在环境中生活，他们在积极地改变环境，他们会调整他们的目标。年龄也会带来积极的变化（Carstensen & Freund，1994；Cross & Markus，1991）。青春期也是如此，这个阶段的多数人不会因此而充满焦虑。

> 老化过程包含了大量的变化和中断，这对个人的自我构建是一个挑战……正如许多成人发展和成熟领域的研究者所做的那样，这样的体验被认为是自尊问题，幸福感降低，以及容易感到压抑。但除了它们表面上的理论一致性，这些假设得到了很少的经验性支持。相反，最近的研究结果开始支持上了年纪的自我有着无与伦比的稳定性、达观和智慧这一论点。（Brandtstadter & Greve，1994，p.71）

总　结

在这一章，我们对自我的发展做了描述。我们首先从引领这一领域研究的三种理论开始。它们是（1）米德（1934）的符号交互理论；（2）皮亚杰（1952）的认知发展理论；（3）艾里克森（1963）的心理社会性发展八阶段论。

然后我们考察了自我意识的起源。通过把自我识别作为自我意识的指标，研究已经发现（1）自我意识不是人类所独有的；（2）在出生的第一年，婴儿就具有自我意识。运用其他方法来评价自我意识（如模仿）的研究表明，即便是新生儿也拥有尚未发展的自我图式。

接着，我们讨论了人们对自身的看法是如何随着年龄的增长而发生变化的。自我描述显示出个体因为不断提高的普遍性而发生的转变。年幼的儿童用非常具体的词汇来描述他们自己；到了儿童中期，儿童的自我描述变得更具有社会取向；青少年关注的焦点更多地集中在内部（心理）特征上。

最后，我们考察了终身的自我发展。我们指出，用积极术语描述自我的趋势在青少年早期略有下降，但在成年早期有所反弹。我们也指出，尽管青春期是一个自我会发生许多变化的时期，但多数个体因为拥有强有力的同一感而经受住了这些变化。同样的原则也适用于老化过程。大多数人在变老时仍然保持着积极的自我观念。

- 米德提出，自我的发展与个体和社会的交互作用存在紧密联系。个体作为非社会存在而来到这个世界，但在其生长的文化里，他开始采纳其中的标准和规范。米德认为，他们这样做，从而使自我得以发展，也获得了通过他人眼睛看到自己的能力。两种行为——用符号进行沟通的需要，和游戏——加速了这种观点采择能力的发展。首先，这些活动引导个体采纳特定他人针对自我的观点；然后，个体开始采用普遍的，抽象的观点。当这种观点采择程序完成后，自我就完全形成了，个体也完全地社会化了。
- 皮亚杰的发展模型假定个体的发展要经过一系列的认知阶段。每个阶段有特定的思维模式。各个阶段在抽象推理、观点采择以及问题解决能力上都存在程度上的不同。这些阶段影响了自我理解，因为随着个体年龄的增长，他们对自身的看法也日趋复杂。
- 艾里克森概括了心理社会性发展八阶段论。每个阶段都有一个与自我有关的特定的心理需要或冲突。一个阶段冲突的不解决将导致下个阶段的心理问题。
- 通过镜像识别任务，研究者发现除了人类以外还有两个物种（黑猩猩和猩猩）能在镜子中认出它们自己。被独立抚养长大的黑猩猩没有表现出镜像识别能力，表明米德所做的自我发展离不开社会交往的论断是正确的。
- 婴儿的自我识别开始于能够通过偶然的运动识别出自己。这种能力在9个月大时就出现了。在15个月大的时候，婴儿能够根据非偶然性刺激（如照片）识别出自己，并能通过人脸标记测验。到了21个月大的时候，多数婴儿能够用人称代词来识别自己。

- 人类的自我意识在出生时就具备了。婴儿似乎有一种把自己从"非自我"中区分出来的能力，知道他们有能力产生他们想要的结果，并协调他们的运动（表明存在一种原始的身体图式）。这些发现与认为新生儿生来就有为将来的发展做准备的尚未发展的自我感这种观点是一致的。

- 人们关于他们自身的看法有一个不断发展的过程。年幼儿童关注他们自己特别具体的，可观察的方面，如他们的身体特征和典型活动。当他们长大时，儿童越来越多地用更为一般的特质和品质来描述他们自己。他们也开始用具有社会意味的词语来描述自己。到了青春期，自我描述变得更加普通和抽象，更多地强调潜在的心理特征（如感受、动机），而不是可观察到的物理特征。

- 自我评价也表现出了发展性的模式。年幼儿童对自己的评价非常积极。到了青春期早期，这种趋势略有下降，因为儿童面临由小学向初中的转变。当青少年进入高中时，自我评价又开始上升，并且在整个成年期都保持积极的态度。

- 青春期是一个自我发展的关键期。艾里克·艾里克森用"同一性危机"来描述这个时期想要（重新）定义自己的青少年所面临的问题。并非所有青少年都会在这个人生阶段遇到困难，多数人并未受太大影响。

- 在成年期，人们关于自身的看法相当稳定。当人们的生活发生变化时，新的同一性特征出现，但人们会以一种能使他们保持连续感的方式来对这些体验进行解释。

补充读物

Damon, W., & Hart, D. (1988). *Self-understanding in childhood and adolescence.* New York: Cambridge University Press.

Harter, S. (1983). Developmental perspectives on the self-system. In M.Hetherington (Ed.), *Handbook of child psychology: Social and personality development* (Vol.4, pp. 275-385). New York: Wiley.

Lewis, M., & Brooks-Gunn, J. (1979). *Social cognition and the acquisition of self.* New York: Plenum Press.

5

从认知观点看自我

20世纪60年代是美国文化发生巨大变化的一个时期,也是美国心理学发生变革的时期。主宰了心理学领域将近半个世纪的行为主义学派正被认知革命所替代。尽管这两个学派在一些核心假设上是一致的,但它们的基本观点却是不同的。行为主义并不重视内部的心理过程,而认知方法则把心理过程作为研究的关键。

认知心理学主要关注人们加工信息的方式,包括(1)注意过程;(2)解释(我们如何对我们注意到的现象进行解释);(3)记忆。多年来,心理学家们认为这些操作是数据驱动或者称为自下而上的加工,因为他们假设人们是在积极地记录外部信息。我们所看到的、听到的和理解到的完全取决于外部世界。

在20世纪50年代后期,出现了一种截然不同的信息加工观点。布鲁纳(Bruner,1957)在格式塔知觉原则基础上提出,信息加工不仅仅是数据驱动的过程,它也是理论驱动,自上而下的过程。人们并不是简单地记录外部世界的信息,相反,他们积极地构建他们所体验到的世界,而且建构过程取决于先前的知识以及对世界是什么样子的期望。

让我们来看一个例子（来源于 Anderson, 1983）。考虑一下下面的句子"The robber ran from the bank"（强盗从银行跑了出来）。即使银行在英文里还有河岸的意思，但你在看到这个句子的时候必定会把这个词理解为银行。那是因为你预计强盗会从银行里出来，而不是河岸。再想一想下面的句子"The otter ran from the bank"（水獭从河岸跑了出来）。现在你更可能把 bank 理解为河岸。这里要说明的问题是，你解释句子的方式依赖于你所具有的知识。这就是我们所谓的理论驱动（自上而下）的加工。

西摩·爱泼斯坦（Seymour Epstein）是完全赞同自我研究的这种观点的最早的几个心理学家之一。在他一篇颇有影响的论文（1973）中，他指出人们对他们自己的看法是他们用来加工信息的知识的一种形式。为了对这个问题做进一步的研究，爱泼斯坦将自我认识与一个理论进行了比较（也可以参见 Kelly, 1963; Sarbin, 1952）。人们所形成的自我概念以及解释他们经验的方式与科学家组织理论、解释数据的过程很相似。

> 我认为自我概念就是自我理论。个体无意中把自己构建为一个能够体验，具有机能的个体就是一个理论……与大多数理论一样，自我理论是为实现某个目的而存在的概念工具。［一个目的］就是以一种能够被有效处理的方式来组织经验数据。（Epstein, 1973, p.407）

与马库斯等人（Markus, Rogers, Kuiper, & Kirker, 1977）一起，爱泼斯坦的信息加工方法开创了自我研究的转折点。与只考虑人们为什么这样看待自己不同，研究者开始探索人们对自身的看法如何影响他们对事件和经验的解释。这种转变代表了过去 30 多年来自我心理学领域的重大发展（Markus & Wurf, 1987）。特别是在人格和社会心理学领域，研究者普遍开始把认知心理学的理论和方法应用到了与自我有关的过程的研究中。

本章的目的是让你熟悉这种研究方法。我们要考虑的第一个问题是自我认识的认知表征。人们对于自身有着诸多看法，而这些看法并非出自偶然。它们之间在一个有组织的结构中是相互联系的。本章的第一节我们就要对这个组织结构进行考察。

接下来我们要来看一看自我认识是以何种方式起作用的。在任何时候，你的自我认识中只有一部分在活动并引导你的行为。这种激活受什么控制？是什么因素使得这个或另一个自我观念被意识到？这些就是我们在本章的第二节里要探讨的问题。

我们要考虑的第三个问题是与自我有关的信息是如何被加工的。我们每天接触到的信息中只有一部分涉及自我，然而这种信息却是特殊的。例如，它很容易被注意到和被记住。在本章的第三节，我们将考虑为什么会出现这种情况，并考察动机和认知过程是如何结合到一起从而影响个人信息加工。

自我认识表征

认知心理学家假设我们关于世界的知识是一个有组织的认知结构。尽管对于结构的具体形式还未达成共识，但有一点是大家都认同的，那就是知识的组织是分层次的。一个总的概念位于层次的顶端，更为具体的知识则位于下面的分支。

图 5.1 的上半部分是对"动物"概念的分析样例。各种动物（如鸟、鱼和哺乳动物）都与这个概念有关。每类动物样例都占据了一个分支，特定的行为和特征使这些物种产生了联系。

人们关于自身的看法可以用同样的方式呈现出来（Kihlstrom & Cantor，1984）。图 5.1 的下半部分就是这样一个例子。在层次的顶端是自我。它被分为三个层次：物理特征、自尊、社会特征。每种社会特征下面是各种特征和特质。

尽管并非所有的心理学家都认可图 5.1 所示的模型，但他们中的大多数同意这样一个看法，那就是认为人们对自身的看法是一个复杂而高度有组织的知识结构，而且随着年龄的增长，随着人们关于自身的知识的日益丰富，这个结构的变化会越来越大。对于该模型的一般含义也存在一种共识（Greenwald & Pratkanis，1984；Linville & Carlston，1994；Markus & Wurf，1984）。例如，

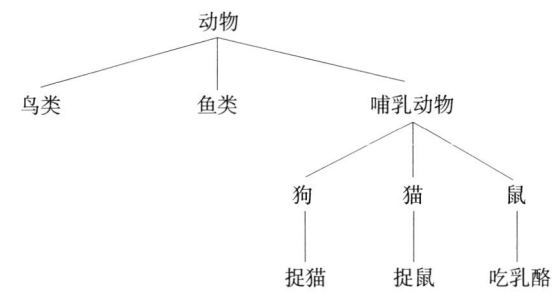

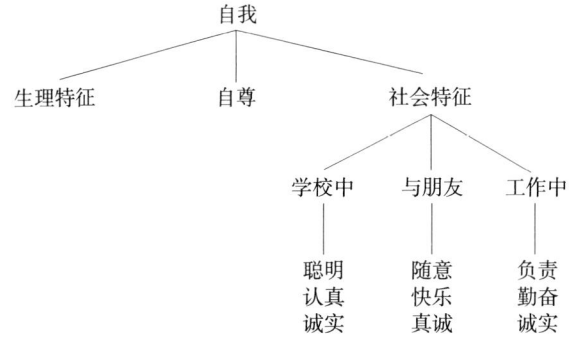

图 5.1　动物与自我的层次知识结构

就拿自我认识的背景基础而言，我们对自身的看法取决于社会背景（James，1890；Rosenberg & Gara，1985）。个体可能认为他在学校里很聪明，当和朋友在一起时就很随便，当工作时很负责。另一个要注意的问题是人们关于自身的观点有时是矛盾的。例如，我们可能认为我们在学校里很认真，和我们的朋友在一起时很轻松，工作时很勤奋。最后，人们的自我观点往往不局限于一个角色，一种关系，或一个情境。图5.1中的"诚实"就是一个例子。

自我复杂性

由这个结构模型产生了大量重要问题。首先，我们会问"自我概念有多全面？"个体以许多不同的方式看待她自己还是以有限的几种方式看待自己？林维尔（Linville，1985，1987）用术语自我复杂性（self-complexity）来指代这种差异。用许多不同的方式看待自己的人被认为具有高自我复杂性，反之则被认为自我复杂性较低。

林维尔利用卡片分类任务来测量自我复杂性。给被试大量的索引卡，每一张卡片上都有一个描述特质或特征的词语（如懒惰、好交际的、反叛的）。然后要求他们对这些词进行分类（根据不同背景或关系）。个体所分的类别越多，并且类别之间重合度越小，个体的自我复杂性得分就越高。

表5.1描述了个体在自我复杂性上的差异。表的上半部分是一个高自我复杂性的例子。这个人以许多不同方式看待自己，而且在他对自己的描述中很少有重合。表的下半部分是一个低自我复杂性的例子。个体只是以有限的几种方式来描述自己，而且各个分类之间存在高度的交叠。

林维尔（1985，1987）认为，自我复杂性上的差异会影响人们对积极事件和消极事件的反应。个体的自我表征越不复杂，他对于积极事件或消极事件的反应就越极端。例如，假设你是个诚实的律师，你生活的全部重心都围绕着你的工作。如果你赢了一场官司，你就会感到欣喜若狂，但如果你输了，你就会觉得受到了沉重打击。林维尔认为，这是因为你没有其他的东西可依靠。现在假设另外一种情境（如你既是个努力工作的律师、又是一个善解人意的朋友、一个情意绵绵的爱人、一个充满爱心的家长，等等）。在这样的情况下，输掉一场官司并不会让你感到深受打击，因为你还有很多其他的方式来缓冲这种打击（也可以参见Dixon & Baumeister，1991；Niedenthal, Setterlund, & Wherry，1992；Steele，1988；Thoits，1983）。

尽管具有多种特性可以让我们生活得更健康，但有一点要注意的是复杂的自我概念也可能让我们陷入麻烦当中。正如威廉·詹姆斯在一个多世纪以前就指出的那样，问题在于我们不能拥有所有我们想拥有的东西。

> 我常常会面临这样一种情况，那就是必须支持经验自我中的一个，然后放弃其他的。并不是我不想成为是这样一个人：英俊而有钱、穿着入时，是个伟大的运动员，年收入过百万、拥有才智、"女性杀手"，同时也是个哲学家、慈善家、政治家、勇士和非洲探险家，还

表 5.1 高自我复杂性和低自我复杂性的例子

高自我复杂性

与人	与朋友	与家庭	在学校	独处时	在聚会上
好交际	幽默的	易动感情的	安静的	个人主义的	幽默的
好玩的	随意的	好玩的	用功的	慎思的	好玩的
慎思的	固执的	慎思的	有组织的	刻苦的	好交际的
理智的	好交际的	理智的	理智的	安静的	世故的
易动感情的	理智的	固执的	缄默的	充满感情的	
固执的	易动感情的	幽默的	刻苦的	有竞争力的	
有竞争力的	慎思的	好交际的	个人主义的	富于想象的	
随意的	宽厚的	个人主义的	冲动的		
幽默的	不够用心	非传统的	理智的		
充满深情的	充满深情的				
宽厚的	个人主义的				
个人主义的					
世故的					

低自我复杂性

	在学校	与朋友	独处		
	随意的	好玩的	好玩的		
	缄默的	随意的	随意的		
	有组织的	固执的	富于想象的		
	精力充沛的	个人主义的	冲动的		
	安心的		精力充沛的		

资料来源：Adapted from Linville，1987，*Journal of Personality and Social Psychology*，52，663-676.Copyright 1987.Adapted by permission of The American Psychological Association.

是个圣人。而是这完全是不可能的。百万富翁的工作恰恰与圣人所做的相反；哲学家和"女性杀手"的特征也不可能集中在一个人的身上。（James，1890，pp.309-310）

这里的问题就在于，每一个附加的特性既可能是所希望的，也可能是不希望的。最终，它取决于这些特性是否与其他的相匹配。在现代社会，我们常常会听说角色冲突。例如，我们希望女性成为拿工资的劳动者、妻子、母亲、教育家、运动员、司机、医生等等。而这么多社会特性可能会发生冲突，女性也可能从中感受到摩擦。在有了孩子以后，她们可能会在照顾孩子和在事业上更有竞争力上体会到一种冲突。是否更多就意味着更好取决于这多种特性是否匹配。否则，比起较少的特性来，太多的特性会产生更多的问题。

多纳休等人（Donahue，Robins，Roberts，& John，1993）所做的研究对这个问题进行了详尽的描述。这些研究者要求大学生描述他们五种社会角色中的每一种（如"作为一名学生、朋友、情人、子/女和工人，你的责任感如何？"）。然后，多纳休等人计算了自我概念的差异系数，从而获得了每种角色上学生自我描述的范围。高自我概念差异总与抑郁，神经质和低自尊相联系。这些发现给林维尔（1985，1987）对自我复杂性的研究设置了一个有趣的挑战，因为那表明多重特征只有在彼此很好地结合的前提下才是有益的（Woolfolk，Novalany，Gara，Allen，& Polino，1995）。

自我概念的确定性和重要性

人们自我认识的确定性是自我概念的另一个方面。我们对我们所持有的关于自己的某些观点是非常确定的，如我们绝对相信我们善交际。而我们的另一些自我概念则很模棱两可，如我们不确定我们是否具有直觉。这个问题很重要，因为很确定的自我观念比起不确定的自我观念来要更加稳定，不容易改变（Pelham，1991；Swann & Ely，1984）。也有证据表明，人们的自我观念越确定，他们对自我的感觉越好（Baumgardner，1990；Campbell，1990）。

除了要考虑人们自我观念的确定性，我们也要考虑这些自我观念的重要性。我们的一些自我观念非常重要，而另一些则不那么重要。一般而言，一个特征的重要性随着目标而发生变化。重要的特征往往是那些有助于我们的目标和野心的；而不重要的特征也往往与我们的目标和野心无关（Pelham, 1991）。例如，一个专业运动员可能首先想到她的运动能力和竞争能力，但一个艺术家可能主要想到她的自发性和创造性。

人们对于他们的各种社会特性也赋予了不同的重要性（McCall & Simmons, 1978; Stryker, 1980）。一个人可能主要从工作方面来考虑他自己；而另一个人可能主要从家庭方面来考虑自己。这些差异影响着人们的情感生活。当触及重要的特征时，人们会表现出强烈的情绪反应（Brunstein, 1993; James, 1890; Lavallee & Campbell, 1995; Pelham, 1991）。

这些差异突出了一个重要问题，那就是自我认识的特性。并不仅仅是人们对自身的看法是重要的，人们赋予每个特性元素的含义也同样重要（Pelham, 1991; Rosenberg, 1979）。可以想象，尽管两个人非常不同，但他们仍然可能具有共同的特性。但他们在对这些特性的确定性以及重要性的看法上依然是有差异的。

这里有一个关于一首歌的音符和它的旋律之间的类比。如果我们对构成一个旋律的音符进行重新组合，我们就会听到一个完全不同的曲调——即使它们所使用的音符完全相同。这个思想来源于格式塔的知觉原则，它指出"整体大于部分之和"。运用到自我概念上时，这个原则告诉我们，为了理解个人的自我概念，我们需要了解的比个体对她自己的了解更多。我们也需要知道这些概念是如何相关联和被组织起来的，以及它们对于个体具有何种意义。

自我图式

马库斯（Markus，1977）相信，自我概念非常重要，与自我图式（self-schemas）[1]一样，具有确定性功能。图式是一种假设的知识结构，它被用来指导信息的加工。人们拥有关于许多不同事物的图式，如其他人、社会群体、社会事件和客观物体（Fiske & Taylor，1991）。这些图式会影响我们所注意到的信息、我们如何解释我们所获取的信息，以及我们所记得的东西。

自我图式具有类似的作用。在最初的一个例子中，马库斯（1977）首先根据人们所知觉到的独立性来确定他们的图式。这些人认为他们非常独立或非常具有依赖性，而且他们认为这种特性非常重要。另一些人根据这一维度被认为是与图式不一致的（aschematic）。这些人不认为他们非常独立或不独立，他们也不认为这种特质很重要。

在实验的第二部分，呈现给被试一个与独立有关的列表，要求他们指出其中的词是否是对他们的贴切描述（如你有多固执？你有多顺从？）。结果图式被试做出判断所用的时间比非图式被试要短，表明图式使人们得以更加轻松地加工有关独立性特征的信息（也可以参见 Bargh，1982）。另外也有发现表明，与非图式被试相比，图式被试能够记得他们生活中更多与独立性有关的例子，并对他们在这一领域的未来行为做出更加自信的预测。

自我图式也能影响我们加工社会信息。具有某一特征的图式的人更倾向于接受能进一步支持他们的自我观念的信息，而排斥与他们看法不一致的信息（Markus，1977；Swann，1990）。例如，如果你确信你很优雅，那么你会很快地接受认为你很灵巧的反馈，但会仔细考察或忽略认为你很笨拙的反馈。

---

[1] 术语自我图式已经成为争论和混乱的来源。一些人（如Burke，Kraut，& Dworkin，1984）质疑这个术语是否有存在的必要；另一些人（如Rogers，Kuiper，& Kirker，1977）用这个术语完全来指代自我概念，而不是特定的具有高度个人重要性的自我概念。我无意卷入这场争论，我将根据马库斯（1977）的定义来使用这个术语：自我图式将被用来指代那些人们认为具有特定自我含义的以及具有高度确定性的特性。

我们对他人的知觉也受自我图式的影响（Fong & Markus，1982；Markus & Smith，1981）。例如，具有自我图式的人根据他们自己的体重能迅速注意到别人的体重，并对他们在这一维度上进行分类（也就是，对他们的胖瘦做出判断）。这种趋势反映在一个更普遍的倾向中，那就是在对他人进行判断时以自我作为参照点。我们对一种特质看得越重，那么我们在知觉他人时越容易使用这种特质作为标准（Dunning & Hayes，1996；Lewicki，1983，1984；Prentice，1990；Shrauger & Patterson，1976）。

最后，自我图式还影响行为。与没有自我图式的人相比，具有自我图式的人在特定领域中所表现出的行为与该领域更为一致（Bem & Allen，1974；Markus，1983）。例如，与在独立性上缺乏图式的人相比，具有独立性图式的人在各种情境下更容易表现出独立行为。即使是在这两类人都认为自己很独立时，结果依然如此。关键的区别在于，在这个特质上有图式的人对他们的这种特质非常确信，并把它作为一种特殊的自我定义。这些特征对图式个体所表现出的更强的行为一致性做了解释。

自我认识的激活

个体通过许多方式来看待他们自己，但只有部分方式能在任何时候起作用。在某一时刻认为自己理想主义和感性的人可能在另一个时刻认为自己缺乏自信和优柔寡断。在这一节，我们将来看一看激活我们各种自我概念的因素。

我们以图 5.2 所示的模型为线索进行讨论。模型的中间是一个叫做"当前的自我表征"的方框。我们将用这个术语来指代在特定时刻人们对他们自己的看法。其他的理论家已经把这些瞬间的自我表征称为"现象自我"（the phenomenal self）（Jones & Gerard，1967），"自发的自我概念"（McGuire & McGuire，1981，1988），"自我识别"（Schlenker & Weigold，1989），或"工作自我概念"的某些方面（Markus & Kunda，1986）。

图 5.2 显示了影响个体当前自我表征的个人的和情境的因素，而这些自我

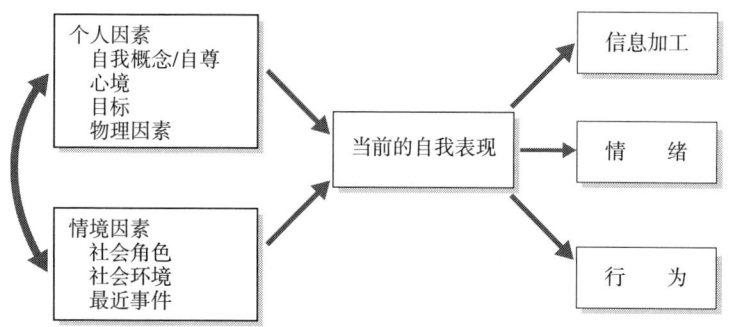

图 5.2 影响人们当前对他们自己看法的各种因素的图式表征,以及这些想法对心理其他方面的影响。

表征影响着信息加工、情绪和行为。连接两个最先出现的变量(也就是,个人因素和情境因素)的曲线表明,这些变量是相互关联的。在当前的背景中,这意味着个人变量与情境因素一起影响着当前的自我表征。

影响自我认识激活的个人因素

自我概念/自尊

影响自我表征最重要的一个因素是人们通常看待他们自己的方式。例如,在其他条件都相同的前提下,一直都认为自己很聪明的个体比一直都不认为自己聪明的个体更倾向于认为自己聪明。在特质具有重要意义的情况下尤其如此。这些自我图式更容易被提取(Markus & Kunda,1986;也可以参见 Higgins & King,1981)。

自尊也会影响人们的自我概念。在任何时候,与低自尊的人相比,高自尊的人更倾向于使用积极的词汇来形容他们自己(Brown & Mankowski,1993)。

心 境

心境也会对自我观念是积极的还是消极的产生影响。我们每个人都有喜欢自己和不喜欢自己的地方。当我们开心的时候，我们更容易想起我们的优点；当我们忧伤的时候，我们则更容易想起我们身上消极的方面（Brown & Taylor，1986；Sedikides，1995；Teasdale & Fogarty，1979；Teasdale，Taylor，& Fogarty，1980）。

对低自尊的人而言，心境和自我概念之间的联系更为紧密。Brown 和 Mankowski（1993）让学生在八周内每天记录下他们的心境，并完成一份自我评价问卷（也就是，"你有多聪明？""你有多吸引人？"）。大体说来，忧郁的人对自己的评价更消极。低自尊的人也是如此，这表明心境尤其会影响低自尊个体的自我概念（Smith & Petty，1995）。

目　标

人们可以有意地激活自我观念。通常，我们会对某种情境进行调查，弄清我们想成为什么样的人或者想扮演什么样的角色，然后激活一个恰当的自我意象（Schlenker & Weigold，1988；Snyder，1979）。例如，当参加一个重要工作面试时，人们往往会努力使对方感觉到自己是个勤勉的，有能力的以及负责的人。积极地补充这些自我表象是帮助人们突出这些品质的一个因素（Feltz & Landers，1983）。

希望对自己感觉良好的愿望是另一个影响自我概念激活的目标。孔达和萨尼提奥索（Kunda & Sanitioso，1989）的研究对这一点进行了描述。孔达和萨尼提奥索要求被试读另一个学生的故事，这个学生要么是个好学生，要么是个坏学生。进而告诉被试这个学生外向或内向。随后，被试对他们自己的内向或外向性水平做出评价。

孔达和萨尼提奥索假设人们想要相信他们拥有与成功有关的品质，而没有与失败有关的特征。因而，他们预测，当外向与学业成功相联系时，被试更多地会认为他们是外向的。实验结果证实了这个预测。当他们相信外向将意味着通向成功时，他们更多地把自己描述为好交际的，而当被试相信内向与成功有关时，他们更多地把自己描述为害羞和缄默的。后续的研究（Sanitioso，

Kunda,& Fong,1990）揭示了出现这种情况的原因，那是因为被试选择性地对他们在内向或外向条件下的行为记忆进行了搜索。与其他的一些发现（如 Gump & Kulik,1995；Kunda,1990）一起，这些数据表明，我们希望对自己感觉良好的愿望影响了我们在任何时候对特定自我概念的激活。

物理因素

物理因素也会对人们的自我概念产生影响。例如，对抑郁的神经基础的研究发现，大脑中特定的化学失衡也能引发积极和消极的自我概念。其他的物理因素，如饥饿、失眠以及荷尔蒙变化也会改变人们看待自己的方式。

药物也能产生类似的作用。锂、百忧解（Prozac，氟苯氧丙胺，用于减缓抑郁、焦虑的药），以及其他的药物会改变人们对自身的看法（Kramer, 1993）。一些作用是通过情绪产生的（药物改变了情绪，情绪影响了自我评价），但某些作用是直接产生的（大脑化学物质的变化直接影响了自我评价）。

影响自我认识激活的情境因素

不仅仅只有个人因素才能影响人们的自我概念。情境因素也起了重要的作用。有许多这样的因素来自社会环境。

社会角色

我们对自己的看法很大程度上取决于我们现在所扮演的社会角色（Roberts & Donahue,1994）。例如，比起我指导我儿子的棒球队来，我在教书时更倾向于把自己看做一个教授。社会角色也影响了我们的个人特性。比起你外出约会来，你在图书馆学习时更可能认为你自己学习很认真。重要的一点在于（我们在第 2 章中已经指出过），"我们是谁" 取决于我们身处何方以及我们在和谁接触。

社会背景和自我描述

如果你曾经参加过一个除你以外没有人盛装打扮的会议，那么你可能会敏锐地注意到你是多么的与众不同。麦圭尔等人（McGuire & McGuire，1981，1988）认为像这样的场合会影响人们的自我概念，从而使个体能够以从社会环境中分离出来的方式看待自己（也可以参见 Nelson & Miller，1995）。

麦圭尔等人（1981，1988）用开放性问卷对被试的想法进行了检验。他们要求被试用任何语言来描述他们自己，然后研究者根据大量的维度对这些描述进行编码。最后，研究者在个人的社会环境中对每种描述的独特性进行了考察。

结果证实了麦圭尔的独特性假设。在一个针对学龄儿童的研究中，非常高或非常矮的孩子中有 27% 的人都自发性地注意到了他们的身高，但在中等高度的孩子中只有 17% 的人注意到了身高。在体重、发色和出生地点上也发现了类似的结果。特征的独特性越强，孩子越有可能用这种特征来描述自己。

独特性也对群体特性的显著性产生了影响。自我分类理论（self-categorization theory）（Turner，Hogg，Oakes，Reicher，& Wetherell，1987）提出，人们是根据他们所属的各个社会群体（如美洲人、新教徒或卡车司机）还是根据他们的多种个人特性（如野心勃勃、可靠的或好交际的）来看待他们自己部分取决于社会背景。一般而言，在群体间的背景下，群体特性会显得更加突出。例如，比起在得克萨斯的巴黎（与法国巴黎同名的美国城市），一个美国人在法国巴黎时更容易把自己看成是美国人。这是因为到了国外，他的国籍就显得更为突出了。

群体大小是另一个对群体特性显著性产生影响的因素。少数民族由于其人数的相对稀少，因此，与人口众多的群体成员相比，他们的群体特性会显得更为突出。设想一下，在美国，亚洲人比欧洲人少得多。那么，在其他条件相等的前提下，亚裔美国人自我概念中所具有的种族特性比欧裔美国人要强。这个预测是对麦圭尔的独特性假设的另一个应用。

群体特性的显著性进而也可能取决于群体的地位（Tajfel & Turner，1986）。西蒙和汉密尔顿（Simon & Hamilton，1994）要求被试描述他们对一系列画作的喜欢程度。主流民族条件下的被试被告知有许多其他的学生和他们的看法相同，而少数民族条件下的被试则被告知很少有学生与他们的看法相同。与之相独立的一个操作是，一半被试被告知他们所在的群体拥有很高的地位，而另一半被告知他们所在群体的地位低下。最后，被试对他们与普通群体成员看法的相似程度进行描述。

该调查结果如图5.3所示。数据显示群体大小（少数民族和主流民族）和群体地位（高和低）交互影响着社会特性的显著性。少数民族群体成员只有在他们的民族拥有高地位时，他们才会把他们自己看做是典型的群体成员。当群体地位低下时，少数民族成员通过否认他们与典型群体成员相似来拉开他们自己与他们所在群体之间的距离（Brewer，Manzi，& Shaw，1993；Jackson，Sullivan，Harnish，& Hodge，1996；Simon，Pantaleo，& Mummendey，1995）。

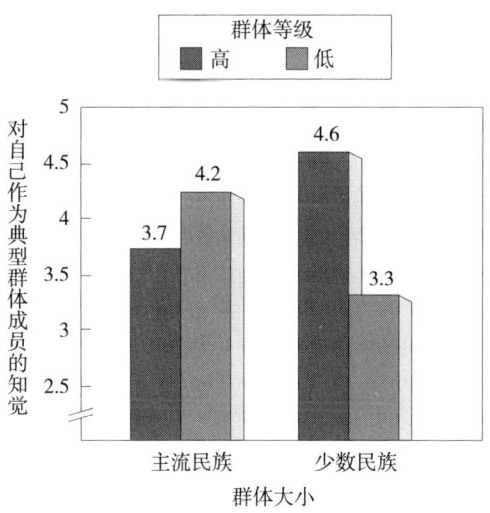

图5.3 自我描述作为群体大小和群体地位的函数。数据显示，只有当少数民族拥有高地位时，其成员才会把他们自己看做是典型的群体成员。

资料来源：Adapted from Simon & Hamilton，1994，*Journal of Personality and Social Psychology*，66，699-711.Copyright 1994.Adapted by permission of The American Psychological Association.

社会背景和自我评价

到现在为止我们已经讨论了社会背景是如何影响各种特性的显著性的。而社会环境也影响着人们评价自己的方式。多数研究结果显示出了对比效应。例如，比起与一群很有吸引力的人在一起来，当我们与一群缺乏吸引力的人在一起时我们总是更倾向于认为自己很有吸引力。同样，与一个所知甚少的人谈论国家大事更容易使我们认为自己博学多才。这些结果的产生是因为进行了社会比较（参见第 3 章）。我们把社会环境中的其他人作为比较对象，把我们的特征与他们的进行对比。

莫尔斯和格根（Morse & Gergen，1970）所做的一项调查证明了这种趋势。这些研究者让被试相信他们正在接受一个面试，所申请的职位是研究助理。他们和另一个申请者（同盟者）一起等候。在一种条件下，同盟者的表现无可挑剔；在另一个条件下，同盟者的表现糟糕而散漫。结果，与和表现糟糕的同盟者一起等候的被试相比，和优秀的同盟者一起等候的被试后来所报告的自我感觉更差。

这类对比效应在现实世界里有着重要的价值（Pettigrew，1967；Stouffer et al.，1949）。戴维斯（Davis，1966）考察了学生对自己学业能力的评价是如何与其他同学的能力水平产生关联的。他发现了一个对比效应的证据：实际能力水平保持不变，与低水平学校的学生相比，高水平学校的学生对自己的评价更低（Bachman & O'Malley，1986；Marsh & Parker，1984）。这个发现并不意味着高水平学校的学生认为自己比低水平学校的学生笨，它的意思是，在每一个能力水平上，与低水平学校的学生相比，高水平学校的学生更倾向于不认为自己聪明。

然而，并非所有的研究都在自我评价上发现了对比效应。在某些情境下，人们表现出同化效应，也就是，当群体中有人在某些维度上堪称模范时，他们对自己的评价会更积极。心理封闭（psychological closeness）是决定出现对比效应还是同化效应的一个因素（Brewer & Weber，1994；Brown，Novick，

Lord, & Richards, 1992; Pelham & Wachsmuth, 1995)。当人们在心理上感到与社会环境的分离时,就会产生对比效应,反之出现同化效应。

布朗等人(Brown et al., 1992)利用一个有关印象信息加工的研究对这些思想进行了检验。在实验的第一部分,呈现给女被试一张女性照片。对某些被试而言,照片上的女人非常有吸引力,而对其他的被试而言,她的吸引力程度相对较低。为了在被试心中建立起心理封闭,主试引导一些被试相信她们与照片上女人的生日是同一天,而其他的被试(控制组)则没有被告知这一信息。

布朗等人推断,相同的生日会使被试感到与照片中的女人产生了心理上的联系(Cialdini & De Nicholas, 1989; Finch & Cialdini, 1989),而这种感觉会使被试对这个女人产生同化。图 5.4 所显示的数据与这一预测一致。在控制组里发现了对比效应:认为照片中的女人很有吸引力的被试对自己的评价要低于认为照片不那么吸引人的被试。而在共同生日条件下,认为照片吸引人的被

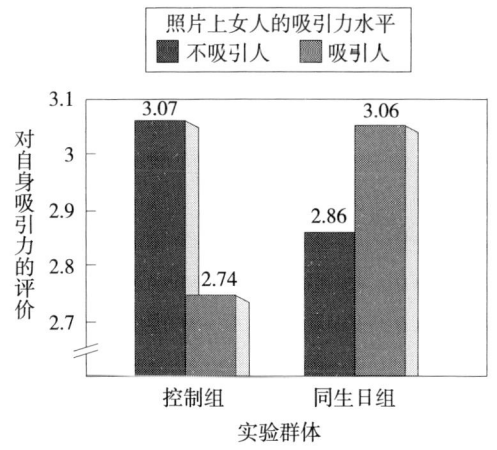

图 5.4 与他人的接近性以及他人的吸引力对自我评价(吸引力维度)的影响。数据显示,控制组表现出了对比效应,而相同生日组表现出了同化效应。
资料来源:Adapted from Brown, Novick, Lord, & Richards, 1992, *Journal of Personality and Social Psychology*, 60, 717-727. Copyright 1992. Adapted by permission of The American Psychological Association

试对自己的评价比认为照片不吸引人的被试要高。

图 5.4 所示的数据表明,当人们在心理上感到与他人接近时,他们会对这个人的特征产生同化。布鲁尔和韦伯(Brewer & Weber,1994)在对群体过程进行研究的过程中报告了关于这一效应的其他证据。他们发现,当一个相关的群体特性是突出的时,人们就会表现出同化效应,而如果显著的是个人特性时,就会表现出对比效应(也可以参见 McFarland & Buehler,1995)。例如,假设你是某个群体中的一员,而你所在群体的特性是非常突出的。当另一个群体成员做了件好事,那么你可以分享这个人的成就,这就是同化效应,因为你和他属于同一群体,所以你感到和这个人有着某种联系,因而你能够共享这个人所获得的荣誉。再设想一下,如果你的群体特性不那么突出,因而你把注意力放在寻找与群体中其他人之间的不同之处上。那么他人的成功将会削弱你自身的成就感。

重要的其他人和自我评价

对自己与他人做比较并不是影响自我概念的惟一方式。想象我们如何出现在他人面前也能影响我们的自我概念。例如,设想一个一身最时尚打扮的少年。如果他关注他朋友对他的看法,他可能会感到"酷"。如果他关注他父母对他的看法,他可能会感到"愚蠢"。

鲍德温和他的同事(Baldwin,1994;Baldwin,Carrel,& Lopez,1990)用实验证明了这个效应。在一个研究(Baldwin et al.,1990)中,研究者要求毕业生在看到(低于有意注意水平)指导老师不赞许的表情或同学赞许的表情以后对他们的研究理念做出评价。结果,与看到赞许表情的学生相比,看到不赞许表情的学生对自己的研究理念评价更低。后续的研究又一次验证了这一结果(Baldwin,1994),同时发现,"内部听众"显著性的变化也能影响人们的自我评价。

尤其值得注意的是,鲍德温所做研究中的被试并没有有意识地注意到他们是否看见了赞许或不赞许的表情。这表明即使是随意刺激(我们没有加以注意的刺激）也能激活特定的自我观念（Bargh，1982；Higgins，1987；Strauman & Higgins，1987）。例如，一个你偶尔瞟了一眼的人可能会让你想起你的父亲。你甚至没有意识到，你可能开始通过他的眼睛甚至是从他的角度来看待你自己（Andersen & Baum，1994）。

近期事件

近期发生的事件也能影响特定的自我观念。一个在跑步中摔倒的人可能会在那时认为自己很笨拙。同样，一次考试失败也许会让个体产生无能的感觉。它可能会以失败的直接后果出现，或通过情绪表达出来：失败导致了坏情绪；坏情绪导致产生消极的自我概念。这个特点证实了在个人和情境因素之间存在着关联（在图 5.2 中表现为哪一个箭头）。

近期事件影响自我表征的方式通常取决于人格变量。我和我的学生已经检验了自尊（一个人格变量）如何与成败（近期事件）产生相互作用，从而影响人们的自我。我们已经发现，失败尤其会使低自尊的人消极地看待他们自己（Brow & Dutton，1995b；Brown & Smart，1991）。

在高自尊人群中没有发现这个效应。事实上，他们的反应往往与此相反。在某些条件下，高自尊的人在经历失败后对自己的评价会更积极些，尤其在与其智力无关的特性上。例如，在智力测验上的成绩不佳时，高自尊的人会认为自己的社会能力很强（Baumeister，1982；Brown & Smart，1991）。这表明高自尊的人会积极地利用他们的正面形象来弥补失败引起的消极影响（Greenberg & Pyszczynski，1985；Steele，1988）。在第 8 章中，我们将对这种补偿性的自我增强效应进行详细讨论。

最后，人们对于先前事件的记忆也能影响他们的自我概念（Kunda，1990；Salancik & Conway，1975）。法齐奥等人（Fazio，Effrein，& Falender，1981）询问被试一系列有关内向或外向的问题。通过对这些问题的内容进行处理，主试引导一半被试着重关注他们产生外向行为的次数，而引导另一半被试把注意力放在他们所产生的内向行为的次数上。结果，前者比后者更多地认为自己的社会性较强。

然而，这个实验并没有就此停止。在被试对他们自己的社会性做出评价后，他们被要求在另一个房间里等候，直到实验者准备好实验的第二部分。另一个人也坐在这个房间里，而其余的椅子则被靠墙堆放着。这里有一个关键的因变量，那就是测量被试将会把他的椅子放在离屋子里这个人多远处。研究者所做的预测是，在第一部分实验中被诱导认为自己是外向的被试会比认为自己内向的被试更靠近那个人。实验结果证实了这个预测。

法齐奥等人（Fazio et al., 1981）所做的研究指出了两个重要的问题。它证明了（1）对先前时间的选择性记忆可以暂时性地激活自我表征；（2）一旦这些自我表征被激活，那么它们将支配我们的行为。

自我概念的稳定性与可塑性

我们所讨论的这些研究结果表明，人们对自己的看法是会变化的。事实上，我们已经回顾的一些研究看起来好像这些观点可以被很容易地改变。人们对自己的看法真的如此容易受环境的影响而发生变化吗？或者人们的自我概念实际上要稳定和持久得多？

尽管一些理论家认为对自我而言不存在核心的和稳定的行为模式（如 Gergen, 1982），但大多数的证据都表明事实并非如此。首先，正如在第 4 章中指出的那样，到了 30 岁以后，人们的自我概念已经相当稳定了（McCrae & Costa, 1994; Mortimer, Finch, & Kumka, 1982）。另一个事实是，多年来，理论家们都在与来访者的自我观念做斗争（他们试图改变来访者的自我概念），但成功者屈指可数。那么究竟为什么在实验背景中，研究者却似乎能够很容易地改变被试的自我概念呢？

首先需要指出的是激活自我概念和改变自我概念之间存在着差异。我们所回顾的一些研究是关于在特定时刻，激活个体的某个自我概念的因素有哪些。这里的证据很清楚，而且很直接：有大量的因素（如社会背景）在影响我们的多个自我观念的显著性或可接近性。

第二个要讨论的问题——改变自我概念——更具有争议。这里的问题在于，人们对自己的看法是否能被很容易地改变。我们能让一个认为自己很有吸引力的人突然认为自己很不漂亮吗？在考虑这个问题时要考虑以下几个问题。

首先，我们已经证明的变化并不会很大。例如，认为自己沉默寡言和害羞的人不会突然认为自己爱交际。

另一个要考虑的问题是，在我们所回顾的多数调查中，被试都是大学生。那么我们有理由相信，他们关于自身的看法在这个年龄段还没有定型（Sears, 1986）。这个事实无疑证明了自我概念可以被容易地改变。而且，被试可能非常不确定他们的自我概念正在被修正。孔达等人（Kunda, Fong, Sanitioso, & Reber, 1993）发现，对于对自己内向还是外向非常确定的被试而言，法齐奥等人（1981）所使用的问题并不能改变他们的自我概念（也可以参见 Swann & Ely, 1984）。

最后，实验的两个阶段把人们从他们正常的社会环境中分离了出来（Swann, 1984）。在现实世界中，人们往往会选择他们的社会比较目标，并决定从谁那里获得反馈评价。这些选择在决定这些过程的结果上给予了他们很大的自由度。人们也以最平常的方式构建他们的社会环境。例如，他们选择进入社会环境，而这些选择常常受他们对自己看法的影响（Niedenthal, Cantor, & Kihlstrom, 1985; Snyder, 1979）。例如，认为自己很有竞争性的人会选择采用竞争性的行为。反过来，这些情境激活了她关于自己具有竞争性的观念。人们也从他人那里获得帮助从而使他们的自我概念得以保持（Swann, 1990; Swann & Hill, 1982）。社会生活的这些方面使得人们的自我概念得以保持稳定。

那么，从我们先前所回顾的研究中我们能得出什么结论呢？最合理的结论是，尽管人们对自己的观念可能改变，但通常不会改变。建设性过程和人们构建他们生活的方式促进了现实世界的稳定性。事实上，实验者用来证明变化发生的实验确保了人们的自我概念不会不时地发生变化。

加工与自我有关的信息

许多人有过以下的体验：你正在一个聚会上和人交谈时，你从嘈杂的房间里听到有人提及你的名字。这种现象被称为"鸡尾酒会效应"，表明人们对与自己有关的信息非常敏感。他们能很快地注意到这样的信息并对之进行有效而有深度的加工。在这一节，我们将对一些有关人们如何加工与自我有关的信息的研究展开讨论。

对与自我有关的材料的记忆

> 自我现象和记忆现象仅仅是同一个事实的两个方面。作为心理学家，我们可以从其中任何一个出发对其进行研究，并且提及另一个。
> （James Mill，1829）

自我和记忆有着密切的关系。在第 2 章，我们指出，洛克和休谟认为记忆为我们的个人特性感提供了非常重要的基础。詹姆斯（1890）同意这一说法，并认为我们的特性取决于我们所记得的成为我们自己的能力。临床证据支持了这些假设，那些证据认为，失忆和同一性混乱往往是同时出现的（Jacoby & Witherspoon，1982）。

认为自我和记忆有关联的进一步证据来自对相对值得记忆的个人的东西与非个人材料的研究。这个研究进一步证实了学校教师很早就知道的事实：当人们在他们想要学习的材料和他们自己的经验之间建立联系时，这些材料就容易记忆。在一个较早的调查中，巴特莱特（Bartlett，1932，引自 Keenan & Baillet，1980）发现，当一张脸或故事的一个细节让人想起他们自己时，他们就能很好地进行识记。研究也显示，自己产生（self-generated）的材料非常容易记忆。在群体条件下，比起他人的举动，人们对于他们自己的举动表现出了更好的记忆力（Ross & Sicoly，1979），对他们自己说过的话比对别人说的话有更好的记忆（Greenwald，1981）。

自我参照效应

研究与自我有关信息记忆的最富有价值的尝试之一是罗杰斯等人（Rogers，Kuiper，& Kirker，1977）所做的研究。这些研究者运用了一项深度加工任务（Craik & Tulving，1975），在这项任务中，被试被要求回答四个与一系列目标词有关的问题之一。这些词中的一些是对与自我相关信息的判断（如能用诚实来描述你吗？），一些词是根据它们的语义特性来进行判断（如和蔼和友善具有同样的含义吗？），一些词是根据它们的语音特性来进行判断（如害羞 [shy] 和天空 [sky] 是否押韵？），一些词是根据它们的结构特性来进行判断（如单词粗鲁 [rude] 是由小写字母拼写的吗？）。在对这些词做出判断后，被试被

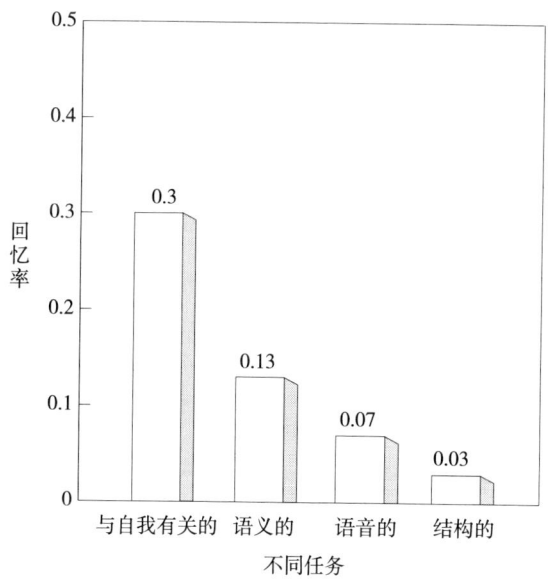

图 5.5 被试对四类单词的识记情况。数据显示与其他类型的单词相比，被试对与自我有关的单词的记忆最好。

资料来源：Adapted from Rogers，Kuiper，& Kirker，1977，*Journal of Personality and Social Psychology*，35，677-688.Copyright 1977.Adapted by permission of The American Psychological Association.

出其不意地要求尽量多地回忆起他们所记得的单词。

图 5.5 显示被试回忆与自我有关的单词最多,表明个体对自我的看法对记忆作用最大。大量的研究后来都重复得到了这种"自我参照效应"(self-reference effect)(Greenwald & Banaji,1989;Klein & Kihlstrom,1986)。

为了解释这些发现,罗杰斯等人(Rogers,Kuiper,& Kirker,1977)提出,自我认识形成了具有专门特性的独特的认知结构(如高度分化与精细)。接下来的研究对这一论断进行了检验。一些研究者考察了是否与他人相关的材料也能产生同样高的回忆率。一般而言,对他人越熟悉,自我参照效应越弱(Bower & Gilligan,1979;Keenan & Baillet,1980)。例如,确定是否一个词描述了"你最好的朋友"所得的回忆率和对与自我有关单词的回忆率不相上下,而对一个比较陌生的人就没有这种效应了。另一个研究检验了这些与自我有关材料的记忆优势只在评价性单词上会出现,如罗杰斯等人(1977)所用的特质形容词。基南和贝利特(Keenan & Baillet,1980)发现,当用非评价性的名词(如你有腿吗?)来代替形容词时,自我参照效应就大大地减弱了。自我参照效应的这些以及其他的局限促使研究者得出以下结论:自我认识并没有呈现出一个独特的认知结构。相反,与自我有关的材料的高回忆率仅仅是因为这些材料得到了高度的组织和精细的加工(Greenwald & Banaji,1989;Klein & Kihlstrom,1986;Klein & Loftus,1988;Symons & Johnson,1997)。

与个人有关记忆的准确性

尽管个体能够很好地记忆与自我有关的材料,但这并不总是事实。设想一下人们对他们自己过去样子的记忆。假设有人告诉你他曾经是个自由主义的、非传统的人,你会很自然地假定他的回忆是有效的吗?罗斯(Ross,1989)所做的研究表明你会谨慎地面对这样的说法。

罗斯(1989)的研究建立在记忆是图式驱动的,(重新)建构过程的证据基础之上。我们对一个事件的记忆不仅仅取决于体验本身,还取决于回忆时占优势的条件。内隐理论或我们搜索记忆时所产生的微妙偏见都能改变我们的记忆（Loftus，1980）。正如乔治·奥威尔在一个完全不同的背景下所观察到的那样，"[他]控制着现在，也控制着过去"（Orwell，1949，p.32）。

根据奥威尔的远见，罗斯（1989）提出，当要求人们回忆他们以前对于一个个人特性的立场时，他们往往会首先想到他们当前对于此特性的看法。然后他们会询问自己是否存在任何理由能让他们相信这些特性已经发生了变化。通常，这些理由主要以具有相同文化的理论为中心。这些理论中的一些强调稳定性（如"你没法教一条老狗学会新把戏"）；一些强调变化（如"学无止境"）。人们是否相信他们改变与否很大程度上取决于他们所引用的理论。

康韦和罗斯（Conway & Ross，1984）利用这些思想来理解人们对自我提升计划（self-improvement programs）的评价（如减肥计划、记忆提高计划）。人们往往相信这些计划能带来显著的变化，即便有证据表明这种变化最多是中等水平（Pratkanis, Eskenazi, & Greenwald，1994）。对于这种知觉和现实之间差距的一个可能的解释是，人们往往错误地回忆他们过去的样子。他们所记得的自己过去的样子比他们过去实际的样子要差，因而相比较而言，他们现在的样子要好得多。

为了对这个假设进行检验，康韦和罗斯（1984）对大学生实施了一项学习技能课程计划。在课程的开始，学生们对评估他们当前学习技能的过程产生了兴趣。然后，这些学生被随机分成两个组：实验组参加为期三周的学习技能课程，控制组不参加此课程。三周后，两组学生（1）评价他们当前的学习技能，（2）回忆他们最初对自己学习技能的评价，（3）让研究者对他们在这个学期余下时间里的成绩进行追踪。

结果显示参加课程的学生相信他们的能力得到了提高，即使他们的成绩并不比候选名单中的学生强多少。为了看看是否这种知觉提高是由对过去的修改所引起的，研究者对学生有关他们先前对自己学习技能进行评价的记忆进行了检验。参加课程的学生所回忆起的评价比他们的实际评价要差。由于学生错误地回忆了他们的过去，因此即使他们事实上没有任何进步，但他们也感觉到他们确实进步了（也可以参见 Klein & Kunda，1993）。

应对不一致的个人信息

康韦和罗斯(1984)对他们在认知领域的发现做了解释。他们认为被试记错他们的过去是因为他们依赖于强调行为变化的理论而不是依赖于强调行为稳定性的理论。因此,关于这种效应的动机性解释也是可能的。

认知失调理论和努力调整

在第3章我们已经讨论过认知失调理论。正如阿伦森(Aronson,1968,1992)所描述的那样,该理论认为,当人们所说的和所做的与他们的自我概念不一致时,他们就会处于一种让他们感到厌恶的不适状态(即术语所说的认知失调)。为了减轻这种不适体验,他们会进行合理化,或为他们的行为寻找借口。

让我们来看看失调理论是如何对康韦和罗斯(1984)所报告的效应进行解释的。被试刚刚在学习提高课程上花了时间。多数人不愿意认为他们所参与的活动是没有任何回报的,认为自己浪费了时间和努力会让他们感觉不好(Aronson & Mills,1959;Axsom,1989;Axsom & Cooper,1985)。为了避免产生这种心理上的不适感,人们会努力通过放大参与活动前自己不良状态的程度而让自己相信他们从这种活动中获得了收益。请注意,比起康韦和罗斯的理论来,这种解释的动机更强。康韦和罗斯假定,人们是因为该理论引导了他们的记忆搜索而碰巧相信他们的能力获得了提高。失调理论则认为,人们是为了让他们在课程中所投入的努力没有白费而有目的地对他们的知觉进行了处理。

认知失调理论和态度改变

失调理论也被应用于人们的态度和他们所说的以及所做的不一致的情况。设想你认为有必要对汽水罐进行回收利用,但你却不断地发现自己总是把汽水罐扔进垃圾箱里。这种行为会产生认知失调:也许这种行为与你对自己是个有分寸的和可靠的人的认识相背离。减轻这种失调的一种方式是改变你的态度。

在这个例子中,你可以设想回收利用并不是那么重要的事情。这样一来,你的行为与态度就一致了。

有很多研究对这类理论对以上所描述的各类情境的预测性进行了检验(Aronson,1992)。大体上,研究表明,人们在以下两种情况下会为了适应他们的行为而改变他们的态度:(1)当他们发现行为可以自由选择时;(2)当他们发现行为结果对他们自身或他人具有消极影响时(Cooper & Fazio,1984)。

自我肯定理论

斯蒂尔(Steele,1988)的自我肯定理论也关注人们是如何处理行为与自我表象不一致的。该理论假设(1)人们总是用积极的词汇来形容他们自己(如有能力的和有分寸的),(2)当人们发现他们的行为与他们的自我理想不一致时,他们会感到不适。

到现在为止,该理论与阿伦森(1969,1992)的失调理论有许多共同之处。然而,当它们要对人们是如何降低他们的不适感进行解释时,差异就出现了。失调理论认为,人们总是希望解决导致他们产生失调感的不一致,从而让自己感觉良好;自我肯定理论则认为,为了降低不适感,所有人都必须做的就是重构一种充足的或得体的感觉。

为了形象描述这两种不同的观点,让我们回到前面所提到的关于回收利用的例子上。失调理论认为,为了降低失调感,你必须改变你关于回收利用的态度。也就是说,你必须让自己相信,回收利用并不是个好主意。自我肯定理论则认为你所要做的就是提醒自己你是个好人。例如,你可以告诉自己你是个富有同情心的朋友、一个出色的学生、一个技艺高超的钢琴家,或一个有创造力的诗人。尽管这些想法都无法改变你的所作所为与你的信念相背离这一事实,但它们确实提醒了你不是个坏人。

研究者(Steele & Lui,1983)进行了三个实验来检验自我肯定理论。实验者要求被试写一篇主张他们所在大学提高学费的文章。(之前所有的被试都指出他们是反对增加学费的。)写完文章后,自我肯定条件下的被试有机会确认性的增加，自我服务归因也增多（Miller，1976）；（2）自我服务归因受生理唤起影响（Brown & Rogers，1991；Gollwitzer, Earle, & Stephan，1982；Stephan & Gollwitzer，1981）；（3）除了在公共场合外，在私人场合也会产生自我服务归因（Greenbergm Pyszczynski, & Solomon，1982）；（4）即使是在对诚实有很高要求的情况下也会产生这种归因（Reiss, Rosenfeld, Melburg, & Tedeschi，1981）；（5）就算个体的操作模式在逻辑上支配其他的方式，还是会产生这种归因（Stevens & Jones，1976）。尽管对于这些发现还可以有其他的解释（Dawes，1976；Miller & Ross，1975；Nisbett & Ross，1981；Ross，1977a，1977b；Tetlock & Levi，1982），但多数研究者都同意动机过程非常大地影响着人们对于成败所做的归因（如Fiske & Taylor，1991；Kunda，1990；Pyszczynski & Greenberg，1987）。

然而，这些并不意味着人们在做出因果归因时仅仅是因为"感觉良好"。多数人愿意把自己看做是理性的、深思的以及非常具有逻辑性的人。在做出因果判断时完全忽略逻辑规则会对这种自我意象产生威胁。因而，基于这些理由，可以断定自我提升归因并不是卓率和欠考虑的。

相反，自我服务归因更有可能是经过逻辑思维产生的（Anderson & Slusher，1986；Kruglanski，1990；Kunda，1990；Pyszczynski & Greenberg，1987）。研究者（Pyszczynski & Greenberg，1987）对这种过程进行了详细的描述。他们所做模型的假设是，在一个事件发生后，人们就会产生一个似乎合理的归因假设。然后产生用来检验这种假设的推论规则。随后，收集与检验假设有关的数据，对这些数据的有效性进行评估。最后，对数据进行权衡和整合，做出最后的因果判断。

表5.2是产生自我服务归因的各个步骤。在这个例子当中，一个学生在一次测验中的成绩很差。起初，学生会产生自我服务归因假设（Kunda，1987）。她可能会把她的成绩归因为测验题目模棱两可，而不是自己能力不足。她所用的推论规则可能与其期望服务假设是一致的。也许她会认为，为了检验她的假设，她只需确定是否有其他的同学和她有相同的看法就可以了。在收集与此相

表 5.2 对低测验分数所做的自我服务归因的各个步骤

步　骤	例　子
产生自我服务归因假设	测验问题很难懂。
为检验假设设计推论规则	发现是否有其他人也认为题目难懂。
收集与假设有关的数据	认同同样认为题目难懂的人的看法，忽略与此意见不同的看法。
整合数据，做出归因	对数据进行权衡，并最终认定测验题目不够明晰。

关的数据时，她可能更倾向于支持她假设的人群。例如，她可能只会去询问那些和她一样得到低分的同学（Pyszczynski，Greenberg，& LaPrelle，1985）。如果这些学生也认为题目含义模糊，不够清楚，那么她所做的假设看起来就获得了支持。在这个例子中，任何与假设不符的证据都会被忽略，或被认为是无效的或无关的。例如，如果有一个同样得到低分，但不认为题目不清楚的同学时，那么做归因者就会认为这个同学的知觉是不典型的和少有的（如，"他很可能甚至没有看题！"）。通过这种策略，学生能够坚持她自己的信念。

信息的自我服务评价

其他的研究者对这些思想进行了扩展，对类似的自我服务偏见做了解释（Kunda，1990）。例如，相对于消极的与自我有关的信息，人们会倾向于认为与自我有关的积极信息是可靠的。迪托和洛佩斯（Ditto & Lopez，1992）认为，产生这种现象是由于人们会因为表面的价值而不假思索地接受积极反馈，而对于消极反馈，他们会进行仔细地考虑并试图寻找其他的解释。

为了检验这一思想，迪托和洛佩斯（1992）告诉被试他们需要做一项医学检查，从而使被试怀疑他们的胰腺出了问题。（事实上是假的。）然后让被试自己对自己进行检测，即让他们把自己的唾液涂到一张试纸上，然后把试纸浸入某种溶液中。迪托和洛佩斯发现，误认为自己胰腺有问题的被试（1）花了更长的时间来确定检测结果已经完成；（2）更愿意重复检测；（3）比起得到好的结果的被试来，更倾向于认为检测的准确性低（Croyle，Sun，& Louie，1993；

Kunda，1987；Liberman & Chaiken，1992）。这些发现表明，用来证明自我服务性结论的过程是相当具有逻辑性的。（它们也解释了为什么当诊断结果很好时很少有人要求再做检查。）

总　结

在这一章，我们考察了自我研究中的认知方法。首先，我们讨论了自我认识在记忆中是如何表征的。我们指出，人们关于自己的看法并非是偶然形成的，而是一个有组织的结构。然后我们讨论了自我概念的几个方面，包括自我复杂性和自我图式。

我们所考虑的下一个问题是自我概念的激活。尽管人们以多种方式来看待自己，但在某一时刻只有一种方式被激活。大量的因素在影响着自我认识的激活，包括个人因素和多种社会因素。

在本章的结尾，我们考虑了个人信息的加工方式。我们发现人们在个人信息上表现出了超乎寻常的记忆力，而且，个人信息加工通常带有个人服务偏见。这些偏见的产生是因为动机过程和认知过程。

- 认知心理学家相信，信息加工依赖于先前的知识和经验。人们关于自身的看法是影响信息加工的一类知识。
- 自我认识在记忆中是有组织的，有可能是一种等级结构。对某些人而言，这种结构是复杂的和完美整合的。对另一些人而言，他们的结构是简单的和高度分化的。
- 自我概念很重要，并且具有像自我图式所具备的确定性功能。自我图式影响了大量的心理过程，包括我们所注意的、所记得的、如何知觉和判断他人，以及我们的行为。
- 在任何时候，所能激活的只能是自我认识的一个分支。这种激活依赖于个人因素（包括我们的心境和目标），以及情境因素（包括最近发生的事件以及社会环境的构成）。

- 人们总是会以将自己与社会环境相区别的方式来看待他们自身。总之，特质越独特，它越容易被自我概念所表征。
- 自我评价中的对比效应很普遍。当其他人比个体优秀时，个休对自己的评价往往倾向于更消极一些。但并不总是如此。当人们在心理上和他人有接近感时，会产生同化效应。
- 尽管人们对他们自身的看法随周围的环境而发生变化，但这些变化是适中的和短暂的。总的来说，人们的自我概念随着时间的变迁以及环境的变化表现出了相当的稳定性。
- 个人（或与个人相关的）信息总的来讲比非个人信息更容易记忆。这是因为个人信息在记忆中能被更好地加工，而不是因为个人知识具有独特的认知结构。
- 个人信息通常会产生自我服务偏见。动机和认知过程共同产生了这些偏见。人们运用信息加工策略来判断和证实他们的自我提升信念。这些策略涉及记忆中的偏见，自我服务归因理论的产生和评价。

补充读物

Greenwald, A. G., & Pratkanis, A. R. (1984). The self. In R. S. Wyer & T. K. Srull (Eds.), *Handbook of social cognition* (Vol. 3, pp. 3-26). Hillsdale, NJ: Lawrence Erlbaum Associates.

Linville, P. W., & Carlston, D. (1994). Social cognition of the self. In P. G. Devine, D. L. Hamilton, & T. M. Ostrom (Eds.), *Social cognition: Its impact on social psychology* (pp. 143-193). New York: Academic Press.

Mrkus, H., & Wurf, E. (1987). The dynamic self-concept: A social psychological perspective. *Annual Review of Psychology*, 38, 299-337.

6

行为的自我调节

你可能碰巧会遇到真正努力的人。这些人总是尽其全力,很少会放弃。当事情进展得不顺利的时候,他们依然坚持着。你也可能认识与他们完全不同的人。这些人满足于"第二",而且在遇到困难时很容易受挫。

在这一章,我们将利用动机领域的原理来检验这些差异。动机心理学家关注人们(动物)为什么会做出这样的行为。为什么人们选择做出这个行为而不是另一个?为什么有的个体在面对困难时会愈挫愈勇,而另一些人却会退缩和放弃?这些问题就是动机心理学家所提出的。

我们将从概括一个一般性动机行为模型开始。该模型(即自我调节模型)假定行为是目标定向的或是有目的的。也就是说,人们选择一个目标,然后努力达到这个目标。很显然,并非所有的行为都是这样的。通常,人们出于习惯、反射或冲动而产生行为。这种非目的性的行为并未涵盖在下面的分析当中。

接下来,我们将关注与自我有关的过程是如何影响目标定向行为的。在我们的一生当中,有大量的因素在影响我们的行为,以及这些行为是否能获得成功。在本章的第二节,我们会明白,人们对于他们自身的看法和感受是这些因素中最为重要的。

本章的第三节将着重于成就情境下的行为。我们将在课堂背景下检验与自我有关的看法和情感是如何影响坚持性和成绩的。

最后，我们要来看看人们没能有效地调整自己行为的情境。这里我们要考虑的是人们对自身的看法和情感是如何影响消极行为的，如酗酒、攻击和自杀。

自我调节的一般模型

三个过程

自我调节模型关注个体选择做什么以及他们如何努力达成他们的目标。用更为正式一点的话说，就是我们可以把自我调节过程分为三个组成部分：（1）目标选择，（2）行动准备和（3）一个行为控制环路（Markus & Wurf，1987）。

目标选择

自我调节过程的第一步是目标选择阶段。在人们能够有效地调节他们的行为之前，他们必须选择一个目标，他们必须确定他们想要做什么。

许多动机理论家假定目标来自期望—价值结构（expectancy-value）中（Atkinson，1964；Rotter，1954）。期望—价值模型假设人们根据他们对能否达到目标的期望来选择目标，即如果他们认为能够达到目标，那么他们就会产生积极期望，反之期望—价值就低。这很容易理解。例如，假设我们想要预测一个人是否会将拿到心理学博士学位作为他的目标，那么我们会想要知道这个人对她能否成功获得该学位的看法，以及她在获得学位与未获得学位上所赋的值。

在一个期望—价值模型中，这些因素被认为是以一种乘积方式结合在一起。这意味着我们把两个因素相乘（而不是相加），以确定个体想要采取某些行为的动机的强度。这种假设产生了一个有趣而重要的结果。因为这意味着如果有一个值是零，那么目标就不可能达到。如果个体对她能否完成博士课程不抱期望（也就是，如果期望 =0），那么她将不会申请研究生院，至于她为获得学位与否所赋的值是多少并无关紧要。相反，如果她对能否拿到博士学位不抱期望（也就是，如果价值 =0），那么无论她认为成功的可能性有多高，她都不会申请研究生院。

目标可以被知觉为不同的抽象水平（Powers，1973；Vallacher & Wegner，1987）。这些解释中的一些是精确和具体的，另一些则是广泛和抽象的。例如，阅读这段文章可能与你的一系列目标有关，如"学习知识"、"通过考试"，或"为了进入研究生阶段的学习"。总的说来，用广泛而抽象的语言进行描述的目标被认为比用精确而具体的语言描述的目标更有价值（Vallacher & Wegner，1987）。

在最普遍的水平上，人们的目标是围绕他们想要成为的人来设定的。例如，个体可能想努力成为"独立的人"或"一个好人"。类似这种与自我有关的目标已经经过了大量的研究（如 Emmons，1986；Klinger，1977；Little，1981；Zirkel & Cantor，1990），而且通常被认为是生命中最有价值的目标。

行动准备

设定了目标后就要努力实现它。这就是自我调节过程的第二个阶段。在这个阶段，人们收集信息，根据可能的结果构建情境，并实施行为（预演）。简言之，他们设计和准备实施一项计划来达到他们的目的。当然，并非所有的行为都与该模型匹配。正如先前所指出的那样，人们有时会在没有经过深思熟虑的情况下就冲动行事。因而，这类冲动行为也未被考虑。

行为控制环路

自我调节过程的第三个阶段是行为的控制环路。控制是对个体如何利用信息来调节他们行为的研究（Wiener，1948）。它也被称为控制理论，因为它所强调的和机械（如恒温箱，巡航导弹）上的消极反馈控制一样，动物也会调整它们的行为来适应某些标准。在这种背景下,消极反馈并不意味着不好或不适宜,它意味着减小偏差。

工程领域的一个典型例子就是恒温箱和熔炉。恒温箱是调节房间内温度的装置。该装置能对室温与期望温度做比较。如果当前的室温低于期望温度,恒温箱将点燃熔炉,因而温差就减小了,当室温达到期望温度时,熔炉被关闭。

这一过程被称为TOTE,因为它包括四个阶段:(1)测试阶段,对当前值和标准值进行比较(比较当前室温和期望室温);(2)操作阶段,采取措施使当前值向标准值靠拢(如果室温低于标准值,那么熔炉被点燃);(3)另一个测试阶段,在这个阶段里,对新的当前值与标准值进行比较(新的室温与期望室温进行比较);(4)退出阶段,当目标达到时,操作停止(当室温达到期望温度值时,关闭熔炉)。

表6.1对这一过程进行了描述,并将其用于更为复杂的人类行为当中。这一过程开始于个体选择了一个目标,并准备实现它。为了更形象地对它加以描述,设想有人制定了一个在特定时间内跑完1英里的目标。在经过一段时间的训练以后,个体开始跑步。这个人(1)跑了1英里,(2)观察了他的行为(自己为自己掐时间),(3)将他这次跑步所花的时间与目标相比较。

到目前为止,这个过程与我们对恒温箱的描述并没有任何不同。人类行为

表 6.1　构成行为控制环路的几个步骤

1. 初始行为(跑1英里)
2. 观察行为(自己为自己掐时间)
3. 与某些标准做比较(将实际时间与目标时间做比较)
4. 期望(对未来行为的期望会减少当行行为与标准之间的差距)
5. 情绪反应(因为成绩和目标之间的差距而表现出情绪)
6. 行为调节(继续努力或放弃)

注释:在这个例子中,个体为自己跑1英里设定了一个时间。该表描述了一旦个体准备实现目标时所需要经历的各个阶段。

的复杂性表现在对以下两个步骤的分析上，即表 6.1 中所列的期望—价值和情绪反应。假定这个人没能达到他的目标（也就是，他花的时间比目标所定的时间要长）。那么个体会对减少差异的可能性形成一个期望。我们认为这种期望具有两重性，"不是……就是……"决策。就是说，个体对于能否缩小距离有着有利或不利的期望（Carver & Scheier，1981）。

与此同时，个体正在形成一种认知期望，他会因为他的成绩而体验到一种情绪反应。这些情绪反应能以多种形式出现，从骄傲和自我满足到失望和绝望。最后，基于他所形成的期望和他所体验到的情绪，个体将对他的行为做出调整。如果他对于成功的期望—价值很高，并且有着积极的情绪反应，那么他将有可能继续向他的目标努力，也许会调整他的训练方法。如果他对于成功的期望—价值很低，而且情绪反应很消极，那么他可能最终会放弃目标。

三种与自我有关的现象

到现在为止，我们仅仅了解了自我调节过程的一般模型，并没有考虑与自我有关的过程在哪里以及如何开始活动。对于这个问题的探索将首先从讨论影响人们为调整他们的行为所付出的努力的三种与自我有关的过程开始。之后，我们将检验这些过程对于积极行为的作用。

自我效能感

人们关于他们自身能否成功的信念对于自我调节过程有着极大的影响。班杜拉（1986，1989）把这些信念称为自我效能感。具有高自我效能感的人认为他们有能力获得成功、克服困难、实现目标。低自我效能感的人怀疑他们的能力，不相信他们能够达到目的。重要的是，这些信念仅仅基于人们的部分实际能力之上。在任何领域内，具有高自我效能感的人并不比低自我效能感的人更有能力。

经典故事《小火车头也能做到》（*The Little Engine That Could*）就描述了

这种差异。最终满载着玩具的蓝色小火车头翻山越岭来到了满怀期待的孩子们当中，它就有着高自我效能感（"我相信我能做到，我相信我能做到"）。许多其他的火车头怀疑它们能否度过这段艰难旅程，这些火车头的自我效能感很低。正如我们马上就会看到的，人们关于他们自己能力的信念事实上对自我调节过程的每一个阶段都有着重要的影响。

可能自我

人们对他们自己将来的看法也会影响积极行为。马库斯和她的同事（Markus & Nurius，1986；Marcus & Ruvolo，1989）用术语可能自我（possible selves）来指代这些信念。设想一下，一个有抱负的运动员可能有一个"获得奥运会金牌"的可能自我。她能够生动地想象自己站在领奖台上，国歌奏起，当她获得属于她的奖牌时，欢呼声不绝于耳。[1]

我们所具有的可能自我中的大多数都是具有积极意义的（Markus & Nurius，1986），但同样也存在着不良的可能自我。最典型的情况是，这些消极自我会担心我们在采取某些行动后万一失败了，我们会是什么样子。例如，一个改头换面的酗酒者可能清晰地想象出他重新开始酗酒的样子。然而，这些消极自我也可能会产生积极意义，那就是激励个体不断地去避免它们（Oyserman & Markus，1990）。

自我意识

行为分析的第三个有意思的变量是自我意识。正如整本书所讨论的那样，自我具有反射性质：人们能够把自我当做他们的注意对象。但是，我们的注意

---

1 美国最新的花样滑冰冠军塔拉·利平斯基（Tara Lipinski）就是一个典型例子。她6岁时从电视上观看了1988年奥运会。她被金牌获得者所深深吸引，于是她让父亲用纸板做一个台子，好让她也像奖牌获得者一样站在领奖台上。8年后，14岁的利平斯基赢得了世界花样滑冰冠军，成为历史上获得此项殊荣的最年轻的选手。

并不总是向内的。多数时候，我们会关注外部环境。这就意味着注意的焦点是可变的，自我意识是一种短暂的状态。有时，我们能意识到我们自己，有时则不能。

杜瓦尔和威克伦德（Duval & Wicklund，1972）是最先提出关注焦点的差异对动机结果具有重要作用的观点的研究者。他们认为，当人们关注自身时（也就是，当他们开始自我意识时），他们会将他们自身当前的状态与某一相关标准进行比较。当他们发现他们达到或超过了标准时就会产生积极情绪，反之则会产生消极情绪。杜瓦尔和威克伦德进而提出，因为知觉到差异而产生的消极情绪使个体处于一种不舒服的状态，从而想要通过两种途径来减少这种差异：（1）使他们的行为与标准一致；或（2）通过把注意力从自身转向外部环境来避免考虑差异问题。

让我们来看一个例子。假设你走过一个橱窗，看到玻璃中你的样子。当你凝视你自己时，你注意到你的头发并不像你想象的那样整齐。于是你用手抚弄头发，试图使它看上去整齐一些。用该理论的话讲，当你看到橱窗里自己的影子时，你就把你的注意力从环境转向了自身。这种注意转移使你得以注意到你当前的状态与某些相关标准之间的差别。从而使你产生了消极情绪，为了降低这种消极情绪，你就要把自己的头发梳理整齐。如果因为某些原因而使你无法梳理你的头发，那么该理论预测你会努力通过把你的注意力从自身转向外界来降低这种不舒适感。

卡弗和谢尔（1981）提出了有关这些思想的一个详细的和修正后的描述。与杜瓦尔和威克伦德（1972）一样，卡弗和谢尔认为是自我意识促使个体将他们的当前状态与标准做比较。然而，他们并不认为这种差异必然会导致消极情绪。相反，他们主张个体只有在认为差异无法被消除时才会产生消极情绪。在他们的模型中，个体的情绪反应并非取决于差异；相反，它取决于个体对这种差异是否能被消除的期望。

卡弗和谢尔（1981）也认同杜瓦尔和威克伦德有关行为调节由减轻令人感到不舒服状态的愿望所驱动的说法。利用控制理论原理，他们认为是信息加工(而不是情绪)引导着行为调节过程。对这些理论家而言,"有关个体行为结果的信息以及它随后所提供的引导是自我调节的[基本元素]"(Carver & Scheier, 1982a, p.124)。我们将在接下来的章节里对这些论点的重要性进行检验。

自我与自我调节

在对自我调节过程(目标选择、行动准备、行为控制环路)的几个方面做了定义,并对与之相关的三个过程(自我效能感、可能自我、自我意识)进行了讨论以后,现在把这些内容结合在一起来看看人们有关他们自己的思想和情感是如何影响其行为的。

自我和目标选择

首先我们来看一看究竟是什么决定了人们的目标选择。先前我们曾指出人们会根据期望—价值框架来确定目标。在要做出某种选择时,人们会考虑他们达到某些目标的可能性,并对所采取行动的价值进行评估。

自我效能感与该模型中的期望成分直接相关。在其他条件均等的前提下,人们会选择他们相信自己能够达到的目标。由于具有高自我效能感的个体认为他们具有很高的能力,所以,相对于自我效能感低的个体,他们会选择更具挑战性的目标。并且,由于采用难度更大目标与更好的成绩相联系(Locke & Latham, 1990),因而具有高自我效能感的个体往往比那些怀疑自己能力的个体操作得更好。

人们关于自我的看法也通过期望—价值模型中的价值成分影响着目标选择过程。人们所看重的东西是与他们的自我概念相联系的。认为自己很聪明的个体会更看重智能上的追求;认为自己是运动员的个体更看重体能上的追求。总之,我们可以说人们会更看重与自身相匹配的行为(Swann, 1990)。

可能自我也影响着目标选择。人们不仅仅看重能够证实他们关于自己的看法的行为，他们也看重能够使他们得以支配未来特性的行为。梦想着自己有一天能够参加世界职业棒球锦标赛的年轻人很重视与棒球有关的活动。我敢打赌，每个星期六的下午这个年轻人一定是在打球。这一过程与我们刚才所讨论的过程稍有不同，因为它指的是个体想要建立的一种未来特性，而不是个体想要确认的当前特性。

　　自我还以另外一种方式影响动机。这种情况发生在个体想把某种他想要建立的特性和目标结合在一起时。想象一下，假设我认为我的房子需要粉刷了，并且我把这一目标与一种未来概念"我是一个善于动手的人"相联系，那么我就会定下粉刷房子的任务。我在目标和自我概念之间所建立的联系意味着粉刷房子不再是我的惟一目标。粉刷房子对于表明我是个什么样的人也有重要的作用；达成了这个目标使我有理由认为自己是个"善于动手的人"。在一个更为广泛的水平上，这甚至可能意味着"我是一个说到做到的有能力的以及负责的人"。照这样来看，目标达成暗含了我是如何看待和感受自我的。这些联系为目标添加了更高的效价，因而提高了我想要获得成功的动机。

　　可以根据我们事先所讨论的目标层次来思考这些过程。粉刷我的房子可以在许多不同的抽象水平上被概念化。在一个水平上，我可以被认为仅仅是在粉刷房子。在一个更低级的水平上，我可以被认为仅仅是把刷子蘸了蘸涂料；或仅仅是收紧了我的肌肉。在更高级的水平上，我可以被认为是在显示自己是一名工匠，或甚至是一个有能力的、有价值的人。一般而言，我们关于行为的更为一般和抽象的概念与和自我有关的过程关系更紧密（Vallacher & Wegner, 1987）。通过在一个非常广泛的水平上分析目标，并把它们与我们的自我概念相联系能够使我们提高目标获得的效价。

自我和行动准备

　　与自我有关的现象也影响着行动的准备。在这个阶段，人们收集信息，计划和预演多种行动过程，然后实施行为。自我效能感也与这些过程相关联。相对于自我效能感较低的人，具有高自我效能感的人会花费更多的时间进行练习。

首先，这些效应可能看上去有些自相矛盾：为什么那些高度自信的人反而比对自己能力有怀疑的人花更多的时间准备呢？这个问题与任务的难度和熟悉程度有关。如果任务很容易也很熟悉，那么高度的自我效能感并不会让个体花更多的时间做准备。当任务的难度较大时，比起怀疑自己能力的个体来，相信自己能够成功的个体会花费更多的时间和精力来为实现他们的目标而努力。

自我效能感和可能自我也会影响个体在实施某些行为之前所构建的心理图像。在承担一项任务之前，个体往往会对可能发生的事件进行预期。例如，在参与一项重要赛事之前，人们往往会鼓励运动员形成一个清晰的关于他们获得成功的心理图像。自我效能感影响着这些心理图像。高自我效能感的个体会比怀疑自己能力的个体更愿意想象自己成功的样子。对于具有清晰的，积极的可能自我的个体也是如此。

这类视觉图像可以影响成绩。一般而言，比起较难形成这种心理图像的个体来，能够形成自己达到目标的清晰的视觉图像的人更可能获得成功（Feltz & Landers，1983；Markus，Cross，& Wurf，1990）。舍曼等人（Sherman, Skov, Hervitz, & Stock，1981）所做的一项研究对这个效应进行了形象的说明。在这项研究中，研究者告诉被试会对他们进行一项颠倒顺序字母测验。在开始测验之前，要求 1/3 的被试花一定的时间想象他们已经完成了测验，并且完成得很好。另外 1/3 的被试被要求想象自己在测验中表现很糟糕。剩下的 1/3 被试作为控制组而不进行任何想象。最后，被试对自己成绩做出预计，然后进行测验。[2]

图 6.1 表明，想象自己获得成功的被试比控制组被试解决了更多的问题，而控制组被试又比想象自己在测验中表现很糟糕的被试完成得好。这些发现支持了以下的观点，即个体在完成任务前所构建的心理图像会影响他们的绩效水平（Campbell & Fairey，1985）。

---

[2] 这只是舍曼等人（Sherman et al., 1981）所做研究的一部分。其他实验条件这里不予讨论。

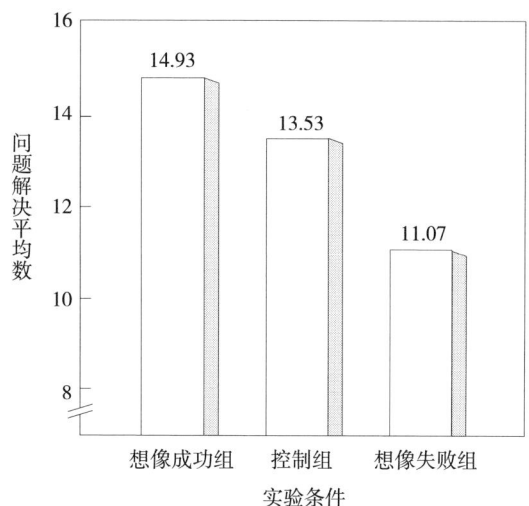

图 6.1 三组被试解决由颠倒顺序字母构成的单词的问题平均数。数据显示,想象自己成功完成测验的被试的成绩比控制组好,控制组成绩比想象自己测验表现糟糕的被试好。这些发现支持关于成功或失败的心理形象会影响任务成绩这一论断。

资料来源:Adapted from Sherman,Skov,Hervitz,& Stock,1981,*Journal of Experimental Social Psychology*,17,142-158.Copyright 1981.Reprinted by permission of Academic Press,Inc.

自我和行为控制环路

自我调节过程的下一个阶段是控制环路。在确定目标并形成行动计划后,个体开始为实现目标而努力。一般而言,成功取决于四个因素:能力、努力、策略和运气(Heider,1958)。例如,我是否能赢得下一场网球比赛取决于(1)与对手相比,我的技术水平如何;(2)我付出了多大的努力;(3)我在比赛中所使用的策略(认知与行为上的);以及(4)运气。

出于讨论的目的,我们将把能力作为一个固定的特性——类似于能力。但是,我们所使用的能力指的是实际的潜能。因此,相对于自我,把它作为人格的一个特性更合适。运气不在个人的影响范围之内,因此它也不属于自我特性。

但是，另外两个影响目标达成的因素——努力和策略——却会在很大程度上受到自我概念的影响。

自我和努力

自我效能感的高低影响着人们为了实现目标而付出的努力以及这一过程的持久性。在其他条件一致的情况下，相对于怀疑自己能力的人而言，相信自己能够获得成功的人会付出更多的努力，并且这种努力会持续得更长久（Bandura，1986）。在个体遇到困难和障碍时这种情况尤为明显。

在《拒绝》（Rejection）一书中，作者约翰·怀特（John White，1982）证明了这些信念在成就中所具有的重要作用。怀特指出，许多杰出的科学家、艺术家和作家所共同具有的一个特征就是对于他们自身能力的坚信不疑。这种信念使他们得以经受住被否定和克服挫折。例如，直到20多年后，格特鲁德·斯坦因（Gertrude Stein）的诗歌才被编辑采用。无独有偶，有20多家出版社拒绝出版詹姆斯·乔伊斯的小说《都柏林人》（Dubliners）。对自身能力的坚定信念使得这些作家不断地努力，最终获得成功。

可能自我也与动力过程的这个阶段有关。能够生动地想象自己达到目标的人比起缺乏这种能力的人来会更加努力。在积极的可能自我同时也伴随着消极的可能自我的情况下尤其如此（Oyserman & Markus，1990）。例如，假设进入医学院的个体同时具有一个清晰的积极的可能自我（获得诺贝尔医学奖的自我）和一个消极的可能自我（退学）。积极的自我意象为自我通向成功（胡萝卜）提供了一个强有力的诱因，而消极的自我意象则为自己不能失败（大棒）提供了一个强大的理由。一旦积极形象强于消极形象，那么这两种自我意象共同作用所产生的推动力要大于任何单一力量所产生的推动力。

自我和策略

自我过程也影响着人们在追求目标过程中所使用的策略。比起怀疑自己能力的个体来，相信自己有能力获得成功的个体更倾向于采用有效和复杂的问题解决策略（Bandura & Wood，1989）。高度的自我效能感也能降低焦虑感，并使个体的注意力始终集中在任务上。当个体在一开始面临困难时尤其如此。由于焦虑能够削弱成绩，因此自我效能感和降低焦虑之间的联系为自我效能感促进成功提供了另一个途径。

聚精会神的能力与影响人们是否能够实现目标的另一个重要因素有关。这个因素就是抑制具有诱惑性的行为的能力。例如，为了写完这一章，我必须把有关其他可能的活动的想法从脑海中驱逐出去。库尔（Kuhl，1985）把这一过程视为意图的屏障。班杜拉（Bandura，1986）的研究表明，与不自信者相比，充满信心的人能够更好地抑制他们的其他想法，很少受其他想法的诱惑。因而，这又构成了自我效能感影响成绩的另一个途径。

自我和比较过程

在实施某些行为后，人们会监控他们的行为，并根据某些相关标准对他们的成绩进行比较。这个比较过程是自我调节过程中的一个重要组成部分。它告诉我们进步与否，或是否需要做出一定的调整。

先前我们曾经指出，自我意识是该过程的一个重要成分。比起环境来，人们在关注自身时往往更倾向于把他们的当前行为与相应的标准做比较（Carver & Scheier，1981；Duval & Wicklund，1972）。

谢尔和卡弗（Scheier & Carver，1983）所做的一项研究检验了一个假设，即自我意识是否能够提高人们将他们当前的行为与相应标准做比较的可能性。研究要求被试从记忆中重现一系列几何形状。为了降低难度，允许他们快速地看几何图形任意次数。被试要求看图形的次数被用来作为衡量他们对其当前行为和标准进行比较的指标。

为了确定自我意识是否影响了比较过程，谢尔和卡弗（1983）利用实验控制被试作用于自身的注意力范围。一半被试在一面镜子前完成任务，在这个过程中，被试能够看到自己在镜子中的形象。剩下的被试并没有在镜子前完成任务。该实验的假设是，在镜子前操作任务的被试能够把注意力集中于自身，而自我意识使得个体把他们当前的行为与相关的标准进行比较。谢尔和卡弗预测说，镜子前的被试会更频繁地对几何形状进行检验，实验结果证实了他们的预测。尽管有关这一发现还存在其他的解释，但数据与以下论断是一致的，即自我意识使得个体将他们当前的状况与相关标准做比较。

自我，期望和行为调整

在将成绩与相关标准进行比较以后，人们形成了关于自己未来努力能否获得成功的可能性预期。然后，对他们的行为做出调整。一般而言，这种调整包括坚持（向着目标继续努力，也许运用不同的策略）或脱离（放弃任务或从心理上退出任务）（Carver & Scheier，1981）。

与自我有关的现象影响着人们所选择的路线。正如先前所指出的那样，高自我效能感的个体具有更为持久的坚持性，并且会更努力地去实现目标（Bandura，1986）。同样，具有有利的可能自我的个体也比没能在自我和目标之间建立起联系的个体具有更高的坚持性（Markus & Nurius，1986）。

注意过程也参与期望和行为调整之间联系（Carver & Scheier，1981）。当期望是有利的，自我意识会促进高度的努力和坚持性；当期望是不利的时，自我意识将导致不努力和低坚持性。形式上，我们认为存在两种变量（期望和自我意识）之间的交互作用。即一个变量因另一个变量而变化。自我意识是否导致更高或更低的努力取决于期望是否有利。

卡弗，布兰尼和谢尔（Carve, Blaney, & Scheier，1979）所做的一项调查证实了这些效应。实验中所有被试在第一次的颠倒字母测验中完成得很糟糕。这一步是为了确保被试的当前行为与某些标准（想要做得好的愿望）之间存在差异。接着告诉被试他们将进行第二次测验。引导一半被试相信他们会在第二次测验中取得好成绩（高期望条件），引导另一半被试相信他们在第二次测验中也可能遭遇失败（低期望条件）。然后，开始第二次测验，一半被试坐在镜子前完成测验（高自我意识条件）；其余被试在没有镜子的条件下完成测验（低自我意识条件）。这些操作使得研究者得以调整被试在第二次测验中对成功的期望—价值以及他们的自我意识水平。

实验结果如图 6.2 所示。该图表明，对成功有高度期待的被试在镜子前完成测验时会更加坚持，但对成功期望—价值很低的被试在镜子前完成测验时的坚持性却很低。这些发现支持了这样一个论点，即当期望—价值高时，自我意识促进了坚持性，但当期望—价值很低时，它却会抑制坚持性。

谢尔和卡弗（1982a）在一个后续研究中对这些发现进行了扩展。他们指出，人们的态度会随着他们对自己的看法而改变。一些人非常关注自己，他们会花大量的时间来研究自己的想法和情感。这些个体被认为具有高度的内向性自我意识（private self-consciousness）。另一些人并不那么关注自己，较少内省。这些个体被认为不具有高度的内向性自我意识。表 6.2 呈现了谢尔和卡弗用来

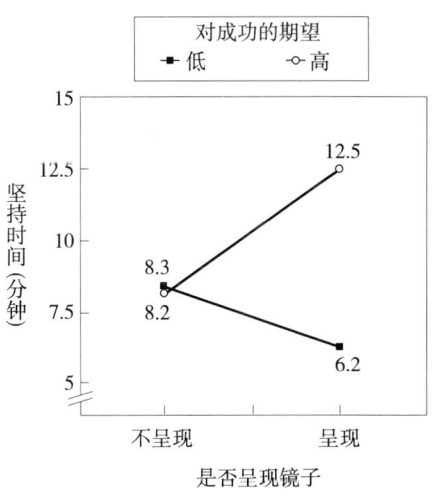

图 6.2 任务坚持性作为绩效期望和自我意识的函数。数据显示，当具有高度的自我意识时，具有高成功期望的个体在任务上的坚持性更强，具有低成功期望的个体则反之。这些发现支持了这样一个论点，即当期望是有利的时，自我意识就能产生积极作用，反之亦然。

资料来源：Adapted from Carver，Blaney，& Scheier，1979，*Journal of Personality and Social Psychology*，37，1859-1870.Copyright 1979.Adapted by permission of The American Psychological Association.

测量这些差异的量表。

谢尔和卡弗（1982a）想弄明白在内向性自我意识上的个体差异是否能产生与自我意识研究中所发现的因情境而产生的变化相同的效应。他们采用了卡弗等人（1979）的研究，利用个体在内向性自我意识量表上的得分来代替对自我意识的实验处理。图6.2对这些数据进行了比较；当期望是有利的时，自我意识量表上的高分就与高坚持性相联系，但当期望是不利的时，高分所伴随的就是低坚持性。

自我意识和期望不仅影响对任务的坚持性，它们之间的相互作用也会对任务绩效产生影响。对成功有着高期望的个体的自我意识能产生高绩效，但对于

表 6.2　内向性自我意识量表

请根据自己的情况完成以下量表。

	0	1	2	3	4
	极端不典型			极端典型	
1.我总是努力了解我自己。	0	1	2	3	4
2.总的来看，我不是很了解自己。	0	1	2	3	4
3.我总是反省自己。	0	1	2	3	4
4.我总是自我幻想的主角。	0	1	2	3	4
5.我很少反省自己。	0	1	2	3	4
6.我通常很关注自己的内心感受。	0	1	2	3	4
7.我总是反省自己的动机。	0	1	2	3	4
8.有时我会有一种从远处注视自己的感觉。	0	1	2	3	4
9.我会注意自己心境的变化。	0	1	2	3	4
10.当我解决问题时，我会注意到我是如何思考的。	0	1	2	3	4

注释：如果要确定你的得分，你必须对第2和第5项的得分进行反向计分（0=4，1=3，2=2，3=1，4=0），然后累计10个项目的分数。分数越高，你的内向性自我意识程度越高。

资料来源：Adapted from Fenigstein, Scheier, & Buss, 1975, *Journal of Consulting and Clinical Psychology*, 43, 522-528.Copyright 1975. Adapted by permission of The American Psychological Association.

低期望的个体则恰恰相反（Brockner，1979；Carver & Scheier，1982b）。这些发现为以下说法提供了进一步的证据，即当期望是有利的时，对自我的关注能产生积极作用，反之亦然。

自我，情绪和行为调节

我们在前面曾指出，个体除了形成对成功的期望，还会对他们的任务绩效产生情绪反应。他们会感到愉快、骄傲或不悦和沮丧。这些感受的来源和它们在引导行为中所起的作用还存在着某些争议。一种说法是个体知觉到的与目标之间的距离是情绪状态的决定因素。当达到目标时个体会产生积极情绪，反之则会产生消极情绪。

卡弗和谢尔（1990）对这个论点进行了令人感兴趣的修正。他们认为，比起相对于目标的绝对距离来，个体所知觉到的进步率对于情绪起到了更重要的决定作用。当人们相信他们在实现目标的过程中能够获得足够的进步时，他们就会产生积极情感，反之则产生消极情感。例如，一个把在"卡耐基音乐厅演奏"作为自己目标的有抱负的音乐家可能会对自己的第一次独奏音乐会感到兴高采烈，因为那意味着她已经在朝着目标前进。对这些观点进行检验的研究正在起步，但已经有证据表明两个因素（也就是，与目标的距离和所获得的进步）都在影响情绪（Hsee & Abelson，1991；Hsee，Salovey，& Abelson，1994）。

另一个有待解决的问题是情绪反应强烈到什么程度（不管是受与目标的距离还是所获得的进步的影响）才能使行为做出调整。正如前面所指出的，杜瓦尔和威克伦德（Duval & Wicklund，1972）提出：（1）只要人们意识到他们的当前状态和相关的标准之间的差异就会产生消极情绪，（2）消极情绪是促进个体做出减小差异努力的主要力量。其他研究者（Pyszczynski & Greenberg，1987b）也持有类似的观点。

班杜拉（1986）也指出，在行为调节过程中，情绪起到了关键性的作用。除了讨论消极情绪的作用，他还强调积极情绪，如骄傲和自我满足，借助其正强化作用而激励人的行为。他认为，人们总是愿意体验这些积极情绪，从而调节自己的行为，获得最大化的自尊感。对班杜拉而言，是这些情感，而不是信息，在主宰着人们的行为。

卡弗和谢尔（1981）并不认同这些观点。他们坚持认为，是信息因素而不是情绪因素在引导自我调节过程。如果人们相信减少差异的进一步的努力将导致成功的话，他们会坚持不懈，反之他们就会放弃或退出。人们可能在做这些决定时也体验到了各种情绪，但这些情绪并不能指引行为。卡弗和谢尔认为，惟一要考虑的重要因素就是对成功的期待。

小　结

自我几乎涉及自我调节过程的所有方面。表6.3证明了这一点。与自我有关的现象影响着（1）目标选择，通过人们的价值观和期望起作用；（2）行动准备，通过信息搜索、实践以及心理预演实现；（3）实现目标，通过行为控制环路的各个方面实现。

成就领域的应用

我们在本章要讨论的理论观点已经得到了广泛的应用。最普遍的研究领域之一是与成就有关的情境下的表现。在这一节，我们将探讨影响人们任务成绩的三种思考和感受自身的方式。

防御性悲观主义

我大学时代的一个朋友过去常常激怒我。在每次测验前，她总会告诉我她有多紧张，以及她认为她的考试成绩会有多糟。然而永恒不变的是，每次测验她总是得到最高分。起初我以为我的这个朋友只是为了在万一考砸时能有点面子。但随着对她了解的深入，我意识到这种低期望策略是她获得成功的一个重要因素。

表 6.3 与自我相关的现象在自我调节过程中的作用

Ⅰ. 目标选择
  A. 自我和希望
    1. 自我效能感：人们实施他们认为能够成功实现的行为，避免他们认为无法实现的行为。
    2. 可能的自我：比起缺乏想象能力的个体来，具有生动想象能力的个体对于自己获得成功有着更高的期望。
  B. 自我和效价
    1. 当前的自我概念暗含着个体所看重的东西（认为自己具有艺术家潜能的个体重视艺术追求）。
    2. 可能的自我（未来的自我概念）影响个体所看重的东西。个体会以特定的方式看待他们自己。任何能够促进这些可能自我的东西都有价值。例如，个体进入医学院学习意味着个体希望成为一名医生。
    3. 在一个广义的和抽象的水平上被进行解释的目标总是隐含着自我。例如，个体总是努力要成为"独立的人"或"好人"。

Ⅱ. 行动准备
  A. 收集信息
    比起怀疑自己能力的人来，具有高自我效能感的个体会努力收集信息。
  B. 心理预演
    具有高自我效能感的个体和具有清晰的可能自我的个体能够想象自我获得成功的样子。反过来，这些想象通常使得成功的可能性更大。
  C. 练习
    比起自我效能感低的个体来，自我效能感高的个体愿意花更多的时间来准备。

Ⅲ. 行为控制环路
  A. 初始行为
    1. 能力——人格的一个成分，而不是与自我有关的因素。
    2. 努力——自我效能感影响个体会付出多大的努力和持续多久。
    3. 策略——自我效能感和可能自我影响策略，尤其是防止思维被干扰和抑制竞争性行为的能力。
    4. 运气——不受自我影响。
  B. 观察自我
    并不与和自我有关的过程直接相关
  C. 与某些标准做比较
    关注自我：当个体具有高度的自我意识时，他们往往更容易将他们当前的行为与相关标准做比较。
  D. 期望
    自我效能感：相对于怀疑自己能力的个体，相信自己能够成功的个体对于他们克服障碍获得成功的能力持积极态度。

自我意识：自我意识和期望交互影响个体究竟是放弃还是坚持。当期望是有利的时，自我意识倾向于坚持，反之亦然。

E. 情绪反应

杜瓦尔和威克伦德（1972）相信，情绪是自我调节过程中的一个关键成分。意识到差异会使个体产生消极情绪。

班杜拉（1986）也这样认为。他强调，与自我有关的情绪（例如，完成工作时的骄傲感）是有力的诱因和强化物。

卡弗和谢尔（1981）则不认为情绪是自我调节过程的一个关键成分。

F. 行为调整

诺伦姆和坎托（Norem & Cantor, 1986, 1989）把我朋友的这种行为称为防御性悲观主义（defensive pessimism）。防御性悲观者除了总能获得成功外，他们还总是怀疑他们是否能获得成功。他们往往会放大他们失败的可能性，固着于情况可能变得很差的想法上。

这并不意味着防御性悲观者采用了被动的态度。事实上，恰恰是其对立面才是真实的。对可能问题的关注提醒防御性悲观者确信可怕的事情不会发生，这是防御性悲观者获得成功的关键因素。在需要表现的情境中，他们会感焦虑不安和缺乏控制感。为了抑制这种焦虑感，他们小心地应对所有可能导致情况变糟的问题，从而采取积极行动来避免这些错误。因此，对消极可能性的设想激励着防御性悲观者努力奋斗从而表现得更好。

斯潘塞和诺伦姆（Spencer & Norem, 1996）所做的一项调查表明，这些策略对于防御性悲观者有着重要的意义。斯潘塞和诺伦姆要求被试参加一项手部灵巧性测验（飞镖任务）。测验前，将被试随机分为三组来进行心理预演。要求掌握—意象组的被试想象自己准确无误地完成了测验。要求应对—意象组的被试想象他们在测验中犯了一些错误，然后思考如何弥补错误。要求第三组被试在测验前保持松弛状态（也就是放松—意象组）。

斯潘塞和诺伦姆（1996）假定，尽管设想自己会成功的个体多数会做得很好，但当给予防御性悲观者机会来预计情况可能会变得多糟时他们会做得最好。实验结果证实了这个假设。应对—意象组的被试完成得最好。这些结果显示，对于成功的高度期望并不总能促进成绩。对某些人来说，想象糟糕的情况可能对他们更为有利，只要这个悲观者努力寻找解决方案。

成就情境下的目标定向

对成功的期望并不是影响成绩的惟一因素，个体所追求的目标也影响成绩。德韦克和她的同事所做的研究与我们在本章所讨论的某些思想有着特定的关系（Dweck，1991；Dweck & Leggett，1988）。

德韦克早先的研究对象是儿童。实验刚开始时，让儿童解决一些问题。这些问题的难度为中等以下，儿童能够解决大多数问题。然后，让儿童解决一些非常困难的问题。德韦克注意到，儿童在应对这些挑战时表现出了非常大的差异。一些孩子表现出无助的迹象（无助取向），这些儿童变得沮丧和愤怒，并表示不想再继续做下去。另一些儿童则相反，他们表现出兴致盎然，非常投入，表现出想要做下去的强烈愿望，努力地解决问题（掌握取向）。有趣的是，这些差异与能力水平并没有关系。一般而言，无助儿童的能力并不比努力做题的儿童差。

让德韦克和她的同事感兴趣的是为什么会这样。为什么一些孩子对于障碍会表现出挫折感和想要逃避，而另一些孩子则感到兴奋和非常渴望解决问题？德韦克假设，个体所选择的目标导致了他们对于成绩反馈做出了不同的反应（也可以参见 Ames & Ames，1984；Nicholls，1984）。德韦克认为，无助取向的儿童所采用的是表现目标。他们的目的是为了表现能力——在自己和他人面前证明他们是聪明和有能力的。相反，掌握取向的儿童所采用的是学习目标。他们的目的是培养能力——为了获得知识、技能，以及个人成长和发展。

德韦克的研究表明了这些不同的目标定向是如何形成个体对于挫败的不同反应的（Dweck & Leggett，1988）。采用表现目标的个通常会对障碍和挫折产生消极反应。他们把成绩差看做是他们缺乏能力的表现，因此他们不会投入到任务中而采取放弃任务的做法。具有学习目标的个体则表现出了不同的反应。

他们不会把失败归因于能力的缺乏，相反，他们把失败归因为没有充分的努力或没有采取有效的策略，他们也不会把挫败看做是必须忍受的威胁，而是把它看做是应该掌握的挑战。

在德韦克最近的研究中，她正在思考这些不同的目标取向是如何发展的。她相信，人们对智力的看法导致了不同目标的产生。具有表现目标的个体所持有的是智力的实体（entity）理论。他们把智力看做是固定不变的。你可能拥有它，也可能不拥有，就像蓝眼睛一样，你的目标就是要证明你拥有智力。具有学习目标的个体所持有的是智力的递增（incremental）理论。他们认为智力是流动的和可塑造的，因而可以发展和培养。这种观点使得他们以提高自己的能力水平，让自己变得更熟练为目标来解决问题。

表 6.4 对这两种不同的取向进行了总结，表明了对于智力的不同看法是如何影响个体的表现的。然而，该表遗漏了一个问题，那就是表现目标并不总是不利的。埃利奥特和德韦克（Elliott & Dweck，1988）发现，具有表现目标的同时又相信自己能力的个体会高度活跃地寻求能证明自己能力的机会，而且不会放弃有挑战性的任务。这就意味着只有当个体不相信自己能力时持有表现目标才是不利的（Harackiewicz & Elliot，1988）。

表 6.4 对无助取向和掌握取向两种成就取向的总结

成就取向	对智力的看法	主要目标	归因	任务偏好	坚持性和表现
无助	实体（智力是固定不变的）	表现（目的是为了向自我和他人证明自己的能力）	能力	避免可能会暴露其短处的挑战性任务	轻易地逃避困难；面对障碍和困难时表现变差
掌握	递增（智力是可塑造的）	学习（目的是为了培养和提高能力）	策略或努力	寻求能够促进学习和技能掌握的富有挑战性的任务	勇于面对困难；面对障碍和困难时仍然保持高水平的表现

资料来源：Adapted from Dweck & Leggett, 1988, *Psychological Review*, 95, 256-273. Copyright 1988. Adapted by permission of The American Psychological Association.

内部动机和外部动机

德韦克所描述的目标取向与成就背景中的另一个重要问题有着密切的关系。那就是行为究竟是由内部因素激发的还是由外部因素激发的。具有内部动机的个体会出于个人原因而努力。他们因为学到了新东西而感到高兴，同时发现教育过程是有趣和令人愉快的。受外部动机驱使的个体努力的原因是为了得到外部奖励。这些奖励包括得到老师、家长或同伴的积极关注，或物质奖励，如金钱或相关的特权（如如果你平均分得到 3 分以上就可以使用我的车）。

外部动机削弱了任务表现

在学校里，受外部动机驱使的学生成绩往往比受内部动机驱使的学生差，尽管差异并不是很大（Deci，Vallerand，Pelletier，& Ryan，1991）。外部取向也往往会抑制创造性的发展。阿马比尔（Amabile，1985）在他的一项实验中随机将一些学生分配到一个创造性写作班中，通过实验控制使他们出于外部原因而进行写作（如自由作家的市场需求正在不断扩大；你会因为你的作品而受到公众的关注）。另一组则出于内部因素而从事写作（如我从事写作是因为我喜欢表达我自己；在写作时我感到很放松）。第三组则不给予任何操作。随后，所有三组的学生都要写一首诗，这些诗由独立评审员进行创造性评分。

图 6.3 显示，所有三组学生中，出于外部原因而进行写作的学生的创造性分数是最低的。这些结果与其他一些研究发现（如 Amabile，1983；Amabile，Hill，Hennessey，Tighe，1994）共同揭示了外部动机会抑制创造力的发展。

外部动机破坏内部兴趣

把外部奖励看得太重也会产生其他的消极后果。例如，莱珀等人（Lepper，Greene，& Nisbett，1973）发现，期望有所获得的学生的确在行动上很积极，但对于其所从事的活动的兴趣却要低于没有外部奖励期望的学生。在该研究中，研究者鼓励幼儿园儿童与 felt-tip makers（一种描画本）一起画画。1/3 的儿童

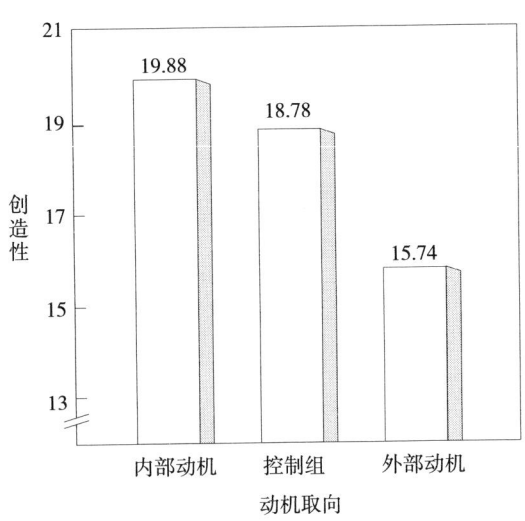

图 6.3 不同动机取向组的创造性得分。数据显示,比起其他两组来,更关注外部原因的被试所表现出的创造力最低。

资料来源:Adapted from Amabile,1985,*Journal of Personality and Social Psychology*,48,393-399.Copyright 1985.Adapted by permission of The American Psychology Association.

被分在期望—回报组。这些儿童被告知,如果他们跟着 felt-tip makers 画就能得到奖励(一本特别的证书)。另外 1/3 儿童被分在无期望—回报组中。他们也会获得奖励,但事先并不知道会获得奖励。最后 1/3 的儿童不给予任何实验处理。

几天后,把孩子们重新带到实验室,给他们大量好玩的玩具,包括 felt-tip makers。在这个实验中不给予任何奖励。图 6.4 是该实验的实验结果,我们可以发现,比起其他两个组的孩子来,期望—回报组的孩子玩 felt-tip makers 的时间最短(相关研究可以参见:Boggiano & Main,1986;Higgins,Lee,Kwon,& Trope,1995)。

尽管图 6.4 所显示的数据表明对外部奖励的期望会破坏内部动机,但这也并不总是如此。德西(Deci,1975)指出,外部奖励包含两个方面。一方面,它们会通过强制或诱使个体以他们通常不会采取的方式来减少选择机会,限制

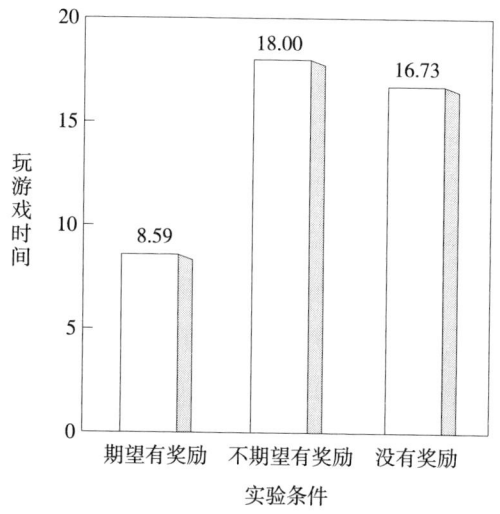

图 6.4 三组儿童玩felt-tip makers的时间。数据显示，与其他两组相比，期望—回报组儿童玩felt-tip makers的时间最短。这些发现证明了期望外部回报可能会破坏内部动机。
资料来源：Adapted from Lepper，Greene，& Nisbett，1973，*Journal of Personality and Social Psychology*，28，129-137.Copyright 1973.Adapted by permission of The American Psychological Association.

行为自由。奖励的这种控制性可以用贿赂这个词来形象地说明。但是，外部奖励也可以提供有关个体努力和表现特质的重要信息（如个体因为努力而获得一个不干胶标签或成为模范人物）。只有在控制性强于信息价值时，外部奖励才会对内部兴趣产生破坏作用（Ryan，Mims，& Koestner，1983）。这意味着因为个体的努力而奖励个体并不必然会抑制他的工作热情。

自我调节失败

到现在为止，我们已经讨论了与自我有关的过程是如何促进自我调节的。然而，人们并不总是能够成功地调节自身的行为。事实上，当前有许多问题正困扰着美国社会（酗酒、家庭暴力、滥用药物、醉酒驾车、高额赌博、吸烟，以及不安全性行为），这些在某种程度上都反映了人们自我控制能力的缺乏。

利用本章所讨论的一些原理，鲍迈斯特等人（Baumeister, Heatherton, & Tice, 1994, Baumeister & Heatherton, 1996）提出了自我调节失败模型。该模型的假设是，人们必须总是要在相互冲突的目标中做出选择。如攒钱和购买一个新的CD播放器；想要表现出责任感和满足于性渴望。当高层次的目标和愿望（攒钱和负责）战胜了低层次的冲动和欲望（得到新的CD播放器和性欲的满足）时，成功的自我调节就出现了。

正如前面所提到的那样，高层次的目标是包含自我意象的（Vallacher & Wegner, 1987）。它们表现了人们对于自身的期望，也表现了他们想要成为的人。成功的自我调节需要刺激这些上级目标并确保它们能够足够强有力地指引行为。

鲍迈斯特等人（1994）把这一过程称为一种超越性（transcendence）。当个体能够超越当前情境（也许能获得即时的满足），而注重更远的目标时，超越性就产生了。当个体意识到从长远看吸烟会要了他的命时他就拥有超越性。因为他考虑到了更长远的可能性而忽略了眼前的短暂满足感。

最后，鲍迈斯特等人（1994）设想个体的这种超越当前情境克服冲动的能力是随着情境因素的变化而变化的。这些因素包括疲劳、压力和分心。但这些因素并不能否认某些个体能够比别人更好地控制自己（Mischel, Shoda, & Peake, 1988），它仅仅是强调了某些因素可以阻碍个体调节自身行为的能力。

过分缺乏自我意识的消极影响

其中的一个因素是缺乏自我意识。本章的主旨是，成功的自我调节要求个体将他们的行为与相关标准进行比较，而这种比较过程更可能出现在具有自我意识的个体身上。因而，任何降低自我意识的举动都将阻碍个体进行自我调节的努力。

去个性化和道德行为

去个性化（deindividuation）可以形象地说明这种效应。当个体失去个性时就发生了去个性化。群体情境中往往会出现这一现象，而且，它常常会伴随出现道德感松弛的现象。例如，去个性化已经被发现可以提高攻击性行为（Mullen，1986）。暴力行为就是一个非常恰当的例子。由于处于群体当中，因而个体就产生匿名性（去个性化），平时遵纪守法的公民往往会在这个时候失去理智，从而导致严重的财产损失和身体伤害。欧洲的足球赛中常常可以看到这种现象。

去个性化也能引起另一种形式的反社会行为。迪纳和沃尔鲍姆（Diener & Wallbom，1976）在一项研究中给大学生一份所谓的智力测验。要求学生只能花 5 分钟时间做测验，而实验者将在 10 分钟后回来，这就给了学生作弊的机会。有一半的学生被安排在镜子前（高自我意识状态）；另一半学生则没有坐在镜子前（低自我意识状态）。结果表明，自我意识的减少能够破坏道德行为，低自我意识状态下的学生中有 71% 的人作了弊，而高自我意识状态下的作弊学生只占了 7%。这些发现与其他一些类似的结果（Beaman，Klentz，Diener，& Svanum，1979）表明，当自我意识很低时，人们很难以高道德标准来要求自己。

酒精消耗和自我调节失败

在许多自我调节失败的例子中都会提到酒精。家庭暴力、争斗、不安全性行为，以及其他许多问题行为往往是因为酗酒引起的。其中一个原因就是酒精会降低自我意识（Hull，1981）。喝醉时，个体的自我意识开始变弱，从而无法将他们当前的行为与适宜的标准进行比较。因而，他们会做出正常情况下不会做的行为。

赫尔等人（Hull，Levenson，Young & Sher，1983）做了一项研究来了解酒精是否真的会降低自我意识。实验中要求被试做一个简短的演讲，研究者对被试在演讲中提到自己的次数进行统计。一半被试在演讲前喝了酒；另一半被试喝的则是汤尼水（以奎宁调味的含矿物质的饮料）。与酒精会降低自我意识的看法相同，结果表明，酒后的被试比没喝酒的被试在演讲中提到自己的次数要少。由于自我意识是成功的自我调节的核心成分，因此，酒精能够降低自我意识的事实就能够解释为什么它总是与自我调节失败相联系了。

酒精还可以通过另一个相关的途径来导致自我调节失败。斯蒂尔和约瑟夫斯（1990）认为酒精会限制人们注意到直接线索的能力，降低了他们抽象思维的能力。这种趋势（斯蒂尔和约瑟夫斯称之为酒精近视）可以解释为什么当人们喝醉时就无法思考自己的行为。这时候，他们所关注的是当前行为所获得的快感而不是正常情况下的行为的含义（如他们想要成为什么样的人）。也就是说，酒精干扰了鲍迈斯特等人（1994）所提出的超越性过程。这种干扰也许可以解释为什么酒精与如此多的自我调节失败的例子相关，包括约会强奸和不安全性行为（MacDonald，Zanna，& Fong，1996）。

不幸的是，酒也有着吸引人的积极作用。酒不仅可以使人更健康（如它可以使人放松），它也可以使人对自己感觉更好。巴纳吉和斯蒂尔（Banaji & Steele，1989）发现，许多人在适度饮酒后会对自己做出更为积极的评价。人们也会在自我意象受到威胁时喝酒，因为那样可以帮助他们感觉好一些（Steele，Southwick，& Critchlow，1981）。这些作用为喝酒提供了充分的心理解释。

过度自我意识的消极作用

前面我们提到缺乏自我意识会削弱自我调节功能。有些荒谬的是，过度的自我意识也是有害的。

阻　塞

阻塞（choking）就是该影响的一个例子。当个体很想表现得出色却无法表现出最佳状态时就会出现这种现象。体育竞赛就是很典型的例子。每年的体育比赛中都有大量充满传奇色彩的故事，如有着夺冠实力的团队和个体却因为一系列的错误而输掉了比赛。例如，在1996年的高尔夫大师巡回赛中，澳大利亚选手格里格·诺曼在最后一个回合前领先了对手六杆。然而，最后的结果却是他输给了对手五杆，原因就是他自己所犯的大量错误。

鲍迈斯特（Baumeister，1984；Baumeister, Hamilton, & Tice, 1985）把阻塞与高度的自我意识联系在了一起。他认为，当情境压力（如因为竞争或观众的在场）突出了自我意识时才会出现阻塞现象。这种对自身的过度关注致使个体将他们的行为与相关标准做比较，并且过多地考虑了他们的行为。这反过来又干扰了正常水平的发挥。有趣的是，对成功的预期（Baumeister & Steinhilber, 1984）和对失败的恐惧（Schlenker, Phillips, Boniecki, & Schlenker, 1995）都可以提高自我意识，产生阻塞。

斯蒂尔和阿伦森（1995）利用了这些观点来解释学业成绩上的种族差异。有相当多的证据表明，很多非裔美国人在学校里成绩不佳（Steele, 1992）。斯蒂尔和阿伦森认为高度的自我也许可以解释这个现象。他们指出，当非裔美国人试图证明自己族裔并非是智力低下的民族时，他们就会在行动时感到很紧张。斯蒂尔和阿伦森将这种压力称为刻板印象威胁，它提升了自我意识，并导致表现不佳（如导致阻塞）。

为了检验他们的观点，斯蒂尔和阿伦森给白人和黑人大学生实施了一项智力测验。在进行测验之前，要求一半的学生在一份测验前的问卷上填写自己的族裔；另一半学生则无须说明自己的族裔。斯蒂尔和阿伦森假设，要求学生填写自己的族裔可以突出他们的种族，从而可以提升黑人学生的自我意识，使他们的测验成绩不佳。

图6.5为该研究结果。和所预测的一样，只有在第一种情况下黑人学生的成绩才会比白人学生差。在第二种情况下，黑人学生甚至比白人学生的成绩还要好一些。另外有数据表明，出现这种现象的原因在于第一种情况下黑人被试的自我意识被突出了（相关研究请参见 Schneider, Major, Luhtanen, & Crocker, 1996）。

自我破坏行为

过分的自我意识也可能产生自我破坏性行为（Baumeister & Scher, 1988）。药物滥用就是一个最好的例子。前面我们曾经指出，酒精会降低自我意识水

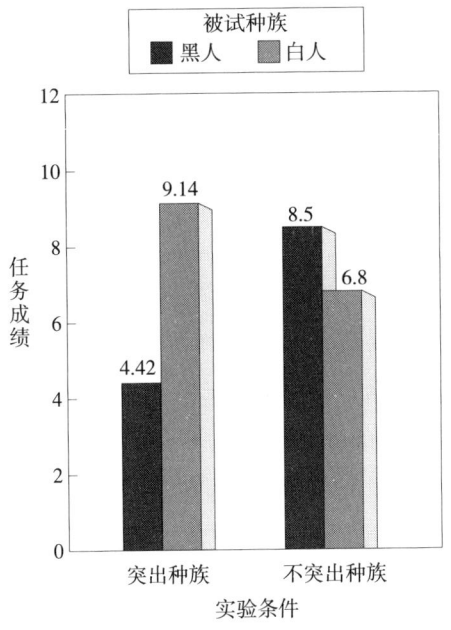

图 6.5 黑人学生和白人学生在突出其族裔和不突出其族裔的条件下的成绩比较。数据显示,当突出种族特性时,黑人学生的成绩显著地比白人学生差,但不突出种族特性时,黑人学生的成绩还比白人学生好一些。另外一些研究结果认为出现这一现象是因为在第一种情况下,黑人学生的自我意识程度更高了。

资料来源:Adapted from Steele & Aronson,1995,*Journal of Personality and Social Psychology*,69,797-811. Copyright 1995. Adapted by permission of The American Psychological Association.

平(Hull,1981),而且饮酒也可以让个体自我感觉良好(Banaji & Steele,1989)。许多人饮酒过量都是出于这些理由。他们把酒精作为降低自我意识水平的一种手段,尤其是在经历挫折时(Hull & Young,1983)。大约 1000 年前,波斯诗人奥玛尔·海亚姆(Omar Khayyam)是这样描述这种体验的:

> 我喝酒既不是为了享受饮酒的欢愉,也不为嘲弄信念——不,只是想要忘记自己一会儿,那就是我想喝醉的惟一理由,完完全全的一个人。

鲍迈斯特和谢尔（Baumeister & Scher, 1988）已经提出, 在许多其他的自我破坏行为（如吸烟、寻求刺激, 以及受虐狂）中, 降低自我意识水平的愿望起了重要的作用。当自我意识变得过分强烈和令人厌恶时, 个体就试图通过这些行为从自我中逃离出去。

这种逃离的愿望甚至可能导致自杀行为。鲍迈斯特（1990）认为, 消极体验（如生意失败或一段重要关系的破裂）会导致高度的自我意识, 使个体出于一种紧张的状态, 从而导致自杀念头。当其他消除这种不良状态的努力失败时, 个体就会企图自杀。对这些人而言, 自杀意味着摆脱强烈的自我意识状态的最后努力。

总　结

在这一章我们探索了与自我有关的过程是如何影响动机行为的。首先, 我们总结了自我调节的一般模型。该模型是关于个体所采用的目标以及个体通过何种方式实现目标。然后, 我们确定了影响自我调节的三个过程。它们是（1）自我效能感（人们对于自己能否实现目标的信念）; (2) 可能自我（人们对自己将来可能成为的人的想法）; (3) 自我意识（人们关注自身或关注周围环境的程度）。最后, 我们对一些研究做了回顾, 这些研究证明了上述现象事实上影响了自我调节过程的每个方面。

接着, 我们讨论了成就情境下的作业成绩问题。多数想象自己会成功, 并且对成功有着高期待的个体会在任务中取得较好的成绩。而某些人（被称为防御性悲观者）虽然把事情的后果想得很悲观却也能取得好成绩。作业成绩也受人们所采取的目标影响。一些人总是努力向自己或他人证明他们是有实力的; 另一些人总是努力培养自己的能力, 不断地提高自我。这些不同的目标取向使得人们对于反馈和障碍的反应大相径庭。同样, 一些个体受内部动机驱动, 而另一些个体则总是试图获得外部奖励或他人的关注。在某些情况下, 外部动机会抑制创造力, 减少工作乐趣。

最后，我们考察了与自我有关的过程在不同的情境下是如何干扰自我调节努力的。我们发现，缺乏自我意识和过度自我意识都能导致自我调节失败。

- 激励行为的自我调节模型是关于个体选择做什么以及他们如何实现目标的。模型包括三个方面：（1）目标选择；（2）行动准备；（3）行为控制环路。
- 行为控制模型假设人们是利用信息来调节他们的行为的。在确定一个目标或标准以后，人们定期地监控他们的行为，并将行为与某些标准进行比较。这种比较过程导致（1）对认为未来的努力是值得的期待，（2）一种兴趣反应。这些因素反过来又决定了人们是否能够坚持他们的目标。
- 自我效能感是指人们关于他们自身的能力是否能够带来想要的结果的想法。具有高自我效能感的个体自信他们能够获得成功；低自我效能感的个体则怀疑他们的能力。这些信念在行为调节过程中起了重要的作用，影响（1）个体所确定的目标；（2）个体准备实现目标的决心以及（3）个体愿意为实现目标所花费的时间和努力。
- 可能自我指的是个体关于他们将来样子的看法。这些可能自我中有一些是积极的；另一些则是消极的。生动清晰的可能自我描述会通过影响个体的价值观而影响个体的目标选择。可能自我也能帮助个体专注于他们的目标上。
- 关注自我的个体比起较少关注自我的个体来更愿意将他们当前的状态与相关标准做比较。当期望是有利的时，聚焦于自我的注意能产生高度的努力，持续的坚持，以及出色的绩效；当期望是不利的时，这种对自我的关注就会导致不努力，坚持性差，以及低下的绩效。
- 防御性悲观者在以悲观的方式看待问题时能够出色发挥。这是因为做好最坏的打算能够降低焦虑感。
- 某些人工作或学习的目的是为了向自己或他人证明他们是有能力的。这些个体相信，智力是固定不变的。另一些人则是为了培养自己的能力。他们认为智力是可塑造的。

- 外部奖励可能降低创造力，抑制内在兴趣。当奖励的控制力（如果你做了作业的话就有奖励）强于它的信息价值（这是你很好地完成作业的奖励）时，这种现象就出现了。
- 自我意识能干扰自我调节过程。自我意识过低时，个体将无法对他们当前的行为与适宜的高层次标准进行比较。这会导致攻击性和不负责任的行为（如不安全性行为）。过度的自我意识也是有害的。太过关注自我的个体有时会产生自我破坏行为（如酗酒或寻求刺激），因为他们想通过这种方式来降低自我意识水平。在极端的情况下可能导致自杀行为。

补充读物

Bandura, A. (1986). *Social foundations of thought and action.* Englewood Cliffs, NJ: Prentice Hall.

Baumeister, R. F., Heatherton, T. F., & Tice, D. M. (1994). *Losing control: How and why people fail at self-regulation.* San Diego: Academic Press.

Carver, C. S., & Scheier, M. F. (1981). *Attention and self-regulation: A control-theory approach to human behavior.* New York: Springer-Verlag.

Deci, E. L. (1975). *Intrinsic motivation.* New York: Plenum Press.

7

自我展示

> 总是有时候，总是有时候，你要装扮好自己去面对他人。
> ——爱略特，*the lovesong of J Alferd Prufrock*

自我概念看似十分私密，毕竟个人对自己的想法总是藏而不露，也常常十分个性化。但自我概念也是高度社会化的现象。其产生有其社会根源（如反射性评价、社会比较），包含了社会身份和角色等成分，并指导个体对他人的感知以及在社会环境下的行为方式。

本章将通过自我展示行为（self-presentation behavior）来探讨自我社会性的 面。自我展示行为指任何旨在创造、修改和保持别人对自己的印象的行为。[1] 根据这个定义，当我们试图引导别人按照特定的方式看待我们时，我们就在进行自我展示。

---

[1] 印象管理（impression management）这个术语通常用来描述个体为管理别人对自己的印象而付出的各种努力。虽然印象管理和自我展示这两个术语在某些方面存在差异（参见Schlenker, 1980），但在本章这两个概念是可以互换的。

由于我们多数时间都是和别人一起度过的，因此自我展示就成为社会生活的一个突出特征。即使在自己一个人的时候，我们也在进行自我展示。比如，我们经常重复演练我们即将公开发表的演讲或者其他事情，以塑造自己在将来的或假想的观众面前的行为。有时这种演练是有目的并且可以觉察的（如在准备求职面试或者公众演讲时），但有时却是自动化和几乎无法感觉到的（有时候我们会在出门前无意中对着镜子整理头发）。

生活中的自我展示行为不仅十分常见，也非常重要。能否成功地让别人相信我们拥有某些品质，对于我们能够取得什么成就具有深刻的影响（Hogan & Briggs, 1986）。我们与谁结婚，交什么样的朋友，能否在工作中领先等等，这些在很大程度上都依赖于我们说服别人的能力，即我们能否让他们相信自己值得他们付出爱、友谊、信任与尊重。人们每年要在服饰和其他装饰品上花费数十亿美元，原因之一毫无疑问就是为了能够制造出一个好的印象。对自我展示的关注还使得人们为了变得更漂亮而不惜以牺牲身体健康为代价，比如过度日光浴，过度节食等（Leary, Tchividijian, & Kraxberger, 1994）。对自我展示的关注也是一些自我损害行为的根源，如吸烟和滥用药物（Sharp & Getz, 1996）。

本章将首先探讨自我展示行为的性质。为什么人们会进行自我展示行为，他们在什么时间，通过何种方式塑造自己在别人心目中的形象？在第二节，我们将讨论人们所创造的形象的主要类别以及他们在创造这些形象时所遇到的障碍；同时，我们将考察人们在形象塑造失败时所产生的一些行为表现。第三节将探讨公开行为（public behavior）与自我概念之间的紧密关系。我们将看到人们经常是他们自己行为的观众，他们说服别人的过程往往以说服了自己为结束。最后，我们将考察公开行为究竟在多大程度上能真实地反映出个体对自己的真实看法。

自我展示的性质

人们为什么要进行自我展示

我们将首先讨论人们进行自我展示的原因。为什么我们要引导人们用这种或者那种方式看待我们呢？

促进社会交往

自我展示的一个基本功能就是界定社会情境的性质（Goffman，1959）。很多社会交往都是角色统治的，每个人都扮演一定的角色。如果能够有效扮演角色，社会交往就能顺利进行下去。例如，飞行员被认为是镇定和有威严的。只要他们能够让乘客相信他们拥有这样的品质，乘客就会保持冷静并且行动有序。

欧文·戈夫曼（Erving Goffman，1959）第一次强调了自我展示的这个功能。戈夫曼认为社会生活是高度结构化的。在某些情况下，这种结构是非常正式的（如白宫举行的国会晚宴就有严格的礼仪规范），但更多情况下它却是非正式和大家默认的（如指导社会交往活动的礼貌和礼仪标准）。

在这些标准中，其中一条就是要求人们支持，而不是诋毁他人的公众身份。戈夫曼称之为面子工作（face work）。社会交往中的每个参与者都有义务尊重和维护他人的社会角色。为了这个目的，人们可能说假话，或者隐藏自己内心的真实想法和感受。比如，人们总是公开表示他们喜欢收到的礼物，赞扬别人的新衣服或者新发型充满魅力，或者为不能参加某个社会聚会而寻找借口。此类社会展示行为的一个主要动机就是为了避免社会冲突并降低紧张度（DePaulo，Kashy，Kirkendol，Wyer，& Epstein，1996）。

获取物质或社会奖赏

人们努力在别人心目中树立形象的背后，也有获得物质和社会奖赏的需求（或者逃避物质和社会惩罚）。前面说到，我们非常希望别人按照特定的方式看待自己。雇员证明自己聪明、敬业和信守诺言一般都有物质利益在里面。只要他们能够成功地让老板形成这样的印象，那么他们得到提升和加薪的机会就可能大大增加。社会奖赏也取决于我们让别人确信我们拥有某些特殊才能的能力。想要被人喜欢就必须向别人证明你是可爱的；想要成为领导就必须要别人相信你拥有领导才能。

琼斯（Jones，1990；Tedeschi & Norman，1985）认为这种策略性的自我展示（strategic self-presentation）代表着某种形式的社会影响。在这种社会影响下，个体（自我展示者）试图获得超过别人（观众）的权力。这种方法假定如果我们能够控制别人看待我们的方式，我们在控制社会交往以有利于我们的方式进行的过程中就处于更好的位置。很多大众读物都明显地强调这一点，比如《如何赢得朋友并对别人施加影响》（How to Win Friends and Influence People）（Carnegie，1936）以及《胁迫制胜》（Winning through Intimidation）（Ringer，1973）。

在一些人看来，主动操纵别人看待他们的方式这个想法会给他们一种欺骗和马基雅维利主义（Machiavellianism）的感觉。但事实可能并不如此。策略性的自我展示并非必然意味着我们想欺骗别人（虽然有时候确实如此）。同时它也包含了我们先天就有想把自己的积极品质（自己认为的）带给别人的一面。事实上，基于某些原因，欺骗和说谎只是一些例外，而不是必然的原则。有关这些原因我们将在后面讨论。多数时候策略性的自我展示"只涉及选择性的暴露和遗漏，抑或只是选择重点和时机等问题，而不是无耻的谎言和虚伪"（Jones，1990，p.175）。

自我建构

我们试图塑造自己在他人心目中的形象的另一个原因是为自己建构一个特定的身份（Baumeister，1982b；Rosenberg，1979；Schlenker，1980）。此类自我展示行为的功能就更私密和针对个人。让别人相信自己拥有某些品质或特性只是说服自己的一个方式。

有时，自我建构是以创建一个身份为开始的。罗森伯格（Rosenberg，1979）认为这个现象在青少年期特别突出。青少年通常会尝试各种各样的角色。他们选择社会上形形色色的人（如久经世故或者反叛者）的服饰和行为方式，并且认真观察别人的反应，只是为了给自己塑造一个合适的形象。其他阶段，自我建构是为了再次肯定已经建立起来的自我观念（self-view）。华尔街的成功银行家总是穿着吊带裤、带着BP机、开着豪华轿车，这样做无非是为了传递这样一个信号：他是一个真正"有钱有品味"的人。斯旺（Swann，1990）把这种类型的自我建构称为"自我验证"（self-verification），威克伦德和戈尔维兹（Wicklund & Gollwitzer，1982）则把这种行为称为"自我符号化"（self-symbolizing）。

自我增强的需求也是自我建构的一个原因。大多数人喜欢认为自己是有能力的、受人喜欢、有天赋的等等。通过向别人证明自己拥有这些积极的品质，他们就能够更好地说服自己，这反过来也让人们的自我感觉更加良好。从这个意义上讲，人们之所以努力想创造在别人心目中的印象，是因为这样做可以让他们对自己的感觉更好。

最后，自我建构也能够起到激励的作用。人们希望成为他们所宣称的那类人（Goffman，1959；Schlenker，1980）。当他们公开宣布自己的打算，或者其他与身份相关的东西，他们就会感到更多的压力要做好它。一个改过自新的酗酒者公开宣布自己要保持清醒就是利用了这个功能。通过公开宣布戒酒，他就更需要努力保持清醒。在运动场上也可以看到这样的情况。在1968超级碗联赛开始前，乔·纳马思（Joe Namath）就大胆预测他所在的纽约喷气机队（New York Jets）会击败巴尔的摩马驹队（Baltimore Colts），他们后来真做到了。伟大的拳击手穆罕默德·阿里也总是在赛前预测比赛的结果。在有些情况下，公开夸下海口确实能够让此变为事实。

小　结

在本节，我们区分了自我展示的三个功能。虽然概念不同，但在现实生活中这三个功能经常同时发挥作用。比如，飞行员保持自己的威严能够：（1）让飞行过程更加顺利；（2）帮助他们保持工作；（3）让他们认为自己是尊贵的人，从而使他们的自我感觉更好。

印象管理的时间和方式

一旦出现在公众场合，人们就会对我们产生印象。但我们并不是任何时候都积极监控和管理那些印象。在很多情况下，自我展示行为是非常自动化和习惯化的，我们很少有意识地注意别人怎样看待自己。在另外一些情况下，我们却强烈地感受到我们创造的印象，并且会积极主动地控制那些印象（Leary，1993；Schlenker & Weigold，1992）。在本节，我们将讨论人们通常会在什么时候积极进行自我展示，如何成功地向别人展示自己以及一些影响因素。

影响印象管理动机的情境变量

自我展示的第一个成分是动机。我们先有创造理想印象的动力，然后才能付诸行动。有好几个因素可以引发这样的动机，其中最重要的一种情况是：我们要依靠别人的判断才能得到想要的外在奖赏（Buss & Briggs，1984；Leary & Kowalski，1990；Schlenker，1980）。求职面试和第一次约会就是两个典型的例子。在这些情况下，我们高度关注自己能否形成一个积极的印象，并尽力把最好的一面展示出来。

当我们成为别人关注的焦点时，自我展示的动机也会大大提高。有些人非常讨厌在公众面前讲演，部分原因就在于这会让他们高度关注自己的公众形象。诸如照相机、录音机这样的东西也会让我们关注自己的社会形象，因为这些会让自己想到别人会如何看我们（Carver & Scheier，1985；Scheier & Carver，1982b）。

被人忽视或者躲避也会增加对自我展示的关注（Buss，1980），这看起来和前面有些自相矛盾。试想，如果在宴会上没有一个人理你你会是怎样的感觉？

这种情况下，你极可能高度关注自己，并且强烈想要展现出一个积极的形象。在盛大的宴会中会发生这样的事情，因为独自相处的样子并不是大家所希望的。普遍而言，当我们在塑造自己希望的印象时遇到障碍，进行自我展示的动机就会升高（Schlenker，1985，1986）。

和观众的熟悉程度也是影响自我展示特点的一个因素（Leary, Nezlek, Downs, Radford-Davenport, Martin, & McMullen, 1994；Tice, Butle, Muraven, & Stillwell, 1995）。当交谈的对象是正式场合结识的人或商业伙伴，而不是老朋友、家人或爱人时，人们一般会更加注意自己创造的印象，虽然也有例外。比如，很多人可以头发零乱地在屋里走动，但他们却不会这样去参加一个商务会议。与不太熟的人相比，人们和自己感觉更亲近的人（特别是同性）交往时会表现得更谦虚和真实。在20世纪60年代的美国，当人们和他们熟识并且感觉舒服的人在一起时，他们就更想"解下头发，做回自己"。

社交敏感性

一旦我们产生了塑造特定印象的动机，我们还要拥有如何才能最好实现这一目标的觉知力（awareness）。这种认知能力就叫做社交敏感性（social acuity）（Hogan & Briggs, 1986）。社交敏感性指我们知道怎样做才能成功塑造期望的印象的能力。通常它需要站在别人的立场上，并推断这样一个特定的行为会在他们心目中产生什么样的印象。比如，假设我想证明自己是机智诙谐的，为了做到这一点，我必须首先指出这需要什么条件。我需要知道我要做出什么样的行为才能形成这样的印象。这种从他人角度看问题的能力就是我们所说的社交敏感性。

米德的影响在这里得到了明显的体现。正如第4章里讨论到，米德（1934）认为：要进行有效沟通，人们必须能够预测他们符号性的行为（symbolic gesture）会被别人如何解释。成功的自我展示同样如此。要塑造期望的印象，我们必须把自己放在他们的立场上，并且能够分辨什么行为才能产生那样的印象。如果我们不能从他们的角度看问题，那是不太可能塑造期望的印象的。

行动技能

行动技能是成功的自我展示的第三个成分。人们需要具备执行他们认为能够塑造良好印象的行为的能力。回到上面的那个例子，假设我想塑造一个像诺埃尔·科沃德（Noel Coward）一样机智的形象。同时我也知道为了做到这一点，我必须要妙语连珠。但想要塑造某个形象以及知道了要做什么并不能保证我们就能够做到。我们必须具备很强的行动力。

人们可以采用大量的策略来塑造期望的印象。口头宣布（verbal claims）可能是最常用的策略。选择性的透露，"偶尔"提及或者公开吹嘘都可以作为创造印象的手段。我们也可以像演员一样利用一些小道具来树立我们的形象。我们的头发、体格、身材和服饰都可以用来塑造形象。尽管我们通常会否认我们主要是为了自我展示才这样做，但同样也几乎没人会认为他们这样做时并没有考虑任何社会后果。而这样说的人也只不过是想塑造一种特立独行的形象（Schlenker & Weigod, 1990）！

即使是一个小小的举动也会告诉别人我们是哪类人。人们通常会根据我们的行为举止、身体姿势以及站立和走路的方式等来推断我们的身份（McArthur & Baron, 1983）。意识到这一点，人们就会主动调整他们的动作来控制别人对他的印象。比如，只身处于聚会和酒吧里的人的举动就会有别于成双结对的人。他们用行为告诉别人他们现在正好有空。

小　结

总之，成功的自我展示不仅需要动机，还需要能力。人们可能具有塑造某种印象的动力，但却可能失败，因为他们不知道要做什么，或者他们不能做出合适的行动。从这个角度看，成功的自我展示是一个非常复杂的事情。它需要大量的技巧和人情世故的知识。认识到它的复杂性，舒伦克尔和利里（1982a）提出了这样一个理论：当人们产生了塑造积极的印象动力，却感到实现的机会非常渺茫时，就会产生社会焦虑。在极端的情况下，这种怀疑会使人非常无助，并产生严重的社交恐惧症（social phobias）。

自我展示的个体差异

虽然每个人都在进行自我展示，但是在对自己的公众形象的关注程度，以及他们想要表现的形象的种类方面却存在显著的个体差异。在进一步了解这些个体差异以前，请先完成表 7.1 中的问卷。然后回到正文，并了解更多这方面的知识。

自我监控

马克·斯奈德（Mark Snyder，1974）编制了表 7.1 的问卷，主要是为了测量人们会在多大程度上监视和控制自己在公众面前的行为。高自我监控者认为自己是实用和灵活的，要在每个情境下成为合时宜（right）的人。在面临一个社会情境时，他们首先会辨别在这种情况下一个典型的模范应该做什么。然后他们会用这些知识来指导自己的行为。低自我监控者却有不同的行为取向。他们认为自己是讲原则性的，并且强调在做什么人和做什么事等问题上保持一致的重要性。在面临一个社会情境时，他们更关注内心世界，并用自己的态度、信仰和感觉来指导自己的行为。在社会环境中，他们努力要实现的是做自己，而不是做合时宜的人。

个体在自我监控上的差异影响了很多社会行为（参见 Snyder，1979，1987 的综述）。同低自我监控的人相比，高自我监控者（1）更多关注他人在社会情境中的行为方式；（2）更喜欢提供了明确行为指导的社会情境；（3）对那些看重公众行为的职业，如表演、销售和公共关系等更感兴趣；（4）在察言观色方面更老练；（5）更擅长同拥有各种心情的人沟通。

高自我监控的人的态度和公共行为上的一致性程度也更低。比如，只要他们认为这样做是合适的，他们可能会做一些他们根本不相信的事，也可能会说一些他们并不相信的话。但低自我监控者则全然不是这样。他们强调行为和态

表 7.1 自我监控量表

请回答如下的问题,并在"是"、"否"上面画圈。

是 否 1. 我发现自己很难模仿别人的行为。
是 否 2. 我的行为通常反映了自己真实的内心体验、态度和信念。
是 否 3. 在聚会或者社交场合,我不会试图说或做一些讨别人喜欢的事情。
是 否 4. 我只会为自己相信的观念辩护。
是 否 5. 我可以针对一些我一无所知的主题发表即兴演说。
是 否 6. 我认为自己只不过是在演戏,并以此打动或者取悦别人。
是 否 7. 当对自己的行为没有把握时,我会通过观察别人的行为来寻找线索。
是 否 8. 我可能会成为一个好演员。
是 否 9. 我很少根据朋友的意见来选择电影、图书或者音乐。
是 否 10. 我有时会向别人表达出比实际更深刻的情绪体验。
是 否 11. 相对于独自一人,和别人在一起看喜剧我会更容易发笑。
是 否 12. 在人群中,我很少成为注意的焦点。
是 否 13. 在不同的情境中或者和不同的人在一起,我的行为方式会完全不同。
是 否 14. 我并不特别擅长讨别人喜欢。
是 否 15. 即使我觉得很无聊,我也装得很高兴。
是 否 16. 我并不总是我看起来的那个样子。
是 否 17. 我不会改变自己的观点(或行为)来取悦别人或者赢得他们的喜爱。
是 否 18. 我曾考虑过做一个演艺人员。
是 否 19. 为了能够友好相处并被人喜欢,我倾向于成为人们所期望的样子。
是 否 20. 我从不擅长看手势猜字谜,以及即兴表演之类的游戏。
是 否 21. 我不太会改变自己的行为来适应不同的人和环境。
是 否 22. 在聚会时,我不会打断别人的玩笑和故事。
是 否 23. 和人在一起的时候我总感觉有些尴尬,表现也不如实际那么好。
是 否 24. 如果为了一个好结果,我可以看着别人的眼睛若无其事地说谎。
是 否 25. 即使我非常不喜欢他们,我也会装得很友好。

注:评分方法是,在5,6,7,8,10,11,13,15,16,18,19,24和25上回答"是"得1分,在1,2,3,4,9,12,14,17,20,21,22和23上回答"否"也得1分。将总分加起来,得12分或以下表示低自我监控,得13分或以上表示高自我监控。

资料来源:Snyder, 1974, *Journal of Personality and Social Psychology*, 30, 526-537. Copyright 1974. Adapted by permission of the American Psychological Association.

度的一致性，他们的言行更多地反映了自己的真实想法。为了阐明这些差异，让我们假设这样一个情境：你和另一个人正在讨论最近的一个电影，那个人告诉你她喜欢一个电影，而你并不喜欢。你会怎么做？一般说来，你有三个选择，你可以：（1）说你自己也喜欢那个电影，虽然事实上你并不喜欢；（2）说出你的真实看法，承认你并不喜欢那个电影；（3）避免形成一个立场，你可能改变话题。在其他方面相同的情况下，高自我监控者会比低自我监控者更多选择第一种方式。

自我监控也会影响到友谊的模式。高自我监控者可能会有很多类型的朋友，不同的人适合不同的活动。比如，他们和一些人一起运动，与另一些人去看话剧，然后再和另外一群人讨论政治事务。这种模式允许他们在不同的情境中表达不同个性取向，并成为不同的人。相反，低自我监控者相对只有几个朋友，他们与同一个人一起参加很多活动。他们更愿意和同一个朋友去运动，看话剧和谈论政治。这种模式有利于在不同的情境中成为同一个人。

表 7.2 总结了高自我监控者和低自我监控者在我们前面讨论的三种自我展示成分上的不同取向。高自我监控者是社交变色龙。他们享受在不同情境下做不同的人这样的生活，也具备扮演不同的角色的认知和行动技能。

相反，低自我监控者认为自己是非常讲原则的人，更看重自己在不同的情境下要"对自己真实"。他们不太擅长把握社会情境的特征，他们的行动技能

表 7.2 高、低自我监控者的比较

成分/过程	高自我监控者	低自我监控者
目标	成为合时宜的人。	成为我自己。
社会敏感性	非常擅长把握社会情境及他人行为的特征，能够并且愿意使用这些知识来塑造该情境下的一个理想行为方式。	不太擅长把握社会情境以及他人行为的特征。内在的态度，价值观和倾向是他们行动的基础。
行动能力	拥有很高的行动能力，使他们能够修改自己的行为使之与环境相互吻合。	行动能力有限，使得他们在不同的情境下扮演类似的角色。

也没有很好发展。[2]

外向性自我意识

与自我监控差异相关的是外向性自我意识（public self-consciousness）的差异。在第 6 章，我们注意到个体关注自己私密的内心状态的程度存在差异。芬尼格斯登等人（Fenigstein，Scheier，& Buss，1975）在描述这些差异时使用了个人（private）自我意识这个概念，并制定了一个量表来测量它。芬尼格斯登等人同样也制定了一个量表来测量个体在多大程度上关注自己公开的、可观察到的一面（见表 7.3）。在外向性自我意识量表上得分高的人高度意识到自己作为社会实体的一面，并对自己的公众形象考虑甚多。而在外向性自我意识量表上得分低的人则很少意识到自己作为社会实体的一面，同时也很少考虑自己的公众形象（Buss，1980；Carver & Scheier，1985；Scheier & Carver，1982b）。

外向性自我意识和自我监控具有很多共同的特征，自我监控得分高的人往往在外向性自我意识上的得分也高（Tomarelli & Shaffer，1985）。但是这两个概念并非完全相同。自我监控是动机取向的，高自我监控的人非常想成为与情境相适宜的人，而外向性自我意识则不是动机取向的，在外向性自我意识上得分高的人并不一定想成为与情境相适宜的人；他们只是注意到了自己是处于社会情境中。另外一个关键的区别在于高自我监控者喜欢社会交往场合，这让他们有机会展示自己（自己认为的）的行为技巧；但是高外向性自我意识的人却不一定都会四处寻找"作秀"的机会。

---

[2] 人们对自我监控的结构以及施奈德（1974）的自我监控量表提出很多重要的问题。关于这些问题的深入讨论可以参见布里格斯等人（Briggs，Cheek，& Buss，1980）以及甘格斯塔德和斯奈德（Gangestad & Synder，1985）的文章。

表 7.3 外向性自我意识量表

请判断下面描述在多大程度上准确地刻画了您的特征，并在相应的数字上画圈

	0	1	2	3	4
		特别不像		特别像	
1.我关注自己的做事风格。	0	1	2	3	4
2.我关注展示自己的方式。	0	1	2	3	4
3.我能意识到自己看待问题的方式。	0	1	2	3	4
4.我总是担心不能塑造一个好的印象。	0	1	2	3	4
5.我出门前的最后一件事就是照镜子。	0	1	2	3	4
6.我关注别人如何看待我。	0	1	2	3	4
7.我总是能注意到自己的外表	0	1	2	3	4

注：把所有七个项目的得分加起来。分数越高，外向性自我意识就越强。

资料来源：Adapted from Fenigstein，Scheier，& Buss，1975，*Journal of Cousulting and Clinical Psychology*，43，522-528. Copyright 1975. Adapted by permission of the American Psychological Association.

塑造期望的印象

人们想要塑造什么样的印象

人们所试图在他人心目中创造的印象不计其数。同时，这些印象可以分为少数几个类别。琼斯（Jones，1990；Jones & Pittman，1982）区分了五种常见的自我展示策略（见表7.4）。

逢迎讨好

逢迎讨好（ingratiation）可以说是最常见的印象管理策略之一。讨好的目的是为了让别人喜欢你。既然我们更喜欢那些赞同我们、说我们好话、支持我们、拥有积极的人际品质（如热情友好）的人，那么通过效仿、恭维、支持别人和

表 7.4 五种常见的自我展示策略

自我展示策略	印象寻求	代表性行为	带来的危害
逢迎讨好	可爱	赞扬，支持	不真实、欺骗
自我提升	有能力	吹嘘，炫耀	自以为是、欺骗
威胁	强大，无情	威胁	被骂、无效
榜样化	有良知和道德	自我否认，牺牲	伪善、假装神圣
哀求	无助	贬低自己	操纵性的、苛求的

表现积极的个体品质能够来讨好别人就不足为奇了（Jones，1990）。

但逢迎讨好过度也会适得其反。如果你的听众知道你在操纵他们，他们就不相信你并且会讨厌你。这个问题非常严重。人们希望自己是受欢迎的并且别人也喜爱他。因此，他们不愿相信别人表现出来的崇拜和友爱是虚假的，或者有不可告人的原因，即使这种目的对明眼人来说是显而易见的（Jones & Wartman，1973）。正是如此，讨好（只需要稍微狡猾一点）通常都是非常成功的自我展示策略。

自我提升

自我提升（self-promotion）是另一个常见的自我展示策略。在这里，我们是为了让别人相信我们的能力。自我提升与逢迎讨好不同。采用逢迎讨好的方法，我们是为了让别人喜欢自己。采用自我提升，是想要让别人认为我们是有能力的、聪明的和有天赋的。

很多情况下，如果别人认为你既友好又有能力是非常有益的。比如，在学术界，能够获得工作的经常是那些被认为是高度胜任又与人相处愉快的人。不幸的是，要同时展现出两种品质却是非常困难的。比如，谦虚是逢迎讨好的有效方式，但却不会给人能力强的印象。相反，自吹自擂可以让别人认为你是有能力的，但却不会让别人喜欢你。正是如此，人们经常混合使用两种策略，并寻求两者之间的平衡点。很多吹牛大师好像并不明白这个道理，或者他们希望牺牲喜好度，以换取被认为是有能力的感觉。

威　胁

讨好和自我提升是两种最常见的自我展示策略，但也有其他的方式。有时候人们希望别人怕他，这就是威胁（intimidation）。比如，老板希望自己是强硬的、有力量和无情的。这可以提高员工的生产力，并降低他们对提薪和增加其他福利的要求。白宫前助理约翰·苏努努（John Sununu）曾经说道，只要能被人尊重和敬畏，他不会在乎别人是否喜欢他。

榜样化

自我展示的另一种形式是榜样化（exemplification）。通过榜样化，人们试图塑造出品德高尚、有良知和正义感的形象。通过夸大自己在别人手中所遭遇的悲惨待遇，或者承受的苦难，榜样的形象就更加栩栩如生。

哀　求

自我展示的最后一种形式是哀求（supplication）。哀求通常发生在人们公开夸大他们的软弱和缺陷的时候。比如，在早些时候，人们通常希望女人表现出柔弱无助（而不是有能力）的样子，并以此来吸引男性。男人当然也会这样做，但通常是声称自己不知道如何使用洗碗机或者洗衣机的时候。一般情况下，人们有时会夸大他们的无知和脆弱，如果这样做可以得到他们想要的东西。在一些极端情况下，这种倾向会造成抑郁和其他心理困难（Gove，Hughes，& Geerken，1980；Leary & Miller，1986）。

期望的形象具有哪些特征

不管人们想要传递什么样的印象，只有别人接受这些印象才会有效。舒伦克尔（Schlenker，1985；Schlenker & Weigold，1989）提出成功的自我展示行为总是包含两个此消彼长的因素：（1）收益（尽可能呈现你最好的形象）；（2）可信度（确保你展示的形象是可信的）。回到前面的一个例子，每个求职者都想让别人认为自己能力强又勤奋。但是如果他们太离谱，把自己描绘得像超人一样，这就会遭到别人的怀疑，结果适得其反。

可验证性的作用

有好几个因素可以影响到自我展示的可信度（Schlenker，1980，1985；Schlenker & Weigold，1989）。这些因素包括自我展示者的行动能力（水平越高的演员越能夸大），领域的模糊性（越模糊的行业，人就也越能吹嘘）。另外一个因素是可验证性。可验证性是指他们说的话是否可以找到相关事实来检验。如果没有人向你挑战，你就可以吹自己是个下棋高手；如果身边正好有个棋盘，正好也有人想检验你的话，情况就大一样了。一般而言，当听众可以检验你所说的话的时候，你的自我展示就必须更真实。

舒伦克尔（Schlenker，1975）验证了这个假设。在这个研究中，研究者首先引导被试，让他们觉得自己可能在即将到来的一个测试中做得很好或者很差。同时，他们有机会向别人推销自己，其中有一半的人无法知道他们将会做得怎样，而另一半人则可以知道。

图 7.1 呈现了实验的部分结果。图中显示：只有在被试认为自己可能会做得很差，同时观众也可以知道他的表现的情况下，被试才不会用非常积极的术语描述自己（例如：自己有很强的能力完成这个任务）。而当被试知道观众无法了解他们会做得如何的情况下，他们会公开宣称自己很有能力，即使内心也在怀疑自己是否真的拥有那么高的能力。

观众对这些声明的反应

在舒伦克尔（1975）的研究中，假设被试当众表演时他们会调整他们的声明，因为他们害怕如果事实证明他们所说的话只是空洞的谎言，人们会鄙视他

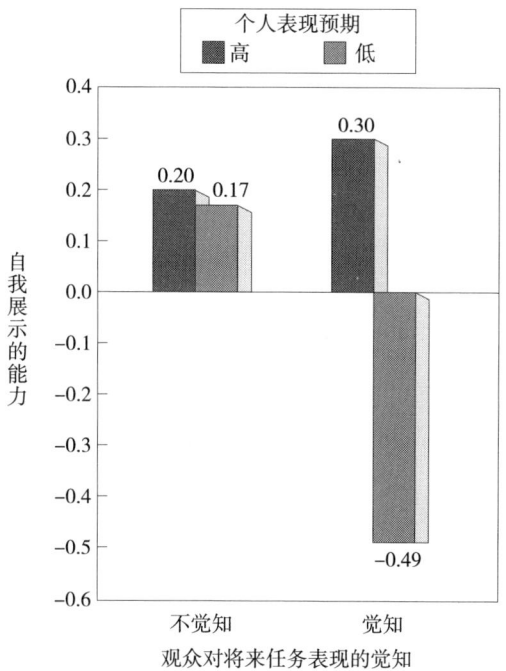

图 7.1 个人表现预期以及可验证性对个人在将来任务中的表现的声明的影响。数据表明只有在他们认为自己会做得差,同时认为观众会知道自己的表现的时候,他们才不会声称自己非常胜任。

资料来源:Adapted from Schlenker, 1975, *Journal of Personality and Social Psychology*, 32, 1030-1037. Copyright 1975. Adapted by permission of The American Psychological Association.

们。舒伦克尔和利里(1975)做了一个后续的研究来检验这样的模式是否真的会招致谴责。在一组情境中,他们告诉被试那些学生所说的话与他们的实际能力吻合/或不吻合(如学生们都说自己做得很好,但有的是这样,有的却不是这样);在另一组情境下,他们不给被试任何消息(如学生们说自己做得很好,但被试却不知道实际上真的做得好还是不好)。

图 7.2 的上半部分显示出在不同条件下,被试对学生的评价(是否喜欢)。可以看到,被试通常会喜欢言行一致的学生;所言与所行吻合的人通常会得到

更积极的评价，而不吻合的人却相反。被试特别不喜欢那些说自己能力高却无法做到的学生。

但是如果是评价胜任力，情况则不完全一样（参见图 7.2 的下半部分）。言语在这里几乎没有什么效果。事实上，做得好的学生会被认为比做得差的学生更胜任工作，而不管学生说自己好还是差，结果几乎都是一样。

但是这个结论还有一个有趣的特点。大家可以注意到在被试不知情的情况下，他们会认为那些说自己能力强的人比说自己能力一般或者低下的人更胜任。很明显，在没有任何相反信息的情况下，人们会把个人所说的话当成事实：如果你说你能力，那别人就会认为你能力高。仅仅从自我展示的角度来说，这些结果提示如果你能够合理地介绍自己是有能力和胜任的，这对你总有好处。除非观众知道你在故意说假话，即使他们可能会怀疑，但是他们还是会相信你。

自我提升和自我保护

前面的分析都是假设创造积极印象的好处超过了引发负面印象带来的代价。但也有例外的情况。比如，在政治领域，赢得大选的人往往是得到负面评价最低的人，而不是赢得积极评价高的人。这就是为什么政治家往往在很多问题上模棱两可而不愿站在某个立场上。避免疏远一个街区的选民比让他们对你有好印象更为重要。

阿金（Arkin，1981）认为这个方面同样存在个体差异。有的人特别想避免制造消极的公众形象。这样的人在公众场合通常小心、安全行事，表现得中立、谦虚，也不明确表态。这种保护性的自我展示风格很少产生积极的人际反应，但也很少会带来消极的影响。

多种个性品质可能与这种高度关注公众场合的自我保护有关，包括：害羞（Arkin，1987）、低自尊（Baumeister，Tice，& Hutton，1989；Schlenker，Weigold，& Hallam，1990）、抑郁（Hill，Weary，& Williams，1986），以及社会焦虑（Baumgardner & Brownlee，1987）。在很少的情况下，对消极社会评价的恐惧会导致社会隔绝（social isolation），如广场恐怖，或者严重的自我

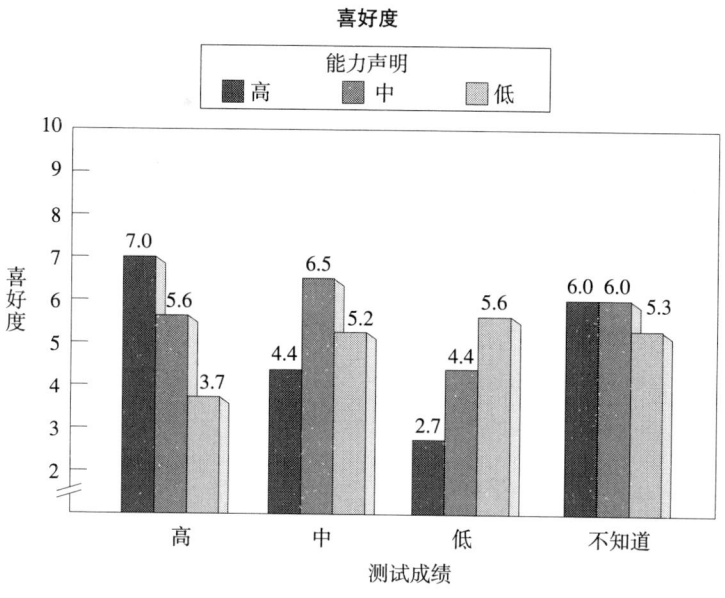

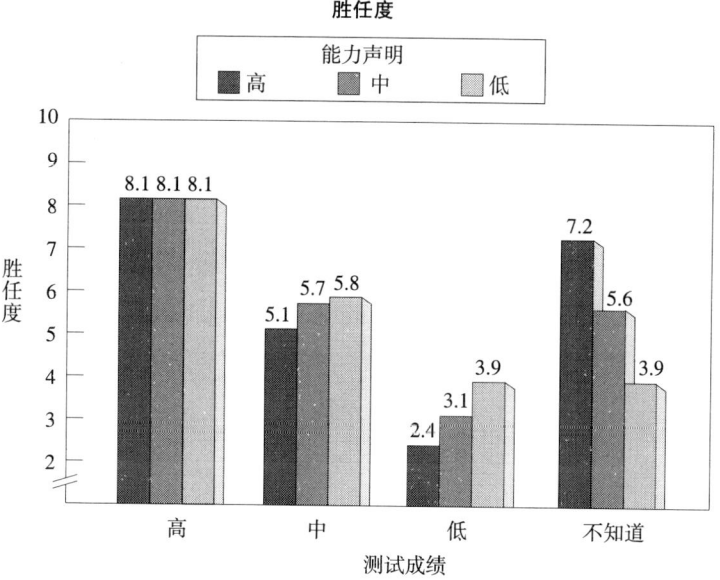

图 7.2 观众对宣称自己能力高、中或低的人的评价。上半部分显示：观众通常喜欢言行一致的人。下半部分显示：如果观众知晓个人作业成绩，就会依据该信息来判断其胜任度；否则就会根据个人自我宣称的信息来判断。

资料来源：Adapted from Schlenker & Leary，1982，*Journal of Experimental Social Psychology*，18，89-104，1982. Adapted by permission of Academic Press，Inc.

挫败（self-defeating）行为模式。身份困境尽管试图避免，但是很多人还是会遇到公众形象受到威胁的情况。有的时候这种威胁是微不足道的——正如法国人所说的尴尬：喝汤弄出了响声，在汽车里唱歌被人碰见，以及其他因为出丑或失言等让自己难堪的情形。（从出现描述这种情况的术语的数量来看，这种情况在法国一定经常发生！）。一般说来，人们只需要很小的努力就可以摆脱这些情形。

而其他情况的身份困境就会产生严重的后果。其中的一种情形就是人们认为他应该对导致某个消极的事件和结果负责（Schlenker，1982；Snyder，1985；Weiner，Amirkhan，Folkes，& Verette，1987）。比如，你可能因为迟到了一个重要的会议而让很多人等很长时间；忘记的你的爱人的生日；或者别人发现你为了不参加某个社会活动而撒了个小谎。

解释说明

人们采用很多机灵的技巧来减轻身份困境带来的负面影响（Schlenker，1980，1982；Scott & Lyman，1960）。表 7.5 列出了在我们家经常发生的一件事上（如一个孩子告另一个兄弟打他）可以使用的五种策略。

人们经常使用的第一类应对身份威胁的防御措施是宣称自己的清白。这种

表 7.5　五类解释类型

在这个例子中，孩子说他的兄弟打了他，父母正在想法弄清楚真相		
肇事者的解释	内在目的	举　例
宣称无辜	拒不承担责任	我没有打他，他去拿遥控器的时候摔破了脸。
重新解释	改变事件的意义	我没有打他。我只是拍拍他的脸，因为他是好兄弟。
合法化	让行为合法	对，我打了他；但是他先打我。
找借口	寻找借口，降低故意程度	是的，我打了他，但只是不小心。我本来想打苍蝇，但不小心碰了他的脸。
道歉	承担责任，并寻求谅解	对，我打了他。对不起，我再不会这样做了。

情况下，人们会声称自己与此事完全无关，以此否认自己应该对此事负责。如果这招不灵，他们会重新从积极的角度来解释这个事情。这是政治家常用的伎俩，他们会习惯性地为一个看似消极的事件赋予积极的解释。（"是的，我们第三个才到，但这对我们来说已经是一个胜利；我们过度地消耗了体力，本只想得第五个。因此，实际上我们赢了"）

在后面两个解释中（合法化和找借口），人们承认自己应该对该消极事件负责，但是他们试图改变观众对事件发生情形的知觉，以此逃避惩罚。通过合法化的策略，人们试图说明自己的行为是有正当理由的，并使之合法。使用找借口的策略，人们试图说明行为是偶然的、无意的，从而使之合理。但是当所有这些策略最终都失败时，他会承担所有责任，并道歉，并以此赢得判决者的同情。

前参议员鲍勃·帕克伍德的传奇故事就是现实世界中如何使用这些策略的一个生动的例子。很多妇女控告他多年来对她们提出非自愿的性要求。最初，帕克伍德否认了这些事件的发生（或者至少不记得发生过这些事情）。然后，他试图重新解释这个事件："这并不是色情的性要求"，他争辩到："它只是友好的亲吻，与两个男人握手一样"。直到后来发现这并不是柏拉图式的接吻，帕克伍德就试图让自己的行为合法化。"我是来自不同的一代"，他说："人们希望这一代的男人更有男子气，并把我们强加在女人身上。"当这些解释无法平息公众的不满时，帕克伍德就开始为自己的行为寻找借口，并声称自己是个酒鬼，无法对自己的行为负责。最后，为了最后挽救自己的事业，帕克伍德承担了责任并向所有他"可能侵犯"的女人道歉。可惜的是，即使是这个（迟来的）道歉也没有平息公众对他的批评，最终帕克伍德被迫不光彩地辞出了美国参议院的职务（但不必为他感到遗憾，他现在是一个收入很高的说客，继续在他曾经走过的参议院权力走廊里发挥影响）。

预先找借口

在前面讨论的例子中，都是在被质疑的行为发生后才进行解释。但人们也经常事先就找好借口("我可能会伤害你,我不太擅长做这类事情")。有的时候这类借口会告诉人们我们拥有一些可能有损行为表现的品质。比如,让我们来看看鲍姆加德纳等人(Baumgardner, Lake, & Arkin, 1985)的一个研究。研究者首先引导实验参与者认为自己会在接下来的记忆测验中表现很差。然后,进一步告知其中的一半(实验组)被试不好的情绪会影响作业的成绩;另一半(控制组)被试则没有得到任何情绪会影响记忆的信息。所有的被试都在测验前报告自己的情绪状况。结果发现,实验组的被试比控制组的被试报告出的情绪更消极。可能原因是,公开宣称自己情绪差可以提前为后面记忆测验的糟糕成绩找一个借口。

斯奈德和史密斯(1982)认为很多临床的表现,如抑郁、药物滥用和焦虑等会产生类似的作用(也可以参见:Hill, Weary, & Williams, 1986)。史密斯等人(1983)的一个研究证实了这个效应。研究者假设疑病症患者(因过分关心自己的健康而引起的病态的过虑)会通过报告身体疾病和症状来抢先找借口。为了验证这个假设,他们首先引导被试相信坏的身体条件能够(或者不能)导致差的测查成绩。然后所有的参与者都填写一个测量他们身体情况的问卷。结果发现,只有当参与者相信差的身体可以作为成绩差的理由时,疑病症患者才会比非疑病症患者更多抱怨自己的身体状况。这个结果,以及其他类似的结果(如 Smith, Snyder, & Handelsman, 1982; Snyder, Smith, Augelli, & Ingram, 1985)表明,有的人会利用慢性症状为借口,以避免对能够预期到的消极表现和结果承担责任。

自我妨碍行为

在有的情况下,人们可能做得更过分,以至于主动创造一些失败的借口。这就是自我妨碍行为(self-handicapping behavior)(Berglas & Jones, 1978; Jones & Berglas, 1978)。正如第 3 章讨论的那样,自我妨碍行为是指为自己的成功设置障碍的行为。比如,设想一个运动员在大赛前却不好好准备。缺乏准备,当然不太可能成功,但它也为个人的失败准备好了理由。

自我妨碍行为早期被认为是个人现象，而与社会情境无关（Berglas & Jones, 1978; Jones & Berglas, 1978）。最近的研究却表明自我妨碍行为最可能在公开表演的情境下发生（Arkins & Baumgardner, 1985）。比如，科尔蒂兹和阿金斯（Kolditz & Arkins, 1982）发现：只有当参与者知道自己的行为会被别人知道的情况下，他们才主动为即将到来的任务设置障碍。

作为一种自我展示策略，自我妨碍是一把双刃剑。一方面，为成功设置障碍可以使得在你失败的时候，人们不太会怀疑你的能力问题；但另一反面，人们也不喜欢那些通过自己设置障碍而阻碍自己潜能充分发挥的人（Luginbuhl & Palmer, 1991; Rhodewalt, Sanbonmatsu, Tschanz, Feick, & Waller, 1995; Weiner, 1993）。正因为如此，当众进行自我妨碍可能是印象管理策略中的最后一招，它只在成功的可能非常小，同时被人认为能力差比不被人喜欢所带来的负面影响更大的时候才使用。

身份修补策略

主动修补受损的公众形象是应付身份困境的最后一个方法。鲍迈斯特和琼斯（Baumeister & Jones, 1978）的研究证实了这个效应。在这个研究中，告诉被试有人对他们的某些个体品质有不好的印象（如其他人通过被试先前填写的人格调查问卷得知他不太敏感或者不太成熟）。然后，参与者有机会填写一个会给别人看的问卷。问卷中的一些题目是他们提到的，而其他项目是新的。鲍迈斯特和琼斯发现：被试会提高在无关项目的得分来弥补先前的不好影响。比如，如果别人认为参与者是不敏感的，她会把自己描述成非常成熟；如果别人认为她不成熟，她就会把自己描述成非常敏感的。通过这种方式，参与者希望能够重新建立一个受人喜欢的公众形象，同时也避免和别人已有的信息发生冲突（也可以参见：Baumeister, 1982a）。

另一个修补消极公众形象的方式是指出一些特殊的人或者榜样和你有共同的特点。比如，我可以告诉你我曾经和鲍勃·迪伦（Bob Dylan）的母亲共进晚餐（现在，你是否觉得印象深刻？！）。恰尔蒂尼和他的同事（Cialdini &

DeNicholas，1989；Cialdini & Richardson，1980；Cialdini et al., 1976) 称这个策略为沐浴在他人的光辉下（basking reflected glory）。在最早证明这个倾向的研究中，恰尔蒂尼等人（1976）发现，当学生们在讨论足球比赛时，如果他们的球队赢了，他们更倾向于用"我们"这个词（我们赢了）；而当球队输了的时候，他们则说"他们输了"。而且，当学生们刚刚经历了一场公开的失败时，这种倾向更为明显，提示这代表了一种恢复积极的社会身份的愿望。

自我展示和内向性自我概念

到目前为止，我们仅仅关注了自我展示行为的公共性的一面。但是，自我展示行为同样有非常个人化的一面。特别突出的是，个人对自己的想法会影响到他们怎么展示自己。比如：如果一个人认为自己是一个品酒师的话，他就会更倾向于用自己对上等波尔多的知识给别人深刻印象。虽然理论家们对这种关系的强度问题存在争议，但是没有人会否认人们对自己的想法是决定他们试图创造的公众印象的一个因素。

更有意思的也许是公众行为影响个体的自我概念的方式。人们是自己行为的观众。正如我们的行为会说服别人我们拥有特定的品质和态度，同样，这也会说服我们自己。有来自不同方面的研究证据支持这个说法。

角色内化

每个人都随时随地、或多或少地、有意识地扮演某个角色……在这些角色中，我们彼此相识；在这些角色中，我们认识了自己。（Park, 1926, p.137）我们都在社会生活中扮演很多角色。我们是孩子、兄弟姐妹和父母；我们也是学生、朋友和雇员，等等。这些角色突出地描绘出人们看待自己的方式。当被要求描述自己的时候，人们通常依据他们所扮演的社会角色来进行回答。比如，我是一名教授、一位父亲和一个丈夫。

然而，按照社会角色来界定自我的倾向并不是连接自我角色和自我概念的惟一纽带。我们扮演的每个角色都承载着一系列期望的行为（如法官需要维护法律），同时也承载着对个人特征的假设（如人们认为消防员是勇敢的）。这里我们非常关注这些个性品质。在角色扮演的过程中，人们经常把这些与角色相关的个性品质内化。他们逐渐认为自己拥有他们所扮演的角色所具有的品质（McCall & Simmons, 1966; Sarbin & Allen, 1968; Stryker & Statham, 1985）。

角色内化的产生有多种原因。根据反射性评价过程（reflected appraisal process，参见第3章），社会交往对自我概念的发展至关重要。人们在（他们知觉到的）他人反应的基础上形成对自己的看法。不需要多久，那些经常看到被自己逮捕的人的眼中流露出来的恐惧的警察就会认为自己强大有力。自我知觉过程（Bem, 1972）也在此发生。人们通常是自己行为的被动观察者。经常帮助那些在困难中挣扎的学生完成家庭作业的老师就可能自然地推断自己善解人意，并乐于助人。

当然，人们会转向那些允许他们表达自己知觉到的品质的角色。因此联结自我概念和角色的道路就具有两个走向。但有的情况下，人们的自我观点在最初的时候会与他们选择的角色不符。试想一个认为自己非常害羞和自我封闭的人被提升为经理时，她的自我观念发生怎样的改变？很多情况下，她会逐渐采用和这个新头衔相符合的态度和信念。她逐渐认为自己是强硬和苛刻的——因为她认为别人会这样看她（反射性评估），因为这是她行为的方式（自我知觉），或者因为不这样做会在她的行为和自我信念之间造成心理冲突（psychological inconsistency）或者认知失调（cognitive dissonance）。

总之，进入新的社会角色的人通常认为自己拥有这个角色所需要的品质。实际上，通过扮演这个角色，他们变成了其中的一部分。但是，这并不意味着个体是消极地接受社会角色所加上的标签。虽然对某些角色的期望是严格和不可妥协的，但很多还是温顺的，并有重新解释的余地。这就容许个人将自己独特的特点带入到所扮演角色中。在剧院里同样也是这样。所有扮演哈姆雷特的演员都必须背诵他著名的"生存和死亡"的独白，但是允许每个演员都突出这个角色的某个方面。更一般地说，人们创造了所扮演的角色，同时也被角色所创造（Backman & Secord, 1968; Stryker & Statham, 1985）。这就是为什么我们对角色的期望会随着时间而改变。对于每个新的角色拥有者来说，这个角色已经经过了改变（虽然角色的核心期望会保持相对的稳定）。

自我展示的延续效应

公众行为会改变个体自我概念的进一步证据来自于对自我展示的延续效应的实验研究。在这些研究中，研究者要求参与者以特定方式向观众展示自己。比如，要求一些被试让面试者相信自己是外向和社会性的；而要求另一些人要让面试者相信他们是内向和保守的。在这之后，在一项看似无关的调查中，参与者要在这些维度上对自己进行评价。一个典型的发现是：自我展示行为会影响后续的自我概念。那些在自我展示行为中表现出外向和社交性的人在随后的评价中会比那些展示为害羞和不爱交际的人更认为自己是社会性的（Fazio, Effrein, & Falender, 1981; Jones, Rhodewalt, Berglas, & Skelton, 1981; Rhodewalt & Agustsdottir, 1986; Schlenker, Dlugolecki, & Doherty, 1994; Tice, 1992）。

理论解释

在产生这种延续效应的原因上，至少可以区分出两种解释。一种可能是，我们称之为认知通达性（cognitive accessibility）模型，该模型把这种效应上溯到个体内心的过程。根据这个解释，以某个特定的方式向别人展示自己（如社会性的）激活或者通达了与这个展示相吻合的特定行为和观念（如我们表现出社会性的时候）。但随后问他们是否拥有某个特点的时候，最近发生的事情具有更高的通达性，从而导致他们相信自己是那样的。需要注意，这个解释在很大程度上将个体的公众行为看成是延续效应的一个伴随现象。这个效应更多反映了认知的通达性，这只是一个个人的、人际内的过程，而不是一个公共的、人际间的过程。可以预期，回顾自己过去的行为也可以产生类似的效应。

另外一个解释，我们称为反射性评价模型，则认为公众行为是延续效应产生的关键所在。这个解释建立的理论基础是人们对自己的观念是经过社会生活的考验铸造而成的。也就是说，我们通过想象自己在别人眼中的形象来逐步认识自己。根据这个观点，公众行为会比私下的行为产生更强的后果。公开在别人面前展示自己，并且通过别人的眼睛看自己，这同个人的私下行为相比，会对我们看待自己的方式产生更大影响。

实验发现

在检验两个假设的研究中，泰斯（Tice，1992，研究2）让参加者把自己描述为外向的或者内向的。一半的被试在一对一面试的情况下公开展示这些行为；另一半的被试通过单独在房间里匿名完成问卷这种方式私下展示这种行为。通达性模型预测在两种条件下都会产生延续效应，而反射性评价模型则预测在公开行为条件下，延续效应会特别强。

图7.3呈现了研究的结果。可以看到公开展示行为的参与者会比在私自匿名填写问卷的被试表现出更强的延续效应，这支持了反射性评价模型（也可以参见Schlenker, Dlugolecki, & Doherty, 1994）。这个结果提示要改变个人的自我概念，公开行为的更有独特的潜力。或许这就是很多自我帮助治疗（如匿名酒鬼）会在群体条件下进行的一个原因，在这种环境中，会要求人们坚持并公开进行一段时间的行为。

但这并不意味着公开行为可以剧烈改变人们看待自己的方式。那些认为自己喜欢社会交往的人并不会因为自己的一次笨拙行为就会变成墙头花（舞会中因无舞伴而在一旁或坐或站者，尤指女子）。实际上，人们的自我知觉只会往所展示的行为的方面挪动一点点。而且，为了更有效，个体所展示的行为必须至少在一定程度上与人们已经看待自己的方式一致。最后，你对自己要坚持什么特质越肯定，你的自我概念就越不可能被公开的行为改变（Rhodewalt & Augstsdottir, 1986；Schlenker & Trudeau, 1990）。

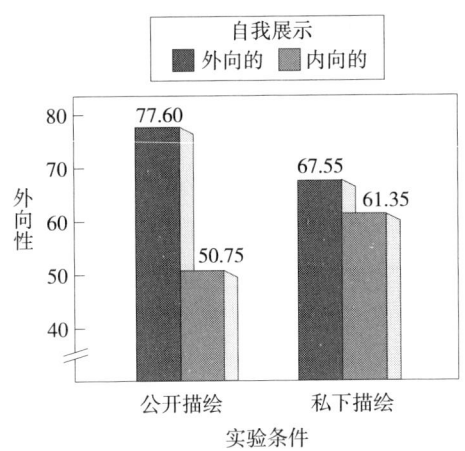

图 7.3 在公开或者私下的场合中展示自己是外向或者内向后,个体对自己的外向性的评价。数据表明:公开进行自我展示会比私下进行自我展示产生出更强的延续效应。

资料来源:Adapted from Tice, 1992, *Journal of Personality and Social Psychology*, 63, 435-451. Copyright 1992. Adapted by permission of The American Psychological Association.

符号自我完成理论

　　公众行为与内向性自我概念的联系也是威克伦德和戈尔维泽(Gollwitzer, 1982)的符号自我完成理论(symbolic self-completion theory)的核心。在具体讨论这个理论之前,我们首先回顾一下本章先前阐述的一个观点。当讨论自我展示行为的各种功能时,我们注意到人们有时候进行自我展示是为了私下地塑造自己的身份(Schlenker, 1980)。我们将这种行为看成某种形式的自我建构(Baumeister, 1982b)。在自我建构中,人们把观众当成实现目标的一个手段。他们想努力说服别人自己拥有何种品质,其原因在于这样做有助于更好地说服自己。

身份的社会确认

符号自我完成理论就是建立在自我展示的这个功能之上。该理论假设很多重要的身份都需要社会确认。在人们能够尽情声称自己拥有某个品质（或者根据该理论的术语，体验到自我完成感）之前，其他人必须认识到并且承认他们这样说是正确的。比如，考虑一下这点对一个医生来说意味着什么。要想成为一名真正意义上的医生，需要别人认同你的专长，并向你咨询有关健康的问题。否则，你这个医生就徒有虚名。这种类型的社会确认对于我们所扮演的各种社会角色都非常必要，同时对很多个人身份也很重要。如果没有人想和他在一起，他也很难认为自己是一个受欢迎的人。

由于很多身份都需要社会确认，人们因此会主动尝试说服别人他们是有权这样说的。根据符号自我完成理论，他们所采用的一种方式就是展示社会界定的、与角色有关的符号行为（符号自我完成由此得名）。在医生这个例子中，需要穿白大褂，佩带听诊器，用潦草的笔迹开药方。当其他人认识到这一点，这种与身份相关的符号行为就给人一种自我完成感。他们给别人这样一种感觉，也就是他们真正拥有某个身份或者特征。

戈尔维泽（1986）检验了这样一个假设，也就是如果这些符号化的行为能够被别人注意或者认识，那么它们就能够更有效的给人一种自我完成感。他们给医学院的学生很多医生常见的问题，并要求他们给出解决的方法（如遇到不按照你的药方服药的糖尿病人该怎么办？）。总共有45个这样的问题，学生可以想回答多少就回答多少。在学生开始回答这些问题后不久，一个实验的助手出现了。在社会认知情境下，这个助手读完学生们的回答并说他们是医生。在控制组的情境下，助手并没有看他们的回答，也不说他们是医生。结果发现社会情境组的学生回答问题的数量比控制组要少。可以推断，发生这种情况是因为被人称为医生给这些医科学生一种自我完成感。

寻求符号自我完成

符号自我完成理论同时还做了另外一个有趣的预测。由于自我完成更容易在自我符号化的努力被他人所认识的情况下发生，人们想要得到某种身份的时候就非常想为自己的符号化行为找到一个观众。根据这个理论，即使这样做并不是一个有效的自我展示策略的情况下，这种现象也可能发生。你可能在与别人在宴会上聊天的时候遇到过这样的情形。这个人好像不断地想要说服你他拥有某种特征（如有钱、有学问、时髦、擅长运动等），即使这样做会给你不好的印象。根据符号自我完成理论，发生这种情况是因为在此时，讨人喜欢已经不是他的目的了。相反，他是在为自己渴望的身份寻求社会证实，并在自我中心的方式下通过寻找一个听众来达此目的，而不管这样做的社会代价是什么。

> 进行自我符号化的个体一点不会在意听众是谁，他们也并不在意是否能和听众形成有意义的互动。相反，（他们）认为听众只不过是他们实现身份相关目标过程中的一个目击者。（Gollwitzer，1986，p.149）
>
> （他们）只关注向他人证明自己拥有某个希望的身份，而不顾别人的愿望、需求和潜在的反应。（Gollwitzer，1986，p.154）

戈尔维泽（1986）报告了和这个问题有关的一项研究。实验参与者是要获得各种身份的学生（如数学家，生物学家）。在实验的第一个部分，研究者引导一部分学生关注那些暗示他们不适合干这个职业的经历，而引导另一部分学生关注暗示他们适合干这个职业的经历。这样做是为了在两个组中唤起不同的自我完成的动机。在负反馈的一组，自我完成的需求就很高；而在正反馈组，这个需求就低。

在实验的第二部分，研究者告诉被试他们要和另外一个人交谈并相互认识，谈话的主题可以是随意的。但所选的这个人已经通过填问卷表明了自己所喜欢的话题。问卷结果表明他们其实对被试的专业非常不感兴趣。（如如果被试是生物专业的，那另外一个人则表示自己对讨论生物问题完全不感兴趣）。最后，被试说出他们希望谈哪个方面的问题。结果发现，那些被负反馈激发出自我完成的需求的被试更想讨论与他们的专业相关的话题，即使这样做可能会给他人带来不好的影响。对这个结果的一个解释就是，在这种情形下，自我完成的需求比社会称赞的需求更强烈。[3]

自我展示与社会行为

本章的核心问题——人们主动监控和管理自己的公众身份——与我们理解很多社会行为都有关，它同时在心理学研究中也有广泛的应用。很多心理学研究都发生在社会情境下。实验者和参与者经常出现在这种的情境中，被试在多数情况下都知道自己的反应会被他人知道。实验情境的公开性就会导致这样的可能性，被试的行为可能会被有意（或者无意识）地想要管理自己的社会身份的愿望所驱动，而不是被自发的，或者私密的心理过程所驱动。

虽然人们知道这个问题已经有一段时间了（如参见 Crowne & Marlowe, 1964; Edwards, 1957; Erdelyi, 1974），但对这个问题的兴趣在20世纪70年代才兴起。那时，通过社会展示行为对很多早期依据内部心理过程的术语来理解的社会心理学现象进行了重新解释（Alexander & Knight, 1971）。特德斯基等人（Tedeschi, Schlenker, & Bonoma, 1971）的文章从这个角度进行了阐述。这些理论家对认知失调理论（cognitive dissonance effects）的本质非常感兴趣（参见第3章）。大量的研究发现当参与者按照与他们的价值观和信念相矛盾的方式行事时，他们会改变自己的态度。根据认知失调理论，发生这个现

---

[3] 符号自我完成理论与斯旺的自我验证理论（self-verification theory）具有某些相似的地方。正如前面所说（如第3章），自我验证理论假设人们寻求自我概念的社会确认，并努力让别人以自己的方式看待他/她。符号自我完成理论和斯旺的自我验证理论的主要差别围绕在个体是否想要得到这个身份。斯旺认为人们想要证实他们希望或者不希望的身份，而符号自我完成理论认为人们只是为自己想要的身份寻求社会证实。

象的原因在于人们发现了他们的信念和行为是相反的（Festinger,1957）。因此，他们通过改变自己的态度来降低内心的焦虑状态。

特德斯基等人（1971）则提供了一个不同的解释（也可以参见，Schlenker, 1982）。与认为态度改变归根于内部的不一致相反，这些理论家认为人们公开改变自己的态度是为了不让别人觉得自己是个伪君子。这个看法把重心从内心无法承受心理不一致转移到关注保持积极的社会身份。鲍迈斯特（1982b）接下来用一种相似的方法分析了不同类型的社会行为，包括依从、帮助、攻击和社会促进效应。在各种情况下，研究者使用了创造、保持和重建积极的公众形象来解释这些效应，而以前这些效应则被归因为更个人的、内部的过程。

社会展示与社会增强

社会增强偏差则是另一个依据自我展示的术语来重新解释的话题（Tetlock & Manstead, 1985）。正如本书一直提到的一样（特别参见第3章），人们总是用更积极的术语来评价自己（Taylor & Brown, 1988）。比如，如果你问别人"你有多友好、多有思想、多聪明和多吸引人？"大多数人会告诉你他们比其他多数人都更友好、更有思想、更聪明和更吸引人。人们通常更多认为成功是自己的原因，而不愿为失败承担责任，这个现象就是归因中自我服务偏差（self-serving bias）。

最初，人们认为这些偏差来源于想要对自己感觉良好（我们称为自我增强动机）。在20世纪70年代中期，一些强调认知过程的解释开始出现（参见第5章）。在70年代后期，自我展示逐渐用来解释这些效应。

沃瑞·布拉德利（Weary Bradley, 1978）是最先提出这种观点的心理学家之一。沃瑞·布拉德利认为绝大多数研究都要求参与者取得成功而不是失败，他们的表现和归因也会被别人知道。这就导致了这样的可能，即参与者仅仅从自我展示的目的出发，他们尝试着向实验者证明他们的胜任力，从而感觉自己有更多的责任成功，而不能失败。

尽管这看起来很有道理，但检验这种说法的研究并没有发现公众场合下的归因比私下场合更具有自我服务的特点。事实上，真理却与之相反，即自我服务的归因在私下场合比公众场合更多（Greenberg, Pyszczynski, & Solomon, 1982; Smith & Whitehead, 1988; Weary, Harvey, Schweiger, Olsen, Perloff, & Pritchard, 1982）。这种情况也发生在其他自我服务的偏差中，包括更积极地评价自己而不是别人的倾向（Brown & Gallagher, 1992），以及更希望寻求与自己有关的积极信息的倾向（Brown, 1990）。

还有一些相关的工作（Riess, Rosenfeld, Melburg, & Tedeschi, 1981; Greenwald & Breckler, 1985），都一致发现自我服务偏差的观点只不过反映了人在公众环境下的一种姿态。人们相信他们因为自我服务而提出的要求。但同时，他们也并不明显地拥有他们想创造的印象。这是因为他们会调整他们的公开申明，同时这种修改是沿着更谦虚的方向，而不是在朝着更夸大的方向。

弗雷（Frey, 1978）的一个研究考察了这些效应的本质。参与者在一个所谓的智力测验中部分经历了成功，部分却体验了失败。同时，一半的参与者相信实验人员会知道他们的表现（公开表现组）；另一半相信实验人员不会知道他们的表现（私下表现组）。参与者然后在公开条件下（他们认为实验者会看到他们的反应）或者在私下（他们认为实验者不会看到他们的反应）评价测验的有效性。通过这种方式，弗雷独立地操纵了这样两个变量：（1）参与者的表现是公开的，还是私下的；（2）他们对测验有效性的评价是公开的，还是私下的。

研究结果如图 7.4 所示。左图右边一列揭示了这种自我服务的偏差。在公开完成任务但进行私下评价的情况下，在测验中失败的人会更加藐视测验的有效性。这种情况对应于别人知道你考得怎样但你私下对此进行解释。在这样的条件下，人们的判断更多是自我服务的（也可以参见，Greenberg & Pyszczynski, 1985）。

图 7.4 显示的模式与本章综述的很多证据非常吻合。这再次表明公众行为比私下行为更具有强制性。在他们自己的房屋和头脑里，人们可以自由地尝试各种行为、观点和想法，而很少考虑后果。但在公众条件下却很少这样。当我们公开发表一种观点或者按照某种方式行事，我们被期望成为我们所宣称的那

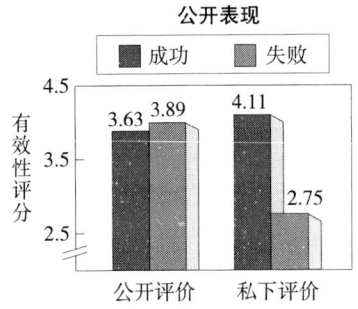 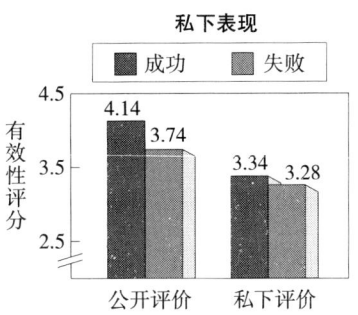

图 7.4 在公开表现情境(左图)和私下表现情境(右图)下评价测试的有效性。这个结果表明当表现是公开的,而评价是私下的情况下,自我服务的倾向就会导致明显地贬损测验的有效性(见左图的右边一列)。

资料来源:Adapted from Frey,1978,*Journal of Experimental Social Psychology*,14,172-179. Copyright 1978. Adapted by permission of The American Psychological Association.

种人(Goffman,1959);同时,当我们向别人展示我们的品质,或者别人知道我们某些方面的表现时,我们从他们的眼中看到了反射回来的自己,这种品质和后果就具有更高的心理真实性。由于这些原因,社会一致和公众确认就约束或者加强了我们的自我观点(Gollwitzer,1986;Hardin & Higgins,1996;Schlenker,1986;Swann,1990)。

真诚、真实与伪装、欺骗

本章要讨论的最后一个话题是人们的自我展示在多大程度上真实地反映了他们对自己的看法。很明显,人们有的时候会不实际地描述自己(有的人会比其他人更经常这样)。但是这种伪装有多普遍?是不是人们在公众场合所戴的面具总是掩盖了他们内心看待自己的方式,抑或伪装和欺骗只是例外而不是一种规则?

特里林(Trilling,1971,cited in Baumeister,1986)发现在 16 世纪,人们对这个问题的兴趣非常强烈。那时,欧洲人对公共行为和私下想法的不一致感到非常困扰。这是马基雅维利和莎士比亚的时代，此时的舞台充斥着怀有各种罪恶念头的演员，但这些念头只为观众知晓而其他演员却浑然不知。

不要相信别人所说的话这一观点流传至今。雅芳小姐的奉承、二手汽车商的欺骗、反面人物和招摇撞骗的艺术家在端庄和真诚的面孔下隐藏了自己的真实意图，而大肆进行欺骗。显然，人并不总是他所看起来的那个样子。

但是否大多数人都会伪装自己，这还是一个问题。在认真考虑这个问题之前，一些理论家（如 Buss & Briggs，1984；Leary，1993；Schlenker，1986；Tesser & Moore，1986）进行了这样的概括，即在人们的日常生活中，他们大多数时候会展示出与自己内心看法一致的公众身份。这样做至少有两个原因。

伪装的风险

可验证性是一个相关的因素。向别人展示一个不真实的形象的个体会冒着被看成骗子或者说谎者的危险，如果他们伪装的企图被揭穿的话。被认为是骗子可不是大家想要的身份。因此，出于这个考虑，人们会按照与他们私下的自我概念一致的方式进行自我展示。

在知道以后会有进一步的接触，或者别人知道你的过去的情况下，这种关注就更加强烈（Schlenker，1980）。这种情况在人们和他们经常待在一起的人之间会普遍存在——我们的朋友、同事和所爱的人。因此，我们的自我展示很多时候都是真实可信的。

对社会确认的渴望

对社会确认的需求是导致公众行为和内心看法一致的另外一个原因。人们通常相信自己是积极的（如他们是聪明的、友好的和慷慨的），同时他们也希望别人也相信他们自己拥有这些品质。他们主动让别人注意到他们的这些（自己认为的）积极品质。由于这两个原因，事实往往就是："在这个世界上，外貌并不是面纱，而是指导我们认识穿戴者真实自我"。

总 结

"整个世界就是一个舞台",莎士比亚告诉我们,"并且所有的男人、女人都只是演员。他们有自己的出场和入场方式。一个人在他的一生中扮演了很多角色。"(只要你喜欢,第二场,第7幕)。确实如此,我们大多数时间都和别人在一起,绝大多数时间我们也就在扮演角色。

本章我们探讨了这些公开展示和个人的自我概念之间的联系。我们首先考虑自我展示的本质——其功能以及人们试图在他人心中塑造印象的方式。我们也提到人们在主动监控和调节自己的公众行为方面存在差异。

我们接下来更进一步考察了人们想要创造的印象的特征。这里我们注意到,为了能够成功,自我展示必须要被别人相信。我们然后讨论了当人们的自我展示行为发生偏差时,他们通常采取的策略。

在本章的第三部分,我们考察了公众行为和他们私下如何看待自己之间的关系。由于多种原因,他们经常按照与他们公开扮演的角色一致的方式看待自己。

最后,我们考察了我们在多大程度上可以用自我展示来解释个体在公众情境下的行为,并且特别关注自我增强偏差以及人们在公众条件下会多真实或虚假。我们注意到人们普遍会相信自己积极的自我展示;同时,在日常生活中,伪装和欺骗只是例外而不是规则。

- 自我展示是任何旨在创造、修改和保持自己在别人心目中的印象的行为。
- 自我展示具有三个重要的功能:(1)它有助于促进社会交往;(2)它使得个体能够得到物质和社会奖赏;(3)它有助于个人建立自己希望的身份。
- 成功的自我展示具有三个成分。首先,个体必须有在他人心目中创造特定印象的动机;其次,他们必须拥有特定的认知能力,以认识到哪些特定的行为会产生那样的印象;最后,他们必须能够(并且愿意)实施那些希望的行为。

- 人们在自我展示的风格上存在差异。高自我监控者喜欢自己在不同的环境中成为不同的人，他们也拥有这样的认知和行为的技能。这让他们能够改变自己的行为，以适应情境的要求。相反，低自我监控者看重他们的行为和内在态度之间的一致性，而不愿改变自己的行为来适应环境的要求。
- 有五种常见的自我展示策略：（1）逢迎讨好（我们努力让别人喜欢自己）；（2）自我提升（我们试图向别人证实自己的能力）；（3）威胁（我们让别人认为自己是强硬无情的）；（4）榜样化（我们旨在创造道义上善良和正直的印象）；（5）哀求（我们想让别人相信自己是脆弱无助的）。
- 成功的自我展示需要在收益（展示在该情境下最有利的形象）和可信度（确保别人会相信你的形象）之间取得平衡。意识到这样一些因素，个体通常调整自己的行为，以与观众的认识和期望一致。
- 可验证性是影响可信度的重要因素。人们越是能够验证自己的行为，他们就越可能以符合事实的方式展示自己。
- 在印象塑造中遭遇失败时，人们会使用不同的策略，包括解释（人们希望重新解释，找借口或者为自己的行为辩护），或者印象修补的策略，比如通过夸大自己在另外一个方面的品质来弥补自己在某个方面的不好印象。
- 人们通常是自己行为的观众。说服别人自己拥有某种品质的过程通常以说服自己为结束。有时这样的过程非常被动（比如当我们扮演的角色影响我们看待自己的方式时），有时也非常主动（我们通过在公共场合以特定的方式行事，以有目的地创造特定的个人身份）。
- 人们总是想让别人相信自己拥有积极的品质。其中大部分的意图真实地反映了个体内心看待自己的方式，而不是欺骗或者误导。

补充读物

Baumeister, R.F. (1986). (Ed.). *Public self and private life*. New York: Springer-Verlag.

Goffman, E. (1959). *The presentation in self in everyday life*. New York: Anchor Books.

Schlenker, B. R. (1980). *Impression management: The self-concept, social identity, and interpersonal relationships*. Monterey, CA: Brooks/Cole.

Schlenker, B. R. (1985). (Ed.). *The self and social life*. New York: McGraw-Hill.

Snyder, M. (1987). *Public appearances/private realities: The psychology off self-monitoring*. New York: W.H.Freeman and Co.

8

自 尊

❖

自尊是现代生活的万能药,它被看成是经济收入、健康和个人实现的钥匙,也被看做是无法成功、犯罪和药物滥用的解毒剂(Branden,1994;Mccca,Smelser,& Vasconcellos,1989)。自尊在学术圈也非常流行。在人格和社会心理学领域,自尊被包含进很多理论模型中,包括依从(Brockner,1984)、吸引(Hatfield,1965)、劝说(Rhodes & Wood,1992)、认知失调(Steele,Spencer,& Lynch,1993)、主观幸福感(Subjective well-being,Diener & Diener,1995),以及社会比较加工(Aspinwall & Taylor,1993;Gibbons & Gerrard,1991;Wood,Giordano-Beech,Taylor,Michela & Gaus,1994),这些只是其中的很小一部分。

自尊这个概念的广泛出现也证明了其重要性,但是这种普遍性却带来了人们所不希望的后果。目前自尊涉及广泛的领域,但是研究却不深入,因而很难知道其究竟是什么。它可以用作预测性变量(有些研究考察高自尊者和低自尊者是否在思维、感受以及行为方式有所不同)、结果变量(有些研究者考察不同经历如何影响个体看待自己的方式)以及中介变量(对高自尊的需求被认为是很多心理活动的动机）。简而言之，自尊变成了一个复杂多变的概念——很容易改变，因而其价值也存在被低估的风险。

本章将评论性地回顾自尊的本质、起源和功能。本章首先考虑自尊的本质。这里我们会问：自尊这个概念究竟有什么含义，高自尊和低自尊究竟有怎样的特点？接下来，将考察自尊的产生问题，在此我们关注的是哪些经验会带来高自尊，哪些会带来低自尊。然后将考察自尊在何时会变得非常重要。这里我们会问，高自尊和低自尊究竟会带来什么样的差异？最后，将探讨在本领域尚未达成共识的一些问题。

本章讨论的一个中心话题将是自尊的本质。一些心理学家（也包括我）采用情感取向来理解自尊的本质。这种取向认为自尊是对自己的一种情感体验，它通过非理性的过程形成（非理性在这里指不依靠逻辑）。其他心理学家则从更认知的角度看待这个问题。他们相信自尊是个体对自己的判断。这种判断主要依据对自己的各种能力和特质的评价。前一种取向把自尊比喻为恋爱的体验（通常都是非理性和没有逻辑的），而后者则把自尊看成人们对自己的价值判断。虽然并不是所有的理论都可以很整齐地划分成这两个阵营，在头脑中记住这种情感—认知的区分将有助于组织下面的材料。

在开始之前还有一句话要说。自尊和很多临床心理现象都有关系（如焦虑、抑郁、饮食障碍和药物滥用）（参见 Robson，1998 的综述）。这些问题的本质将在第 9 章讨论。本章将讨论正常人（也就是非患者）的自尊问题。

什么是自尊

自尊是一种日常用语。从直觉上讲，每个人都知道自尊是什么。因此，如果说心理学界对自尊还缺乏普遍认同的定义，你可能会感到意外。这个问题部分原因在于自尊概念的使用存在三种方式。

自尊的三个含义

整体自尊

很多情况下，自尊这个概念被用来描述个性方面的变量，即人们通常是如何看待自己的。因为其持续时间很长，具有跨时间和情境的一致性，研究者把此类自尊看成是整体自尊或者特质自尊。本书中，我也曾经用自尊这个概念（在没有任何限定的情况下）来描述这个变量。

当前很多人都试图定义自尊这个概念，范围从强调原始的力比多冲动（Kernberg, 1975），到感知到个体是有意义的宇宙中的有价值的一员（Solomon, Greenberg, & Pyszczynski, 1991）。我采用一种更中庸的范式，把自尊定义为对个体情感的感知（Brown, 1993；Brown & Dutton, 1995b）。在正常人群中，高自尊具有这样的特点，即高度喜欢和热爱自己；低自尊的特点则是对自己略微积极地看待自己或者正反感情并存。在一些极端的例子，低自尊的人会怨恨自己，但是这种自我嫌弃只会出现在病态人群，而不会发生在正常人群中（Baumeister, Tice, & Hutton, 1989）。

自我评价

自尊这个术语也指个体评价自己的能力和特性的方式。比如，在学校里，一个对自己能力持怀疑态度的学生就被说成是学业自尊低，认为自己很受欢迎、被很多人喜欢的人则被说成是具有高的社交自尊。按照同样的方式，人们可以说自己具有高的工作自尊或者低的运动自尊。自信和自我效能感等术语也可以用来描述这些信念，很多人因此把自信等同于自尊。我倾向于把这些信念叫成自我评价（self-evaluations）或者自我评估（Self-appraisals），因为它们指人们评估或评价自己的能力以及个性品质的方式。

自尊和自我评价是有关系的——高自尊的人比低自尊的人认为自己有更多的积极品质——但两者并不是同一个东西。在学校里缺乏自信的人同样会非喜欢自己。相反，认为自己很有吸引力并很受欢迎的人对自己的感觉可能却很差。不幸的是，心理学家并不总是做这样的区分，而是经常交替使用这两个概念。

自尊和自我评价的因果关系同样也很不清楚。自尊的认知模型假设一个自下而上的过程（如 Harter, 1986；Marsh, 1990；Pelham & Swann, 1989）。他们假设对自己在某些领域的积极评价引发高自尊。我把这个称为自下而上的过程，是因为它假设整体的自尊是建立在更具体的评价的基础上。自尊的情感模型则假设一个自上而下的过程（Brown, 1993；Brown, Dutton, & Cook, 1997）。这个模型假设因果关系的走向应该从整体自尊到具体的自我评价：整体上更喜欢自己导致人们相信他们拥有很多积极的品质。本章后面将提供一些证据来支持这个观点。

自我价值感

最后，自尊这个概念也用来指更瞬间的情绪状态，特别是那些由有好的或差的结果所引发的情绪。人们说到某个经验会支持自尊或会威胁自尊，指的就是这个意思。比如，当一个人刚刚被大大提升后，他可以说自己的自尊高入云霄；另一个人在离婚后，则可能说自己的自尊非常低。依据威廉·詹姆斯（1890）的理论，我们称这种情绪为自我体验（self-feelings）或者自我价值感（feelings of self-worth）。我们所说的自我价值感的一些例子包括为自己感到骄傲和高兴（积极的一面），或感到谦卑和羞耻（消极的一面）。

因为把情感指向自我，一些研究者（如 Butler, Hokanson, & Flynn, 1994；Leary, Tambor, Terdal, & Downs, 1995）使用状态（state）自尊这个概念来描述自我价值感这种情绪，而使用特质（trait）自尊来描述个体看待自己的整体方式。这两个术语隐含着两个等价的现象，暗示两者惟一的重要区别在于整体自尊是持久的，而自我价值感则是暂时的。

特质—状态假设有很重要的影响。首先，它表明为自己感到自豪类似于拥有高的自尊，而为自己感到羞耻则类似于拥有低的自尊。反过来，这让研究者产生了这样的假设：即通过让被试暂时产生对自己好的或者差的感觉，就可以创造出一种类似于高自尊和低自尊的状态（如 Greenberg et al., 1992；Heatherton & Polivy, 1991；Leary et al., 1995）。实现这个目的典型方式就是给被试施加积极或者消极的与自我相关的反馈（如告诉人们他们某个能力高或者低）。其他一些研究者不赞同这种方法，认为这类操作并不能适当地制造类似于高自尊和低自尊的状态（Brown & Dutton, 1995b；Wells & Marwell, 1976）。

关于自我价值感还有一点要说：本书好几次都说到我们有对自我感觉良好的人类基本需求。心理学将此称为自我增强的动机，这个术语指人们有产生高的自我价值感的动机。人们想以己为荣，而不想以己为耻。他们想努力扩大并保护自己的自我价值感。人们实现这一目的的方式随着时间、文化以及亚文化的差异而改变，但这种需求具有普遍性。普利策奖获得者、人类学家欧内斯特·贝克尔（Ernest Becker）的话可以很好描述这个结论：

> 科学的基本数据乍一看来都是些平庸腐朽、或者无关紧要的事实：这个事实就是——就我们所知——所有的生物体都喜欢自己感觉良好……因此，用最简要和直接的方式，我们得到了人类发展的基本规律……（Becker, 1968, p.328）

有趣的是，在为什么人们会有积极自我价值感的动机这个问题上还没有达成一致。一些人认为这种感觉能让内心满意，正如詹姆斯（1890）所说，"大自然直接而基本的馈赠"（1890, p.306）；其他人（Gergen, 1971；Kaplan, 1975）认为我们喜欢积极的自我价值感只是因为这些感觉总伴随着积极的结果，比如被别人表扬和取得成功；同时还有一些人认为人们希望获得自我价值感是因为它让生命充满了意义，并增强了人们对必然到来的死亡的承受力（Greenberg et al., 1992）。无论这种需要产生的来源如何，促进、保持和保护自我价值感的愿望被认为是人类很多行为的动机。这包括在成就环境（Covington & Berry, 1976）、社会环境（Tesser, 1998）和健康环境（Ditto & Lopez,

1992）中的行为。

自尊的测量

在对自尊的含义有所了解后，我们就可以来看自尊是如何被测量的。你可能知道身边某个人的自尊低。你的直觉可能来源于他的言谈和举止。心理学家同样也依靠这些线索来测量自尊（Demo，1985）。

自尊的自我报告法测量

罗森伯格（1965）的自尊量表是研究中使用最广的自尊测量工具。表 8.1 列出了这个量表，它主要是为了测量整体自尊。它关注人们整体上看待自己的方式，而没有涉及一些具体的品质和特性。其中一半的题目是按正向陈述的（"总体上，我对自己非常满意"）；另一半题目则是反向陈述的（"总的说来，我倾向于认为自己是个失败者"）。

表 8.2 列出了另一个广泛使用的自尊测量工具，即得克萨斯社会行为问卷（Texas social behavior inventory，Helmreich & Stapp，1974）。这个问卷也经常用来测量整体自尊，但实际上测量的是个体感觉自己在社交场合中的舒适度和胜任度。这个问卷的得分和罗森伯格自尊量表的得分相关（$r = 0.65$ 左右），但两个问卷测量的并不是同一个东西。个体虽然在社交场合中感觉不舒服，但整体上仍然喜欢自己；或者个体虽然感觉很轻松也容易与人相处，但可能整体并不喜欢自己。由于这个原因，罗森伯格量表更适合测量整体自尊。

还有很多其他自我报告的工具（Blascovich & Tomaka，1990）。根据谢弗森等人（Shavelson，Hubner，& Stanton，1976）的理论（也可以参见 Byrne & Shavelson，1996），马什（Marsh，1990）开发了一个广泛测量人们在生活的各个领域如何评价自己的问卷。题目涉及以下领域：个人（知觉到的）身体能力、外表、问题解决能力、社会技能、同伴关系、异性关系和情绪稳定性。哈特（Harter，1986）开发了一个类似的适用于儿童的工具，各个子量表分别测查（知觉到的）

表 8.1　罗森伯格（Rosenberg，1965）自尊量表

指出你在多大程度上同意下列说法，并在最能描述你对自己的感受的数字上画圈。这个量表可以作为你的一个指导。

	0 完全不同意	1 不同意	2 同意	3 完全同意
1.有时我认为自己一无是处。	0	1	2	3
2.我认为自己很不错。	0	1	2	3
3.总的说来，我倾向于认为自己是个失败者。	0	1	2	3
4.我希望对自己能有更多尊敬。	0	1	2	3
5.有时我确实感到自己很无用。	0	1	2	3
6.我认为自己是个有价值的人，至少不比别人差。	0	1	2	3
7.总体上，我对自己很满意。	0	1	2	3
8.我感觉自己没有多少值得骄傲的地方。	0	1	2	3
9.我觉得自己有很多优秀的品质。	0	1	2	3
10.我可以做得和大多数人一样好。	0	1	2	3

注：要计算分数，首先把5个负向题的得分（1，3，4，5，8）翻转过来：0＝3；1＝2；2＝1；3＝0；然后把10个项目的得分相加。你的总分应该在0到30之间。分数越高，自尊水平越高。

资料来源：Rosenberg, 1965, *Society and the Adolescent Self-image*. Princeton, NJ: Princeton University Press. Copyright 1965. Adapted by permission of the Princeton University Press.

学校胜任、运动胜任、社会接受、身体外表和行为管理。这类量表关注我们先前讨论的自尊的第二个含义，他们假设人们在不同的特性、情境和活动方面具有不同的自尊水平。通常，这些量表都包含一个测量总体自尊的子量表。

自我报告法测量存在的问题

自我报告法测量自尊的使用非常广泛，同时也具有很高的构想效度和预测效度（Rosenberg，1979；Wells & Marwell，1975）。但也不是没有问题。比如，鲍迈斯特、泰斯和赫顿（Baumeister, Tice, & Hutton, 1989）认为采用

表 8.2　得克萨斯社会行为问卷

请指出你在多大程度上同意如下说法，并在最能描述你对自己的感受的数字上画圈。这个量表可以作为你的一个指导。

1＝一点也没有描述我的特点
2＝没有很好描述我的特点
3＝部分描述了我的特点
4＝较好地描述了我的特点
5＝很好地描述了我的特点

1.除非别人跟我说话，我不会主动跟人说话。	1　2　3　4　5
2.我认为自己是自信的。	1　2　3　4　5
3.我对自己的外表很有信心。	1　2　3　4　5
4.我与人相处很好。	1　2　3　4　5
5.在人群中，我很难想到适当的话题。	1　2　3　4　5
6.在人群中，我通常做别人想做的事情，而不是提出自己的建议。	1　2　3　4　5
7.当不同意别人时，我的观点总能获胜。	1　2　3　4　5
8.我认为自己是一个想掌控局势的人。	1　2　3　4　5
9.别人很仰慕我。	1　2　3　4　5
10.我喜欢和别人在一起。	1　2　3　4　5
11.我强调正视别人。	1　2　3　4　5
12.我似乎难以让别人关注自己。	1　2　3　4　5
13.我宁愿少为别人负责。	1　2　3　4　5
14.身边有权威性高于自己的人时，我不会觉得不舒服。	1　2　3　4　5
15.我认为自己是优柔寡断的。	1　2　3　4　5
16.我毫不怀疑自己的社交能力。	1　2　3　4　5

注：要计算分数，首先把负向题的得分（1，5，6，12，13，15）翻转过来：1＝5；2＝4；3＝3；4＝2；5=1。然后把16个项目的得分相加。你的总分应该在0到80之间。分数越高，自尊水平越高。

资料来源：Helmreich & Stapp，1974，*Bulletin of the Psychonomic Society*，4，473-475. Copyright 1974. Adapted by permission of the Psychonomic Society.

自我报告法测量自尊可能受到自我展示的影响。人们可能会歪曲他们的反应，以在他人心目中创造一个特定的印象，而不是按照内心真正如何评定自己来回答。从这个角度出发，高自尊得分代表了过分自信的、人际间的特点，人们在这种情况下很想以积极的方式展示自己；而低自尊得分则反映了谦虚的人际风格，他们不愿意以非常积极的方式展示自己（也可以参见 Arkin，1981；Hill，Weary，& Williams，1986）。研究者认为自我展示的模式与人们内心如何看待自己没有太大的关系。

防御过程也会影响自尊的自我报告测量（Weinberge，1990；Westen，1990b）。在自尊的自我报告测量中得分高的人可能会防御性地报告比实际更好的自我感觉，并以此欺骗自己。但另一方面，某些类型的自我欺骗实际上是健康的，在心理调节过程中发挥重要作用（Paulhus & Reid，1991；Sackeim，1993；Taylor & Brown，1988，1994）。我们将在第 10 章详细讨论这个问题。

格林沃尔德和巴纳吉（Greenwald & Banaji，1995）从认知心理学的角度提出了一个心理适应的方法来克服自我报告测量的潜在不足。这些间接的、内隐的测量自尊的方法（如反应潜伏期，认知阈限等）会比自我报告法更隐蔽，人们可能并没有感到这是在测量他们的自尊。虽然这些方法还在不断发展和完善中，但很可能在未来几年里就可以使用。

自尊的性质和起源

在定义了自尊的概念并讨论了自尊的测量后，让我们进一步探讨自尊的本质。高自尊由那些成分构成？高自尊因何而生？有好几种模型可以阐述这些问题。

自尊的情感模型

自尊的两个成分

自尊的情感模型假设自尊在早期形成，并以两种类型的情感感受为特征。第一种感受（我们称为归属感 belonging）起源于社会交往经验；另一种感受（我们称为掌控感 mastery）则更具有个人化的特征。

归属感是指无条件地喜欢或者尊重的感觉，它不需要任何特定的品质和原因，而只取决于这个人是谁。归属感给人的生活提供了安全的基石。它给人这样一种感觉，即无论发生了什么事情，他们都会受到尊重。好些年前，美国心理学家卡尔·罗杰斯在讨论人们对无条件的积极奖赏的需求时，特意地强调了自尊的这个方面（Rogers，1951；Rogers & Dymond，1954）。

归属感和反射性评价有些不同。在第 3 章中讨论到，反射性评价表示我们对别人如何看待自己的有意识的知觉。如果我们认为别人认为我们风趣，我们也会认为自己风趣。但归属感并不是发生在意识水平，它更直觉化。归属感是被爱的感觉，以及由这种感觉带来的安全感。

自尊的第二个重要的方面是掌控感。掌控是对世界能够施加影响的感觉——但并不一定要在大范围的意义上，而是在日常生活的层面。掌控感与知觉到的胜任力不同，虽然有些作者交替使用这两个概念（如 Tafarodi & Swann，1995）。掌控感的获得并不需要想到我们是有成就的钢琴家或者学校的头等生；相反，它是我们专心做一件事情或努力去克服困难的过程中获得的感觉（如 Brissett，1972；Csikszentmihalyi，1975；deCharms，1968；Deci & Ryan，1995；Erikson，1963；Franks & Marolla，1976；Gecas & Schwalbe，1993；White，1959）。

还有一个方法有助于揭示掌控感和知觉到胜任感之间的差异。假设一个孩子在用泥巴捏一个东西。挤捏的动作、泥巴在手指间的感觉，以及由此产生的高度的愉悦而产生出一种掌控感。这种感觉会提升自尊。但这个感觉不同于认为自己是"捏泥人高手"的感觉。挤捏是过程取向的——是一种创造和操纵过程中的愉悦；评价是结果取向的——它是对一个人是否擅长做某事的判断。情感模型认为只有前者才与自尊的产生有关。

自尊的发展

自尊的情感模型假设归属感和掌控感通常都在早期发展而成。埃里克·埃里克森（Erik Erikson）的心理发展理论（在第 4 章中讨论到）为探讨这些情感的产生提供了有用的理论基础。根据埃里克森的理论，婴儿最初面临的发展任务是建立与抚养者之间的信任感。信任感是在生命的第一年发展起来，它对应于我们前面讨论到的归属感，而后者对自尊来说非常重要。

埃里克森描述的下一个阶段是"自主对害羞和怀疑"。这个阶段包含了掌控感的获得。通过鼓励孩子探索、创造和修改他周围的世界（如搭建、画画、涂色），可以帮助他们形成掌控感。如果父母破坏、嘲笑或者过度批评他们的努力，他们将无法形成掌控感（Stipek，Recchia，& McClintic，1992）。

依恋与自尊

抚养者与儿童的关系在埃里克森的理论中起着重要作用。这种关系在其他自尊形成的理论中也具用核心的地位（如 Baumeister & Leary, 1995; Bowlby, 1969; Epstein, 1980; Sullivan, 1953）。鲍尔比（Bowlby, 1969）的依恋理论与当前的讨论关系尤为密切。鲍尔比非常关心依恋的本质和功能。他发现对人类或者其他动物来说，婴儿会与抚养者（特别是他们的母亲）形成紧密的连接关系。为什么会这样呢？母婴的这种紧密联系具有什么样的功能？

鲍尔比猜测依恋具有一个看似矛盾的功能。在安全依恋逐步形成后，孩子会感觉到足够的安全感，可以离开母亲去探索外面的世界。从这个意义上讲，鲍尔比认为归属感（也就是安全依恋）促进了掌控感（探索环境的意愿）的形成。

> 对各个年龄的孩子来说，一旦他们感到安全，他们就会离开所依恋的人去探索外面的世界。但当遭到警告，感到焦虑、疲倦或者不情愿的时候，他们就有一种渴望亲近的愿望。由此我们可以看到：在安全的基础上探索构成了儿童和父母之间典型的交往方式。只要父母在身边并且能够对孩子的需要做出反应，每一个健康的孩子都会有足够的安全感去探索。（Bowlby, 1979, p.3）

一系列采用陌生情境法（strange situation）的实验描述了这个效应（Ainsworth, Blehar, Waters, & Wall, 1978）。在这种情境下，婴儿（14个月左右的儿童为代表）同他的母亲一起被带到心理实验室。屋子里有很多有趣的、他们很喜欢玩的玩具和喜欢看的物品。研究者关心的一个重要变量就是婴儿在多大程度上能够自发地探索这些物体。

另一个变量是婴儿和母亲分开以后的反应。在和母亲呆了几分钟后，母亲突然离开了，让婴儿和一个陌生人呆在一起。实验会记录母亲离开后儿童的情绪反应。几分钟后，母亲回来了。研究者也会记录母亲回来后婴儿的情绪和行为反应。通过这种方式，陌生情境测量了儿童在多大程度把母亲当成一个安全基地，并在此基础上探索环境；同时它也能测量在面临压力时，儿童在多大程度上把母亲当成安慰和舒适的源泉。

通过使用这种范式，研究者区分了三种不同类型的依恋风格。

1. 大约60%的美国婴儿被归为安全型依恋（securely attached）。安全型依恋的儿童在与母亲的亲密度和独立之间有很好的平衡。在实验的第一阶段，他们已经开始探索环境。虽然当母亲离开后他们会感到压力，但当母亲回来时他们渴望看到她，并且愿意让母亲来参加他们的活动并分享他们的发现。

2. 大约15%的美国婴儿可以归为焦虑型或者矛盾型（anxious/ambivalent）。在实验的第一阶段，他们不能离开母亲，也不愿意探索环境。当母亲离开时，他们变得非常紧张和不安。虽然当母亲回来后他们会感觉舒服一些，但他们会粘着母亲，并继续显露出一些感觉不安全的信号（如他们会继续大叫）。

3. 大约25%的美国婴儿可以归为回避型（avoidant）儿童。这些孩子倾向于回避或者忽略他们的母亲。在实验的第一阶段，他们很容易和母亲分开，母亲离开时也不会表现出多少紧张。而且当母亲回来的时候，他们也没有多少兴趣，喜欢独自一个人而不是和母亲一起玩耍。更重要的是，虽然他们看起来对母亲漠不关心，但内心却非常焦虑和悲伤。回避型儿童避免任何和母亲的亲密和接近，而不是寻求安全与依赖。

自尊产生的根源可能就在于不同的依恋类型。回避型婴儿可能形成掌控感

（因为他们愿意探索环境），但是他们缺乏归属感。他们没有表现出和母亲很强的情感联系。焦虑和不安全的婴儿可能表现出归属感，但却不太可能形成掌控感。他们很容易悲伤也不愿意接触世界。只有安全型依恋的孩子才会同时表现出很强的归属感和很强的掌控感。因此，也只有这些孩子才可能形成高的自尊。

这个推断得到了研究的支持。不同的依恋类型能够预测学前和幼儿园儿童的自尊水平（Cassidy，1990；Sroufe，1983），安全型依赖的儿童表现出最高的自尊。在青少年和青年人身上也发现了同样的模式（Bartholomew & Horowitz，1991；Brennan & Morris，1997；Collins & Read，1990；Feeney & Noller，1990；Griffin & Bartholomew，1994）。

鲍尔比（1973）调用了"内部工作模型"（inner working model）这个概念来解释为什么早期的依恋关系具有持久的效应。在儿童不断成熟的过程中，他们形成了依恋关系的认知表征或者工作模型。形成安全性依恋的儿童认为自己很棒，也值得别人爱。形成不安全依恋的儿童则会认为自己很差，也不值得爱。这些想法推及到其他人和情境中，从而形成了自尊发展的基础。

> 一个不被人喜欢的儿童不仅认为父母不喜欢他，也认为自己非常讨厌，没有人会喜欢他。相反，特别招人喜欢的孩子长大后不仅对父母的情感非常自信，同时也相信其他人也会喜欢他。虽然逻辑上无法证明，这种天生的过度泛化却是一个规则。一旦形成并且植入工作模型中，很少会受到严肃的置疑。（Bowlby，1973，pp.204-205）

小 结

从情感取向的角度理解自尊可以得到如下一些观点：（1）无条件的归属感和掌控感是自尊的重要成分；（2）这些情感通常在生命早期发展，主要是亲子相互作用的结果。对儿童早期经验的强调并不意味着自尊不会改变。它只意味着早期经验是自尊形成的基础。后来的经历同样会影响自尊，虽然他们可能都不会像亲子关系这样重要。

后来经历的重要性降低的一个原因在于它们要通过先前建立的镜子或者图示的过滤。一旦形成了高（或者低）的自尊，它就会指导我们看待自己、他人以及我们面临的事和经验。通常这种指导的发生在自动化和前意识水平（Epstein, 1990），因而很难觉察，更难以纠正。正因为如此，自尊倾向于保持稳定。

自尊的认知模型

认知模型提供了一个新的视角来理解自尊的本质和起源。它们或多或少地把自尊看成个体对自己作为人的价值的有意识判断。如果你认为自己拥有很多社会希望的品质，你将拥有高的自尊。依据前面我们讨论的自尊的三个含义，认知模型强调我们在各个领域如何评价自己将决定我们的自尊水平。

自尊形成的三个认知模型

在这些模型中，最简单的一个模型假设自尊是人们评价自己的具体品质和特点的方式的总和。表8.3说明了这种逐项相加（add-em-up）的方法。这里我们让两个人（假想的）在一个7点量表上回答他们认为自己有多吸引人、多聪明、多被人喜欢和有运动才能（如1＝一点也不吸引人；7＝非常吸引人）。被试A认为自己十分吸引人，不是特别聪明，较惹人喜欢，同时也很有运动才能；被试B认为自己不是特别吸引人，很聪明，比较惹人喜欢，但不是很有运动才能。

根据逐项相加法，我们会简单地把这些变量的得分加起来，并以此决定个人的总体自尊水平。在这个例子中，我们会预测被试A比被试B具有更高的自尊水平。这是由于被试A对自己的评价比被试B更积极。

这个方法的一个问题（你可能已经指出来了）就是它忽略了这样一个事实，即不同的人会看重不同的东西。如果被试A并不看重运动才能，而智力对被试B来说非常重要，那么被试B的自我感觉会比被试A更好。

自尊取决于你在对你来说非常重要的方面如何评价自己，这个观点可以追溯到詹姆斯（1890）的话，即"自尊＝成功/抱负（pretensions）"。在第2章，我们提到詹姆斯在抱负这个词上有两种用法。有时它指我们在生活中看重什么，以及我们认为哪些是重要的。詹姆斯的意思是，相对于那些对个体并不重要的方面，对个人来说非常重要的方面的结果会对我们的自尊有更重要的影响。詹

表8.3　自尊形成的三个认知模型

逐项相加模型					
	吸引力	智力	喜好度	运动才能	自尊
被试A	5	2	5	7	19
被试B	3	7	4	3	17

逐项相加模型假设整体自尊代表了人们对自己具体品质评价的总和。为了检验这个方法，我们只需要把四个自我评价的分数加起来，以确定个体的自尊水平。通过这种方法，我们可以预期被试A具有更高的自尊水平。

重要性加权模型					
	吸引力	智力	喜好度	运动才能	自尊
被试A	5 * (2)	2 * (3)	5 * (4)	7 * (1)	43
被试B	3 * (1)	7 * (4)	4 * (3)	3 * (2)	49

重要性加权模型假设自尊不仅依赖于你在具体的维度上如何评价自己，同时也取决于你对于做好某一点重要性的看法。为了检验该模型，我们让被试评价四个维度的重要性（1＝非常不重要；4＝非常重要）。我们把每个维度的得分和对应的重要性评定（在括号中）相乘，最后把总分加起来。通过这种方法，我们可以预测被试B比被试A有更高的自尊。这是因为被试B比被试A更看重他认为自己擅长的方面。

自我理想模型					
	吸引力	智力	喜好度	运动才能	自尊
被试A	5 - (7)	2 - (6)	5 - (7)	7 - (6)	-7
被试B	3 - (3)	7 - (4)	4 - (7)	3 - (2)	+1

自我理想模型假设自尊决定于我们认为现在怎样与我们希望自己该如何之间的差异。为了检验这个模型，我们让每个人说出自己想要有多吸引人、多聪明、多受人喜欢、多有运动才能（1＝一点也不想；7＝非常想）。我们然后把自我评价的分数减去对应的理想分数，然后把差异的分数相加。通过这种方法，我们可以预测被试B比被试A有更高的自尊。

注：在每个例子中，两个人（假想的）已经表明了他们认为自己有多吸引人、多聪明、多受人喜欢和多有运动才能（1＝一点也不；7＝非常）。

姆斯也用主张这个词描述个体的期望水平。在这个例子中，他是在说当我们获得的东西超过了我们的个体标准，我们就会感觉很好；相反，如果我们的所得低于我们的标准，我们的感觉就会很差。

在这两个含义中，很多当代的心理学家都关注第一个，也就是强调不同的特质对自尊的重要性。莫里斯·罗森伯格（Morris Rosenberg）这样描述"不同特质的重要性"：

> 一般说来，我们假设如果一个人尊重自己的某些方面，那么他整体上也会尊重自己。如果他认为自己聪明、有吸引力、受人喜欢、道德高尚、有趣等等，那么他会认为自己整个都很好。然而，很明显……个人的整体自尊不取决于对各个组成品质的评价，而是对那些有价值的品质的评价……。自我概念各个成分不同的重要性对自尊形成具有非常重要的意义。（Rosenberg, 1979, p.18）

表8.3描述了检验重要性加权（weight-em-by-importance）的一种方法。在这个例子中，我们让两个人评价这四个特质的重要性（1 = 一点不重要；4 = 非常重要）。我们然后把特质评分和重要性评分（括号内）相乘，并把这些分数加起来形成加权的自尊分数。现在，我们就可以预测被试B的自我感觉比被试A更好。这是因为被试B比被试A更看重他做得好的方面（Pelham, 1995; Pelham & Swann, 1989）。

尽管直觉看来很吸引人，但研究并没有为重要性加权模型提供很强的支持（Marsh, 1993b, 1995; Pelham, 1995）。简单把各个分数加起来而忽略重要性能够同样好（如果不是更好）地预测个体的自尊水平。这是因为个体可能认为所有的特质都非常重要，因此重要性评价并不能增加更多的信息。另一个可能是个体自身的重要性评价并不重要，重要的是这个社会如何评价这些品质的重要性（Hoge & McCarthy, 1984; Marsh, 1993b, 1995）。这种可能性假设个体并不能完全自由地决定哪些重要，哪些不重要。

最后一种理解自尊的方法关注个体看待自己具体品质的方式与他们对此

的期望之间的差异（Higgins，Klein，& Strauman，1985；Horney，1945；Rogers，1951，1954）。这种方法同样起源于詹姆斯（1890）的公式，只是这里我们把抱负（pretensions）看成抱负水平——你希望成为哪样的人，你应该成为哪样的人，或者你必须成为哪样的人——而不是价值观。现有的自我意象与理想的自我意象匹配越好，自尊水平越高。

检验这个模型的一个方法就是让人们指出他们希望自己在各个方面做到多好（如"你希望自己有多聪明"）。我们然后从自我评价的分数中减掉理想自我评价（ideal self-ratings）的分数。表 8.3 下部提供了一个假设的例子。被试 A 是一个完美主义者。他希望在每个方面都做得非常好。因此，虽然他对自己的评价非常高，但是与自己的理想还是有差距。因此我们可以预期他的自尊水平较低。被试 B 对自己的评价并不高，但他同时也认为自己并不需要每个方面都"完美"。因此，我们可以预测他具有较高的自尊。

对这个模型的实际考察支持这样一个观点，即高自尊与较小的"自我—理想自我"差异相联系（Higgins et al., 1985；Ogilvie，1987；Rogers & Dymond，1954）。遗憾的是，差异分数法存在的方法学问题玷污了分数的解释（Wylie，1979）。

自尊与自我评价

在检验了自尊与自我评价关系的三个模型后，让我们更进一步考察这两个变量之间的关系。表 8.4 呈现了与此相关的一些数据。这些数据来自于我在华盛顿大学做的一个研究。在这个研究中，大学生对自己及他人的多种能力和人格特征进行评价。然后，我考察了这些评分与学生的自尊水平的关系，正如罗森伯格（1965）的自尊量表所测量的那样。

表 8.4 对自我的评价（上半部分），
不同自尊水平下对自我和他人的评价（下半部分）

积极特质	高自尊	低自尊	消极特质	高自尊	低自尊
运动的	5.56a	4.81b	不够格的	1.36a	2.17b
吸引人	5.13a	4.38b	不胜任	1.51a	2.14b
有能力	6.15a	5.62b	轻率	1.85a	2.41b
富有同情心	5.59	5.21	不敏感	2.13	2.38
富有创造性的	4.97a	4.40b	不真诚	2.05	2.50
友好的	5.79	5.45	虚假的	1.54	1.86
慷慨	4.95	4.97	不为别人着想	1.82	2.19
外貌好	5.21a	4.33b	不吸引人	1.67a	2.60b
友好	6.05	5.52b	动作失调	1.56a	2.21b
忠诚	6.23a	5.60b	不聪明	1.41	1.95b
性感	4.79	3.60b	不受欢迎	1.87a	2.74b
聪明	5.67a	5.05b	愚昧的	1.95	2.33
有天分	5.44a	4.50b			
讨人喜欢	5.74a	5.02b			

	高自尊			低自尊	
	自己	他人		自己	他人
运动的	5.56a	4.44b	运动的	4.81	4.64
吸引人	5.13a	4.31b	吸引人	4.38	4.40
有能力	6.15a	5.26b	有能力	5.62a	4.93b
富有同情心	5.59a	4.56b	富有同情心	5.21a	4.38b
富有创造性的	4.97a	4.44b	富有创造性的	4.40	4.45
友好	5.79a	4.92b	友好	5.45a	4.69b
慷慨	4.95a	4.10b	慷慨	4.97a	4.17b
外貌好	5.21a	4.08b	外貌好	4.33	4.17
友好	6.05a	4.87b	友好	5.52a	4.76b
忠诚	6.23a	4.13b	忠诚	5.60a	4.14b
性感	4.79a	3.64b	性感	3.60	3.67
聪明	5.67a	4.59b	聪明	5.05a	4.62b
有天分	5.44a	4.59b	有天分	4.50	4.52
讨人喜欢	5.74a	4.64b	讨人喜欢	5.02a	4.52b
不够格的	1.36a	2.79b	不够格的	2.17a	2.8b
不胜任	1.51a	2.92b	不胜任	2.14a	2.90b

轻率	1.85a	3.41b	轻率	2.40a	3.48b
不敏感	2.13a	3.33b	不敏感	2.38a	3.48b
不真诚	2.05a	3.31b	不真诚	2.50a	3.52b
虚假的	1.54a	3.72b	虚假的	1.86a	3.69b
不为别人着想	1.82a	3.26b	不为别人着想	2.19a	3.19b
不吸引人	1.67a	3.23b	不吸引人	2.60a	3.14b
动作失调	1.56a	3.00b	动作失调	2.21a	3.07b
不聪明	1.41a	2.79b	不聪明	1.95a	2.67b
不受欢迎	1.87a	3.23b	不受欢迎	2.74a	3.26b
愚昧的	1.95a	3.21b	愚昧的	2.33a	2.90b

注：分数从1（一点不是我/别人）到7（就是我/别人）。HSE＝高自尊（自尊分数分布的上1/3）；LSE＝低自尊（自尊分数分布的下1/3）。在每一对，有不同下标的数字表示差异水平在p＜0.05或者更低。

这个表呈现了很多有趣的结果。表的上半部分表明自尊和人们的自我评价具有显著的相关。采用传统的0.05作为显著性水平，高自尊的学生在14个积极特质中11个上的评分好于低自尊的学生，在12个消极品质中的7个上的评分也优于低自尊的学生。这表明自尊的影响相当广泛。同低自尊的人相比，高自尊的人认为自己在很多社会赞许的特质上表现要更好。

表8.4的下半部分显示：两个自尊组的人评价自己都比评价大多数他人更积极（和更不消极），这种差异在高自尊组中更明显。这个结果很有意思，因为它提示高自尊组的个体对别人表现出相对较高的尊重，然而低自尊者会通过贬损他人来试图弥补自己的不足感（如 Epstein & Feist，1988；Fromm，1963；Rogers，1951）。虽然这种情况会发生在他们评价扩展自我的成员（如亲密的朋友和爱人）时，但在评价"大多数他人"时却没有发生这样的现象。在认为自己"好于平均水平"的倾向上，高自尊的人比低自尊的人表现得更突出（Brown，1986）。

还需要注意的是低自尊的学生并不是消极地描述自己。虽然他们的自我评价不如高自尊者那样积极。但绝对地说，他们一点都不消极。事实上，他们却相当积极。特别是当我们比较他们对自己的评价与他们对大多数他人的评价时，这一点就更确信无疑。低自尊的学生在 14 个积极品质中的 8 个上对自己的评分比大多数他人高；同时，他们在所有 12 个消极品质上对自己的评分比大多数他人好。这种差异在很多方面非常大。比如，低自尊的学生认为自己比大多数他人更富有同情心、更友好和忠诚，同时也更少轻率、不吸引人和愚笨。

因此，我们的发现是高自尊者倾向于认为所有方面都很好，低自尊的人也倾向于普遍积极，但并不过分地评价自己（Baumeister et al., 1989；Brown, 1986, 1993）。请大家记住这一点，我们将在本章后面回到这个问题。

自尊和自我认识的确定性

高自尊者不仅比低自尊者的自我评价更积极，同时他们对自己的了解也更清楚。坎贝尔和他的同事（Compbell, 1990；Campbell & Lavallee, 1993）认为高自尊者比低自尊者更倾向于拥有界定清晰和相对稳定的自我概念（也可以参见：Baumgardner, 1990；Setterlund & Niedenthal, 1993；Pelham, 1991a）。这个看法建立在如下证据上：低自尊的人（1）两次自我评价之间的变化更大；（2）花更长的时间评价自己的品质；（3）对是否拥有这些品质的报告更不确定；（4）自我评价比高自尊者表现出更大的不一致性。因为人们的自我看法通常都是行为的指导，低自尊者表现出来的自我概念的混乱就具有相当突出的后果（Baumgardner, 1990；Campbell, 1990；Setterlund & Niedenthal, 1993）。比如，低自尊者比高自尊者更愿意接受与自我不同的（self-discrepant）反馈。

自尊的社会学模型

社会学模型提供了理解自尊的本质和起源的新视角。根据库里（Colley, 1902）的"镜像自我"（looking-glass self）（在第 3 章讨论），以及米德（Mead, 1934）关于观点采择（perspective taking）和广义他人（generalized other）的理论（在第 4 章讨论），社会学模型假设自尊受到社会因素的影响。如果我们认为自己得到多数人的尊重和重视，那么我们就拥有高自尊。从这个角度出发，社会学变量，比如职业声望、收入、教育水平和社会地位（如种族、宗教和性别）等就会影响自尊。

实际支持这种联系的证据很少。成功、富裕、受过良好教育并享受社会特权的并没有比在这些方面不足的人拥有更高的自尊（Crocker & Major，1989；Wylie，1979）。事实上，被污蔑或者少数群体的成员比那些更具特权的人报告出更高的自尊（Rosenberg，1979）。

群体自豪（group pride）也许能解释为什么社会劣势的群体的人自尊并不低。正如第2章中讨论到，当前正鼓励少数群体把自己的这种状态看成是荣誉的标志而不是耻辱。这种观点体现在当前的以黑人为荣运动，以同性恋为荣运动，以及其他类似的社会运动。

群体自豪反过来会影响自尊。根据社会特性理论（social identity theory）（Tajfel & Turner，1986），自尊部分取决于我们的群体成员或者社会的特性。积极评价自己所处的群体的人会比消极评价自己群体的人享有更高的自尊。克罗克（Crocker）和她的同事（Crocker, Luhtanen, Blaine, & Broadnax, 1995；Luhtanen & Crocker，1992）检验了这个观点，发现自尊（用罗森伯格的自尊量表测量）与群体自尊（人们评价他们群体的积极程度）正相关。虽然这种相关并不能证明积极地群体评价会促进高自尊（很可能高自尊导致人们积极地评价他们的群体），但它确实证明了个体自尊和群体自尊是相互关联的。

克罗克和梅杰（Crocker & Major，1989）为处于劣势的社会群体的成员却不会有低自尊的现象提供了另一个解释（也可以参见Rosenberg，1979）。这些理论提示社会劣势群体的人通过三种方式来保护自己不受偏见和歧视：（1）把消极的反馈归结为针对群体的偏见，而不是针对自己；（2）通过选择性地同群体内的其他人进行比较，而不与大众进行比较；（3）通过降低自己的群体所缺乏的特性的价值，并夸大自己的群体所擅长的特性的价值。

克罗克等人（Crocker, Voelkl, Testa, & Major，1991）证明了第一个方法如何能让社会劣势群体避免受到偏见和歧视的消极影响。在他们的研究中，非裔美国大学生完成了有关他们的态度、价值和个性品质的问卷。然后研究者告诉这些学生他们的回答会被另一个人看到（所有人都被说成是高加索人），同时他们将得知这个人是否喜欢他们。最后，研究者让学生相信另一个人可以通过单向玻璃观察他们（这样这个人就知道他们的种族），或者不能通过单向玻璃观察他们（这样这个人就不知道他们的种族）。

在不能看到的情境下，当告诉他们别人喜欢他们时，非裔美国学生对自己的感觉非常良好；当告诉他们别人不喜欢他们时，他们对自己的感觉也很差。但是这样的效应在能够看到的情境下并没有出现。这里，学生对自己的感觉并不随着反馈而改变。进一步分析提示，发生这种情况的原因是：当他们想到其他人能够看到自己时，他们把别人对他们的评价归因到肤色上，而不是归因到自己的人格特征（也可以参见 Ruggiero & Taylor，1997 的相关研究）。

性别差异与自尊

性别是另一个被认为会影响自尊的社会学变量。但是，这种影响作用同样很弱。与流行读物的报告相反，研究并没有发现女性比男性的自尊低（Feingold，1994；Maccoby & Jacklin，1974；Pliner, Chaiken, & Flett，1990；Wylie，1979）。但是，在评价特定的品质和能力上，确实会出现性别差异（Beyer，1990；Marsh，1990）。绝大部分的差异反映了文化原型的影响。

我在华盛顿大学本科生中做的研究（前面描述过了）与这个问题有关。我们的样本中有 73 名男性和 60 名女性。这两组被试在罗森伯格（1965）的自尊量表上的得分非常相似，但是他们在不同特性的自我评价上存在差异。表 8.5 揭示了这种影响的本质。表中列出了 26 个项目，它们可以分成四类，我将它们命名为胜任力、受欢迎/吸引力、友好性和运动才能。在知觉到的胜任力和受欢迎/吸引力方面，并不存在显著的性别差异。但女性比男性更认为自己友好，而男性比女性更认为自己有运动才能。即使在这些地方，男女的差异也非常小，两组对自己的评价都非常积极。

表 8.5 自我评价的性别差异

胜任力	男性	女性	受欢迎/吸引力	男性	女性
有能力	5.84	5.88	吸引人的	4.81	4.78
有创造性	4.73	4.57	性感	4.36	4.02
聪明的	5.40	5.33	讨人喜欢	5.36	5.42
有天赋	5.08	4.72	不吸引人	5.84	6.01
不够格	6.14	6.12	外貌好	4.88	4.65
不胜任	6.23	6.03	不受欢迎	5.75	5.57
不聪明	6.30	6.40	平均分	5.17	5.08
愚昧的	5.81	5.92			
平均分	5.69	5.62			
友好性	男性	女性	运动才能	男性	女性
富于同情心	5.15	5.68	运动的	5.60	4.43
友好	5.59	5.78	失调的	6.22	5.77
慷慨	4.89	5.32	平均分	5.91	5.10
亲切	5.66	6.05			
忠诚	5.77	5.87			
轻率	5.80	6.20			
不敏感	5.51	6.10			
不真诚	5.53	6.05			
虚伪	6.08	6.45			
不为他人着想	5.88	6.15			
平均分	5.59	5.97			

注：负向题的得分已经翻转过来，因此高分意味着更好的自我评价。

女性称赞自己的人际品质与女性看重这些品质的证据相吻合。先前（第 2 章）我们注意到女性比男性更倾向于形成集体主义或者互助的自我概念，它强调与他人的联系与关系。另一方面，男人更容易形成个人化的自我概念，它强调他们的成就以及独立于他人（Kashima et al., 1995；Markus & Oyserman, 1989）。约瑟夫斯等人（Josephs, Markus, & Tafarodi, 1992）认为这种倾向与理解自尊的性别差异有关。他们假设男女根据不同的特质来建立自尊：女性依据人际品质建立自尊，而男性依据知觉到胜任力和个人成就来建立自尊。对这个假设的检验得到不同的结果（Nolen-Hoeksema & Girgus，1994），但认为自尊依赖于人们在文化上重要的方面评价自己的观点，提供了一种将认知方法和社会方法整合起来理解自尊的范例。

恐惧管理理论

恐惧管理理论（terror management theory）（Solomon et al., 1991）代表了另一类自尊发展的整合模型。这个理论以欧内斯特·贝克尔的研究为基础。贝克尔（1973）认为：（1）人类存在的一个显著特征就是对死亡的思考，（2）对死亡的意识产生了焦虑和存在主义的恐惧，同时（3）文化的功能在于能够指出一条充满意义和价值的生活方式，从而缓解人们的这种恐惧，并让人看到了不朽的希望。比如，某种文化可能会强调成就，而另一个文化会强调慈善，还有的会强调虔诚才是合适的生活方式。所罗门等人扩展了这些观点，认为那些坚持他们所在的特定群体所强调的观点和标准的人能够形成高的自尊。

> 自尊是通过文化内的世界观的发展而形成的，它提供了稳定和有意义的宇宙的概念，给每个社会角色指出了有价值的行为方式，同时给听从指导的人允诺以安全和不朽。因此，自尊是文化产生的，它包括两个成分：一个有意义的宇宙的概念，以及对感知到自己满足了文化现实中的价值标准。（Solomon et al., 1991，p.24-25）

由于恐惧管理理论强调自尊的文化基础，因此它也代表了自尊形成的一种社会学模型。

自尊与对评价性反馈的反应

心理学研究不仅关注自尊的本质和起源，还探讨自尊的影响作用。这里要问的问题就是"自尊在什么时候起作用？"以及"自尊高低会带来什么差异？"

当前备受关注的一类研究是：当人们接受到评价性的反馈时，自尊会起什么作用。一些研究考察整体自尊（一种人格变量）如何影响人们应对评价性反馈的方式（如 Baumeister & Tice，1985；Brown，1993）；有些研究考察评价性的反馈如何影响自我价值感（如 Leary et al., 1995；MacFarland & Ross，1982）；还有一些研究考察这种假设的自我感觉良好需要（也就是自我增强动机）如何指导人们应对评价性反馈（如 Steele，1988；Tesser，1988）。

我们将关注第一个方面的研究，并着重探讨个体在自尊上的差异如何影响他们对评价性反馈的反应。首先要知道，自尊总体上对人们应对积极反馈的方式影响很小（Brown & Dutton，1995b；Campbell，1990；Zuckerman，1979）。每个人都希望成功，实现后也会感觉良好，这一点很少有例外（我们将在后面讨论）。

自尊发挥作用最大的地方是在人们面对消极的反馈时，比如在某个方面失败，被别人轻视或者拒绝，甚至被朋友责备或者反对。作为理解这些影响的第一步，让我们首先看看下面这两个小插曲：

> 你的老板让你准备一个项目的建议报告。在仔细考察了该项目后，你觉得它应该被批准。你认真地准备好一个报告，里面列出了你的立场，并把它交给老板。你的老板读过你的报告后，拒绝了你的建议。

> 现在已经是午饭的时间，你决定要到外边去吃点东西。你看到有三个同事在一起讨论。12点时，他们三个一起出去了，但是没有叫你。

这样的经历会给你怎样的影响？它们会让你感到悲伤和不悦吗？抑或是愤怒和沮丧？他们会影响你对自己的感觉吗？你的答案将会暴露出你的自尊水平。这样的经历会给低自尊的人很多的伤害，让他们觉得自己十分羞愧和耻辱，也会让他们觉得自己无用，也不受人喜欢。对高自尊的人来说却不是这样。高自尊的人遇到消极反馈的时候会觉得悲伤和失望，但他们却不会感到羞耻和耻辱。他们并不像低自尊者那样把失败当成是个人的原因。[1]

---

[1] 这里失败这个词具有更一般化的意义，它指所有涉及与自我有关的消极反馈。它不仅包括所有与成就相关的失败，也包括在运动方面的失利，以及很多人际方面的不良后果，包括他人的拒绝、批评、感到不被感激，或者被人忽视等。

对失败的情绪反应

布朗和达顿（Brown & Dutton，1995b）的一项研究描述了这些效应。在研究的第一部分，我们让一个大样本的大学生完成罗森伯格（1965）的自尊问卷。得分在上 1/3 的人被指定为高自尊，得分在下 1/3 的人被指定为低自尊。（我们没有测查两个极端之间的这部分人，因为很难说他们的自尊是高还是低）这些被试然后参加了一个声称要测量某项重要智力的测验。通过改变测验题目的难度，这样就可能让其中一半的被试能够成功，而另一半却会失败。

在知道他们的完成情况后，被试完成了一个包含八个项目的情绪量表。其中的四个题目（高兴、愉快、不高兴、悲伤）代表对成功或失败的一般情绪反应。另外四个题目（骄傲、自我满足、惭愧、羞耻）则特指个人对自己的感觉，这些情绪也是我们所说的自我价值感的一些例子。

图 8.1 左边部分显示了在一般情绪反应上的结果。结果表明被试在失败后比在成功后更悲伤，高自尊和低自尊的被试都是这样。当我们考察参与者在知道自己成功或者失败后如何看待自己时，情况就不一样了（参见图 8.1 的右边部分）。这里我们确实看到了自尊的影响作用。低自尊者在成功的时候对自己感觉很好，失败的时候对自己的感觉就很差。但高自尊者全然不是这样，他们对自己的感觉并不取决于他们刚刚成功了还是失败了。

这些结果有几个方面的意义。首先，当你失败的时候，你可以感到悲伤和失望。这种对失败的反应是可以理解的，高自尊和低自尊的人都是如此。但只有低自尊的人才会在失败以后对自己的感觉很差。他们把失败当成个人的原因，这会羞辱他们并让他们以自己为耻。高自尊的人没有表现出这样的反应，当他们失败的时候，他们也不会感觉自己很差。

还可以从另外一个角度看这些数据。低自尊者对自己的看法是有条件的。如果他们成功，他们对自己的感觉就好；如果他们失败了，他们对自己的感觉就差。这是情绪生活中非常不稳定的一面。对低自尊的人来说，"你只和最近的结果一样好"。高自尊的人的却不是这种活法。他们对自己的感觉并不是如

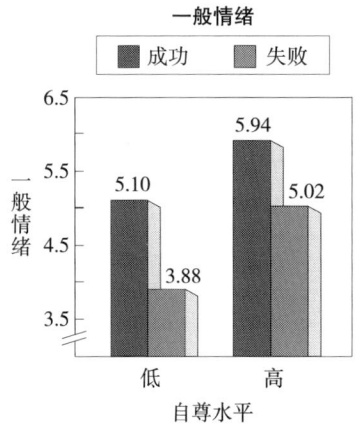 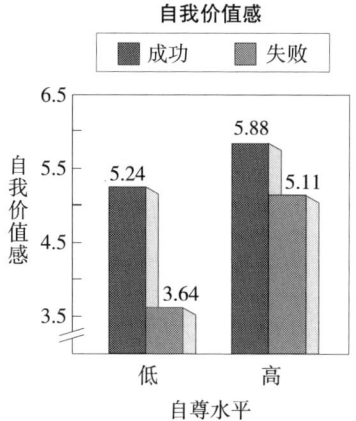

图 8.1 在不同自尊水平和不同情绪类型下，对失败和成功的情绪反应。结果表明两个自尊组的人失败时都会感到悲伤（左图），但只有低自尊的参与者在失败时才会对自己感觉差（右图）。

资料来源：Adapted from Brown & Dutton，1995，*Journal of Personality and Social Psychology*，68，712-722. Copyright 1995. Adapted by permission of The American Psychological Association.

此依赖他们刚刚取得了什么（Baldwin & Sinclair，1996）。

克尼斯（1993；Kernis，Cornell，Sun，Berry，& Harlow，1993）认为并不是所有自尊分数高的人都这样。通过重复测查自尊，他得到了一些不稳定的高自尊者。这些个体报告自己有高的自尊，但是他们的自我价值感却会一天天波动。

不稳定的高自尊者代表了一种虚假的或者防御性的高自尊。拥有不稳定的高自尊的人只有在事情进展顺利的时候才对自己感觉满意，而不是真正在自爱中感到安全。从这个意义上讲，不稳定的高自尊者是低自尊者的一个特殊类型——这类人的自我价值感也高度取决于最近的成就或者事件。喜剧演员大卫·莱特曼（David Letterman）准确地描述了这种经历：

> 每个晚上你都在试图证明你的价值。就像第一次与女友的家人见面一样。你需要绝对最好、最机智、最聪明、最吸引人、气味最佳。

这就是我每天去埃德·沙利文（Ed Sullivan）剧院时的感受。如果我能让500名观众喜欢演出，并且在我演出结束后能够尊敬我，这使我感觉自己像一个完美的人。如果做得有点不好，我就不会高兴。晚上的事情进展如何，我接下来的24个小时的感受也就如何。（David Letterman，Parade Magazine，May 26，1996，p.6）

对失败的认知反应

有很多因素可以解释为什么低自尊的人在失败的时候会比高自尊的人对自己的感觉更差。一种可能是两种自尊水平的人对自己的表现有不同的评价。假设两个组的表现相当，低自尊的人比高自尊的人更不愿认为这是失败。另一种可能是低自尊的人更倾向于把差的表现归因为能力低。

这些结果确实会出现（Blaine & Crocker，1993；Campbell & Fairey，1985；Jussim，Coleman，& Nassau，1987；shrauger，1972；Zuckerman，1979），但这些因素并不能完全解释为什么低自尊的人在失败的时候对自己感觉那么差（Brown & Dutton，1995b；Dutton & Brown，1997）。事实上，相对于高自尊的人，失败对低自尊的人可能意味着很不同的东西。对一个低自尊的人来说，失败意味着整体的不胜任——你实际上是一个很差的人；对一个高自尊的人来说，失败只不过意味着你不能做好某些事情或者你缺乏某些能力。

达顿（1995）的一个研究阐明了这个效应。达顿首先让被试在一个智力测验上取得成功或者失败，然后他让被试在如下四个不同的方面评价自己：（1）测验所考察的能力（如"你在这个方面的能力有多高/低？"）；（2）一般智力（"你有多聪明/不聪明"？）；（3）社交品质（"你对人有多友好/虚伪"？）；（4）对自我价值的总体知觉（"总的说来，你自己有多好/差"？）。

图8.2呈现了研究结果。第一个图表明，同成功的时候相比，两个组的被试在失败的时候都认为自己的某个特定能力更差，这个结果相当合理。如果你刚好在某个测验上表现很差，那么就可以很合理地推断你缺乏该方面的能力。现在让我们来看第二个图，它显示了个体对自己一般智力的知觉。请注意自尊

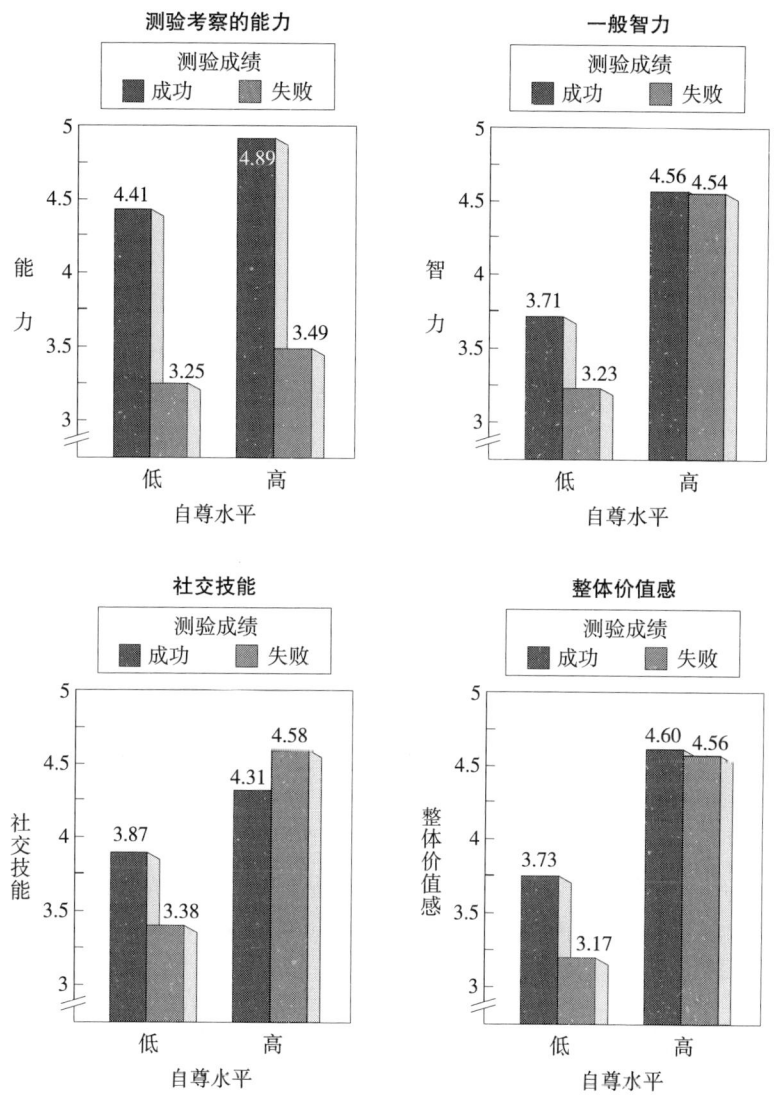

图 8.2 自尊水平、成功/失败对评价的影响，以及评价的一般性。数据表明低自尊的人失败后会过分泛化他们的失败。失败让他们不仅觉得自己缺乏特定的能力，同时一般智力也差，社交能力也不足，不是一个优秀的人。这种过分泛化的现象不会在高自尊者身上发生。

资料来源：Adapted from Dutton，1995，Unpublished raw data，University of Washington，Seattle.

在这个地方的作用。测验失败后,低自尊者开始怀疑自己的一般智力。他们并不认为测验的失败只是意味着自己某个能力的缺乏,他们认为自己的一般智力都有问题;高自尊的人却不会进行这样的推断。虽然他们同意失败意味着他们缺乏特定的能力,但这并不会让他们觉得自己智力很差。

当我们去看失败如何影响被试对社交品质的知觉时(如"你有多热情和友好"),结果就更加具有戏剧性。当在一个智力测验中失败后,低自尊的被试倾向于轻视自己的社交品质。他们似乎会这样说:"我不仅测验做的很差,智力也低,想到这个的时候,我也不是一个很友好的人。"高自尊的人却不会表现出这样的倾向。事实上,他们倾向于通过适当夸大他们知觉到的社交技能来弥补失败(也可以参见:Baumeister,1982a;Brown & Dutton,1995b;Brown & Smart,1991)。

最后,让我们来看测验的表现是如何影响被试对自我价值的知觉(参见图 8.2 的第 4 幅图)。同成功相比,失败使得低自尊的人蔑视自己的总体价值,认为自己不是一个好的人;但在高自尊者身上却没有产生这样的影响作用(类似的结果可参见:Brown & Dutton,1995b;Epstein,1992;Heyman,Dweck,& Cain,1992;Kernis,Bockerner,& Frankel,1989;Sanbonmatsu,Akimoto,& Moulin,1994;在抑郁症患者上的研究可参见:Beck,1967;Carver & Ganellen,1983;Crave,Ganelle,& Behar-Mitrani,1985;Wenzlaff & Grozier,1988)。

这些模型代表了对失败的不同反应。失败对低自尊者的打击非常大。这让他们对自己的感觉非常差,并让他们觉得很丢脸。失败却不会在高自尊者身上产生这样的影响。高自尊者在失败后会很失望,他们也能够接受失败意味着他们缺乏特定能力这一事实。但是,他们并不把失败当成对自己的整体否定,他们也不会感到丢脸或者羞耻。

根据我的判断,这是高自尊者和低自尊者之间最核心的差异。低自尊者的问题是他们的自我价值感是有条件的。如果成功了,你认为自己很棒,并以己为荣。但是如果失败了,你就会认为自己很差,并以己为耻。但高自尊的人却不是这样。他们可以失败，但他们仍然认为自己很好。高自尊者最大的优点就是能够在失败的时候也不会对自己感觉很差。

对失败的行为反应

假设你经受了失败、拒绝、失望等等之类的打击，这些会如何影响你的行为？你已经准备好去接受这些消极事件的挑战，还是会变得相当自我保护，选择避免冒险的情境？越来越多的研究表明低自尊者一般会选择第二个策略。他们变得自我保护，选择避免可能带来消极的自我相关反馈的情境，更希望虽然回报很少但很安全的结果（Baumeister et al., 1989；Tice，1993）。

冒　险

我们首先来看自尊和冒险行为的关系。首先要知道的是人们通常更喜欢确定的收益，而不是不确定的、但可能更丰厚的回报（也就是，"手中的一只鸟抵得上树林中的两只"）。比如，如果让在现在得到 800 美元和有 85% 的机会得到 1 000 美元之间做出选择，人们更希望现在得到 800 美元（尽管第二种情况下，期望价值回报要高）（Tversky & Kahneman，1981）。

约瑟夫斯等人（Josephs, Larrick, Steels, & Nisbett, 1992）发现低自尊者特别倾向于避免冒险。研究者采用自我保护的术语来解释他们的发现（也可以参见 Larrick，1993）。他们认为从事冒险性的选择不仅会影响经济的收益，也能产生消极的心理后果。因为如果冒险不成功会对一个人的决策能力和判断能力提出质疑。由于低自尊者更容易受到消极的自我相关反馈的干扰，他们会选择心理上更安全（虽然可能回报更少）的策略。

因此要注意：并不是经济的损伤让自尊者不愿冒险，而是他们要通过避免知道自己做出了错误决策，并以此来保护自己。作为对这个解释的支持，约瑟夫斯等人（1992）发现，只有在预期会知道他们的决策是好是坏的情况下，低自尊者才会比高自尊者更反对冒险。如果他们没有机会知道自己的决策的好坏，他们不会更拒绝冒险。

自我妨碍

对自我妨碍的研究表明自尊者高度关注自我保护。正如第3章和第7章中讨论到，自我妨碍是指人们有时会为自己的成功设置障碍，如果这样做可以让自己保持胜任的形象。比如：学生在考试前不学习就是一个自我妨碍的例子。自我妨碍同能具备两种功能：（1）它为失败的痛苦提供了自我保护（学生可以抱怨没有准备，而不是将失败归因为能力差）；（2）如果成功了则提供了自我增强（没有学习就能考好，这个学生就可以宣称自己拥有超高的能力）。

在阿金（1981）先前的理论框架上，泰斯（1991）假设低自尊的人会把自我妨碍当成自我保护的手段。当他们进行自我妨碍时，其主要目的是为了避免影射其能力低，并以此保护自己免受失败的痛苦。相反，高自尊的人则把自我妨碍当成自我增强的手段。他们进行自我妨碍时，其目的是为了扩大这样的感觉，即他们拥有很高的能力，即使在自我设置障碍的情况下也能成功。

泰斯（1991）通过一系列研究检验了这些观点。在一个研究中，参与者被告知他们要参加一个测验，这个测验是为了测查一个重要的智力。在自我保护情境下，参与者被告知这个测验能够很清楚地检测出低能力的个体，但不能清楚检测出高能力的个体。在自我增强情境下，实验的指导语颠倒过来。在这里，参与者被告知这个测验能够清楚地检测出高能力的人，但不能检测出低能力的人。

泰斯然后给参与者一定的时间，让他们在测试前进行练习（假设是缺乏练习就是一种自我妨碍行为）。图8.3显示了实验的结果。该图表明当低自尊者相信测验可以很清楚检测出低能力的人时，他们会不进行练习，并以此阻碍自己。而高自尊者则在他们相信测验可以很清楚检测出高能力的人时，才会不进行练习。这些发现提示：低自尊的人使用自我妨碍来避免自己能力的感觉（也就是一种自我保护形式），而高自尊的人使用自我妨碍来加强他们能力很高的感觉（也就是一种自我增强形式）。罗德沃尔特等人（Rhodewalt, Morf, Hazlett,

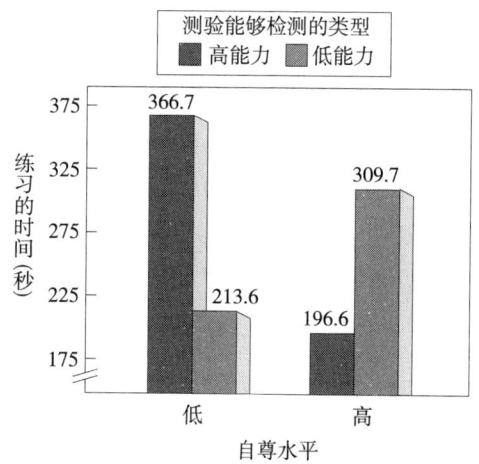

图 8.3 在进行一个能检测出高能力（但不是低能力）或者能检测出低能力（但不是高能力）的测验前参与者进行训练的时间。数据表明低自尊的参与者在他们相信测验可以很清楚检测出低能力的人时，才不会进行练习，并以此阻碍自己；而高自尊者只有在相信测验可以很清楚检测出高能力的人时，他们才会不进行练习。这些发现支持这样一个观点，即低自尊者把自我妨碍当成一个自我保护的形式，而高自尊者把自我妨碍当成一种自我增强的形式。

资料来源：Adapted from Tice，1991，*Journal of Personality and Social Psychology*，60，711-725. Copyright 1991. Adapted by permission of The American Psychological Association.

& Fairfield，1991）发现自我妨碍策略缓解了失败对低自尊者的打击，并且增加了高自尊者获得成功后的兴奋。

任务表现与坚持性

也有研究考察了自尊如何影响个体的任务表现和坚持性。在没有任何先前结果的情况下（也就是在控制条件下）或者在先前成功的情况下，自尊对任务表现没有任何的影响。但是在先前失败的情况下，低自尊者比高自尊者的表现更差（Brockner，1979；Brockner et al., 1983；Shrauger & Sorman，1977；Shrauger & Rosenberge，1970）。事实上，仅仅是预期的失败也可能影响低自尊者的表现（Campbell & Fairley，1985）。

这种现象的发生至少有两种原因。首先，失败让低自尊者把心思完全放在自己身上。他们变得自我关注，这样反过来就会影响他们的表现，因为他们的注意力并没有放在正在做的任务上（Brockner，1979；Brockner & Guare，1983；相关研究也可以参见 Dweck & Leggett，1988）。第二，主动退缩。由于先前的失败，低自尊者并不像高自尊者那样具有坚持性（McFarlin，1985；McFarlin, Baumeister, & Blascovich，1984；Sandelands, Brockner, & Glynn，1988；Shrauger & Sorman，1977）。当然，失败后继续坚持并不具有适应意义（Baumeister & Tice，1985；McFarlin et al., 1984），但低自尊者好像不能敏感地知道什么情况会获利，而哪些情况不会（Janoff-Bulman & Brickman，1982；McFarlin，1985；Sanderlands et al. 1988）。

社会比较

低自尊的人在完成了某个任务或者活动后还依然会处于自我保护状态。在第3章，我们讨论了社会比较过程。在一个高度评价性的维度上把自己同别人进行比较可能会非常危险。但我们把自己和别人进行比较时，就有发现自己比别人差的危险。由于低自尊者高度关注自我保护，因此他们不太愿意冒险，除非他们确信会从中看到自己的长处。

伍德等人（Wood et al., 1994）检验了这个假设，并为此提供了相当的支持。研究者首先在一个所谓的职业成功性测试上给被试成功或者失败的反馈。然后，所有参与者都有机会进行社会比较。当低自尊者认为情况有利时（在得到积极反馈后），他们会急于进行社会比较；但当他们认为情况不利时（在得到消极反馈后），他们往往主动避免社会比较。这种谨慎的、"安全行事"的策略进一步支持了在低自尊者的生活中，自我保护占据统治地位的观点（更多有关自尊和社会比较的研究可参见：Aspinwall & Taylor，1993；Gibbons & Gerrard，1989，1991）。

理论阐释

在此，我们看到失败会让低自尊者感到羞耻，并让自己觉得整体上很无能。我们还看到低自尊者通常有很强的自我保护意识，温顺并缺乏冒险精神。他们甚至会为自己的成功设置障碍，如果这样做能够让他们避免面对缺乏能力的现实。最后，我们看到低自尊者在失败后的表现和坚持性都很差，并且只有当他们相当确信能获得对自己有利的信息时，他们才会和别人进行比较。

对于这种现象的解释产生了两大类理论。一类注重认知因素；另一类注重情感因素。我们将会依次用这两个理论，并以此结束本部分。首先，我们来看这两个理论是如何阐释失败对低自尊者的影响更大的现象；接着，我们将考察它们是如何解释低自尊者为什么更倾向于避免冒险。

情绪痛苦的认知模型

图 8.4 展示了一个情绪痛苦的认知模型的示意图。这个模型从假设低自尊者怀疑自身能力开始，这反过来会让他们预期自己会失败，并将失败归因为自身能力低下。然后，这种挫败感就会波及至自我概念的其他方面。

低自尊者不能对这种过度泛化的影响进行自我补偿。斯蒂尔（Steele，1988）的自我肯定理论（self-affirmation theory）对这种现象的产生原因做了解释。正如我们在第 5 章中讨论的一样，该理论认为个体可以通过强调自己在其他方面的优点从而中和失败带来的消极效应（也可以参见 Tesser & Cornell，1991）。比如，学生可通过强调自己的交往能力来弥补自己在课堂中的挫折。在前面（请看图 8.2），我们注意到，高自尊的个体在面对挫折时会采用类似的

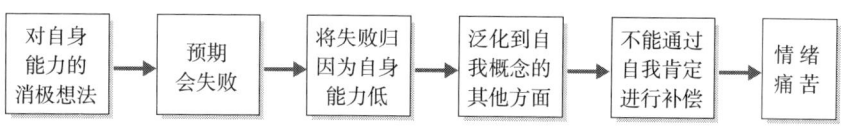

图 8.4 一个认知模型的示意图——用于理解为什么面对挫折时低自尊心的个体比高自尊心的个体所经历的情绪痛苦更大。

反应，而低自尊的个体却不会（Baumeister，1982a；Brown & Dutton，1995b；Brown & Smart，1991）。

斯蒂尔和他的同事认为，由于低自尊者很少对自身能力产生积极的认识，这些很难成为他们可以利用的资源，从而使得他们不能对自己的挫折进行有效的补偿（Josephs et al., 1992；Spencer, Josephs, & Steele, 1993；Steele et al., 1993）。由此可以看出，高自尊者和低自尊者的主要区别在于他们对自身能力的认识。低自尊者对自己能力的畸形认识导致他们更高的挫折感。[2]

情绪痛苦的情感模型

通过追踪自尊如何影响人们看待自身的方式，认知模型为低自尊者为什么比高自尊者在失败时自我感觉更差提供了一个非常合理的、符合逻辑的解释。情感模型则从另外一个角度看这个问题（Brown，1993；Dutton & Brown，1997）。这些模型假设，在小时候，低自尊者只要一犯错误，他们的自我感觉就会变得很差。长此以往，一旦面对失败，这种情感便会再次激发。但是这种情绪不受认知调控，它在很大程度上是自发的、内在的、也是非理性的。

为了阐述这个问题，假设一个小孩子因为打翻了牛奶，或者因为其他的原因，结果变得心烦意乱，这并不是一个认知过程。孩子并不会这样想："我打翻了牛奶。这就意味着我身体协调能力差。而具有良好的身体协调能力是社会所期望的。我几乎没有其他值得骄傲的品质来弥补这种缺陷。因此，我很差劲。"真实的反应却是更加为分化和自动化的。那个孩子在打翻牛奶后会很简单地得出自己是一个坏孩子的结论。情感模型认为，低自尊者面对失败会做出同样的反应。挫折会自动地让他们的自我感觉很差。

---

[2] 斯蒂尔（1988）的自我肯定理论和林维尔（Linville，1975）的自我复合（self-complexity）理论相关（请看第5章）。两者之间的主要区别在于，自我肯定理论认为，如果个体其他的优点越多，那他从挫折中体会的痛苦就越少；而自我复合理论却认为只要个体有很多自我认同之处，不管是积极的还是消极的，都会减少他们对于成功和挫败的极端反应。

这种理论将个体的早期经历和后来对挫折的反应对应起来。爱泼斯坦（Epstein，1980）也对这种对应进行了说明：

> 高自尊者通常都会有一对很爱他们的父母，他们以孩子的成就为荣，并会容忍他们的失败，这样的人倾向于拥有乐观的生活态度，并会容忍外在的压力，而不会因此变得非常焦虑。虽然他们也会因为一些特殊的经历而感到失望和沮丧，但他们会很快从失败的阴影中走出。相反，低自尊者却有一对不赞同他们的父母，他们对孩子的失败很苛刻，对成功也只有短暂的快乐。这样的个体对挫败和拒绝过分敏感，对挫折的容忍度低，容易陷于失败的阴影而难以恢复，生活态度也很悲观。（Epstein，1980，p.106）

自我保护的理论模型

对于低自尊者的高自我保护意识和低冒险精神，认知模型和情感模型各有见解。行为的期望—价值模型为理解这些差别提供了一个有用的框架。正如我们在第 6 章中讨论的一样，这些模型假定个体能否进行自由的行为选择取决于两个因素：个体对收益的期望，个体对能否得到这些收益的价值判断。

认知模型更加注重期望—价值模型中的期望因素。他们认为，低自尊者不情愿冒险是因为他们对成功的自信心不足。情感模型强调期望—价值模型中的价值因素。他们认为失败的消极诱因（失败的痛苦）对低自尊者来说更为重要。这也就解释了为什么低自尊者有更强的自我保护意识。

我们从信心和后果这个角度来考察这两个理论的区别。认知模型认为低自信指导着低自尊者的行为。低自尊者经常踟蹰不前，是因为他们对成功缺乏自信心。如果他们认为他们擅长于做某件事情（如认为自己有很高的能力），他们便不会拒绝冒险。情感模型认为，后果是导致这种现象的主要因素。低自尊者拒绝冒险是因为他们害怕失败，而不是认为自己不能成功。确切地说，他们害怕尝试。

布罗克纳（Brockner，1984）认为这些因素的结合使得低自尊者面对社会问题时更加脆弱。缺乏自信，对反对和批评的过度敏感，这些都使得低自尊者常常屈服于别人的意志。这就可以解释为什么低自尊者和很多青少年的消极行为（像药物滥用、危险性行为等）联系在一起（Hawkins，Catalano，& Miller，1992）。这种行为经常是同伴压力的产物，而低自尊者通常不能抵御。

应用和反思

自我增强和自我一致性

本章所综述的结果涉及二个长久以来的争论。第一个争论是"自我增强与自我一致性的争论"。自我一致性理论（参见第3章）认为人们总是在努力保持自己的信念、态度和行为之间的一致性，而一致性的缺失将会给他们造成紧张感，并驱使人们去消除这种紧张感。因此，自我一致性理论预测：同拥有消极自我概念的个体相比，拥有积极自我概念的个体更不容易接受消极的反馈，也因而受到更大的影响（因为消极的反馈和他们积极的自我意象更加不一致）。

相反，自我增强理论预测：个体总是努力去获得良好的自我感知。同时，它也假设如果这种愿望得不到满足的时间越长，它也会变得越强烈（就像饿得更久，就越想得到食物）。因此，自我增强理论认为：同拥有积极自我概念的个体相比，拥有消极自我概念的个体更不容易接受消极的反馈，因而受到的影响也更大。

施劳格尔的"情感—认知"区分

施劳格尔（Shrauger，1975）在文献回顾的基础上发现每个理论都有支持的证据，究竟支持哪个理论取决于研究考察人们面对消极反馈时的认知反应还是情绪反应（也可以参见Swann，Griffin，Predmore，& Gaines，1987）。个体对消极反馈的认知反应和自我一致性模型一致：相比积极自我概念的个体，消极自我概念的个体会更少接受消极反馈（如他们更不愿意认为它是准确的，也不愿意将此归结为自己的原因)。相反,个体对消极反馈的情绪反应和自我增强模型一致:拥有消极自我概念的个体比拥有积极自我概念的个体更容易受到消极反馈的干扰。

虽然施劳格尔的综述强调了任务特异性的信念和期望的影响,但他的分析仍然阐释了整体的自尊心是如何影响个体对消极反馈的反应的。低自尊者更不愿意接受消极反馈,这和自我一致性模型一致(Blaine & Crocker,1993);低自尊者受消极反馈的影响更大,这和自我增强模型一致(Brown & Dutton,1995b;Dutton & Brown,1997)。

个体对积极反馈的反应比对消极反馈的反应更加复杂。自我一致性理论预测:低自尊者面对积极反馈的时候会变得很不自在,因为这与他们对自我的认识相冲突。虽然一些研究对这种预测支持(如 Brown & McGill,1989;Marecek & Mettee,1972),但更多的研究都不支持这种预测。大多数研究发现自尊心在个体对积极反馈的反应上没有影响(如 Brown & Dutton,1995b;Campbell,1990;Shrauger & Lund,1975)。

自我验证理论

斯旺关于自我验证过程的研究(Swann,1990,1996)提供了一个非常重要的特例。在第3章中我们谈到,自我验证理论和交际行为相关。它认为,个体总是"需要他人来检验和肯定他们的[自我概念],即使这种[自我概念]是消极的"(McNulty & Swann,1984,p.1013)。这种理论使斯旺预测:拥有消极自我概念的个体不容易接受他人的积极反馈。

斯旺和他的同事(De La Ronde & Swann,1993;Swann,1996)用这种观点来理解低自尊者的行为。他们认为:低自尊者被两种相互对立的动机折磨着。一方面,他们需要有良好的自我感受,这就使他们去寻找并欢迎他人的积极反馈。另一方面,他们并不希望别人对他们有过高的评价,因为他们觉得他们没有能力达到这样高的水平。这两种相反的念头会使得低自尊者处于一个为难的困境:尽管他们深受交往拒绝的伤害(Dittes,1959;Jones,1973;Smith

& Smoll，1990），他们有时也会拒绝来自他人的积极反馈（Swann，Pelham，& Krull，1989）。在极端的情况下，自我验证的需要可能会使低自尊者寻求和维持消极的人际关系（Swann，1996）。

整体自尊心和具体的自我评估

和"自我增强—自我一致性"争论密切相关的一个问题是：自尊心到底是被当做一个整体的人格变量，还是和个体在特定领域里如何评估自己有关。为了和人格研究的整体趋势一致，当代的很多理论家（如 Bandura，1986；Marsh，1990；Swann，1990）认为，相对于整体自尊心，特定的自我评估是预测（广义定义的）个体行为更好的指标。更有人指出，整体自尊心只是一个虚构的概念（Gergen，1971）或者只有很小的价值：

> ［我的］研究使我越来越认为整体自我概念——不管如何推论——不是一个特别有用的概念。整体的自我概念并不能充分反映自我在各个方面的差异。如果自我概念［研究］是为了理解不同背景下个体的复杂性，是为了预测多样的行为，是为了给不同的干预方法提供结果测查，是为了将自我概念和其他概念联系起来，自我概念的具体方面比整体指标更有效（Marsh，1990，p.100）。

在这一点上，已有的研究证据并不一致。比如，个体学业能力的自我概念比整体自尊更能准确地预测个体学业成绩（Marsh，1990）。但对于预测个体的主观幸福感（psychological well-being）来说，整体自尊比具体领域的自我评估更合适（Rosenberg，Schooler，Schoenbach，& Rosenberg，1995）。当用它们来理解个体对成功和失败的反应时，研究的证据同样也很不一致。一些调查发现，具体的自我概念比整体自尊更能很好地预测这些反应（如 Feather，1969；Marsh，1990；Swann et al.，1989）；其他的研究要么发现相反的证据，要么发现混合的结果（如 Brockner & Hulton，1978；Dutton & Brown，1997；Moreland & Sweeney，1984；Shrauger & Sorman，1977）。

施劳格尔的情感—认知区分理论（1975）也可以用来阐释这种现象。达顿和布朗（1997）发现，具体任务的自我评价（即成就期望和对自己竞争力的认识）指导个体对评价性反馈的认知反应，而整体自尊心却指导个体对评价性反馈的情感反应。这些发现表明：这两个概念都是非常重要的，它们影响了心理生活的不同侧面。

作者注：对感知的一些思考

在这一章，我比较了自尊心的情感模型和强调认知因素的模型进行了对比。在比较的过程中，我对每种视角的主要观点进行了不带任何评论和倾向性的阐述。在本章的最后一个部分，我将从脱离这种方法，并对这两种模型进行评论性的检验。

首先，我们注意到自尊心的认知观正在主导着当前人格和社会心理学的思潮。部分原因在于，它比情感模型更符合当前的认知思潮。它同样比情感模型阐述得更清楚，也更容易进行实验的检验和完善。这些都是一个理论非常希望拥有的特点。

尽管如此，我个人认为这种理论并没有充分把握自尊的特性。这可以从两方面看出：首先是它对自尊心的起源的认识，其次是它对低自尊者面对挫折时感觉很差的原因解释。我们先来思考第一个问题。

自尊的形成

认知模型引入了信息—融合的方式来理解自尊的形成。他们认为，自尊通过大量的理性过程发展而来。个体审视自己不同的品质，并将这种信息融合到一个整体的评价中。斯坦利·库珀史密斯（Stanley Coopersmith, 1967），这位自尊研究的先驱这样总结这种方法：

> ［自尊心］是基于判断的过程，在该过程中，个体依据个人的标准和价值观考察着自己的表现、能力和品质，并得到自身价值的结论。

（Coopersmith，1967，p.7）

我并不这样认为。在我看来，人们并不会考察自己的不同品质，也不会由此决定是否喜欢自己。人们对自己的感觉更加不理性。正如法国哲学家帕斯卡尔所说："感情自有原因，但推理却无从获知。"虽然帕斯卡尔是指对他人的爱，但这也适合于对自我的感觉。

这个观点和威廉·詹姆斯的看法一致。虽然他认为"自尊＝成功/抱负"，也就是说自尊是基于认知过程的，同时他也相信自尊不是那么符合逻辑的。"我们每个人都具有一个自我感觉的平均概念"，詹姆斯写道，"它不受我们可能感到满意或者不满的客观原因的影响。"（James，1890，p.306）。调和这个冲突的途径是假定詹姆斯的自尊公式更适用于自我价值感（比如：我们对已有成就的骄傲），而不适合整体自尊。

认知观存在的另一个问题是，它描述的自尊是有条件的，也是非常脆弱的。建立在拥有特定品质上的自尊是不稳定的（Kernis et al., 1993），而且容易受到打击。如果发生了破坏我们在该领域的自我评价的事件，我们的自尊就会蒸发。自尊如果要具有价值，它应该把人们从这样的经验中隔离出来。高度自尊的人应该（事实上也是）在即使发现自己无法胜任某一个工作时，也对自己的感觉非常良好。这样的分析进一步说明高自尊者不是基于自己的构成品质（one's constituent qualities）来评价自己的。

认知模式还假定认知是非常复杂的。也就是说，这个模式预测自尊至少在儿童中期以前都没有发展起来，因为这时，对模型描述的各种判断所需的认知能力才逐步形成。发展心理学家苏珊·哈特尔明确地阐明了这一点，她认为整体自尊是"一个复杂的认知结构，直到心理年龄大于8岁以后才会出现"（Hater，1986，p.145）。但是这个观点却和一些儿童研究证据相冲突，很小的儿童就已经在自尊上表现出了不同，而且这种差异可以预示他们成年以后的自尊水平（Cassidy，1990；Sroufe，1983；Sroufe, Carlson, & Shulamn，1993）。

最后，认知模式首先需要回答这样的问题，即什么决定了自我评价。比如，假设我们考虑人们认为自己究竟有多吸引人。所有人，无论年龄、性别，都认为吸引力和自尊的关系非常密切（Harter，1993；Pliner et al., 1990）。喜欢自己外貌的人就会喜欢他们自己（或者喜欢自己的人就会喜欢自己的外貌）。认知的方法假定因果连线的箭头是从感觉自己的吸引力指向自尊。人们因为某种原因认为他们自己有吸引力或者没有吸引力，这样的判断影响了自尊的水平。认知的方法没有回答的问题是，开始时，人们凭什么判断自己具有吸引力。

一个可能的解决方法是假定人们能够正确地感知自己究竟有多吸引人。但是正如我们在第 3 章中提到的那样，事实并不是这样。人们对于自己吸引力的认知和别人对他们的看法并没有紧密的联系；真实的吸引力也与自尊无关（Feingold, 1992）。对于所有其他具有高度评价意义的品质特性，情况同样如此。相对自尊水平低的人，高度自尊者认为自己具有更高的竞争力、智力、才能和受欢迎程度，但实际的情况不是这样。平均而言，高自尊的人在这些优秀品质方面并不比低自尊的人更优秀，而且真正拥有这些优秀品质的人也并不比缺乏这些品质的人表现出更高的自尊水平。

因此，我们发现的是：虽然自尊和人们对自己的评价有很大的关系，但是却和人们真正具有的品质不一定有关。这样的模式给认知模式提出一个问题：如果人们对于自己的认知不是基于他们真正的情况，那么这些想法究竟是从何而来的呢？

自尊的情感模式假设自尊在早期发展形成，然后发挥滤镜的功能，让人们通过它来看待自己的品质和经历。对自己感觉良好的人，给予自己积极的评价——他们喜欢自己的长相，欣赏自己的才能，而且相信自己热心、友好、讨人喜欢。这是一种自上而下的关系（从整体自尊到自我评价），而不是自下而上的关系（从自我评价到整体的自尊）（Brown，1993；Brown, Dutton & Cook，1997）。

自尊和失败

认知的观点对于为什么低自尊的人在失败时对自己的感觉如此糟糕的解释也不完整。根据认知模式，低自尊的人具有以下特征：（1）认为他们自己的能力很低;(2)预想自己会失败;(3)当失败的时候,能够容易接受;(4)失败的经验会泛化影响其他方面的自我概念;(5)不能从其他方面弥补失败带来的挫折,因为他们不认为自己在别的方面做得好。

我曾经也是认可这种观点的理论家之一(如 Brown,Collins,& Schmidt,1988;Brown & Callagher,1992;Brown & Smart,1991)。但是现在,我认为这是错误的。一个问题是该模型假定的低自尊者身上存在的消极性实际并不存在。让我们回到表 8.4。大家可以注意到低自尊的人并没有用消极的词汇来描述自己。他们并不认为自己不聪明、不具有竞争力、经常失败。实际上他们认为自己相当地讨人喜欢,相信自己聪明、和蔼、而且比大多数人更受欢迎,同时他们也非常吸引人、很有天分也很性感。这些结果与认知模型认为低自尊者的消极评价自己的假设不一致,而这正是认知模型的立脚点。认知模式认为低自尊的人容易受到失败的负面影响是因为他们认为自己不能做好任何事情,有很多消极的品质,而这种说法是毫无意义的。事实上,他们认为比大多数他人聪明,一点也不会没有胜任力。

有人可能会争论,缺乏负面评价的现象可能仅仅出现在低自尊的大学生中间。但目前我还不知道有任何证据能够支持大学生比其他群体的自尊得分要高,虽然自我反抗(self-deprecation)在某些群体中(如重度抑郁者)中会出现。但是,在没有对自己做出高度负面评价的低自尊人群中,仍然可以看到不同的自尊水平。可以确信,这些效应并不是单独由消极思维导致。

更重要的一点是:认知模式假定的低自尊特性是自我批判(self-criticism)。很多低自尊者都不符合这样的定义。他们认为自己具有很好的品质,虽然他们在失败时感觉到耻辱和羞愧(Bednar,Wells & Peterson,1989)。这并不是因为缺乏积极的自我评价,而是一种无法说明的差劲感,一旦失败就会自动的表现出来。实际上,我们可以很容易地想象一个低自尊的人这么说"是的,我知道我是一个聪明的,具有吸引力的人,我可以把很多事情做好,但我就是不能自我感觉良好,特别是在我失败或者犯错误的时候。"

总而言之,我认为认知模型过分理性地描述了自尊的形成和功能。我不认为人们对自己的想法和他们对自己的感觉无关，但自我评价也不是相关的思考的结果。在自尊背后的认知发生在前意识水平，它们可能是爱泼斯坦（1990）所谓的体验系统，而不是理性系统中的一部分。这些自动化的想法（Bargh & Tota, 1988；Beck, 1967）或非理性的信念（Ellis, 1962）是没有区分性的、弥散的。它们是有关一个人的总体价值的模糊概念（如"我是一个好人还是一个坏人"），而不是对具体的能力或者品质的概念。

提高自尊的建议

我们的分析为提高自尊提供了很好的建议。很多提高自尊的计划都试图通过鼓励人们关注自己的优点来慢慢灌输较高水平的自尊（McGuire & McGuire, 1996；Mruk, 1995）。他们假定积极的自我评价会产生高自尊。实际上很多低自尊的人都能够很积极地看待自己，这一事实对他们的假说提出了质疑。

用类似的思路，归因再训练计划鼓励人们把失败归因于自己能力低下以外的其他因素（Seligman, 1991）。其中暗含的逻辑是感知到自己能力低，会使人们的自我感觉很糟糕。这样的说法当然有一定的道理，但是鼓励人们做出那样的归因的同时，也鼓励他们把自我价值感同他们取得的成果、知觉到的竞争力等紧密地联系起来。最后，这样的策略会使得人们出现适应不良。生活中有很多事情都不能完全做好，除非我们仅仅基于自我评价建立自尊，否则我们没有理由因此而自我感觉很糟糕。

与通过建立自信（"你可以做到"）来训练低自尊者相反，我认为我们应该帮助人们认识到："我做不好也没关系，那并不意味着我很差"。不幸的是，这句话说来容易做着难。我不是临床心理学家，我在该领域的建议不过是直觉而已。同时，我的直觉还告诉我，安全的人际关系能够创造高自尊的归宿感和掌控感（我看做定义高自尊的特征），其中人们可以感觉到自己被无条件地关爱和接纳。

这个观点和卡尔·罗杰斯在20世纪40年代开发出来的一类治疗方法一致。罗杰斯（1951）认为治疗师的角色是无条件地接受来访者，让来访者相信自己是一个有价值的人。在目前的方法中，这样的策略假定自尊的改变需要更多集中在对自己的整体感觉上，而不是基于对能力或者品质的认知判断上。从最终的意义上讲，自尊不是一个判断而是一种感觉。它不是依赖于对他是什么这样一种毫无感情的思考，而是基于他是谁这样一种充满感情的知觉。

总　结

在这一章中，我们考察了自尊的本质、起源和影响。我们首先介绍了自尊这个概念，以及运用该术语的三种不同方式。有时候这个概念指整体的人格变量，有时指人们如何评价他们的具体特性和品质，有时还指人们特定的情绪状态。

接下来我们检验了自尊发展的三个模型。情感模型假定自尊在人的早期发展而成，是亲子关系的产物。认知模式认为自尊基于人们评价自己各种品质的方式。社会模式认为自尊基于社会整体上如何看待他。

我们接下来讨论了当人们面对消极事件时，比如学业失败或者遭到他人拒绝时自尊发挥的作用。消极事件让低自尊的人（但不是高自尊的人）认为自己不能胜任，因而感到耻辱和羞愧。低自尊的人具有高度的自我保护性，害怕冒险，通常都选择远离会给他们带来消极反馈的事件。我们把相关的结果运用到与自尊的本质和来源有关的几个长期争论中，并以此来得出本章的结论：

- 自尊的概念有三种使用方式。有时自尊指整体的情绪感觉（也就是整体的自尊）；有时自尊指人们在具体各个方面评价自己的方式（也就是领域特定的自尊）；有时自尊还指人们对瞬间的自我价值感（也就是状态自尊）。本章，我们使用的自尊概念仅仅指人们对自己的整体感觉。
- 自我报告问卷经常被用来测量自尊。由于这类问卷明确地询问人们对自己的感觉如何，因而很容易受到自我展示偏差和防御性反应的影响。自尊的非直接的测量能够避免这些不足。
- 自尊发展的情感模式认为归属感和掌握感构成了高自尊本质；而且这些感

觉是在人的早期发展起来，很大程度上是亲子关系的结果。依恋风格研究支持早期亲子关系与自尊相关的观点。

- 自尊发展的认知模式假定自尊发展于理性的加工过程中。人们考察自己的各种品质，并按照某种方式整合这些知觉，从而形成一个整体的自尊感。各方面的知觉可以简单相加，也可以按照重要性进行加权。还有一个可能是，自尊取决于我们目前的自我意象是否和理想的自我意象相吻合。

- 社会学模型认为自尊取决于社会总体上如何看待个人。该观点预测在社会上处于劣势或者被歧视的人会比享有社会特权的人的自尊水平低。但支持这个观点的证据很少，部分原因在于人们常常以自己的团队为骄傲，部分原因还在于人们并不会被动地承认或者同意社会对于他们的看法。

- 高自尊的人比低自尊的认为他们拥有更多积极的品质，但是低自尊的人也会用积极的概念来描述自己。

- 自尊影响人们处理消极的、与自我相关反馈（比如课堂的失败或招人拒绝）。此类事件让低自尊者为自己感觉到耻辱和羞愧，并认为自己各方面都不能胜任。失败不会对高自尊者产生这样的影响。当高自尊的人失败时，他们会感觉到失望，而且他们能够接受失败意味着自己某一方面特定能力的缺陷的事实。然而他们不会把失败当做对自己品质的整体否定，失败不会让他们觉得耻辱和羞愧。

- 低自尊的人采用自我保护取向。很多时候，他们不愿意冒险，而宁愿考虑回报更少、但很安全的选择。高自尊的人更倾向于自我增强。他们愿意接受可能会带来更多回报的挑战和冒险。

- 为了解释低自尊者表现出来的冒险回避，自尊的认知模式强调低自尊人群中消极自我概念的作用（比如缺乏自信）。情感模式强调低自尊者很难处理失败（比如过于强调结果），从而导致避免冒险。

- 人们评价性反馈的认知反应符合自我一致性模式（人们更易于接受符合他们对自己看法方式的反馈）。人们对于评价性反馈的情绪反应与自我增强模式一致（低自尊者比高自尊者更容易受到失败造成的情绪困扰）。

- 整体的自尊和领域特异性的自我评价都是重要的心理学概念，但是它们不能相互替换。在不同的情况下，它们可能通过独立的、附加的或者交互作用的方式影响行为。
- 自尊的认知模式目前主宰了社会心理学的观点。但是值得注意的是，人们评价自己各种品质的方式决定了他们的自我感觉的说法还没被接受。而且，大部分低自尊者相信自己拥有很多积极的品质，这个现象说明自我批评、缺乏自信和以及消极的自我评价不是低自尊者的基本特征。

补充读物

Baumeister, R.F. (1993). (Ed.). self-esteem: *The puzzle of low self-regard*. New York: Plenum Press.

Bednar, R.L., WELLS, M.G., & PETERSON, S.R. (1989). self-esteem: *Pardoxes and innovation in clinical theory and practice*. Washington: American Psychological Association.

Kernis, M.H. (1995). (Ed.). *Efficacy, agency, and self-esteem*. New York: Plenum Press.

Rosenberg, M. (1979). *Conceiving the self*. New York: Basic Books.

Swann, W.B., JR. (1996). *Self-traps: the elusive quest for higher self-esteem*. New York: W.H.Freeman & Co.

Wells, G.E., & MARWELL, G. (1976). *Self-esteem: Its conceptualization and measurement*. Beverly Hills, CA: Sage.

Wylie, R.C. (1979). *The self-concept* (Vol.2). Lincoln: University of Nebraska Press.

9

抑 郁

韦恩·麦克达菲曾在东南几所大学任足球教练，而且工作出色。足球是麦克达菲的生命；无论何时何地，离开足球他都无法生活。只要能做教练，麦克达菲就觉得快乐。但是教练在体育界不是一个稳定的职业。当麦克达菲被佐治亚大学辞退时，他陷入一种严重的抑郁状态。一天下午，他得知迈阿密海豚队拒绝了他的求职。麦克达菲自杀了，抛下妻子和三个孩子。

韦恩·麦克达菲的故事是一个极端的例子，但并不特别。大约15%的人在生活中有过一次抑郁体验（Secunda, Katz, & Friedman, 1973），这些体验大部分源自重大生活事件（Paykel, 1979）。虽然这些抑郁感在6到9个月后减缓，但其中约20%的人患上抑郁症会持续至少两年（Downey & Coyne, 1990）。此外，体验过一次抑郁的人很容易再次陷入抑郁，也许会在生活中体验5到6次抑郁（Amenson & Lewinsohn, 1981）。而且，抑郁与自杀有密切关系。大约每200个抑郁者中就有一个人试图自杀，而大部分试图自杀的人都在近期有抑郁体验（Minkoff, Bergman, Beck, & Beck, 1973）。

抑郁症（depression）是一种普遍的、种类各异的恶性疾病。它受许多因素影响，有各种各样的症状，可以分为几个亚类型。本章的重点是理解与自我有关的过程对抑郁的产生及持续所起的作用。我们可以从多种角度解释抑郁，比如强调基因因素、生化因素，以及大环境因素（例如，贫穷和暴力），但本章不考虑这些因素，只关注与自我有关的过程。这并不意味着其他因素不重要，而是因为它们与自我心理学没有太大关系。

我们的论述将围绕三个密切相关的问题。首先，我们要考察抑郁的起因，即是什么导致了抑郁，人们对自我的看法和感知如何影响抑郁的产生？我们要考虑的第二个问题是抑郁本身。抑郁期间个体对自我的看法和感知具有突出的特征，抑郁者对个人信息的处理不同于不抑郁的人。本章的第二节将探究这些问题。最后，我们来看看影响抑郁持续时间和严重性的因素。这一节的重点是探讨为什么有些人能很快地从抑郁中走出来，而其他人则不能。

主要概念

抑郁的素质—应激模型

我们将按照图9.1所示的模型展开讨论。这个模型是素质—应激模型（diathesis-stress model）（Monroe & Simons, 1991），它指出影响抑郁产生的两个一般性因素。一个因素是消极的生活事件（或应激源），这些事件一般指一个人失去了爱、安全、自我认同或者自我价值的重要来源。爱人去世、一段浪漫关系的终结，或者个人的一次惨败都是典型的例子（Arieti & Bemporad, 1978）。

布朗和哈里斯（Brown & Harris, 1978）的一项重要研究揭示了这类消极事件与抑郁之间的联系。他们对生活在伦敦某区的400个妇女（年龄在18～65岁之间）进行了访谈，然后对这些妇女前一年有没有出现抑郁症状，以及她们所经历的消极事件的性质和数量进行评估。在所有的样本中，30%的

主要概念

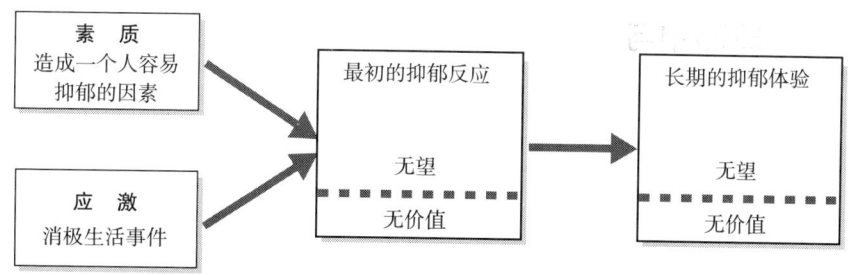

图 9.1　抑郁的素质—应激模型图示。当一个容易抑郁的人经历一个消极生活事件时，他的抑郁反应产生了。这种抑郁反应的特征是无望感和/或无价值感。最后，这根箭头向前的虚线表明，短期的抑郁反应可能迅速减轻或者转变为长期的抑郁。

妇女报告说，在接受访谈前的 9 个月内，她们曾经历过一次重大的消极事件或者长期处于困境，在那些有过一次抑郁体验的妇女中，75%的人经历过重大消极事件。

布朗和哈里斯（1978）收集的数据说明抑郁通常发生在消极生活事件之后。同时，这些数据也表明，只有少数经历过重大事件的妇女才会产生抑郁。基于这些结论以及其他人的发现（Paykel，1979），研究者们目前一致认为，消极生活事件导致抑郁的情况只发生在一部分人，而不是大部分人身上。这个事实促使研究者去寻找一些变量，这些变量决定着在遇到压力时谁产生抑郁，谁不产生抑郁。

这些变量的正式名称是素质（diathesis）。素质是一个易感因素（vulnerability factor），它影响着一个应激事件所带来的伤害的大小。打个比方，素质好比一个结构完整的建筑物，如果发生地震，一个不够坚固的建筑物会比一个坚固的建筑物受到更严重的毁坏。研究者的思路与此类似，他们想确认一些因素，这些因素影响人们在面临压力时是否产生抑郁。我们很快就会明白（As we will see momentarily），这些易感因素中有一部分与人们看待自己的方式有关。

抑郁中与自我有关的两个特点：无望和无价值

1917 年，弗洛伊德出版了一本关于抑郁的书，书名为《哀伤和忧郁症》（*Mourning and Melancholia*）。弗洛伊德认为抑郁具有两种形式。哀伤形式的抑郁是因失去一个真实的爱的对象（如爱人去世）而做出的悲伤反应。哀伤的特征是极度的悲伤和绝望，但并不内疚、羞耻或自责。忧郁症形式的抑郁是因失去更心理性的原因（如感到无法实现理想或者达到标准）而做出的反应。其特征不仅是极度的悲伤，还有自责和自我贬低。

基于这些文献，当代的研究者已经确认了抑郁者中常见的两种与自我有关的知觉（参见图 9.1 的中间部分）。当人们认为自己或者其他人不能给予他们希望的结果，或者使他们避免消极的结果时，会感到无望（hope lessness）。无望引起沮丧和退缩，这是抑郁的两个重要方面。当人们认为自己软弱、堕落或者一无是处时，会感到无价值（worthlessness）。这些知觉也是抑郁的主要特征。[1]

有些情况下，抑郁仅表现为这些知觉中的一种（如失去爱人的人会感到无望，但并不觉得自己无价值）。有些情况下，两种知觉都存在（一个人的爱人去世时，会因永远无法再见到爱人而感到无望，同时也会感到内疚，因为在爱人生前自己没有多花时间陪伴他/她）。

无助在抑郁中也比较常见。这个术语指一个人感到自己没有能力改变一个糟糕的状况。无助是无望的一种表现。人们有可能只感到无助而并不感到无望（如我无能为力，但我知道有人能），但根据定义，感到无望的人也会感到无助。而且无助会导致无价值感。对很多人而言，软弱、无效和无能的感觉都会引起无价值感。

---

[1] 图9.1仅仅强调了抑郁症状中与自我有关的特征。其实，我们后面会讨论到，抑郁还有许多其他的症状，包括躯体障碍（如睡眠困难）、动机障碍（如冷漠），以及情绪障碍（如悲伤）。

抑郁的过程：抑郁反应和持续抑郁

图 9.1 显示在我们回顾抑郁的与自我有关的过程研究中另一个需要注意的地方。我们将要回顾的一些研究考察了人们为什么会直接对一个事件做出抑郁反应；其他的研究则重在解释抑郁反应为什么会持续下来，变成长期的抑郁（long-term depressive episode）。将抑郁反应和持续抑郁区分开是很重要的，因为对失落和失望做出抑郁反应是很普通的。虽然这样的反应大部分会自我约束（self-limiting），但它们都会在几天或者几星期内减轻。在少数情况下，这些反应才会持续或者加剧，直至严重影响正常生活。

遗憾的是，并不是所有的研究都会区分短期的抑郁反应和临床上严重的长期抑郁。有些研究用术语"抑郁的被试"来描述那些因为一个事件而体验到轻微或短暂抑郁反应的人。这些反应一般通过自我报告测得，与极端或长期的抑郁不同（作为讨论，参见 Coyne，1994；Flett，Vredenburg，& Krause，1997；Kendall，Hollon，Beck，Hammen，& Ingram，1987；Vredenburg，Flett，& Krames，1993）。为避免含糊，如果一个研究中的被试未经抑郁方面的临床诊断，讨论时我将使用术语焦虑（dysphoria）（而不是抑郁）。

抑郁的自尊模型

以该讨论为背景，我们来分析与自我有关的过程如何影响抑郁的产生和持续。

低自尊是导致抑郁的高危因素

我们要探究的第一个问题是，低自尊是否容易造成抑郁。这个问题不像自责是不是抑郁的症状（前面讨论过）那么简单，而是指低自尊是否作为一个稳定的、具有倾向性的易感因素（如一种素质）在起作用。用更简单的话说：面对消极生活事件时，低自尊的人是否比高自尊的人更容易产生抑郁？

回顾第 8 章，我们发现很多资料都暗示着这种联系。比如，达顿和我发现，在面临失败时，低自尊的人比高自尊的人有更强烈的情绪困扰，部分原因在于失败使得低自尊的人自我感觉很糟糕（Brown & Dutton，1995b；Dutton，1995；Dutton & Brown，1997）。这些研究结论并不能证实低自尊的人比高自尊的人更容易产生抑郁，但与此观点并不矛盾。

乔治·布朗和他的同事们（如 Brown & Harris，1978；Brown，Andrews，Harris，Adler，& Bridge，1986）已经发现了更为明确的证据，来证明低自尊是导致抑郁的一个高危因素。最早支持这个结论的是我们前面讨论过的布朗和哈里斯（1978）的研究。我们来回忆一下，布朗和哈里斯发现许多抑郁的妇女先前经历过一个应激性生活事件（a stressful life event），但并非所有经历过应激性生活事件的妇女都会抑郁。另外的数据分析揭示出，某些社会特征使一个人更容易产生抑郁。这些特征包括幼年丧母，以及成年期缺乏亲密、可以信赖的关系。他们推断，这些因素通过降低自尊，使人们易于产生抑郁。因此，在这个模型中，先前的社会经历，包括失去爱人或者缺乏亲密关系，导致了低自尊，而低自尊与后来的消极生活事件结合起来，加大了人们产生抑郁的可能性（Brown，Bifulco，Veiel，& Andrews，1990）。图9.2 就是这个模型的主要框架。

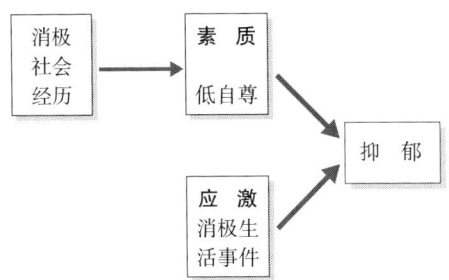

图 9.2　乔治·布朗的自尊与抑郁模型。消极社会经历（尤其是童年丧母和成年期缺乏亲密的、可以信赖的关系）导致低自尊。当消极生活事件发生时，低自尊作为一种素质作用于抑郁。

资料来源：Adapted from Brown & Harris，1978，Social origins of depression：*A study of psychiatric disorder in women*. London：Tavistock.Copyright 1978.Reprinted by permission of Tavistock Publications.

乔治•布朗等（1986）进行了一个追踪研究来验证这个模型。根据预测，当应激性生活事件发生时，低自尊（以访谈时被试消极自我陈述的数量为指标）以一种易感因素起作用。这种作用表现为，面临一个消极生活事件时，低自尊妇女产生抑郁的可能性几乎是高自尊妇女的两倍。其他的一些研究也支持布朗的模型（Andrews & Brown，1993；Brown, Bifulco, & Andrews, 1990；Miller, Kreitman, Ingham, & Sashidharan, 1989；Roberts, Gotlib, & Kassel, 1996），也就是说，当消极生活事件发生时，低自尊使人们易于产生抑郁。

抑郁的自我价值关联模型

抑郁的自我价值关联模型（self-worth contingency models of depression）是从另一种视角看待自尊在抑郁中所起的作用。这个模型的前提是认为人们尽量使自我感觉变得良好（换言之，要满足自我提升的需求）。容易抑郁的人具有高条件性自我价值感（conditional feelings of self-worth）。当某些条件得到满足时（如正处于一段浪漫关系中；工作或学业成功），他们自我感觉良好，当这些条件得不到满足时，他们自我感觉不好。根据这些模型，当经历威胁到这些"自我价值的条件"时，抑郁产生了，人们觉得以后自己再也不能满足自我提升的需求了（见图9.3）。

精神分析模型

抑郁的自我价值关联模型最初由精神分析学派的理论工作者提出。雷多（Rado, 1928）和费尼切尔（Fenichel, 1945）认为有抑郁倾向的人具有过高的人际依赖需求（interpersonal dependency needs）。他们拼命追求他人的赞同和认可，当这种追求失败时，抑郁就产生了。这种情况酷似一个年幼的孩子渴望得到他人永久的、百分百的关注和爱。

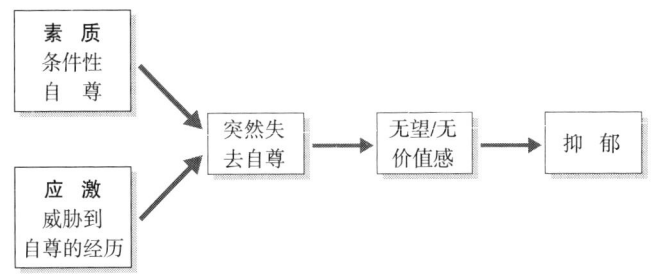

图 9.3 抑郁的自我价值关联模型。高条件性自尊是一种素质。当消极生活事件威胁到这些"自我价值的条件"时,人们感到以后再也不能满足这些需求,于是抑郁产生了。

> [具有高人际依赖需求的人是]从来不能得到足够的关心和注意……当这些需求得不到满足时(其实它们是注定得不到满足的),本来就低的自尊水平,由于缺乏重要的外在资源的支持,变得更低,结果临床上的抑郁产生了。(Hirschfeld, Klerman, Chdoff, Korchin, & Barrett, 1976, p.384)

比布林(Bibring, 1953)随后就这个问题做出更为深广的分析,指出自我价值的其他来源。基于临床经验,比布林确认了抑郁倾向的个体普遍持有的三类自我理想(self-ideals)(1)过分要求被爱、被欣赏、被赞美、被尊重;(2)过分要求强壮、有能力、成功以及独立;(3)过分要求优秀、有爱心、有道德、贞洁(也可以参见,Strauman, 1989; Strauman & Higgins, 1987)。根据比布林的观点,具有这些过高理想的人一旦认为现在和将来这些标准都无法达到时,就会产生抑郁。他们从根本上放弃了希望,认为自己没有能力实现理想。我们要注意这个模型是怎样结合无价值感(无能力)和无望(认为自己再也不能实现理想)的。

抑郁的社会认同模型

奥特利和博尔顿(Oatley & Bolton, 1985)也做出一种概念上类似的强调人际的分析。他们的模型认为(1)人们的自我价值感通常源于他们的社会角色,而且(2)扮演这些角色需要有其他人存在。根据该模型,当失去一个人,而使自己不能再扮演被赋予较高价值的社会角色，同时又不存在别的可供选择的自我价值来源时，抑郁就会产生。从这个角度来说，容易在失去中受到伤害的人，是那些将自我价值感建立在有限的社会角色基础上的人（也可以参见，Linville，1987；Thoits，1983）。

空巢综合症（the empty-nest syndrome）为这个模型提供了一个典型例子。一个在母亲这种角色中获取主要认同感的妇女，很容易在孩子离家后陷入抑郁，因为她再也不能有效地扮演该角色了。当这个妇女缺乏其他的自我价值来源时，抑郁尤其容易产生。类似的绝望感也会折磨着一些工人，他们从终生职守的岗位退休，又没有其他获取成就感的来源。

抑郁的相符模型

抑郁的相符模型（congruency models of depression）（如 Arieti & Bemporad，1978；Beck，1983；Blatt，Quinlan，Chevron，MacDonald，& Zuroff，1982；Bowlby，1973）整合了我们讨论过的各种自我价值模型。该模型认为两种人格类型有抑郁倾向。一种是过分依赖赞同的社会来源（social source of approval）；一种是过分依赖成就的结果（achievement outcomes）。表 9.1 对每一种类型都进行了描述。

表 9.1 抑郁的相符模型

抑郁倾向的人格类型	自我价值的基础	威胁到自我价值的事件	抑郁期间表达的主要感受
条件性人际定向	人际关系；对接纳、支持和赞同的过分需求	社会性的排斥、拒绝、不认可	孤独、失落、抛弃、拒绝
条件性成就定向	成就的结果；达到主观的标准和目标；对成功、能力和控制的过分要求	无法实现目标或达到标准	无能、个人失败、内疚、自责

条件性人际定向（conditional interpersonal orientation）的人具有过高的人际依赖需求。他们要求通过别人的接纳和爱，来改善自我感觉。当他们觉得这些需求得到满足时，就喜欢自己，觉得没有得到满足时，就不喜欢自己。当然，如果人们觉得别人喜欢自己、尊敬自己，自我感觉都会变得更好。但是对于有过高人际依赖需求的人而言，他们对赞同和爱的需求是不间断的，事实上是无法得到满足的。

条件性成就定向（conditional achievement orientation）的人，其自我价值感的基础是获得成功和控制环境的能力。

成功时自我感觉良好，失败时自我感觉不好。然而达到这些标准不是一件简单的事情。条件性成就定向的人往往有完美主义倾向。他们的标准极高，很难对自己的成就水平感到满意，即使实际上他们的成就已经很高了（Blatt，1995）。

在检验相符模型的研究中，研究者想知道，当发生的消极事件与一个人的人格类型相符，或相匹配时，抑郁是否最容易发生（e.g., Hammen, Ellicott, Gitlin, & Jamison, 1989; Hammen et al., 1985; Robins, 1990; Robins, Block, & Peselow, 1989; Segal, Shaw, Vella, & Katz, 1992）。这些研究的假设是，当消极人际事件（negative interpersonal events）（如婚姻破裂）发生时，条件性人际定向的人比条件性成就定向的人更容易抑郁；而当与成就有关的消极事件发生时，条件性成就定向的人比条件性人际定向的人更容易抑郁。到目前为止，对相符假设的一部分检验结果支持该模型（Coyne & Whiffen, 1995）。尽管条件性人际定向的人表现出尤其容易受消极人际事件的影响，但条件性成就定向的人并没有表现出更受与成就有关的消极事件的影响（例外的情况参见 Hewitt & Flett, 1993）。

抑郁的一个高危因素——易变的自尊

因为有条件性自尊的人将自我价值感建立在当前成就的基础之上，所以他们的自尊似乎随时间波动。确认了这个事实之后，研究者用自尊的波动（称为易变的或者不稳定的自尊）来预测抑郁的产生（Butler，Hokanson，& Flynn，1994；Kernis，Granneman，& Mathis，1991；Roberts，Kassel，& Gotlib，1995；Roberts & Monroe，1992，1994）。

巴特勒等人（Butler et al., 1994）的一个研究验证了这个观点。研究者以大学生为样本，在为期30天的时间内测量他们的自尊。这样研究者就可以计算（1）自尊的平均水平（高或低），（2）自尊的易变性（对日常事件做出反应时，间隔一天以后自尊的变化是多少）。巴特勒等发现，低自尊并不是焦虑（dysphoria）的高危因素，面临消极生活事件时，易变自尊的学生比稳定自尊（stable self-esteem）的学生更容易焦虑（dysphoria）。这些结果支持这样的观点，即易变的或者反应性的自尊比稳定的低自尊水平能更好地预测抑郁（参见 Roberts et al., 1995）。

然而，解释这些结论有些困难。在第8章，我们将自尊比做大部分父母对孩子的爱。条件性的爱是否能被看做真爱，这是有争议的。根据我们的观点，时而爱时而不爱自己孩子的父母根本就不是真的爱自己的孩子。与此类似，一个仅在顺境中自我感觉良好的人并不具有真正的高自尊。所以，我认为易变的自尊是低自尊的一种形式，其中的自我价值感是高条件性的，因此，是易变的。

贝克提出的抑郁的认知理论

抑郁的自尊理论强调人们对自我的感知是抑郁的一个高危因素。其他理论则关注认知过程在抑郁中所起的作用。这些理论认为，人们看待自己以及加工个人信息的方式使人保持（也许产生）抑郁。

阿伦·贝克（Aron Beck）是第一个倡导这一观点的理论家之一（Beck，1967，1976；Beck，Rush，Shaw，& Emery，1979）。贝克是一个积极参与临床实践的理论家，为了设计有效的治疗策略，他试图理解抑郁的本质。起初，贝克对该病症做出精确的描述，他尤其注意分辨主要症状和次要症状（基

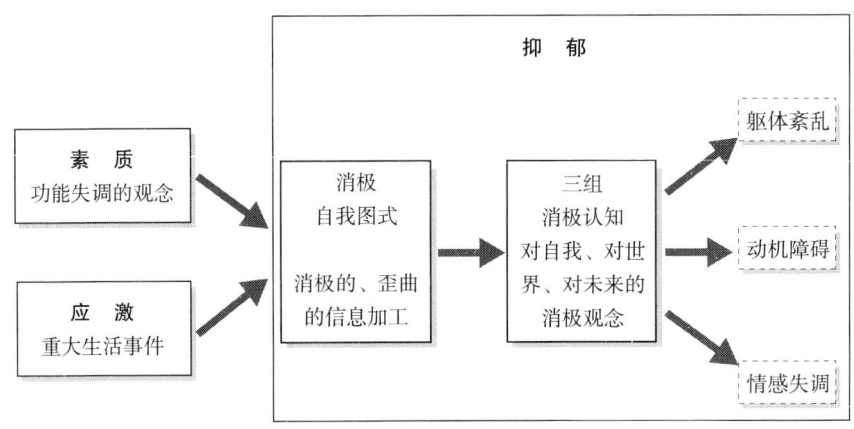

图 9.4 贝克提出的抑郁的认知模型。功能失调的观念（dysfunctional beliefs）是一种易感因素（一种素质）。这些功能失调的观念在适当的环境事件（应激）的刺激下，导致抑郁倾向的个体以消极、歪曲的方式解释自己的经历。这些消极的解释转而导致对自我、对世界、对未来的消极看法。这些观念，也就是贝克所指的三组消极认知，被认为是抑郁的主要症状，导致了抑郁的其他特征，包括躯体紊乱（失眠）、动机障碍（被动性）和情感失调（悲伤）。

资料来源：Adapted from Beck, 1991, *American Psychologist*, 46, 368-375. Copyright 1991. Adapted by permission of The American Psychological Association.

于这样的假设，即如果治愈了主要症状，那么次要症状也会消失）（Beck et al., 1979）。随着工作的进展，贝克描述抑郁时考虑到成因。根据他最近的一些研究（Beck, 1991；也可以参见 Haaga, Dyck, & Ernst, 1991），我们用图 9.4 呈现其理论的主要框架。

理论模型

抑郁的主要特征是三组消极认知

贝克最主要的设想是认为抑郁主要是一种认知问题，这种认知问题的主要特性是三类与自我有关的消极观念：（1）对自我的消极看法（人们在抑郁时认为自己是有缺陷的、不足的、无价值的）；(2) 对世界的消极看法（人们在抑郁时对当前的生活状况不满，认为这个世界对他们有不合理的要求）；(3) 对未来的消极看法（人们在抑郁时悲观地看待自己取得成就的能力）。贝克将这些观念（它们包含无望和无价值感）称为三组消极认知（negative cognitive triad），并认为它们是所有抑郁类型的主要特征。这意味着抑郁的其他特征，诸如躯体紊乱（如睡眠困难）、动机障碍（如被动和退缩）和情感失调（如极度悲伤）的产生都是对这些观念的反应（Beck et al., 1979, p.11）。

贝克还认为这些观念具有一种自动的、反射的特性。它们似乎是"无处不在"的，无需激发，也不被意识所觉察。随着抑郁的加重，这些观念日益具有重复性和强迫性。在极端的案例中，这些观念主宰了抑郁者的思想，使之无法投入到正常的活动中去。贝克用来治疗抑郁的方法中大部分是监控人的想法，注意到这些想法在何时、何环境下出现。贝克认为，通过这些方法，一个人能学会控制、消除这些想法（Beck et al., 1979）。

抑郁持续过程中消极的自我图式

图 9.4 显示，消极的信息加工支持着这些消极观念。贝克以消极的自我图式为出发点讨论消极的信息加工倾向。正如第 5 章所指出的，图式是假设的认知结构，它引导着信息加工过程。根据贝克的观点，抑郁者具有一种消极的自我图式，它导致抑郁者以一种消极的、歪曲的方式加工信息。他们关注生活的消极面，以自挫的方式解释生活事件。这些消极的信息加工倾向转而支持着三组消极认知。因此，一个消极的自我图式解释了"为什么一个抑郁症患者忽视生活中客观存在的积极因素，继续保持那种自挫的，导致痛苦的生活态度"（Beck et al., 1979, p.12）。

贝克认为抑郁者的那些解释经常是歪曲的、不合逻辑的，这是由错误的信息加工倾向造成的（也可以参见，Ellis, 1962）。这些倾向包括(1) 选择性提取（selective abstraction）（专注于脱离背景的一个细节），(2) 武断的推论（arbitray inference）（没有证据支持就妄下结论），(3) 以偏概全

（overgeneralization）（结论的应用范围过于宽泛），（4）绝对化的或非此即彼的思维（absolutistic or dichotomous thinking）（思维有非黑即白的倾向）。举个例子，假设一个朋友忘了回你的电话。一个抑郁者会将朋友的疏忽解释为不尊重自己，并认为他或她一无是处。贝克认为，即使积极的解释看起来也是合理的（如这个朋友只是忘了或者没有收到留言），抑郁者还是坚持消极的解释。

> 抑郁较为轻微时，患者一般还能客观看待自己的消极想法。随着抑郁的加重，尽管实际情况和他的消极解释没有逻辑关系，消极观念还是逐渐主宰了他的思想。当这种占优势的特定图式造成现实的歪曲，并最终导致抑郁者思维中的系统误差时，他将无法意识到他的消极解释是错误的。（Beck et al.1979，p.13）

贝克将抑郁者片面的、非逻辑的信息加工与非抑郁个体的信息加工进行比较。他发现，非抑郁个体以一种逻辑的、无偏见的方式加工个人信息，一般能得出准确的、理性的结论。贝克理论的这部分内容将在第10章用更多笔墨阐述。

功能失调的观念在抑郁中是一个易感因素

功能失调的观念构成贝克认知理论的第三个成分（参见图9.4的左上部分）。功能失调的观念是关于自我和世界的过分僵化的观念。它们源自童年早期，是指人们用来判断自我的不现实的、完美主义的标准。举例来说，抑郁倾向的人通常赞同以下陈述："如果我做的没有别人好，这意味着我是一个劣等人"，或者"作为一个人，我的价值在很大程度上有赖于其他人的评价"（Beck et al., 1979）。

根据贝克的观点，这些绝对化的、契约性的观念（等同于我们前面讨论过的价值的条件）使一个人在相应的生活事件发生时容易陷入抑郁。

举个例子，想象一个人很不情愿地结束了一段重要的人际关系。假如这个人恰好具有相应的功能失调的态度（"如果我爱的人不爱我，那我就什么也不是了。"），他就开始从不现实的消极的角度看待这一生活事件。他也许会为这个事件承担过多的责任，选择性地回忆其他失败的浪漫经历等等。这些信息加工偏差导致三组消极认知（对自我、对生活、对未来的消极看法），从而引起抑郁的其他症状。

小 结

贝克的模型认为，当一个重大生活事件（如爱人去世；失业）与一个或多个功能失调的观念相遇时，抑郁就产生了。这两种因素的结合导致一个消极的自我图式，其特征是消极的注意偏差和解释偏差。这些偏差转而引起三组消极认知以及抑郁的其他症状。

实验研究

贝克的研究引发了很多研究（作为回顾，见 Barnett & Gotlib, 1988; Coyne & Gotlib, 1983; Haaga et al., 1991; Ruehlman, West, & Pasahow, 1985）。这些研究可以被划分为三个领域：（1）抑郁者是否表现出三组消极认知？（2）抑郁者是否以一种消极的、歪曲的方式加工信息？（3）在抑郁的产生过程中，功能失调的观念是否是一个易感因素？

抑郁过程中的消极思维

现在已经有充足的证据支持贝克的观点，即消极思维（negative thinking）是抑郁的一个重要方面。许多研究都发现，比起不抑郁的人，处于抑郁状态的人倾向于从更消极的方面看待自我、当前的生活状况，以及他们的未来（作为回顾，参见 Haaga et al., 1991; Ruehlman et al., 1985）。这种倾向一般仅发生在与自我有关的判断上。比如对"总体上"的人做出判断时，抑郁者通常不会比非抑郁者更消极（Garner & Hollon, 1980; Haaga et al., 1991; Hoehn-Hyde, Schlottmann, & Rush, 1982; Schlenker & Britt, 1996）。

虽然这些研究结论都支持贝克的模型，但仍有其他证据揭示出该模型的局限。其实,抑郁者的一贯表现为相对消极性(relative negativity)(也就是说,他们在描述自己的时候比非抑郁者更消极),但是他们不总是表现出绝对的消极性(absolute negativity)(也就是说,他们不会总是以非常消极的字眼描述自己)。他们经常表现出一些自我赞美,而不是自我贬低(Pelham,1991b)。事实上,有一个调查发现,在临床上可诊断的抑郁案例中,只有2/3表现出无价值感和无能感(贝克认为这是所有抑郁类型的主要特征)(Buchwald & Rudick-Davis, 1993)。这意味着抑郁者中相当一部分没有表现出消极思维。

抑郁过程中的信息加工

与贝克的理论有关的第二个领域的研究是针对抑郁者加工个人信息的方式。德里和凯珀(Derry & Kuiper,1981)考察了人们对与自我有关的材料的记忆。他们采用了罗杰斯等人(1977,参见第5章)开发的自我任务的修订版,要求抑郁的和不抑郁的被试评价一系列用来描述自我的形容词(能用这个词描述你吗?)。这些形容词中,有一半在语气上是消极的,而且与抑郁有关(如无助的,忧郁的);另一半在语气上是积极的,与抑郁无关(如能干的、忠诚的)。然后,在这些被试没有准备的情况下,要求他们尽可能多地回忆这些词语。

图9.5所呈现的是该研究的部分结果。左边的直方图显示的是特质赞同(trait endorsement)的测量结果。不抑郁的被试更倾向于选择积极的而不是消极的特征来描述自我,但抑郁的被试认为自己的积极特征和消极特征大致相当。该结果证明,虽然抑郁者在描述自我时比非抑郁者更消极,但他们并非绝对地消极。

图9.5右边的直方图显示了对回忆的测量结果。抑郁的被试所回忆起来的消极特征比积极特征多,而不抑郁的被试回忆起来的积极特征比消极特征多。这些结果支持贝克的论断,即抑郁者对消极个人信息进行更多的加工。

巴奇和托塔(Bargh & Tota,1988)的一个研究也支持这个结论。他们调整了德里和凯珀(1981)的研究程序,让不抑郁的被试和焦虑(dsyphoric)的被试指出这一系列表示积极、消极特征的形容词能描述自己呢,还是能描述一般人。控制组的被试在正常情境下做出判断,而实验组(有记忆负荷)的被试

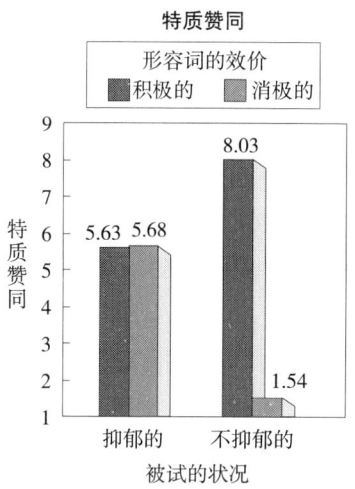 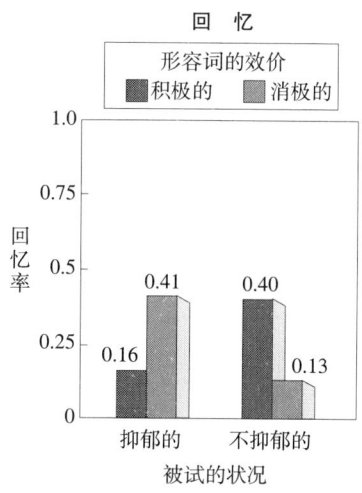

图9.5　抑郁和非抑郁被试自我图式的功能。左边的直方图显示的是，抑郁的被试认为意义积极的形容词与意义消极的形容词能在同等程度上描述自己，而非抑郁被试则认为意义积极的形容词比意义消极的形容词更能描述自我。右边的直方图显示的是，抑郁被试所回忆起来的意义消极的形容词比意义积极的形容词多，而非抑郁被试的情况则刚相反。

资料来源：Adapted from Derry & Kuiper，1981，*Journal of Abnormal Psychology*，90，286-297.Copyright 1981. Adapted by permission of The American Psychological Association.

在做判断时要求记忆一个六位数。

该研究关键的因变量是被试做出判断的速度。记忆负荷操作（memory-load manipulation）需要被试给予有意注意，因此这一操作会干扰（和妨碍）被试对其他信息进行有意识的加工。然而，该操作并不影响信息的自动化加工，因为从定义上就可以看出，自动化加工不需要有意注意。

如果抑郁者在加工消极（而不是积极）个人信息时以更为轻松的、自动化的方式进行，那么焦虑的被试在判断消极特质能否描述自我时，速度应该不受记忆负荷操作的影响，而在判断积极特质能否描述自我时，速度应减慢。非抑郁者的情况应该正好相反，他们或许在加工积极（而不是消极）个人信息时以

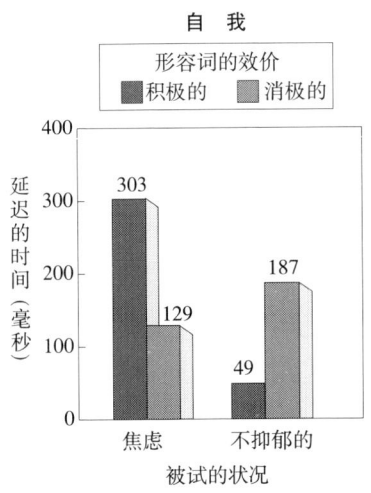 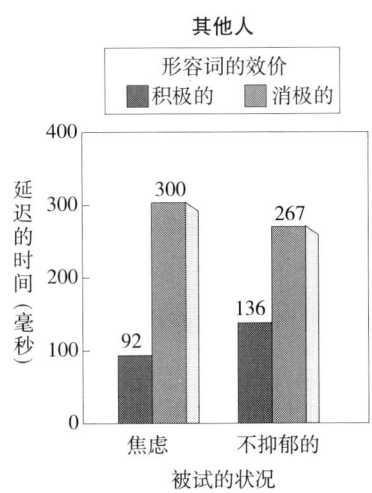

图 9.6 对自我和他人做出判断的速度(作为记忆负荷的函数)。左边的直方图显示,焦虑的被试在判断消极特征能否描述自我时,速度不受积极负荷操作的影响,而在判断积极特征能否描述自我时,速度显的确减慢了。非抑郁被试的情况则刚相反。

右边的直方图显示,对他人做出判断的速度没有表现出这些差异,因为这里记忆负荷操作对焦虑的被试和非抑郁被试产生了相同的影响。总之,这些结果支持这一论断,即抑郁者以更为自动化的方式加工消极的个人信息。

资料来源:Adapted from Bargh & Tota,1988,*Journal of Personality and Social Psychology*,54,925-939.Copyright 1988. Adapted by permission of The American Psychological Association.

更为轻松、自动化的方式进行。

图 9.6 所示的数据为以上的预测提供了有力的支持。左边的直方图呈现了有关自我判断的数据。这些数据表明,焦虑的被试在判断消极特征能否描述自我时,速度不受积极负荷操作的影响,而在判断积极特征能否描述自我时,速度显著减慢。非抑郁被试的情况则刚相反。

右边的直方图显示的是判断其他人的结果。这里被试的状况不影响判断结果。无论是焦虑的被试,还是非抑郁被试,对他人做出消极判断的速度均因记忆负荷操作而显著减慢,但对他人做出积极判断的速度却不受影响。总而言之,这些结果支持这一论断,即抑郁者以自动化的、无意识的方式加工消极的个人信息(也可以参见 Gotlib & Cane,1987;Gotlib & McCann,1984)。

功能失调的观念作为抑郁的一种素质

到目前为止,我们已经看到,处于抑郁中的人以(相对)消极的方式看待自己,并对消极个人信息做出更多的加工。总的来说,这些结果与贝克的模型是一致的。贝克理论的第三个方面——功能失调的观念能否构成抑郁的一个易感因素——得到较少的支持(Barnett & Gotlib,1988;Coyne & Gotlib,1983;Haaga et al., 1991)。

研究者认为,功能失调的观念是稳定的认知结构。它们在相应的环境事件的刺激下,导致人们以消极的方式加工信息,并产生抑郁。检验这个观点的最直接(和最明确)的方法是实施一项追踪研究,在该研究中,研究者(1)首先测量非抑郁者中存在的功能失调的观念(2)然后对这些人进行追踪,看看这些在研究期间具有功能失调的观念并经历了相关生活事件的人,是否在研究过程中以该理论所描述的方式产生抑郁。巴奈特和戈特利布(Barnett & Gotlib,1990)进行了这样的研究,但他们的研究结果并不支持贝克的模型。

另一种研究策略是,考察曾经抑郁过的人是否比从未抑郁过的人有更多功能失调的观念(Lewinsohn, Steinmetz, Larson, & Franklin, 1981)。如果这些观念真如贝克所说,容易使一个人产生抑郁,那么即使一段抑郁已经消失,这些观念应该依然明显地存在。但是没有证据表明如此。虽然正处于抑郁中的个体承认比非抑郁个体有更多功能失调的观念,然而,一旦抑郁消失,这些观念一般会恢复正常(如 Dohr, Rush, & Bernstein, 1989;Hamilton & Abramson,1983;Segal et al., 1992)。

这些结果表明,功能失调的观念伴随着抑郁存在,它们并不预测抑郁的产生,或者在抑郁消失后继续存在。一些理论家(如 Barnett & Gotlib,1988;Coyne & Gotlib,1983;)深入思考了这些研究结果并总结为,功能失调的观念是抑郁的症状或伴随性的表现,而不是易感因素或起因。它们跟贝克所描述的其他消极认知一样，是一段抑郁的特征，而不是起因。

理解消极认知与抑郁之间的联系

记忆的联想网络模型可以解释为什么抑郁伴随着消极思维。这些模型认为，情绪在记忆中得到编码，并与情绪—相符认知（mood-congruent cognition）联结起来。快乐与积极的认知（如蓝天、冰激凌，以及积极的自我态度）联结，悲伤与消极的认知（如雨天、饥荒，以及消极的自我态度）联结。当人们体验到某种情绪时，与之连接的观念就被激活，从而更容易被意识所觉察。从这个角度看，一种抑郁情绪启动或激活了与自我有关的消极认知，于是两者联结起来，并被我们观察到（为了更全面地讨论这个观点，参见 Blaney，1986；Bower，1981；Ingram，1984；Isen，1984；Teasdale，1983）。

为了检验这一模型，研究者们在实验条件下对人的积极情绪或消极情绪进行诱导，然后考察与自我有关的积极思维或者消极思维是否产生。几项研究都显示，处于消极情绪状态下的人比处于积极情绪状态下的人更容易产生与自我有关的消极思维（如 Brown & Taylor，1986；Teasdale & Fogarty，1979；Teasdale，Taylor，& Fogarty，1980）。这些结果支持这一观点，即抑郁情绪激活了与自我有关的消极思维。

克拉克和蒂斯代尔（Clark & Teasdale，1982）的一项研究为该结论提供了更加有力的支持。他们根据抑郁患者每日的情绪变化考察积极、消极的个人记忆的产生。这样的患者在一天的某个时候（如早晨）比另一些时候（如睡觉前）感觉更加抑郁。为了考察这两种状态下消极思维是否容易产生，克拉克和蒂斯代尔要求抑郁患者根据一个中性的线索词回忆真实生活中的经历。结果表明，抑郁患者在一天内更加抑郁的时候，也更多地回忆起不愉快的经历，该结果与这一观点相一致，即沮丧的情绪激活对消极事件的回忆。

消极认知的易发性与抑郁的持续

在本章开端，我们区分了对消极生活事件做出的短期抑郁反应和临床上严重的长期抑郁。我们也注意到，对消极生活事件做出抑郁反应是很普遍的。大部分人在爱人去世时会感到悲伤，在失业时会感到心烦意乱。鉴于此，我们应该关注并理解为什么有些人的抑郁反应是短暂的，而另一些人则是长期的。

蒂斯代尔（1988）的研究表明，在抑郁的早期阶段，消极认知的易发性（the accessibility of negative cognitions）与这个问题有关。蒂斯代尔认为消极情绪激活消极思维的程度是因人而异的，并且这种联结影响抑郁持续时间的长短和严重性。对于有抑郁倾向的人而言，消极情绪很容易诱发与自我有关的消极思维，并导致该个体对当前的状况和未来做出消极的解释。从这个角度看，与其说特定的认知因素导致了抑郁，还不如说认知过程限制或延长了抑郁反应。

人们对这种有差别的激活（differential activation）假设进行了检验，从总体上说，检验的结果支持了该假设。对于从前抑郁过的人（Miranda & Persons, 1988；Miranda, Person, & Byers, 1990），以及容易产生抑郁的人，比如低自尊的人（Brown & Mankowski, 1993），消极情绪尤其容易激活消极思维。研究还显示出，消极思维的易发性能预测一段抑郁的持续时间和严重性。抑郁期间消极思维水平高的人比消极思维水平低的个体更不容易从抑郁中恢复，复发的几率也更高（如 Dent & Teasdale, 1988；Krantz & Hammen, 1979；Lewinsohn et al., 1981）。这种观点认为，抑郁期间消极思维的本质和易发性影响着抑郁程度和持续时间，是轻微、短暂的，还是严重、反复的（Teasdale, 1983, 1988）。

有差别的激活假设也解释了为什么研究没有发现消极思维能预测抑郁的产生。贝克断言，功能失调的观念是潜在的认知结构，这意味着它们需要被特定的经验所激活，才能被观测到（Riskind & Rholes, 1984）。消极情绪也许是一类具有激活（或启动）作用的经验。如果的确是这样，那么在抑郁期间测量消极思维的易发性可能有助于辨认容易产生抑郁的人（Segal & Dobson, 1992）。

小　结

表 9.2 总结了这个部分讨论过的观点。显然，伴生（concomitant）假设得

表 9.2　消极思维与抑郁之间可能的联系

假　设	解　释	预　测	支　持
伴生的	消极思维伴随着抑郁。	处于抑郁中的人比未处于抑郁中的人具有更明显的消极思维。	得到有力的支持。有很多证据表明消极思维伴随着一段抑郁。
因果的	消极思维导致抑郁。	表现出高消极思维水平的人容易产生抑郁。	没有得到支持。没有证据表明消极思维能预测谁会产生抑郁或谁已经产生了抑郁。
有差别的激活	消极情绪与消极思维的联结在有些人身上强一些，在另一些人身上则弱些。	消极情绪与消极思维之间的联结较强的人更容易产生抑郁。	得到支持。较之从未抑郁过的人和不容易产生抑郁的人，已经产生抑郁和容易产生抑郁的人，其消极情绪与消极思维之间的联系更强。
持续时间	消极思维预示着抑郁的持续时间。	在抑郁者中，那些表现出更多消极思维的人更有可能持续地抑郁下去。	得到支持。在抑郁者中，消极思维的强度预示着一段抑郁持续时间的长短。

到了研究的支持。有很多证据表明消极思维伴随着抑郁，抑郁者以更为消极的方式加工信息。然而，没有证据表明功能失调的观念导致抑郁，尽管不能完全排除这种因果假设。最后，有证据表明，有抑郁倾向的人，其消极情绪尤其容易激活消极思维（有差别的激活假设），消极思维的易发性预示着一段抑郁的严重性和持续时间的长短（持续时间假设）。

在这些研究结果的启发下，我们能从贝克的模型中总结出什么呢？公平地说，一方面，贝克的模型对抑郁做出一个很有用的描述，并阐明了抑郁是如何持续下去的。从这个意义上说，该模型为我们如何减轻抑郁提供了重要的借鉴（Beck et al., 1979）。另一方面，研究者已经证明这个理论在确认抑郁的高危因素方面并不成功，因此，该理论对于预测和预防抑郁没有什么用处。

抑郁的归因模型

贝克的理论并不是惟一一个强调抑郁中认知加工作用的理论，抑郁的归因在这个部分，我们将追溯这一模型的历史足迹，并思考相关的实验证据。

理论的发展

抑郁的归因模型源于实验心理学的研究。实验室中，一些狗首先遭受一次次无法逃脱的（inescapble）电击，以后，这些狗在面临可以逃脱的（escapable）电击时将表现出动机缺失（Overmier & Seligman，1967），它们不采取行动帮助自己（比如跳到房间的另一边），而是被动地接受了命运，选择忍受电击，而不是尝试逃脱。梅尔等人（Maier，Seligman，& Solomon，1969）从认知的角度解释了这种动机缺失，他们指出，这些动物已经认为没有什么能使它们减轻痛苦。他们把这种（错误的）知觉称为习得性无助（learned helplessness）。

抑郁的习得性无助模型

塞利格曼将这些观点应用到人类抑郁的研究中去。他认为，当人们觉得自己无法控制重要的生活事件时，抑郁就产生了。艾布拉姆森等人（Abramson，Seligman，& Teasdale，1978）随后调整了该理论，使之包含人们对这些事件的归因。根据这个新的习得性无助模型，当人们（1）感到无法控制重要的生活事件，以及（2）将这些事件归为内部的（这是我的原因而不是环境的原因），稳定的（这不是暂时的而是永远的），涵盖一切的（这会影响我生活的各个方面而不仅仅是这一个方面）原因时，抑郁就产生了。将原因归为内部因素与无价值感相关，而将原因归为稳定的、涵盖一切的原因则与无望感和绝望感有关（也可以参见，Miller & Norman，1979；Weiner & Litman-Adizes，1980）。

为了说明这个问题，我们来想象一个人正面临一个重要人际关系的破裂。艾布拉姆森等（1978）指出，如果一个人将这一消极事件归为永久的、一般性的个人原因（如没有能力与他人相处），那么抑郁就很容易产生。詹诺夫 - 布尔曼（Janoff-Bulman，1979，1982）将这种类型的归因看做一种性格学上的自责形式。

艾布拉姆森等人（1978）认为一些人具有一种消极归因的风格，其定义是倾向于将消极事件归为内部的、稳定的、涵盖一切的原因。这种消极归因风格是一种素质，它使人们在消极事件发生时容易产生抑郁（也可以参见，Peterson & Seligman，1984）。

抑郁的无望理论

艾布拉姆森等人（Abramson，Metalsky，& Alloy，1988，1989）对这个模型做了进一步的修改。他们将贝克（1976）理论的一些方面与新的习得性无助模型整合起来。这一修改过的理论叫做抑郁的无望（hopelessness）理论，如图9.7所示。无望理论与贝克的模型一样，也是素质－应激模型的一个代表。这个模型的开端是消极生活事件的发生，具有相应的消极归因风格的人倾向于以消极的方式解释这个事件。他们认为这个事件的原因是稳定的、涵盖一切的，

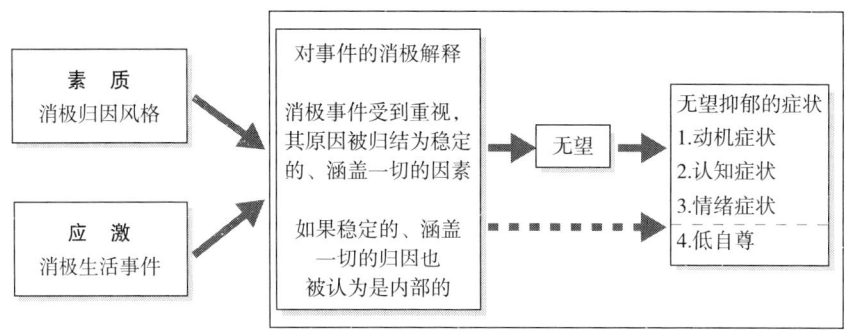

图9.7 抑郁的无望理论。当一个具有消极归因风格的人消极地解释一个消极生活事件时，就会产生抑郁。这些消极解释进而导致无望，成为无望抑郁的直接原因。

资料来源：Adapted from Abramson，Metalsky，& Alloy，1989，*Psychological Review*，96，358-372.Copyright 1989. Adapted by permission of The American Psychological Association.

并认为这个事件对生活有广泛而重要的暗示作用。这种知觉转而导致了无望。无望被界定为一种预期，也就是认为一个人没有能力为了幸福而改变这个消极事件或者改变该事件所包含的不幸的意义。这种知觉导致抑郁的一种亚类型，称为无望抑郁。最后，假如这个事件还被归为是内部原因的话，抑郁会伴随着低自尊。[2]

实验研究

检验归因模型一般采取两种形式。一部分研究考察抑郁中的人是否表现出消极归因风格；其他的研究则考察消极的归因风格与应激生活事件的结合能否预测抑郁的产生。

抑郁中的归因风格

对于第一种观点，有足够的证据表明抑郁者比不抑郁者更倾向于对消极结果做出内部的、稳定的、涵盖一切的归因（作为回顾，参见 Brewin, 1985; Coyne & Gotlib, 1983; Peterson & Seligman, 1984; Sweeney, Anderson, & Bailey, 1986）。这些证据来自（1）实验室研究，被试对实验条件下诱发的挫折做出归因（Kuiper, 1978; Rizley, 1978）；（2）现场研究，人们对自然发生的消极生活事件做出归因（如 Gong-Guy & Hammen, 1980; Zautra, Guenther, & Chartier, 1985）；（3）档案数据，对消极事件的归因是从日记或其他书面或口头材料中收集来的（Peterson, Luborsky, & Seligman, 1983）；（4）问卷调查研究，对更一般的归因风格进行评估（参见 Peterson & Seligman, 1984）。

---

[2] 贝克（1967）的理论与抑郁的无望理论有一个关键的不同点。贝克认为与自我有关的消极认知是所有类型的抑郁都具有的特征；而艾布拉姆森等则坚持认为与自我有关的消极认知仅出现于某些类型的抑郁，在他们称为无望抑郁的类型中表现非常明显。艾布拉姆森等（1988，1989），以及戴克曼和艾布拉姆森（1990）的文章更全面地讨论了这一观点及其他相关论点。

大部分问卷调查研究采用塞利格曼等人（1979；也可以参见 Peterson，Semmel，von Baeyer，Abramson，Metalsky，& Seligman，1982）编制的归因风格问卷。表 9.3 呈现了该问卷的部分内容。

完整的归因风格问卷包括 6 个假设的积极事件和 6 个假设的消极事件。研究者对这些事件进行总结，并将抑郁被试和非抑郁被试的回答进行比较。图 9.8 呈现了一个问卷调查研究的结果（Seligman et al., 1988）。这些数据显示，与抑郁被试相比，非抑郁被试对积极事件做出的归因更倾向于内部的、稳定的、涵盖一切的，而对于消极事件的归因则刚好相反。从另一个角度看这些数据，我们注意到，非抑郁被试对积极事件做出的归因比对消极事件做出的归因更倾向于内部的、稳定的、涵盖一切的，而抑郁被试对这两类事件的归因风格则非常接近。

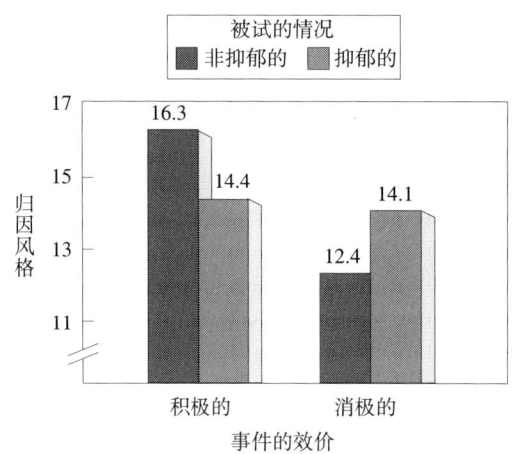

图 9.8 抑郁和非抑郁被试对假设的积极事件和消极事件的归因风格。（这些分数代表把内部的、稳定的和整体的归因的评分加起来得到的复合分数）图中的数据显示，对于积极事件，与抑郁被试相比，非抑郁被试做出的归因更倾向于内部的、稳定的、涵盖一切的；而对于消极事件，与非抑郁被试相比，抑郁被试做出的归因更倾向于内部的、稳定的、涵盖一切的。这些结果支持了该观点，即抑郁者表现出一种消极的归因风格。

资料来源：Adapted from Seligman et al., 1988，*Journal of Abnormal Psychology*，97，13-18. Copyright 1988. Adapted by the permission of The American Psychological Association.

表 9.3　归因风格问卷

请您根据以下情况对自己进行一些想象。假如这样的事情发生在您身上,您会认为原因是什么呢?虽然事情的原因是多方面的,我们希望您仅选择一个主要原因。请在事件下面的空白处写下这个原因。

抽样项目 1:一段时间以来,你一直在找工作,但是都没有成功。

1. 写下一个主要原因_____
2. 你没有成功地找到工作的原因在于你自己,还是其他人或者环境?

　　　1　　　2　　　3　　　4　　　5　　　6　　　7
　　完全是因为　　　　　　　　　　　　　　　　完全是
　　其他人或者环境　　　　　　　　　　　　　　因为自己

3. 将来你找工作时,这样的原因还会再次出现吗?

　　　1　　　2　　　3　　　4　　　5　　　6　　　7
　　再也不会出现　　　　　　　　　　　　　　　总会出现

4. 这种原因只影响你找工作呢,还是会影响你生活的其他方面?

　　　1　　　2　　　3　　　4　　　5　　　6　　　7
　　只影响这件事　　　　　　　　　　　　　　　影响生活的
　　　　　　　　　　　　　　　　　　　　　　　所有方面

抽样项目 2:你遇见一个朋友,他(她)当面赞美你。

1. 写下一个主要原因_____
2. 你认为受到赞美的原因在于你自己,还是在于其他人或者环境?

　　　1　　　2　　　3　　　4　　　5　　　6　　　7
　　完全是因为　　　　　　　　　　　　　　　　完全是
　　其他人或者环境　　　　　　　　　　　　　　因为自己

3. 将来你见朋友时,这样的原因还会再次出现吗?

　　　1　　　2　　　3　　　4　　　5　　　6　　　7
　　再也不会出现　　　　　　　　　　　　　　　总会出现

4. 这种原因只影响你生活的这个方面呢,还是会影响你生活的其他方面?

　　　1　　　2　　　3　　　4　　　5　　　6　　　7
　　只影响这件事　　　　　　　　　　　　　　　影响生活的
　　　　　　　　　　　　　　　　　　　　　　　所有方面

资料来源:Adapted from Seligman, Abramson, Semmel, & von Baeyer, 1979, *Journal of Abnormal Psychology*, 88, 242-247. Copyright 1979. Adapted by the permission of The American Psychological Association.

归因风格作为抑郁的一个高危因素

为了澄清消极归因风格是否使一个人在面临消极生活事件时容易产生抑郁，梅塔斯基等人（Metalsky，Halberstadt，& Abramson，1987）考察了在与成就有关的事件上归因风格不同的大学生，对糟糕的期中考试成绩如何做出反应。在刚刚收到成绩的时候，这些学生的情绪反应完全取决于他们的成绩（考得好的学生感到很高兴，考得差的学生感到沮丧）。然而，两天后，那些考得差，又具有消极归因风格的学生，更有可能继续保持抑郁情绪。一些后继研究的对象既包含了大学生，也包含了年龄更小的儿童，这些研究不仅验证了该结果，还提供了另外的证据，即无望的想法引起抑郁情绪反应（Hilsman & Garber，1995；Metalsky & Joiner，1992；Metalsky，Joiner，Hardin，& Abramson，1993）。由于这些研究只考察了抑郁情绪的持续性，而不是临床上严重的抑郁个案的发生，因此，须慎重解释结果。这就是说，这些结果与这一观点肯定是一致的，即当消极生活事件发生时，消极归因风格作为抑郁的易感素质起作用。

抑郁的注意过程

本章曾多次提到，对消极生活事件做出抑郁反应是普遍的，需要考虑的一个的重要问题是为什么在有些案例中，这些抑郁反应是短期的，是能自我约束的，而在另一些案例中，情况就不是这样。你可能会回忆起蒂斯代尔（1988）的观点，他认为消极思维是否在抑郁期间容易发生是需要考虑的一个因素，当消极情绪自动化地激活消极思维时，抑郁更容易持续和恶化。

注意过程（attentional processes）也影响着抑郁的严重性和持续时间。这个部分我们将回顾关于该问题的三条研究主线。

自我觉知和抑郁

一条研究路线的开始是观察到抑郁者倾向于内省和自我专注。他们过多地思考自我，花大量的时间质疑自己的动机、反省自己的感情，以及检查自己的人格特征。对普通人群和临床样本的研究得出的结果与该观察一致，即抑郁与内向性自我意识有正相关（Ingram, Lumry, Cruet, & Sieber, 1987；Ingram & Smith, 1984；Smith & Greenberg, 1981；Smith, Ingram, & Roth, 1985）。虽然对于抑郁而言，这种联系不总是很强或很独特（参见 Ingram, 1990），但抑郁个体的确比非抑郁个体花更多的时间思考自我。[3]

将注意指向内部的倾向可能会影响抑郁的其他方面。自我意识（self-consciousness）会提高情绪状态的强度（Scheier & Carver, 1977），尤其是消极情绪状态（Brockner, Hjelle, & Plant, 1985；Gibbons, Smith, Ingram, Pearce, Brehm, & Schroeder, 1980；Scheier & Carver, 1977）。自我意识也能激活消极的自我意象（self-image），因为过多思考自我的人常常觉察到他们难以实现自己的理想和愿望（Duval & Wicklund, 1972）。这些研究说明（1）自我意识是抑郁的一个主要症状，（2）抑郁期间自我意识强的人可能比那些自我专注程度低的人体验到更强烈、更持久的抑郁反应。

某些情境可能致使抑郁者更容易自我觉知（self-aware）。Pyszczynski 和格林伯格（Greenberg, 1987b）提出，抑郁者在经历失败，或者其他消极的、与自我有关的事件后，尤其容易陷入反省和自我觉知。为了检验他们的观点，Pyszczynski 和格林伯格（1986）要求非抑郁的被试和焦虑的被试完成一个任务，假称这个任务是用来测量言语智力的，让一部分被试成功，一部分被试失败。这个任务之后，要求被试写下脑中的任何想法。

刚刚面临失败的时候，非抑郁被试和焦虑被试均表现出自我觉知提高（指标是有关自我的陈述所占的比例）。然而两分钟之后，非抑郁被试已经回到非

---

[3] 自我觉知和抑郁情绪是交互影响的。伍德等人（Wood, Saltzberg, & Goldsamt, 1990）的研究中要求实验组被试听悲伤的音乐，控制组被试听感情中性（affectively neutral）的音乐，听完后，要求他们花两分钟时间写下"脑中所想到的任何东西"。与控制组的被试相比，那些听了悲伤音乐的被试写下的内容更多地涉及自我。该结果支持了消极情绪诱发自我觉知的观点。

自我关注的状态，而焦虑被试仍在高度关注自我的状态之中。这些发现支持了这样的观点，即消极结果出现之后个体倾向于长时间的自我觉知是抑郁的一个特征。

这种倾向实际上可能反映了抑郁者失败后喜欢自我觉知。在另一项研究中，Pyszczynski和格林伯格（1986）还要求非抑郁被试和焦虑被试完成所谓的"言语智力测验"，让一部分人成功，另一部分人失败。然后，他们给被试三分钟的时间解决两道难题中的任何一道。这两道题都摆在桌子上，其中一道题的前面放着一面镜子，那样被试在解题的同时也面对自己的镜像。另一道题的前面没有镜子。结果发现，非抑郁被试测验失败后避免关注自我，不选择在镜子面前解题。焦虑被试的情况近乎相反，他们在测验失败之后比在成功之后更多地选择在镜子面前解题。这些结果说明，非抑郁被试失败后避免引起自我关注的刺激，而焦虑被试则不是。

康韦等人（Conway, Giannopoulos, Csank, & Mendelson, 1993）解释了为什么抑郁者失败后寻求自我觉知。他们认为，抑郁者反复思考自我是试图更好地理解自己。他们想结束痛苦，并相信自我反省和仔细的自我观察能达到这个目的。

沉思默想的应对方式

很遗憾，过分反省和过分关注自我并不是有效的情绪管理策略。苏珊·诺伦-霍克斯马（Susan Nolen-Hoeksema）和她的同事对这个问题进行了研究。他们起初注意到，在悲伤的时候不同的人沉思的程度也不相同。有些人不断地想自己有多悲伤，为什么感到悲伤；其他人则试图转移注意力，不去思考自我，不去关注这些烦恼。

表9.4呈现了一个量表的一部分，该量表就是用来测量这些个体差异的。在该量表上得分高的人被认为有一种沉思默想的应对方式（ruminative coping style）。当陷入抑郁时，他们反复思考他们的症状，以及这些症状所带来的可

表 9.4　抑郁应对问卷的删节版

当人们感到抑郁时，会前思后想，并采取各种行动。请阅读下列各个项目，并指出，当你感到情绪低落、悲伤或抑郁时，你是否从来没有、有时、经常，或者总是思考或做这些事情。请指出你一般会做的，而不是你认为应该做的。

	1	2	3	4
	几乎从不	有时	经常	几乎总是
1.思索自己有多么悲伤。	____	____	____	____
2.认为"我没法工作了，因为我感觉那么糟糕。"	____	____	____	____
3.思索集中注意力有多困难。	____	____	____	____
4.专注于自己的抑郁感受，试图理解自己。	____	____	____	____
5.写下你的想法并进行分析。	____	____	____	____
6.想到你所有的短处、缺点、过失和错误。	____	____	____	____
7.独自走开，思考你为什么有这些感受。	____	____	____	____
8.思索自己有多孤独。	____	____	____	____
9.认为"我一定是出了点问题，否则怎么会这样呢。"	____	____	____	____
10.思索自己感到多消极，多没动力	____	____	____	____

注：把这10个项目上的得分都加起来就是你最后的分数。得分越高，就越说明你有沉思默想的应对方式。资料来源：Nolen-Hoeksema，1991b，*Coding Guide for Responses to Depression Questionnaire*. Unpublished manuscript.Stanford University，Palo Alto，CA.

能的后果（Nolen-Hoeksema，1991a，1993）。这里有一个重要问题值得注意，即沉思默想不涉及抑郁的原因。它关注抑郁的状态（如"我是怎么了？"和"抑郁将如何影响我的生活呢？"），而不是积极地尝试解决问题。

　　有几项研究已经表明，沉思默想的个体差异与抑郁的强度以及持续的时间有关（作为回顾，参见 Nolen-Hoeksema，1991a，1993）。诺伦-霍克斯马等人（Nolen-Hoeksema，Parker，& Larson，1994）进行的一项研究为这个观点提供了一个相当有力的证明。这些研究者考察了253个失去亲人的成年人，近期他们的一个家庭成员被疾病夺去了生命。这些家庭成员去世一个月后，研究者要求被试完成一个问卷，该问卷是表 9.4 所示问卷的修订版，同时测量他们的抑郁。六个月后重新评估他们的抑郁。结果发现，六个月后，在沉思默想量表上得分高的人比在沉思默想量表上得分低的人抑郁得分更高。诺伦-霍克斯马和莫罗（Morrow）（1991）在考察人们如何应对自然灾害——1989 年旧金山湾地震（san francisco bay area earthquake）时也有类似的发现。这些研究证明，关注自己痛苦经历的人对事件做出的抑郁反应通常更严重，持续的时间也更长。

诺伦-霍克斯马（1987）将这些观点用于解释抑郁中的性别差异。女性被诊断为抑郁症的可能性几乎是男性的两倍。女性抑郁持续的时间也往往比男性长。生物的、社会的，以及文化的因素可能与这些差异都有关系。而沉思默想的应对方式也许是另一个相关的因素。至少在西方文化中，女性经社会化后比男性更关注自己的感受，更多表达自己的情绪。当情绪消极时，更是如此。这些差异使女性在抑郁时更倾向于沉思默想。有一项研究结果支持了该假设，即比起男性，女性更有可能表现出沉思默想的应对方式，一旦这些差异得到控制，男女在抑郁情绪持续时间上的差异就消失了（Nolen-Hoeksema, Morrow, & Fredrickson，1993）。

抑郁中的有害想法

诺伦-霍克斯马的研究将沉思默想当做有意识的情绪—管理策略。具有沉思默想应对方式的人不将注意力转移到更愉快的事情上，而是不由自主地专注于他们的消极情绪状态（Lyubomirsky & Nolen-Hoeksema，1993）。与之有关的一种可能性是有些人难以遏制自己的消极想法。也许他们努力过，但仍不能停止去想自己的问题，想自己感到多糟糕。

当然，每个人都曾有过这样的感受，即一个消极想法突然从脑中冒出。"好像总有什么事情在唤起我的记忆"和"我走到哪里都能看见她的脸"，经常出现在流行歌词中，用来表达失去的爱人总在不经意中闯入脑海。然而，有些人更善于将这样的消极想法从脑中驱走，而有些人则不然。20世纪早期，弗洛伊德（1915/1957）指出，将有害的消极思维从意识层面清除出去是心理健康的一个标志。达到这个目的既可以是无意识的（通过压抑），也可以是有意识的（通过压制）。

温茨赖夫等人（Wenzlaff, Wegner, & Roper, 1988）的一项研究让我们看到抑郁者控制消极思维有多难。这些研究者要求非抑郁被试和焦虑被试想象自己是一个故事的主人公。故事以被试在一场交通事故中意外地撞死了一个婴儿结束。然后，要求被试用9分钟的时间写下脑中出现的任何想法。其中，一半被试属于控制组，他们在完成这个任务之前没有得到任何特定的指导；另一半被试属于压制组，他们被明确要求尽量不要去想刚才读过的故事。然后，实验者记录每3分钟被试提起该故事的次数。

图9.9呈现了该研究的结果。右边的直方图显示的是非抑郁被试的结果。我们注意到，两种实验条件下消极思维均在时段1和时段2之间迅速减少，并在时段3保持一个较低的水平。现在看看左边的直方图，该图显示的是焦虑被试的数据。其中有两个现象值得注意，第一，控制条件下，消极思维在这9分钟的时段内一直保持高水平。第二，压制条件下，虽然在时段1和时段2之间，压制成功地减少了消极思维，但在时段3出现反弹效应。事实上，控制条件下焦虑被试在时段3的消极思维几乎与压制条件下一样多。这些结果意味着抑郁者只能在有限的时间内控制消极思维（也可以参见Hartlage, Alloy, Vasquez, & Dykman, 1993）。

学会用积极的思维代替消极思维是从抑郁中恢复过来的关键因素。控制消极思维实际上是所有抑郁治疗方法的一个主要目标，尤其是在贝克的认知疗法中，它具有更重要的作用（Beck et al., 1979）。回忆一下贝克的理论，他认为消极思维是抑郁的主要症状。如果能消除这个症状，那么抑郁的其他症状也会随之消失。因此，"[贝克的]认知疗法最关键的阶段是训练患者观察和记录他们的认知"（Beck et al., 1979, p.146）。根据贝克的观点，通过细心观察这些认知出现的条件，患者开始学会控制这些消极的无意识的想法，并消除它们。

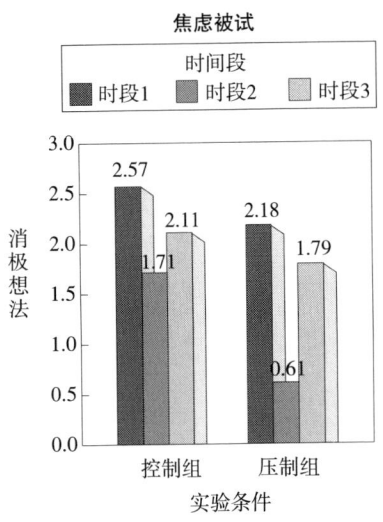
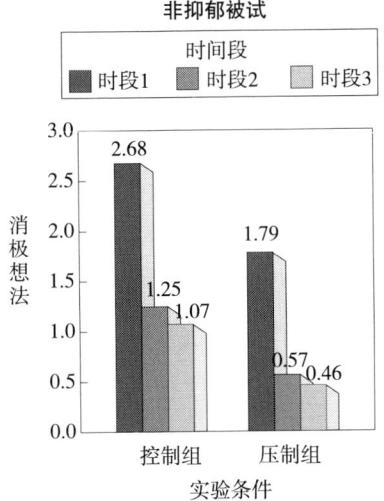

图 9.9 焦虑被试和非抑郁被试消极思维的压制。这些数据表明,在压制条件下焦虑被试起初能压制消极思维,但仅仅几分钟之后,消极思维又重新出现了。非抑郁被试没有表现出这种再现模型。

资料来源: Adapted from Wenzlaff, Wegner, & Roper, 1988, *Journal of Personality and Social Psychology*, 55, 882-892. Copyright 1988. Adapted by the permission of The American Psychological Association.

总　结

本章我们考察了影响抑郁产生和持续的因素,从各种理论的视角出发,分析了大量材料。虽然观点各不相同,但对于抑郁中自我加工的作用,有几个重要的事实还是得到了公认(参见图 9.10)。

第一,自我加工在抑郁的产生过程中起着重要作用。当失去爱、安全、认同或自我价值的一个重要来源时,抑郁就产生了。研究者认为,一个低自尊和具有条件性自我价值感的人对该类事件尤其敏感。功能失调的观念和归因风格与抑郁的产生也有关系。

自我加工也是抑郁的主要症状。抑郁的特征是消极地看待自我和未来(也

总 结

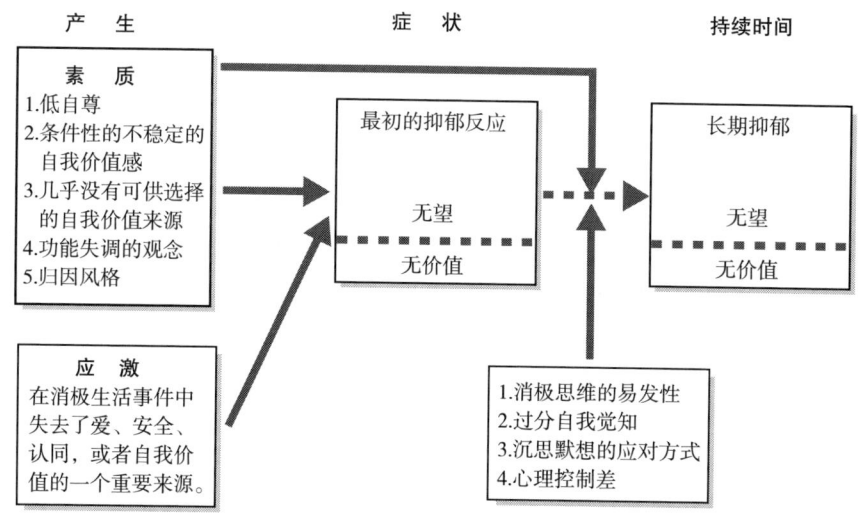

图 9.10 强调自我加工的抑郁模型的图示。当失去一个重要客体时，抑郁反应产生。该客体之所以重要是因为它是爱、安全、认同以及自我价值的主要来源。研究者认为，几个与自我有关的变量（如低自尊、条件性自我价值感）在相应事件的影响下容易导致抑郁。此外，抑郁反应的特征是无望和/或无价值感。最后，几个与自我有关的加工，包括消极思维的易发性和自我觉知影响着一个短期抑郁反应是快速地恢复，还是转变为长期抑郁。

就是说，无望和无价值感），以及选择性地注意和记忆消极个人信息的倾向。抑郁期间，对与自我有关的事件的解释也是消极的。这些特点不影响一般的信息加工，而是只影响自我信息的加工。

最后，自我加工影响抑郁的严重性和持续时间。高度自我觉知的人以及对自己的情绪沉思默想的人，其抑郁会更加严重，持续的时间也更长。将有害的、与自我有关的消极思维从意识中清除出去的能力可能对抑郁的恢复起着关键的作用。

- 抑郁是一种普通的心理障碍。大约1/8的人将会在生活中体验一段抑郁。这些人的抑郁大部分在六到九个月之后消失，但在某些案例中，抑郁可能持续好几年。由于经历过一次抑郁的人容易再次堕入抑郁，因此抑郁的复发率也较高。

- 大部分抑郁是对特定生活事件的反应。这些事件是指失去爱、安全、认同或自我价值的来源。爱人去世，一段重要的浪漫关系的结束，或者一次重大的个人失败都是典型的事例。
- 然而，并非所有经历过消极生活事件的人都会抑郁。当一个消极事件发生时，某些因素容易使人产生抑郁，这些因素称为素质。
- 抑郁的自尊理论断言低自尊是抑郁的易感因素。作为对该论断的支持，有几项采用社区样本的研究发现，低自尊的人在面临消极生活事件时比高自尊的人更容易产生抑郁。
- 自我价值关联模型认为，具有条件性自我价值感的人尤其容易产生抑郁。条件性人际定向的人在经历消极人际事件（如一段重要关系的破裂）时容易产生抑郁；条件性成就定向的人在经历与成就有关的消极事件（如失业）时容易产生抑郁。
- 贝克提出的抑郁的认知模型认为抑郁基本上是一种认知障碍，其中，与自我有关的消极思维起着主要作用。当抑郁产生时，人们从消极的角度看待自我、世界以及自己的未来，选择性地加工和关注消极自我信息。这些倾向转而导致抑郁的其他症状，比如睡眠障碍，对日常活动失去兴趣，以及抑郁感。
- 抑郁的归因模型认为人们对生活中消极事件的解释与抑郁有关。比起非抑郁者，抑郁者更倾向于对消极生活事件做出内部的、稳定的、涵盖一切的归因。这些倾向也使人容易产生抑郁。
- 当消极情绪激活与自我有关的消极思维时，抑郁将变得更严重，持续时间更长。自我觉知的，对自己的情绪沉思默想的人也更容易使抑郁持续。最后，将有害的消极思维从意识中清除出去的能力有助于抑郁的康复。

补充读物

Alloy, L.B. (1988). (Ed). *Cognitive processes in depression*. New York: The Guilford Press.

Barnett, p.A., & Gotlib, I.H. (1988). Psychosocial functioning and depression: Distinguishing among antecedents, concomitants, and consequences. *Psychological Bulletin*, 104, 97-126.

Beck, A.T., Rush, A.J., Shaw, B.F., & Emery, G. (1979). *Cognitive therapy of depression*. New York: The Guilford Press.

10

错觉与健康

◆

对自己有一个公正、客观的态度……是一种首要的品质，它是其他方面得以发展的基础。

——奥尔波特（1937，p.422）

生活是被欺骗的艺术；为使欺骗成功，它必须成为不间断的习惯。

——黑兹利特（1817）

奥尔波特和黑兹利特（Allport & Hazlitt）对正确认识自我的重要性抱有极不相同的看法。奥尔波特颂扬正确认识自我的价值。他倡导人们"接触自己"、"了解自己"、"真实地面对自己"。简言之，奥尔波特建议我们不偏不倚地接受真实的自我。黑兹利特则提出不同的看法。他倡导自我欺骗的益处。他认为"无知是天赐之福"，不了解真实自我的人活得更好。

在第 10 章，我们将考察与评价性自我认识相关的论点。我们从思考自我认识与心理健康（psychological well-being）的关系入手进行分析。关键的问题是心理健康是否具有正确的、无偏见的自我认识这一特征。接下去我们将考察积极思维之益处的研究。从中我们可以发现，关于积极的自我观念、控制重要生活事件的能力，以及对未来积极的看法是普遍的，并且一般与良好的心理功能有关。最后，我们将考察高度积极的自我观念中一些潜在的局限，尤其是当这些观念与社会功能和风险知觉发生关系时。

自我认识与心理健康

理论观点：正确认识自我是心理健康的必要条件

许多理论家思考过自我认识与心理健康的关系。其中大部分人的结论是正确认识自我是心理健康的一个标志。举例来说，Jahoda（1958）将心理健康的人描述为能真实认识自我，不歪曲自己的知觉来迎合自己愿望的人。同样，马斯洛（1950）也写道，健康的个体能接受自己和自己的本性，也能接受与理想自我的不符之处。弗洛姆（1955）、哈恩（Haan，1977）、门宁格（Menninger，1963）、罗杰斯（1951）以及其他一些人也同意，正确认识自我是心理健康的主要成分。由这些学者发展起来的许多治疗方法也持这样的理念，即只有当个体能真实看待自我时才会达到心理健康。

总之，不仅从心理健康的角度这样认为（参见 Becker，1973；Rank，1936），许多有代表性的理论家也断言正确认识自我是心理健康的关键要素。从某种意义上说，这个断言无疑是正确的。一个狂妄自大的或者认为自己的行为由外星人决定的人并不是一个心理健康者。很不正确的自我观念显然对心理健康有害。但是正确认识自我是否必要？人们一定要了解真实的自我才会健康吗？

实验证据：大部分人都具有正确的自我认识吗？

探讨该问题的一种方法是，首先问一下是否大部分人具有正确的自我认识。

之所以问这个问题是因为心理健康的概念在一定程度上以一种正态模型为基础：正态范围内的被认为是正常的。举例来说，在焦虑量表上得分接近第十五个百分点的人被认为焦虑水平正常；而得分位于分布图上端的人被认为焦虑水平不正常。同样，我们也能通过了解大部分人是否都具有正确的自我观念，来理解正确认识自我是否与正常功能有联系。

我们将以贝克的抑郁理论（1967，1976）为框架考察这个问题。正如在第9章所讨论的，贝克认为抑郁者消极地看待自己、自己的世界以及自己的未来（也就是三组消极认知）。相反，不抑郁的（正常的）人则被认为能在这三个领域正确地看待自我。下面我们将考察支持这些观点的证据。

正确和有偏差的自我评价

在全书中已回顾了与第一个问题有关的研究证据（尤其参见第3章和第8章）。至于评价性的自我认识（如人们对自己多有魅力、多聪明、多有社会技巧、多忠诚的看法），许多人并没有完全正确的看法。很多（可能大部分）人的自我感觉都比真实的自我要好。支持这个结论的证据很多。在第3章，我们注意到，1976年进行的一项有100万高中生参加的大学委员会调查发现，70%的学生认为自己的领导能力处于中上水平，60%的学生认为自己的运动能力处于中上水平，85%的学生认为自己的交往能力处于中上水平（引自Dunning, Meyerowiz, & Holzberg, 1989）。尽管从这样的数据中我们不可能知道哪些学生的自我评价是错误的，但假如我们承认这些高中生构成了一个随机样本，那么，多出50%的那部分数值就代表了评价错误的学生。因此，至少约20%的学生对自己领导能力的积极评价是不真实的；10%的学生对自己运动能力的积极评价是不真实的；35%的学生对自己交往能力的积极评价是不真实的。如果说，正确认识自我是心理健康的必要条件的话，那么该如何解释正态模型中这么大比例的人对自我的评价不真实呢？

考察自我观念的正确性还有另一种方法，即比较人们的自我评价和旁观者的评价。卢因森等人（Lewinsohn, Mischel, Chaplin, & Barton, 1980）的研究就采用了这个方法。他们让非抑郁被试和抑郁被试参与一系列20分钟的团体讨论。每次讨论后,要求被试填写一份包含17个项目的量表(如要求他们指出,他们认为自己有多友好、热情、自信),评价自己的社会能力。受过培训的研究助手在单向玻璃后面观察这些被试的人际互动,用相同的量表对每个被试的社会能力进行评价。通过这种研究程序,卢因森和他的同事们能够考察被试的自我观念与旁观者看法的一致性。

图10.1呈现了该研究的部分结果,这些数据显示,两组被试对自我的评价均比他人对他们的评价更积极,这一趋势在非抑郁被试中表现得尤为明显。事实上,抑郁被试对自我的判断还是比较正确的,他们一般能站在旁观者的角度看待自己。

图10.1呈现的普遍结果已得到其他研究的验证(如 Campbell & Fehr,

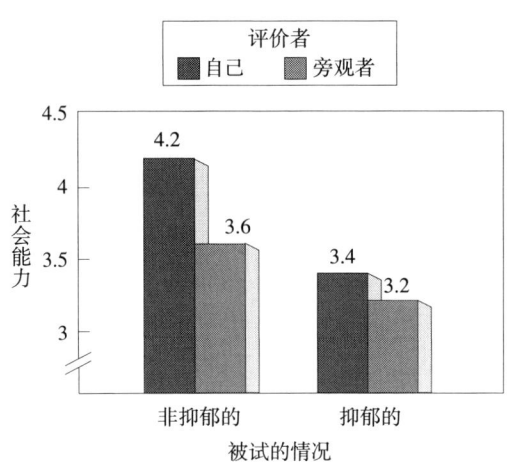

图 10.1 对社会能力的自评和他评是抑郁状况的函数。这些数据表明,两组被试的自我评价均比旁观者的评价更积极。与抑郁被试相比,自我评价与他人评价的差距在非抑郁被试身上表现得更明显。

资料来源:Adapted from Lewinsohn, Mischel, Chaplin, & Barton, 1980, *Journal of Abnormal Psychology*, 89, 203-212. Copyright 1980. Adapted by the permission of The American Psychological Association.

1990）。[1] 然而，这并不意味着，非抑郁被试大大夸张了自身的优点或没有认识到自己的不足。大多数情况下，这种偏差是适度的，并且许多人还是能正确判断自己。因此，从这些研究结果中能得出的恰当结论是，很多人倾向于高估自己的优点，尤其是自我感觉良好的人（Alloy & bramson，1988；Greenwald，1980；Taylor & Brown，1988，1994）。这个事实不支持正确认识自我是心理健康的一个必要成分的观点。

对控制的判断

有能力正确判断自己对环境事件的控制被认为是心理健康的另一个必要因素。为了在这个世界有效地生存，我们需要了解我们的行为何时产生特定的结果，这些结果何时取决于我们无法控制的因素。这在某种意义上是毫无疑问的。认为自己的思想能控制月亮、星星的人并不是心理健康的典范。然而，过分歪曲的自我认识有害于心理健康的事实并不意味着对控制的正确知觉是心理健康的必要条件。事实上，迷信行为（其定义是对控制的不正确知觉）的普遍性也说明许多人夸大了自己产生预期结果的能力。

詹金斯和沃德（Jenkins & Ward，1965）首次在实验条件下考察这个问题。在他们的研究中，给被试呈现一系列问题，要求他们探察自己的行为（如压或者不压按钮）与环境结果（如灯有没有亮）之间的关系。有些条件下，被试的行为能控制灯是否变亮；另一些条件下，灯是否变亮不取决于被试是否压按钮。结果，不管在哪种实验条件下，被试都倾向于高估自己对灯的控制。人们夸大自己产生预期结果的能力，这种现象被称为控制错觉（illusion of control）

---

[1] 将自我评价与旁观者的评价进行比较时，非抑郁被试自评的结果明显比他评的结果更积极，而抑郁被试则倾向于正确判断自己。将自我评价与熟人、家庭成员，或其他一些属于自我扩展部分的人的评价进行比较时，结果就有些不同。在这种情况下，非抑郁个体评价的准确性高于抑郁个体，因为他们高度积极的自我评价与这些跟他们关系密切的人的评价是一致的（Campbell & Fehr，1990）。

(Langer, 1975)。

我们承认，詹金斯和沃德（1965）创设的实验情境是人工化的、陌生的。在更为日常、熟悉的条件下，人们对自己控制能力的判断可能更正确。兰格（Langer, 1975）在一个完全受运气控制的赌博游戏中考察了这个问题。兰格让被试和一个竞争者抽牌，抽到大牌的人是赢家。在一种条件下，竞争者穿戴较差，神情紧张；在另一种条件下，竞争者打扮入时，神情镇定。客观地说，这些变量不应该影响被试下的赌注，而实际上却产生了影响。被试与神情紧张的竞争者赌的时候，下的赌注较大，而与神情镇定的竞争者赌时，下的赌注较小。相关的研究已经发现，人们更愿意卖掉别人给的彩票，而不是自己挑选的，这可能是因为他们认为挑选数字这一行为增加了中奖的可能性。这些发现进一步证明，人们错误地判断了自己产生预期结果的能力。

阿洛伊和艾布拉姆森（1979）的一个研究将这些结果与心理健康问题联系起来。他们对塞利格曼（1975）的习得性无助理论进行了检验。回顾第 9 章，塞利格曼指出，当人们错误地认为自己不能控制环境事件时，就有可能产生抑郁。基于这个理论框架，阿洛伊和艾布拉姆森预测，抑郁的个体低估了他们对环境结果的控制能力。

为了检验他们的观点，阿洛伊和艾布拉姆森（1979，实验 3）调整了詹金斯和沃德（1965）的研究程序。在一个任务中对非抑郁被试和焦虑被试进行了 40 次试验，该任务中一个绿灯是否变亮与被试是否压按钮完全没有关系。在赢的条件下，灯会变亮，被试会收到 25¢；在输的条件下，灯不会变亮，被试将失去 25¢。这些试验结束后，让被试评价他们的行为（压不压按钮）在多大程度上影响灯是否变亮。

图 10.2 呈现了该研究的部分结果。有两个地方很有意思。第一，四组被试全表现出控制错觉（也就是说，他们都认为自己对灯是否变亮至少有一些控制，而事实上他们根本就不能控制）。第二，在赢的条件下，非抑郁被试的控制错觉尤为明显，这时，灯变亮是一个重要的预期结果。

该研究的主要结果在后继研究中多次得到验证（参见 Alloy & Abramson,

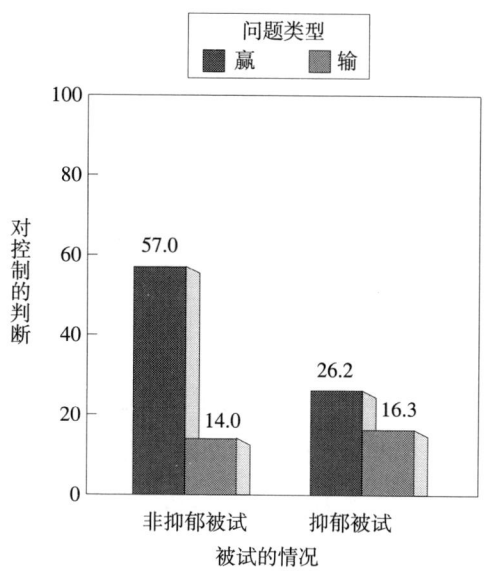

图 10.2　非抑郁被试和焦虑被试对控制的判断是问题类型的函数。数据显示，这四组被试均高估了自己对客观上不可控的事件的控制，而且这种控制错觉在非抑郁被试赢的条件下尤为明显。

资料来源：Adapted from Alloy & Abramson，1979（Experiment 3），*Journal of Experimental Psychology*，108，441-485.Copyright 1979. Adapted by permission of Academic Press，Inc.

1988）。非抑郁个体高估了他们产生预期结果的能力；焦虑个体也高估了，但程度较低。这么多人错误判断自己控制力的事实，与大部分人能正确认识自我的观点是不一致的；非抑郁个体比焦虑个体自我判断更不正确的事实，与正确认识自我是心理健康的必要条件的观点也是不一致的。

乐　观

对未来的判断是另一个检验人们观念正确性的领域。这里要注意的第一件事，是大部分人都非常乐观（Tiger，1979）。他们认为自己很可能会经历许多积极事件（如有幸福长寿的人生；有幸福美满的婚姻），而很少经历消极事件

（如成为罪行的受害者；遭遇严重的事故）。这些乐观的想法是不是合理很难讲，没有人能够预测未来。尽管有人离婚，但大部分人还是有可能享受幸福的婚姻。

考察这个问题的一个方法，是让人们比较自己的未来和他人的未来。假如人们总是认为自己的未来比他人的未来更好，那就有证据表明人们持有不切实际的乐观想法。毕竟，大部分人比大部分其他人有更幸福的婚姻，这是不可能的。

采用这个方法的研究已经找到有力的证据（作为回顾，参见 Weistein & Klein, 1995），来证明人们有不切实际的乐观想法。大部分人认为，自己比其他人更有可能经历各种各样愉快的事件，比如有一个禀赋超人的孩子、有自己的家，或者能活过 80 岁（Weinstein, 1980）。相反，大部分人认为，其他人比自己更有可能经历各种各样的消极事件，比如遭遇交通事故（Robertson, 1977）、成为一桩罪行的受害者（Perloff & Fetzer, 1986），或者生病（Weinstein, 1982, 1984）。既然并非每个人的未来都能比其他人的更美好，那么人们表现出的乐观就显得不现实了。

然而，这并不意味着人们对未来的判断不受现实的影响（Gerrard, Gibbons, & Bushman, 1996；van der Velde, van der Pligt, & Hooykaas, 1992）。举例来说，吸烟者一般知道自己比不吸烟者更容易得肺癌。同时，人们总是低估他们的相对风险（comparative risk）（如：吸烟者认为其他的吸烟者比自己更有可能得癌症）。从这个意义上说，人们是过度乐观的。

有几个因素影响人们的乐观程度，包括对事件的控制能力的知觉，以及该知觉的强度（Weinstein, 1984）。与自己关系的亲疏（self-relevance）是另一个因素。里甘、斯奈德和凯辛（Regan, Snyder, & Kassin, 1995）让大学生评价他们自己、好朋友，或者一个偶然相识者在未来经历大量积极和消极事件的可能性。如表 10.1 所示，人们非常乐观地看待自己和好朋友的未来，但对一个偶然相识者未来的看法则悲观得多。这些发现证明，与自己关系越亲密的人，我们对他们未来的看法也更乐观。

乐观与心理健康的关系也是人们研究的一个主题。Pyszczynski 等人（1987）

表 10.1　对自己、好朋友、偶然相识者未来生活事件的比较判断

事件	自己	朋友	相识者
积极事件			
有幸福长久的婚姻	1.44	0.70	0.89
毕业时在班级里排名中上	1.19	0.52	0.19
有一个智力超常的孩子	1.15	0.44	0.07
活过80岁	1.00	0.48	0.43
取得的成就被刊登上报纸	0.74	0.70	0.04
平均值	1.30	0.57	0.32
消极事件			
有酗酒问题	-1.96	-1.00	-1.19
被解雇	-1.93	-1.15	-0.56
40岁以前有一次心脏病发作	-1.30	-1.19	-0.04
成为一次暴力犯罪的受害者	-0.63	-0.37	-0.04
在一次交通事故中受伤	-0.52	-0.19	-0.63
平均值	-1.27	-0.70	-0.24
总的乐观性（积极—消极）			
平均值	2.57	1.27	0.56

注释：测量结果范围为-4（经历事件的几率明显低于平均水平）到+4（经历事件的几率明显高于平均水平）。

资料来源：Adapted from Regan, Snyder, & Kassin, 1995, *Personality and Social Psychology Bulletin*, 21, 1073-1082. Copyright 1995, Sage Publications, Inc. Reprinted by permission of Sage Publications, Inc.

让非抑郁的和焦虑的学生评价他们自己和同校的其他大学生将来经历各种积极和消极事件的可能性。图 10.3 呈现了该研究的部分结果。图中的数据表明，非抑郁被试认为自己的未来比一般人的未来更美好，而焦虑被试不这样认为。因此，这些数据再一次证明，非抑郁个体对自我的判断比焦虑个体更积极（也可以参见 Alloy & Ahrens，1987）。

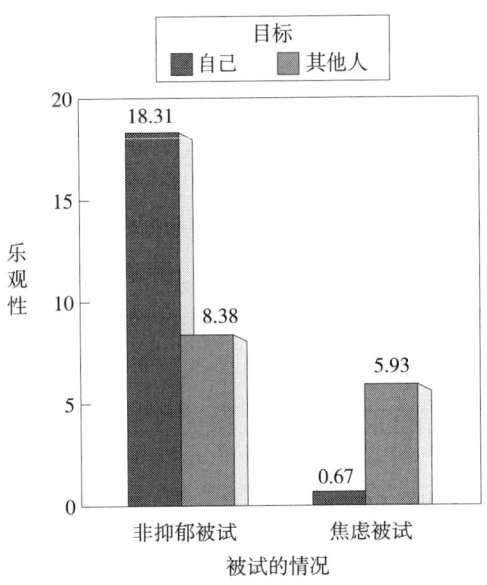

图10.3 非抑郁被试和焦虑被试的乐观性是目标(自己和他人)的函数。这些数据表明，只有非抑郁被试的看法偏于乐观。

资料来源：Adapted from Pyszczynski, Holt, & Greenberg, 1987, *Journal of Personality and Social Psychology*, 52, 994-1001.Copyright 1987. Adapted by the permission of The American Psychological Association.

小　结

心理健康的传统理论断言，适应良好的个体对自我、控制重要生活事件的能力，以及未来有正确的认识。而我们回顾的这些实验研究向该论断提出了挑战。大部分人不具有完全正确的评价性自我认识。他们不切实际地、乐观地看待自我，夸大了自己产生预期结果的能力，他们对未来的看法比真实的情况更乐观。

人们真的认为自己有那么棒吗

在试图调和这些实验结果和传统的心理健康理论的分歧之前，让我们弄清楚，是否大部分人真的过分积极地看待自我。

样本的局限

我们讨论过的大部分研究证据来自大学生样本。根据科尔文和布洛克（Colvin & Block, 1994）的观点，如果我们考虑到与大学有关的特征，比如智力，那么大学生认为自己比其他大部分人更棒是合情合理的，如果我们考虑到与年龄有关的特征，比如崇尚运动和魅力，那么年轻人认为自己比其他大部分人更棒也是合情合理的。但是这个观点忽视了这样的事实，即大学生（1）认为自己比其他大部分大学生更好，（2）在与聪明或者年轻完全没有关系的其他领域，也认为自己比其他大部分人更好（如更和蔼、更忠诚、更慷慨）。

与此相关的另一种观点认为，大学生过分积极地看待自我，而成年人并非如此。这种观点也没有证据的支持。正如第3章指出的，许多成年人也过分积极地看待自我。举例来说，90%的商业经理认为自己比其他经理更有业绩，86%认为自己比其他经理更有道德（引自 Myers, 1993）。另一项研究发现，94%的大学教授认为自己的工作成绩属于中上水平（Cross, 1977）。此外，面临严重健康问题的个体认为自己比其他类似的病人能更好地应对这个问题（Buunk, Collins, Taylor, van Yperen, & Dakof, 1990；Helgeson & Taylor, 1993；Tayor, Kemeny, Reed, & Aspinwall, 1991）。简而言之，没有理由认为，只有年轻人或者受过良好教育的人才过分积极地看待自我。

文化的局限

另一种可能性是，只有西方文化背景下的人才过分积极地看待自我。正如第3章所指出的，西方文化是竞争性的、个人主义的，这种文化鼓励人们将自己看成是与众不同的。相反，许多东方文化以及一些拉美文化更重视集体主义，鼓励人们关注自己与其他人的共同点，而不是他们自身的独特性和优势。这些文化差异表明，自我夸大可能是西方人的特性，而不是东方人的特性。海因和莱曼（Heine & Lehman, 1995）对这个假设进行了检验，发现加拿大学生的确比日本学生表现出更不切实际的乐观（也可以参见，Chang, 1996；Lee & Seliman, 1997）。而且，比起西方文化背景下的人，东方文化背景下的人更不容易出现控制错觉（Weisz，Rothbaum，& Blackburn，1984），也较不容易积极地看待自己（Brockner & Chen，1996；Markus & Kitayuma，1991）。

然而，我们并不清楚前面讨论过的研究结果的一般性受文化差异影响的程度。虽然东方文化背景下的人比西方文化背景下的人更不容易表现出自我夸大，但他们不一定更正确，而只是更谦逊。此外，事实上他们的自我认识也不是完全没有偏差。在海因和莱曼（Heine & Lehman，1995）的研究中，要求被试比较自己和同伴经历各种消极事件的可能性，日本学生报告说，他们比同伴更不可能经历这些消极事件，比如变成酗酒者、患皮肤癌，或者神经衰弱。类似地，法尔波等人（Falbo，Poston，Triscari，& Zhang，1997）发现，中国学童对自己的评价比对同学的评价更积极，也比同学和老师对他们的评价更积极。因此，即使自我夸大在西方文化背景下更明显，在东方文化背景下也同样存在。

我们还要考虑扩展的自我的本质。如果比较的对象是家庭成员或者好朋友，西方文化背景下的人不会夸大自己的优越性（Brown，1986；Murry，Holmes，& Griffin，1996a）。当西方人无法表现出相对的自我夸大时，那可能仅仅是因为他们有着包容性更强的扩展的自我。他们将邻居和同伴看成扩展的自我的一部分，因此不会认为自己比他们更优越（Heine & Lehman，1996）。外群体（outgroup）偏见（如日本公民对他们自己的看法比对韩国或中国公民的看法更积极）也许为这些文化中的自我夸大提供了有力的证据。

最后，即使东方文化背景下的人的确从来不表现出自我夸大，那么西方文化背景下的人仍有这种表现，这是事实。除非我们认为西方文化背景下的人比东方文化背景下的人心理更不健康，否则我们就可以得出结论说，正确认识自我不是心理健康的必要条件。

总之，文化影响人们对自己的评价，西方文化背景下的人更倾向于积极地评价自己。但也没有多少证据说明，东方文化背景下的人具有正确的自我认识，或者西方文化背景下的人因为没有正确认识自我而导致心理健康问题增多。

口是心非的自我评价

需要考虑的另一个问题是，当人们过分积极地描述自我时，他们说的是真话吗？举例来说，声称自己比别人更聪明、更有魅力、更可爱的人是否真地这样认为？

至少有两个问题会影响报告的真实性。第一，过分积极的自我评价可能只是自我展示的一种形式。因此，人们在公开宣称自己具有积极的品质，试图蒙骗他人或想给别人留下好印象，但私下里他们并不这样认为。在第7章我们已经考虑到与这种可能性有关的证据。我们注意到，积极的自我评价并不是简单的自我呈现策略。人们声称自己具有许多积极的品质，并不仅仅是为了别人的看法。我们发现，人们不仅在完全匿名的条件下做出积极的自我评价，而且私下里的自我评价经常比公开的自我评价更夸大。人们会经常调整公开的自我评价，使其显得谦逊而不是自负。因此，总的来说，虽然人们在公开场合描述自我时无疑会做出调整，但没有理由认为积极的自我评价都是为别人而做的（Greenwald & Breckler，1985；Schlenker，1986；Tesser & Moore，1986）。

另一种可能性是过度积极的自我评价代表了一种自我欺骗（self-deception）的形式。这个观点认为人们声称自己具有许多优点是在欺骗自己。这个观点更难反驳。心理学自一开始就难以解释自我欺骗的本质。这个术语暗含一个基本矛盾：为了自我欺骗，一个人必须知道某件事，同时又不知道。下面是法国哲学家让-保罗·萨特对这个问题的界定：

> ［自我欺骗时］听谎话的人和说谎者是同一个人，这意味着，作为欺骗者，我必须知道真相，而作为被欺骗者，这个真相又是我所不知的。为了更巧妙地隐瞒真相，我必须非常了解该真相的具体情况——并非在不同的时刻，这使得我们重建二元性的外表——却在一个事件的单一结构中。如果谎言赖以存在的二元性受到压制，谎言如何存在呢？

格尔和萨克姆（Gur & Sackeim，1979）用一个实验证明了自我欺骗的存在。他们要求被试听许多录下来的声音,并指出这声音是自己的,还是别人的。整个实验过程中一直监控被试的皮肤电反应(对心理生理反应性的一种测量)。结果表明,当被试听到自己声音时,皮肤电反应增强,即使被试没有辨认出这是自己的声音,也是如此。格尔和萨克姆认为这种情况就是自我欺骗的一种形式,人们在意识层面没有辨认出自己的声音,但潜意识里知道这是自己的声音。

当然,自我欺骗不仅仅是指没有辨认出自己的声音,它更多地是指,在动机的驱使下试图回避自己不愿面对的一些方面。格尔和萨克姆(1979)进行了一个后续研究来考察这个问题。在该研究中,首先要求被试参加一个假称是检验智力的测验,让一部分被试成功,另一部分被试失败。然后,再要求被试完成声音辨认任务。实验者记下被试辨认出自己声音所用的时间。这里的假设是,在测验中失败的被试将讨厌自我觉知(Duval & Wicklund, 1972),而且,由于不愿面对自我,他们需要更多的时间才能辨认出自己的声音。研究结果支持了这个假设。失败组的被试辨认自己声音比成功组的被试慢,但是,在辨认别人的声音时,这两组被试需要的时间没有差异。而且,比起成功组的被试,失败组的被试在辨认自己声音时出错更频繁,并认为自己的声音听起来不舒服。这些结果表明,失败激发了自我欺骗的需要。

自我欺骗和心理健康

到目前为止,我们已经发现,自我欺骗有可能发生,也有可能被避免面对自我的愿望所激发。然而我们必须考虑自我欺骗与心理健康之间的关系。研究者在考察这个问题之前先区分了两种自我欺骗形式。夸大性自我欺骗(self-deception enhancement)指个体不切实际地将积极特征归到自己身上;否认性自我欺骗(self-deception denial)是指个体不切实际地否认自己有消极特征。

保卢斯(Paulhus, 1994; Paulhus & Reid, 1991)修订了一个量表来测量这两种形式的自我欺骗。在夸大性自我欺骗上得分高的人将自己描述得太好,以至于不像真的(如"我总是知道我为什么喜欢这件事"和"我能完全控制我的命运")。在否认性自我欺骗上得分高的人否认自己有一般的消极品性或特征

("我从不嫉妒幸运的人"和"我从未做过令我感到羞耻的事情")。

这两个量表上的得分只有轻度的相关,说明将积极特征归到自己身上的倾向与否认自己有消极特征的倾向在一定程度上是彼此独立的。这两种形式的自我欺骗与心理适应的相关程度并不相同。否认性自我欺骗上的得分与心理适应几乎无关,而夸大性自我欺骗上的得分与心理健康有正相关(Paulhus & Reid,1991;Roth,Snyder,& Pace,1986)。

图 10.4 反映出这些问题的本质。这些数据来自我在华盛顿大学进行的一个研究。在该研究中,被试完成由保卢斯(1994)编制的夸大性自我欺骗分量表,以及一个普通的自我报告形式的抑郁量表(Radloff,1977)。我将自我欺骗得分作为抑郁得分的函数,用直方图的形式呈现出来。

这些数据说明了几个有趣的结果。首先,我们注意到所有的被试都表现出一些夸大性自我欺骗。然而,我们也注意到,这些自我欺骗都是相当轻微的(也就是说,所有的均值都远远低于可能达到的最高分 20)。最后,我们注意到,两个量表上的得分呈负相关,并接近一种线性关系。被试在自我欺骗问卷上的

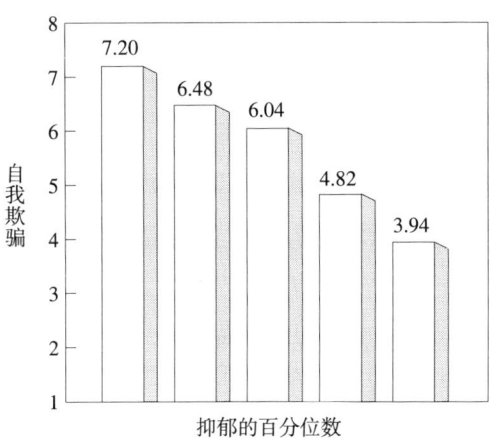

图 10.4 夸大性自我欺骗得分是抑郁得分的函数。这些数据说明,夸大性自我欺骗得分与抑郁得分呈负相关。这个结果与这种观点相一致,即夸大性自我欺骗是心理健康的一个特征。(分数范围从1到20)

得分越高,在抑郁量表上的得分就越低。这个结果与这种观点相一致,即夸大性自我欺骗是心理健康的一个要素(Paulhus & Reid, 1991; Roth & Ingram, 1985; Roth et al., 1986)。

抑郁的现实主义

纵观本章,我们已经了解,与非抑郁个体相比,抑郁个体更倾向于不积极,更不容易自我欺骗。对这个结果的一种解释是,抑郁损害了自我夸大错觉(Bibring, 1953)。从这个视角上看,抑郁者并非倾向于消极,而是如贝克(1967)所说,他们缺乏自我保护性的积极看法。

抑郁期间较弱的自我夸大倾向也意味着抑郁个体可能拥有正确的自我认识。米歇尔(Mischel, 1979)创造了一个术语抑郁的现实主义,用来指这样一种可能性,尽管弗洛伊德(1917/1957)很多年前就已经讨论过:

> [忧郁症患者可能]比不忧郁的人更能敏锐地看到真相。他加强了自我批评,将自己描述成卑微的、自私的、不诚实的,缺乏独立性的,其惟一的目标就是掩盖内心的软弱。据我所知,他也许更加理解自我。我们只是奇怪,为什么一个人非得在得病了之后才能认识到这类真相。(Freud, 1917/1957, p.246)

然而,抑郁个体是否真地比非抑郁个体更正确、更现实,这是很难说的。首先,尽管轻度抑郁的或者焦虑的人以既不积极也不消极的视角看待自己,但严重抑郁的个体则用不切实际的消极目光看待自己(Ruehlman, West, & Pasahow, 1985)。此外,即使是中度抑郁的人,其自我认识有时也比非抑郁的人更不正确(如 Campbell & Fehr, 1990; Dunning & Story, 1991)。最后,抑郁者表现出来的正确性有时可能是偶然的。普遍而言,用智力中等或魅力中等来描述自己的人往往比用过分积极(或过分消极)的词来描述自己的人更正确。因此,抑郁个体可能由于对自己的形象没有特别的看法而显得谦逊、正确(Brown & Dutton, 1995a)。考虑到这种可能性,也许我们最好总结说,抑郁个体比非抑郁个体更不积极，但并不一定更正确。

积极的错觉与心理健康

到目前为止，我们已经知道，许多心理健康的人没有正确的自我认识。这种现象使人们以一种新的视角看待心理健康的本质。一些理论家不再认为心理健康的特征之一是正确认识自我，而是做出如下推测，心理健康与过度（但不是极端的）积极的自我认识有联系（Alloy & Abramson，1988；Greenwald，1980；Lazarus，1983；Sackeim，1983；Taylor，1983；Taylor & Brown，1988）。泰勒和我（Taylor & Brown，1988）将这些观念称为积极错觉（positive illusion），以强调这些观念比真实情况更积极。

针对自我认识和心理健康的关系，泰勒和我主要提出两个互相关联的论点。第一，我们认为大部分正常人没有正确的自我观念；他们具有过度积极的自我观念。[2] 这个论断很重要，因为它与心理健康需要正确认识自我的观点相矛盾。我们还认为积极错觉有益于健康。我们坚信，不仅大部分人有积极的自我观念，而且这些观念是有益的，因为它们促进心理健康的其他方面，使人们能够在这个世界上生活得更有效。

泰勒和布朗（Taylor & Brown，1988）提出的积极错觉与心理健康之间的联系引起许多人的关注和争论（Colvin & Block，1994；Taylor & Brown，1994）。在为这个论点提出相关的证据之前，让我们先澄清一下泰勒和我提出了（或没提出）什么。首先，我们没有断言，虚假的自我知觉没有一点破坏性。显然，一些歪曲的、不真实的想法（如狂妄自大、幻觉、对自己身体夸大的知觉对心理健康是有害的。我们认为与心理健康有关的只是适度的积极错觉。

我们也没有断言，积极错觉是心理健康的必要成分，或者人们总是不正

---

[2] 这里我用了正常这个词，是根据统计学上的意义（也就是说，普通人的情况），同时也表明没有考虑精神病理学的情况。

确的。正如前面提到过的，在本章，我们已经证明，并不是所有健康的人都表现出积极倾向，而且，生活中的某些时候，人们也会寻求正确的自我信息（Gollwitzer & Kinney，1989；Taylor & Gollwitzer，1995）。从这个意义上说，我们没有断言心理健康一定需要积极的自我观念，我们只是指出，心理健康不需要完全正确的自我观念。

因此，泰勒和我得出结论认为，积极错觉经常是有益的。为了理解这个观点，我们必须确认已经得到证明的心理健康的标准。虽然人们对这个问题的看法不完全一致，但许多理论家还是公认心理健康包括以下几个成分：(1) 有一种主观幸福感；(2) 有能力形成和维持良好人际关系；(3) 有能力参与建设性的、有意义的工作；(4) 有能力成功地应对生活的挑战，获得成长（Jahoda，1958；Jourard & Landsman，1980；Ryff，1989，1995）。

积极错觉、幸福和爱

研究已经将积极错觉与这些标准中的每一条联系起来。先来考虑幸福。人们一般认为能带来幸福的许多事情（如金钱、美丽、年轻）事实上证明与人们感觉到的幸福程度关系甚微（Myers & Diener，1995）。然而，幸福与人们的自我感觉关系很大。幸福的人(1) 具有积极的自我观念，(2) 有很高的个人控制感，(3) 一般积极地看待未来（Myers & Diener，1995）。简而言之，幸福的人表现出我们在本章证明过的积极错觉。这种联系的强度有一定程度的文化差异，但这个一般模式似乎是普遍存在的（Diener & Diener，1995）。

积极错觉与良好的人际关系也有联系。默里等人（Murry，Holmes，& Griffin，1996a，1996b）要求 82 对夫妻根据很多维度（如你/你的配偶有多亲切、多和蔼、多有接纳性、多聪明？）评价自己和配偶。比起正确看待对方的夫妻，对配偶的看法比配偶对自己的看法更积极的夫妻，更能在两个人的关系中感到幸福、满意。这种结果意味着，对配偶理想的，而不是现实的知觉与满意的人际关系有关。

积极错觉和工作

积极错觉还与创造性的、建设性的工作有关。如第6章所指出的，认为自己能力强、对成功有较高期望的人，比那些自我看法较为消极、谦虚的人工作更努力、更有恒心，通常在脑力和体力劳动中表现更出色（如 Bandura，1989；Dweck & Leggett，1988；Mortimer & Lorence，1979；Schaufeli，1988）。即使我们在研究中将实际的能力水平考虑在内，结果也保持不变。这意味着，积极地看待自己的能力，即使有些不真实，也能提高成就。下面是一个著名的理论家对这方面研究的总结：

> 人们一般认为错误的判断会引起功能失调。当然，过分虚假的判断的确会引起一些问题。然而，对自己能力的乐观评价如果与可能的情况差距不是很远的话，是有利的，倒是真实的评价会限制自己。人们对自己能力的错误评价倾向于高估，这是一个优点，而不是需要纠正的认知错误。假如自我效能感总是如实反映人们在一般情况下所能做到的，那么他们将很少遭遇失败，但也不会付出额外的努力，去超越平常的表现。（Bandura，1989，p.1177）

积极错觉在儿童期尤其普遍，也尤其有益。幼儿是相当自我夸大的。他们对自己完成各种任务的能力有非常积极的看法（如许多孩子期望自己成为著名的科学家、摇滚歌星或消防员）。儿童进入小学后，这些积极观念逐渐消退，但依然很明显（Stipek，1984）。许多成人将这些积极观念当做可笑而短暂的幼年狂想，其实，这些观念对儿童的发展起着重要作用。比约克隆和格林（Bjorklund & Green，1992）认为对自身能力的积极评价有利于儿童语言的获得，以及问题解决能力和运动技能的发展（也可以参见，Phillips & Zimmerman，1990；Stipek，1984）。

> 对自己能力不现实的乐观看法……对自身局限性的无知［使］孩子尝试更多样化、更复杂的行为，而如果他们更真实地看待自己的能力，就不会去做这些尝试……这些尝试使孩子的技能在实践中得到提高，

并有可能带来长期的……好处。（Bjorklund & Green，1992，p.47）

积极错觉、应激和应对

　　心理健康的另一个成分是成功应对生活挑战的能力。在阅读积极错觉的作用之前，请停下来问问自己，假如你严重受伤，或患上有生命危险的疾病，情况会变成什么样呢？举个例子，如果你得了癌症、有严重的心脏病，或者在一次交通事故中瘫痪，你将如何应对呢？

　　你也许会感到惊讶，大部分人能很好地应对这类个人悲剧。事实上，虽然他们最初感到沮丧、抑郁，但在两年之内大部分经历过这种伤害的人都报告，他们的幸福程度和对生活的满意程度至少与那些没有经历过这种事件的人一样高（Brickman，Coates，& Janoff-Bulman，1978；Diener，1994；Schulz & Decker，1985；Taylor，1983）。有一部分人甚至报告说他们生活得更好。当然，并不是每个人都能很好地应对生活的悲剧，有些人可能需要在心理咨询或其他治疗形式的帮助下才能适应。但是大多数患重病和受重伤的人至少能恢复到与以前一样积极的心理状态。

　　虽然人们恢复的过程不同，但其中还是有共同点的。泰勒（1983）对妇女如何应对乳腺癌做了一个分析，他注意到，重新适应需要（1）重建积极的自我价值感，（2）重新坚持对生活的控制，（3）在这个经历中发现意义。对这个问题，我可以加上（4）重新积极地看待未来。因此，从创伤事件中恢复过来通常需要重建事前适当的积极错觉。

　　虽然听起来有些荒谬，但错觉在重建过程中是起作用的。人们重新获得良好的自我意象，重新找到控制感，在以过度积极的方式建构事件的过程中重新乐观起来。举例来说，人们认为自己比一般人更好地应对了疾病或遭遇。他们还认为自己对病程的控制比实际情况要好，他们建构起来的对未来的乐观看法，在当时的条件下是不切实际的。前面也曾提到，这些错觉一般是轻微的，对现实的歪曲也是适度的（而不是夸大的）。但它们仍然是不真实的。

意义、控制以及自我夸大所依赖的认知在很大程度上以错觉为基础。病人虚构出癌症的病因，而事实上真正的病因仍不为人所知。病人坚持自己能控制癌症的信念，尽管没有证据表明这种信念是合理的，但自我夸大的社会比较由此产生。如果不存在一个处于不利地位的人作为比较对象，他们就造一个出来……这些错觉有助于心理上的适应。
（Taylor，1983，p.1167）

在我们所考虑的三类错觉中，知觉到的控制和乐观是最受关注的应对机制。下面部分，我们将考察这两种错觉如何帮助人们应对应激性生活事件。

知觉到的控制和应对

知觉到的控制——一个人能产生预期结果的知觉——被认为是人类的一种基本需要，也是心理健康的一个关键要素（deCharms，1968；Erikson，1963；White，1959）。从发展的角度看，这些控制感和效能感出现于生命早期（Erikson，1963），成长过程中经历的许多消极事件逐渐降低了控制感（Rodin，1986）。最后，人们对控制感的丧失做出了消极的反应（Seligman，1975）。

控制感有多种益处（作为回顾，参见 Cohen，1980；Shapiro, Schwartz, & Astin，1996；Skinner，1996；Taylor & Clark，1986；Thompson，1981；Thompson & Spacepan，1991）。认为自己能控制生活事件的人比缺乏控制感的人自我感觉更好，更善于应对逆境，而且在各种认知、操作任务中表现得更出色。还有证据表明，控制感影响身体健康和寿命。在一项研究中，能对各种日常活动有所控制的小型疗养院的病人，比那些不能控制的病人活得更长（Langer & Rodin，1976；也可以参见，Janoff-Bulman & Marshall，1982）。

该研究领域最有趣的地方之一是，知觉到的控制至少与真实的控制一样重要。为了证明这个观点，实验研究中给被试一种伤害刺激，诸如电击或强噪音。高控制条件下的被试被告知，只要他们愿意，可以随时停止这些伤害刺激（如他们可以通过压一个按钮，来停止电击）；低控制条件下的被试并未被告知他们可以停止这些伤害刺激。总的来说，比起低控制条件下的被试，高控制条件下的被试在接受伤害刺激之前焦虑和苦恼的程度较低，而且能忍受痛苦水平更高的刺激（Averill，1973；Glass & Singer，1972；Thompson，1981）。即使高控制条件下的被试实际上并没有行使自己的控制权，结果也是如此。因此，仅仅是控制感——认为自己能做一些事情来阻止或控制一个伤害事件——就能减轻焦虑，并增强对这种伤害的忍受能力。

控制感除了帮助人们应对轻微的、短暂的应激源外，还能帮助人们应对自然发生的应激生活事件（参见 Thompson & Spacepan，1991）。阿洛伊和艾布拉姆森（1979）进行的一项研究也支持这个观点。研究者先让大学生完成阿洛伊和艾布拉姆森（1979）设计的控制判断任务，然后要求这些学生记录下个月发生的应激生活事件的数量，以及他们对这些事件的情感反应。结果，比起低估自己对灯的控制力的人，高估自己对灯的控制力的人（也就是那些表现出控制错觉的人）在面临应激生活事件时更不容易灰心丧气。阿洛伊和克莱门茨总结道，认为自己能控制预期事件的想法（即使有些不真实）降低了生活应激的消极影响。

泰勒等人（Taylor，Lichtman，& Wood，1984）的一个调查为这个观点提供了更有力的支持。他们访谈了洛杉矶地区 78 个乳腺癌患者。他们问这些妇女，她们认为自己能在多大程度上控制这个病。结果表明，知觉到的控制一般是比较高的，而且与心理健康有正相关：大多数妇女认为她们至少对病程有一些控制，而且持这种想法的人比不持这种想法的人心理健康水平更高。

由于几乎没有什么科学证据表明人们能够改变癌症的病变过程，因此这些妇女对疾病的控制感不完全真实。然而，知觉到的控制对人的心理有益。事实上，实际的控制达到最低时，知觉到的控制也许会特别有帮助。汤普森等人（Thompson，Sobolew-Shubin，Galbraith，Schwankovsky，& Cruzen，1993）发现，对于身体状况不好的癌症病人来说，知觉到的控制感与心理健康关系极为密切，他们得出的结论是，当客观的健康状况极差的时候，知觉控制非常有益。

乐观和应对

乐观，跟知觉到的控制一样，与有效的应对也有联系。谢尔等人（Carver et al., 1993；Scheier & Carver, 1985, 1987；Scheier et al., 1989）在该领域做了很多研究。表10.2 是一个用来测量人们乐观程度的量表。该量表上得分高的人比得分低的人更能有效地应对各种应激源。

有一项研究为这种观点提供了证据。该研究的对象是正在接受冠状动脉分流手术的男性（Scheier et al., 1989）。手术前一天，这些人完成了表10.2 所示的问卷。该量表上得分高的人在手术后几个月内身体较快得到恢复，也较快地回到正常的工作、生活中去。这些结果与其他发现（如 Carver et al., 1993）都

表 10.2　生活定向测验

说明你对下列每个陈述的同意程度，并在每个项目旁边的评定等级上圈出相应的数字。以下等级可用作指导。

0= 非常不同意
1= 不同意
2= 中等
3= 同意
4= 非常同意

1.在不确定的情况下，我总是做最好的期望。	0	1	2	3	4
2.一旦我觉得某事会变糟，事实上就真会如此。	0	1	2	3	4
3.我总是看到事情好的一面。	0	1	2	3	4
4.我总是积极地看待未来。	0	1	2	3	4
5.我几乎从不期待事情像我所想的那样发展。	0	1	2	3	4
6.事情的结果从来不像我想的那样。	0	1	2	3	4
7.我信奉这样的话"每个人都有自己的亮点"。	0	1	2	3	4
8.我几乎不指望有好事发生在我身上。	0	1	2	3	4

注：为了计算你的乐观分数，先对项目2、5、6和8进行反向记分（0=4；1=3；2=2；3=1；4=0），然后把8个项目的分数都加起来。得分越高，说明越乐观。

资料来源：Scheier & Carver, 1985, *Health Psychology*, 4, 219-247. Copyright 1985. Reprinted by permission of Lawrence Erlbaum Associates, Inc.

表明，乐观的看法对于人们如何应对威胁生命的事件起着关键的作用。

谢尔和卡弗也考察了为什么乐观者比悲观者能更好地应对应激。他们先是分析，人们以两种方式应对生活应激。第一种方式被拉扎勒斯和他的同事们称为以问题为中心的应对（problem-focused coping）（Lazarus & Folkman, 1984；Lazarus & Launier, 1978），指采取积极的措施应对应激源。举例来说，一个刚失业的人马上开始寻找另一份工作。这是以问题为中心的应对，因为人们的努力指向消除应激源。第二种应对策略称为以情绪为中心的应对（emtion-focused coping），指人们试图消除或减轻应激事件带来的沮丧情绪。有些时候，以情绪为中心的应对是建设性的（在应激状态下减轻焦虑）；而有些时候，它是破坏性的（应激状态下的人以酗酒或滥用药物来减轻焦虑）。

乐观者一般会在这两种策略中选择哪一种呢？许多研究发现，乐观者比悲观者更倾向于选择以问题为中心的应对策略（Aspinwall & Brunhart, 1996；Carver et al., 1993；Scheier et al., 1989；Scheier, Weintraub, & Carver, 1986）。当面临一个应激情境时，乐观者寻求相关的信息，积极尝试解决问题，他们要么直接指向问题的根源，要么以最积极的态度看待这个情境（如认为自己能从该经历中学到很多，而且过后会成为一个更好的人）。

乐观，跟知觉到的控制一样，即使有时候不真实，也是有益的。泰勒等人（Taylor, Kemeny, Aspinwall, Schneider, Rodriguez, & Herbert, 1992）研究了550名检验过艾滋病毒（HIV）的男同性恋者。其中一半人检验出HIV阳性，另一半为HIV阴性。收到检验结果之后，要求他们阅读很多条陈述，并指出自己是否同意这些陈述（如"我不会得艾滋病，因为我已经具有一种免疫力"和"比起其他男同性恋，我认为自己的免疫系统更有能力消灭艾滋病毒"）。我们将这些项目结合起来，用来测量这些人在多大程度上认为自己不会得艾滋病。

真实的情况是，HIV阳性的人患艾滋病的可能性比HIV阴性的人大得多。然而，该研究中，知道自己是HIV阳性的人比知道自己是HIV阴性的人更乐观，更认为自己不会得艾滋病。此外，这种乐观想法似乎有不少好处。根据这些男性的报告，比起悲观者，乐观者的苦恼水平较低，有益健康的行为（如健康的饮食、锻炼、睡眠充足）也更多。

总之，我们讨论过的这些研究，留给我们的印象，不是一个乐观者愉快地认为事事顺心，无需做任何努力，而是乐观者采取建设性的、以问题为中心的应对策略。他们制定目标，并采取积极的行动来达到目标。他们以积极的目光看待他们的处境，试图从逆境中获益。简而言之，他们努力地"从柠檬里挤出柠檬汁"。

他们之所以能做到这样，部分的原因是我们所讨论的三个积极错觉是互相联系的（Scheier, Carver, & Bridges, 1994）。认为自己有许多优点的人，也认为自己能利用这些优点产生预期结果；认为自己能产生预期结果的人也会乐观地看待未来。从这个意义上说，这些积极错觉是互相支持、互相强化的。

积极错觉和存在恐惧的应对

"看到这个世界真实的一面是件可怕和悲惨的事"（Becker, 1973, p.60）。人类学家欧内斯特·贝克尔（1973）在他一本获奖的书《拒绝死亡》（*The Denial of Death*）中指出积极错觉的另一个益处。正如第8章所提到的，贝克尔认为，思考死亡的能力会引起人们的存在恐惧（existential terror），于是内心的很大一部分将用于应对这种恐惧（也可以参见 Rank, 1936）。本章所讨论的积极错觉，在贝克尔看来，能在一定程度上减轻这种恐惧。根据贝克尔的观点，对自己品德、力量和价值夸大的看法使生命充满意义，并获得"永恒"。没有这些看法，个体就会陷入严重的恐惧和焦虑，由于意识到自己最终会死亡而失去生活的动力。的确，对于贝克尔而言，"生命与错觉共存"（Becker, 1973, p.189）。

格林伯格等人（Greenberg, Solomon, & Pyszczynski, 1997）报告了大量以贝克尔的观点为基础的研究。在一个研究（Greenberg et al., 1992）中，被试先是得到积极的个性反馈（如你的个性很有力量），或者中性的个性反馈（如你的一些愿望有些不切实际）。然后，所有的被试都看一段录像。突出死亡条件下的被试所看的录像描述死亡或破坏性的场面，包括尸体解剖和死因行电刑。控制组的被试所看的录像中没有任何与死亡有关的画面或场景。看完录像之后，对被试进行焦虑测量。

我们回顾一下贝克尔（1973）的观点，他认为，积极错觉能减轻一个人因意识到死亡而产生的焦虑。基于这种观点，格林伯格等人（1992）预测，比起得到中性的个性反馈的人，得到积极的个性反馈的人看完死亡主题的录像带后，焦虑程度较低。如图10.5所示，该预测得到了验证。得到中性的个性反馈的人看完有关死亡的画面后，感到非常焦虑，而得到积极的个性反馈的人并非如此。虽然这样的结果还可以另做解释，但积极的自我观念能帮助人们应对生存恐惧也是一种可能。

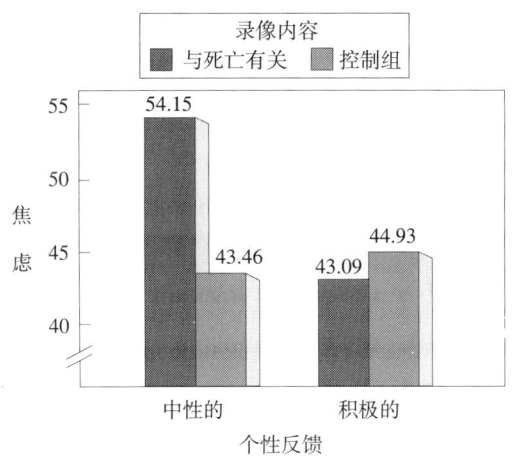

图10.5 看完死亡主题的录像和中性录像后的焦虑得分。这些数据显示，在中性的个性反馈条件下，死亡主题的录像提高了被试的焦虑水平，在积极的个性反馈条件下，情况并非如此。这个结果与积极的自我观念能帮助人们应对生存恐惧的论断是一致的。

资料来源：Adapted from Greenberg et al., 1992, *Journal of Personality and Social Psychology*, 63, 913-922. Adapted by the permission of The American Psychological Association.

积极错觉的局限性和潜在的危害

到目前为止，我们只考虑到积极错觉的好处。虽然积极错觉有许多好处，但其局限性和潜在危害是我们必须要考虑的。也许最重要的一点是，几乎没有什么证据表明积极错觉能够治疗实际存在的生理疾病。我们讨论的重点是心理调节——人们如何看待他们的疾病和创伤。我没有说积极想法能预防或治疗严重的疾病。

而且，事实上并非每个成功应对应激事件的人都表现出积极错觉。有些应对得好的人喜欢把控制权让给别人（Burger, McWard, & LaTorre, 1989; Rothbaum, Weisz, & Snyder, 1982），或者有些悲观（Norem & Cantor, 1986）。

除了这些局限，我们认为，这三种积极错觉中的每一种，在变得极端的时候，都有可能带来严重的后果。下面部分，我们将讨论这些积极错觉可能会引起的重要问题。

过度积极的自我观念的潜在危害

我们讨论过的第一种错觉是人们倾向于过度积极地看待自己。我们注意到，大部分人表现出这种特点，并且这种特点与心理适应有关。但这并不意味着越积极越好。

自　恋

过分自负或过分关注自我的人可能有一种自恋人格障碍。根据权威的精神疾病诊断标准（DSM-IV），自恋者倾向于夸大（grandiose）自己（他们对自己的重要性和独特性有一种夸张的看法），爱出风头（exhibitionistic）（他们总是需要从别人那里得到注意和崇拜），有一种夸张的权利感（sense of entitlement）（他们认为自己的愿望应该自动得到实现，别人应该不计回报地给予他们特殊的关照），是人际掠夺的（interpersonally exploitative）（他们把其他人当做满足自己自私目的的工具）。

表 10.3 呈现了一个问卷中的某些项目，该问卷是用来在一般人群中测量自恋倾向的工具（Raskin & Hall，1979）。研究者认为，适度的自恋是健康人格的一个要素（Bibring，1953；Kernberg，1975；Kohut，1971；Raskin，Novacek，& Hogan，1991；Westen，1990b），而过分的自恋则不是。与这个观点一致的是，自恋量表上分数极高的人一般会得到他人负面的评价（Raskin & Terry，1988；也可以参见，Colvin，Block，& Funder，1995；John & Robins，1994）。该结果证明，过分积极的自我观念会引起不良的人际后果。极端自我夸大和过分关注自我的人是不受别人欢迎的。

表 10.3　自恋个性记录表中的一些项目

姓名＿＿＿＿＿＿＿＿＿＿＿＿＿＿＿＿＿＿＿＿＿＿日期＿＿＿＿＿＿＿＿＿＿
性别＿＿＿＿＿＿年龄＿＿＿＿＿＿职业＿＿＿＿＿＿＿＿＿＿＿＿＿＿＿＿
指导语：根据下列每一对陈述，选择你最同意的一个，填写在空白处。每一对陈述只能选一个答案，请不要漏掉任何项目。

＿＿＿1.A 我天生就有能力影响别人
＿＿＿B 我并不善于影响别人
＿＿＿2.A 我不谦虚
＿＿＿B 我本质上是一个谦虚的人
＿＿＿3.A 我几乎敢做任何事情
＿＿＿B 我是一个比较谨慎的人
＿＿＿4.A 我有时对别人的恭维感到尴尬
＿＿＿B 我知道我很好，因为每个人都那么说
＿＿＿5.A 统治世界的想法能战胜痛苦
＿＿＿B 假如我统治了世界，它会变得更美好

＿＿＿6.A 对于任何事情，我总是能自圆其说
＿＿＿B 我努力接受自己行为的后果
＿＿＿7.A 我喜欢混在人群中
＿＿＿B 我喜欢成为注意的焦点
＿＿＿8.A 我将会成功
＿＿＿B 我不太关注成功
＿＿＿9.A 跟大部分人比起来，我不好也不坏
＿＿＿B 我认为我是一个独特的人
＿＿＿10.A 我不能肯定自己是否能成为好领导
＿＿＿B 我把自己看做一个好领导

备注：答案：a，a，a，b，b，a，b，a，b，b。每一个正确答案计1分。高分表明自恋倾向较强。

资料来源：Raskin & Hall，1979，*Psychological Reports*，46，55-60. Copyright 1979. Reprinted by permission of R. Raskin.

人际暴力

过分积极的自我观念还有可能导致攻击行为。鲍迈斯特等人（Baumeister, Smart, & Boden, 1996）回顾了大量关于人际暴力预测因素的研究。他们发现，如果一个人具有高度夸张的、不稳定的或不确定的自我观念，当环境威胁到这些积极的自我观念时，他们会转向暴力（也可以参见，Kernis, Grannemann, & Barclay, 1989；Waschull & Kernis, 1996）。举例来说，一个男人认为自己是一个绝好的爱人，如果他的妻子离开他，他就有可能转向暴力。鲍迈斯特（1997）甚至认为，这个世界上大量的罪恶都是由那些自我评价过分积极的人带来的。

压抑的应对方式

过分积极的自我观念有可能是以我们的健康为代价的。温伯格和施瓦茨（Weinberger；1990；Weinberger, Schwartz, & Davidson, 1979）已经确认人们有一种压抑的应对方式（repressive coping style）。在应激条件下，具有这种应对方式的人对焦虑的自我报告与焦虑的生理指标明显不一致（也就是说，他们报告说自己感觉良好、放松，但心率上升，皮肤传导水平升高）（也见，Tomaka, Blascovich, & Kelsey, 1992）。不承认、也不去理会自己的生理激活可能会引起身体疾病，包括溃疡、癌症和心脏病（Jensen, 1987；Pennebaker, 1989, 1993；Schwartz, 1977；Shedler, Mayman, & Manis, 1993）。

夸张的控制知觉的潜在危害

夸大自己产生预期结果的能力也会带来一些潜在的不良后果。

徒劳无益的坚持

如果一个人夸大自己产生预期结果的能力，那么他可能会表现出一种不适宜的坚持。一般来说，坚持是一件好事。生活中的许多重要任务需要不断努力去克服困难。然而，知道什么时候应该放弃也是很重要的。正如歌手肯尼·罗杰斯所说，"你要知道什么时候该抓住，什么时候该放手。"

夸大自己控制力的人可能容易表现出不适宜的坚持。他们不懈地追求不可能实现的目标。关于这方面的研究证据，目前还有不一致的地方：有些研究发现，对能力有较高自我知觉的人往往不放弃本应放弃的东西（Baumeister & Tice, 1985；McFarlin, Baumeister, & Blascovich, 1984）；其他的研究则发现，情况并非如此（Janoff-Bulman & Brickman, 1982；McFarlin, 1985；Sandelands, Brockner, & Glynn, 1988）。阿斯平沃尔和泰勒（1997）回顾了这方面的研究后总结道，一个相信自己能成功的人，对自己的坚持是否有收益非常敏感（也可以参见，Sandelands et al., 1988）。因此，研究表明，积极错觉在该领域并没有造成妨碍。

自我调节失败

夸大自己能力的人可能抱负过高，他们"贪多嚼不烂"。鲍迈斯特等人（Baumeister, Heatherton, & Tice, 1993）考察了这个问题。他们先让被试完成一个精巧的手工任务，然后，要求他们针对随后的测验给自己制定目标，告诉他们，如果达到目标，他们会赢钱，达不到的话会输钱。一些被试（在自我威胁条件下）得到提醒，如果他们是那种在压力下表现不佳的人，也许可以制定低一点的目标；其他被试（在控制条件下）没有受到这样的威胁。

在自我威胁条件下，高自尊的被试（认为自己的控制力很强的人）赢的钱比低自尊的被试少，这个现象的部分原因是他们制定的目标太高，认为自己能做得很好，但实际上又做不到。鲍迈斯特等（1993）总结说，当个体为无法实现的目标努力时，积极的自我观念将成为一种妨碍。当自我卷入过多时，尤为如此。

过分乐观的潜在危害

过分乐观也会造成危害。我们在前面提到，人们认为自己比其他人更不可能经历各种消极事件。这种乐观想法可能导致人们忽视安全问题，没有适当的预防措施（Weinstein，1988）。举例来说，低估自己在交通事故中受伤可能性的人也许会不系安全带。

关于这个问题的研究证据目前还有矛盾之处。有些研究发现，乐观的想法与预防措施呈负相关（如 Burger & Burns，1988），有些则发现，乐观想法与预防措施有正相关（Aspinwall & Brunhart，1996；Whitley & Hern，1991），还有些研究发现没有相关（参见 Gerrard et al., 1996）。对这种不一致情况的一个解释是，人们常常因为采取了预防措施，才会过分乐观。举例来说，每次都系安全带的人是采取了安全措施的，但是他们会高估安全带降低事故中受伤可能性的作用。在这样的情况下，对控制的夸大知觉（认为自己的行为能产生预期的结果）可能是不切实际的乐观想法的基础。

积极错觉和职业选择

我们要考虑的最后一个问题是，为了在生活中实现成就的最大化，人们需要知道自己的真实情况吗？一个经典的例子就是一个人，正在考虑成为一个舞蹈者。在决定是否从事该职业之前，这个人难道不应该了解自己是否真地有能力取得成功？

这个观点似乎很有说服力，但也并非没有漏洞。它假设人们在做这样的决策时面临的惟一（或至少主要的）问题是成功的可能性。这是可质疑的。个体从事艺术生涯的原因很多，很重要的一点可能是因为他们真地喜欢这个职业。也许一个舞蹈者选择该职业不仅仅是因为他们希望有朝一日能"出名"，而是因为他们热爱舞蹈。一个人完全有可能喜欢跳舞，却不清楚自己的舞蹈天分到底有多少，因此，这类情境下人们是否需要知道自己的真实情况，是有争议的。事实上，有理由相信，对成功的外在指标关注较少的人，生活得更幸福，也更健康（Kasser & Ryan，1993）。

这里我并不是指人们不在意成败，也没有说失败的人不会情绪紊乱。这里我要指出的是（1）人们觉得过程通常与最终的目的一样重要，（2）尽管人们当时可能因为失败而感到沮丧，但极少对自己追求梦想的行为而感到后悔。无论如何，这是事实：没有尝试过的人，其后悔程度比尝试过，但失败的人更高（Gilovich & Medvec，1994；Kinnier & Metha）。出于这些考虑，我们不能肯定，人们在做出职业选择之前是否应该知道自己在该领域的能力有多强。

即使一个人认为将来的结果是惟一要考虑的方面（我并不这么认为），是否需要正确认识自己的能力也是一个开放的问题。能力水平只是决定工作成绩的一个因素而已。努力、坚持，以及有效地发挥自己的才能也是很重要的。正如前面所提到的，对能力较高的自我知觉，即使与真实情况有些不符，也能促进这些因素。因此，对自身能力积极的看法可能比纯粹的正确评价更有助于取得成功。

总　结

本章我们考察了自我认识与心理健康之间的关系。我们首先注意到，以往人们一直认为正确认识自我是心理健康的必要因素。也就是说，为了健康，人们需要真实地看待自己。然后，我们回顾了一些研究证据，这些证据向该论断提出了挑战。许多心理健康的人并没有完全正确地看待自己。其实，他们对自己的看法比真实情况更积极一些。他们认为自己所具有的积极品质多于（消极品质少于）实际上所具有的，他们夸张自己产生预期结果的能力，过度积极地看待未来。这些知觉（称为积极错觉）与真实情况的差距不是很大，但也不是完全正确的。

我们考虑的第二个问题，是积极错觉能否促进心理适应。我们注意到，积极错觉与更多的幸福感、更令人满意的人际关系，以及更有建设性、创造性的工作有关。当人们面临有生命危险的疾病，或者其他创伤性的事件时，积极错觉尤其有益。表现出积极错觉的人更善于应对这些事件。

最后，我们考察了积极错觉的一些潜在危害。虽然适度的积极错觉可能是有益的，但过分的积极错觉却是有害的，这些危害包括消极的人际关系、不适宜的坚持、不良的自我调节，以及对身体健康的威胁。

这些潜在的危害强调，错觉必须适度才会有效。我们可以将积极错觉比为目前在日本、法国和德国出现的悬浮式火车。通过控制电磁的流动，微微拉开火车与铁轨的距离，火车的速度能达到一小时300英里。这里的诀窍是火车与铁轨的距离必须恰当，距离过大会导致火车旋转、相撞；距离过小会导致火车与铁轨摩擦，最后停止不前。

与此类似，只有当自我夸大的错觉与真实情况的差距适度时，才是最有效的（Baumeister，1989；Brown，1991；Taylor & Brown，1988，1994）。过于夸大的想法会造成严重的后果，如伴有狂躁症的狂妄自大具有破坏性。但自我评价过分谦逊也有害处，关于抑郁的现实主义（depressive realism）的研究已经证明了这一点。因此，就像正在发展中的新式火车，只有当个体的自我评价与真实情况差距适当时，才是最有效的。

- 一些心理健康理论断言，正确认识自我是心理健康的必要成分。其他理论坚持认为，虽然过分歪曲的自我观念显然是功能失调的，但为了有效地生活，人们不需要准确地了解自己的真相。
- 许多健康的人没有正确的自我观念。相反，他们过度积极地看待自己、自己产生预期结果的能力，以及自己的未来。这些积极错觉并不极端，但通常可以观察到。
- 积极错觉与心理健康的几个标准相关，包括幸福感、圆满的人际关系，以及有能力从事建设性的、创造性的工作。
- 当人们面临应激性生活事件时，积极错觉可能尤其有助于人们应对这类事件。在这样的情境下，夸大自己控制力，并保持乐观的人，比那些没有表现出这些错觉的人应对得更好。
- 过分的积极错觉可能会带来严重的后果。这些后果包括消极的人际关系（包括人际暴力）、不适宜的坚持、不良的自我调节和对健康的危害。这些潜在的后果强调，积极错觉必须适度才会有效。

补充读物

Alloy, L.B., & Abramson, L.Y.(1988). Depressive realism: Four theoretical perspectives.In L.B.Alloy (Ed.), *Cognitive processes in depression* (pp.223-265).New York: Guilford.

Lockard, J.S., & Paulhus, D.L (1988) (Eds.). *Self-deception: An adeptive mechanism*? Englewood Cliffs, NJ: Prentice Hall.

Myers, D.G. (1993). *The pursuit of happiness*. New York: Avon Books.

Taylor, S.E., & Brown, J.D. (1988). Illusion and well-being: A social psychological perspective on mental health. *Psychological Bulletin*, 103, 193-210.

参 考 文 献

ABELSON, R. P. (1986). Beliefs are like possessions. *Journal for the Theory of Social Behaviour, 16,* 222–250.
ABRAMSON, L. Y., METALSKY, G. I., & ALLOY, L. B. (1988). The hopelessness theory of depression: Does the research test the theory? In L. Y. Abramson (Ed.), *Social cognition and clinical psychology: A synthesis* (pp. 33–65). New York: Guilford Press.
ABRAMSON, L. Y., METALSKY, G. I., & ALLOY, L. B. (1989). Hopelessness depression: A theory-based subtype of depression. *Psychological Review, 96,* 358–372.
ABRAMSON, L. Y., SELIGMAN, M. E. P., & TEASDALE, J. D. (1978). Learned helplessness in humans: Critique and reformulation. *Journal of Abnormal Psychology, 87,* 49–74.
ADAMS, G. R., ABRAHAM, K. G., & MARKSTROM, C. A. (1987). The relations among identity development, self-consciousness, and self-focusing during middle and late adolescence. *Developmental Psychology, 23,* 292–297.
AFFLECK, G., & TENNEN, H. (1991). Social comparison and coping with major medical problems. In J. Suls & T. A. Wills (Eds.), *Social comparison: Contemporary theory and research* (pp. 369–393). Hillsdale, NJ: Lawrence Erlbaum Associates.
AINSWORTH, M. D. S., BLEHAR, M. C., WATERS, E., & WALL, S. (1978). *Patterns of attachment: A psychological study of the strange situation.* Hillsdale, NJ: Lawrence Erlbaum Associates.
ALBRIGHT, L., KENNY, D. A., & MALLOY, T. E. (1988). Consensus in personality judgments at zero acquaintance. *Journal of Personality and Social Psychology, 55,* 387–395.
ALEXANDER, N. C., & KNIGHT, G. W. (1971). Situated identities and social psychological experimentation. *Sociometry, 34,* 65–82.
ALICKE, M. D. (1985). Global self-evaluation as determined by the desirability and controllability of trait adjectives. *Journal of Personality and Social Psychology, 49,* 1621–1630.
ALLOY, L. B., & ABRAMSON, L. Y. (1979). Judgments of contingency in depressed and nondepressed students: Sadder but wiser? *Journal of Experimental Psychology: General, 108,* 441–485.
ALLOY, L. B., & ABRAMSON, L. Y. (1988). Depressive realism: Four theoretical perspectives. In L. B. Alloy (Ed.), *Cognitive processes in depression* (pp. 223–265). New York: Guilford.
ALLOY, L. B., & AHRENS, A. H. (1987). Depression and pessimism for the future: Biased use of statistically relevant information in predictions for self versus others. *Journal of Personality and Social Psychology, 52,* 366–378.
ALLOY, L. B., & CLEMENTS, C. M. (1992). Illusion of control: Invulnerability to negative affect and depressive symptoms after laboratory and natural stressors. *Journal of Abnormal Psychology, 101,* 234–245.

ALLOY, L. B., & LIPMAN, A. J. (1992). Depression and selection of positive and negative social feedback: Motivated preference or cognitive balance? *Journal of Abnormal Psychology, 101,* 310–313.

ALLPORT, G. W. (1937). *Personality: A psychological interpretation.* New York: Holt, Rinehart, & Winston.

ALLPORT, G. W. (1943). The ego in contemporary psychology. *Psychological Review, 50,* 451–478.

AMABILE, T. M. (1983). *The social psychology of creativity.* New York: Springer-Verlag.

AMABILE, T. M. (1985). Motivation and creativity: Effects of motivational orientation on creative writers. *Journal of Personality and Social Psychology, 48,* 393–399.

AMABILE, T. M., HILL, K. G., HENNESSEY, B. A., & TIGHE, E. M. (1994). The work preference inventory: Assessing intrinsic and extrinsic motivational orientations. *Journal of Personality and Social Psychology, 66,* 950–967.

AMENSON, C. S., & LEWINSOHN, P. M. (1981). An investigation into the observed sex difference in prevalence of unipolar depression. *Journal of Abnormal Psychology, 90,* 1–13.

AMES, C., & AMES, R. (1984). Systems of student and teacher motivation: Toward a qualitative definition. *Journal of Educational Psychology, 76,* 535–566.

ANDERSEN, S. M. (1984). Self-knowledge and social inference: II. The diagnosticity of cognitive/affective and behavioral data. *Journal of Personality and Social Psychology, 46,* 294–307.

ANDERSEN, S. M., & BAUM, A. (1994). Transference in interpersonal relations: Inferences and affect based on significant-other representations. *Journal of Personality, 62,* 459–497.

ANDERSEN, S. M., & ROSS, L. (1984). Self-knowledge and social inference: I. The impact of cognitive/affective and behavioral data. *Journal of Personality and Social Psychology, 46,* 280–293.

ANDERSON, C. A., & SLUSHER, M. P. (1986). Relocating motivational effects: A synthesis of cognitive and motivational effects on attributions for success and failure. *Social Cognition, 4,* 270–292.

ANDERSON, J. R. (1983). *The architecture of cognition.* Cambridge, MA: Harvard University Press.

ANDREWS, B., & BROWN, G. W. (1993). Self-esteem and vulnerability to depression: The concurrent validity of interview and questionnaire measures. *Journal of Abnormal Psychology, 102,* 565–572.

ARIETI, S., & BEMPORAD, J. R. (1978). *Severe and mild depression: The therapeutic approach.* New York: Basic Books.

ARKIN, R. M. (1981). Self-presentation styles. In J. T. Tedeschi (Ed.), *Impression management theory and social psychological research* (pp. 311–333). San Diego, CA: Academic Press.

ARKIN, R. M. (1987). Shyness and self-presentation. In K. Yardley & T. Honess (Eds.), *Self and identity: Psychosocial perspectives* (pp. 187–195). New York: John Wiley & Sons.

ARKIN, R. M., & BAUMGARDNER, A. H. (1985). Self-handicapping. In J. H. Harvey & G. Weary (Eds.), *Basis issues in attribution theory and research* (pp. 169–202). New York: Academic Press.

ARON, A., ARON, E. N., TUDOR, M., & NELSON, G. (1991). Close relationships as including other in the self. *Journal of Personality and Social Psychology, 60,* 241–253.

ARONSON, E. (1968). Dissonance theory: Progress and problems. In R. P. Abelson, E. Aronson, W. J. McGuire, T. M. Newcomb, M. J. Rosenberg, & P. H. Tannenbaum (Eds.), *Theories of cognitive consistency: A sourcebook* (pp. 5–27). Skokie, IL: Rand McNally.

ARONSON, E. (1992). The return of the repressed: Dissonance theory makes a comeback. *Psychological Inquiry, 3,* 303–311.
ARONSON, E., & MILLS, J. (1959). The effect of severity of initiation on liking for a group. *Journal of Abnormal and Social Psychology, 59,* 177–181.
ASCH, S. (1952). *Social psychology.* Englewood Cliffs, NJ: Prentice Hall.
ASPINWALL, L. G., & BRUNHART, S. M. (1996). Distinguishing optimism from denial: Optimistic beliefs predict attention to health threats. *Personality and Social Psychology Bulletin, 22,* 993–1003.
ASPINWALL, L. G., & TAYLOR, S. E. (1993). Effects of social comparison direction, threat, and self-esteem on affect, self-evaluation, and expected success. *Journal of Personality and Social Psychology, 64,* 708–722.
ASPINWALL, L. G., & TAYLOR, S. E. (1997). A stitch in time: Self-regulation and proactive coping. *Psychological Bulletin.*
ATKINSON, J. W. (1964). *An introduction to motivation.* Princeton, NJ: Van Nostrand.
AVERILL, J. R. (1973). Personal control over aversive stimuli and its relationship to stress. *Psychological Bulletin, 80,* 286–303.
AXSOM, D. (1989). Cognitive dissonance and behavior change in psychotherapy. *Journal of Experimental Social Psychology, 25,* 234–252.
AXSOM, D., & COOPER, J. (1985). Cognitive dissonance and psychotherapy: The role of effort justification in inducing weight loss. *Journal of Experimental Social Psychology, 21,* 149–160.
BACHMAN, J. G., & O'MALLEY, P. M. (1986). Self-concepts, self-esteem, and educational experiences: The frog pond revisited (again). *Journal of Personality and Social Psychology, 50,* 33–46.
BACKMAN, C. W., & SECORD, P. F. (1968). The self and role selection. In C. Gordon & K. J. Gergen (Eds.), *The self in social interaction* (pp. 289–296). New York: Wiley.
BALDWIN, J. M. (1897). *Social and ethical interpretations in mental development.* New York: Macmillan.
BALDWIN, M. W. (1994). Primed relational schemas as a source of self-evaluative reactions. *Journal of Social and Clinical Psychology, 13,* 380–403.
BALDWIN, M. W., CARRELL, S. E., & LOPEZ, D. F. (1990). Priming relationship schemas: My advisor and the Pope are watching me from the back of my mind. *Journal of Experimental Social Psychology, 26,* 435–454.
BALDWIN, M. W., & SINCLAIR, L. (1996). Self-esteem and "If . . . then" contingencies of interpersonal acceptance. *Journal of Personality and Social Psychology, 71,* 1130–1141.
BANAJI, M. R., & STEELE, C. M. (1989). Alcohol and self-evaluation: Is a social cognitive approach beneficial? *Social Cognition, 7,* 139–153.
BANDURA, A. (1986). *Social foundations of thought and action.* Englewood Cliffs, NJ: Prentice Hall.
BANDURA, A. (1989). Human agency in social cognitive theory. *American Psychologist, 44,* 1175–1184.
BANDURA, A., & WOOD, R. E. (1989). Effect of perceived controllability and performance standards on self-regulation of complex decision-making. *Journal of Personality and Social Psychology, 56,* 805–814.
BARGH, J. A. (1982). Attention and automaticity in the processing of self-relevant information. *Journal of Personality and Social Psychology, 43,* 425–436.
BARGH, J. A., & TOTA, M. E. (1988). Context-dependent automatic processing in depression: Accessibility of negative constructs with regard to self but not others. *Journal of Personality and Social Psychology, 54,* 925–939.

BARNETT, P. A., & GOTLIB, I. H. (1988). Psychosocial functioning and depression: Distinguishing among antecedents, concomitants, and consequences. *Psychological Bulletin, 104,* 97–126.

BARNETT, P. A., & GOTLIB, I. H. (1990). Cognitive vulnerability to depressive symptoms among men and women. *Cognitive Therapy and Research, 14,* 47–61.

BARRETT, K. C. (1995). A functionalist approach to shame and guilt. In J. P. Tangney & K. W. Fischer (Eds.), *Self-conscious emotions: The psychology of shame, guilt, pride, and embarrassment* (pp. 25–63). New York: Guilford Press.

BARTHOLOMEW, K., & HOROWITZ, L. M. (1991). Attachment styles among young adults: A test of a four-category model. *Journal of Personality and Social Psychology, 61,* 226–244.

BARTLETT, F. C. (1932). *Remembering: A study in experimental and social psychology.* London: Cambridge University Press.

BAUMEISTER, R. F. (1982a). Self-esteem, self-presentation, and future interaction: A dilemma of reputation. *Journal of Personality, 50,* 29–45.

BAUMEISTER, R. F. (1982b). A self-presentational view of social phenomena. *Psychological Bulletin, 91,* 3–26.

BAUMEISTER, R. F. (1984). Choking under pressure: Self-consciousness and paradoxical effects of incentives on skillful performance. *Journal of Personality and Social Psychology, 46,* 610–620.

BAUMEISTER, R. F. (1986). *Identity: Cultural change and the struggle for self.* New York: Oxford University Press.

BAUMEISTER, R. F. (1989). The optimal margin of illusion. *Journal of Social and Clinical Psychology, 8,* 176–189.

BAUMEISTER, R. F. (1990). Suicide as escape from self. *Psychological Review, 97,* 90–113.

BAUMEISTER, R. F. (1993). (Ed.). *Self-esteem: The puzzle of low self-regard.* New York: Plenum Press.

BAUMEISTER, R. F. (1997). *Evil: Inside human violence and cruelty.* New York: W. H. Freeman.

BAUMEISTER, R. F., HAMILTON, J. C., & TICE, D. M. (1985). Public versus private expectancy of success: Confidence booster or performance pressure? *Journal of Personality and Social Psychology, 48,* 1447–1457.

BAUMEISTER, R. F., & HEATHERTON, T. F. (1996). Self-regulation failure: An overview. *Psychological Inquiry, 7,* 1–15.

BAUMEISTER, R. F., HEATHERTON, T. F., & TICE, D. M. (1993). When ego threats lead to self-regulation failure: Negative consequences of high self-esteem. *Journal of Personality and Social Psychology, 64,* 141–156.

BAUMEISTER, R. F., HEATHERTON, T. F., & TICE, D. M. (1994). *Losing control: How and why people fail at self-regulation.* San Diego, CA: Academic Press.

BAUMEISTER, R. F., & JONES, E. E. (1978). When self-presentation is constrained by the target's knowledge: Consistency and compensation. *Journal of Personality and Social Psychology, 36,* 608–618.

BAUMEISTER, R. F., & LEARY, M. R. (1995). The need to belong: Desire for interpersonal attachments as a fundamental human motivation. *Psychological Bulletin, 117,* 497–529.

BAUMEISTER, R. F., & SCHER, S. J. (1988). Self-defeating behavior patterns among normal individuals: Review and analysis of common self-destructive tendencies. *Psychological Bulletin, 104,* 3–22.

BAUMEISTER, R. F., SMART, L., & BODEN, J. M. (1996). Relation of threatened egotism to violence and aggression: The dark side of high self-esteem. *Psychological Review, 103*, 5–33.

BAUMEISTER, R. F., & STEINHILBER, A. (1984). Paradoxical effects of supportive audiences on performance under pressure: The home field disadvantage in sports championships. *Journal of Personality and Social Psychology, 47*, 85–93.

BAUMEISTER, R. F., & TICE, D. M. (1985). Self-esteem and responses to success and failure: Subsequent performance and intrinsic motivation. *Journal of Personality, 53*, 450–467.

BAUMEISTER, R. F., & TICE, D. M. (1986). How adolescence became the struggle for self: A historical transformation of psychological development. In J. Suls & A. G. Greenwald (Eds.), *Psychological perspectives on the self* (Vol. 3, pp. 183–201). Hillsdale, NJ: Erlbaum.

BAUMEISTER, R. F., TICE, D. M., & HUTTON, D. G. (1989). Self-presentational motivations and personality differences in self-esteem. *Journal of Personality, 57*, 547–579.

BAUMGARDNER, A. H. (1990). To know oneself is to like oneself: Self-certainty and self-affect. *Journal of Personality and Social Psychology, 58*, 1062–1072.

BAUMGARDNER, A. H., & BROWNLEE, E. A. (1987). Strategic failure in social interaction: Evidence for expectancy disconfirmation processes. *Journal of Personality and Social Psychology, 52*, 525–535.

BAUMGARDNER, A. H., LAKE, E. A., & ARKIN, R. M. (1985). Claiming mood as a self-handicap: The influence of spoiled and unspoiled social identities. *Personality and Social Psychology Bulletin, 11*, 349–358.

BEACH, S. R. H., & TESSER, A. (1995). Self-esteem and the extended self-evaluation maintenance model. In M. H. Kernis (Ed.), *Efficacy, agency, and self-esteem* (pp. 145–170). New York: Plenum Press.

BEAMAN, A. L., KLENTZ, B., DIENER, E., & SVANUM, S. (1979). Self-awareness and transgression in children: Two field studies. *Journal of Personality and Social Psychology, 37*, 1835–1846.

BECK, A. T. (1967). *Depression: Clinical, experimental, and theoretical aspects.* New York: Harper & Row.

BECK, A. T. (1976). *Cognitive therapy and the emotional disorders.* New York: International Universities Press.

BECK, A. T. (1983). Cognitive therapy of depression: New perspectives. In P. J. Clayton & J. E. Barrett (Eds.), *Treatment of depression: Old controversies and new approaches* (pp. 265–290). New York: Raven Press.

BECK, A. T. (1991). Cognitive therapy: A 30-year retrospective. *American Psychologist, 46*, 368–375.

BECK, A. T., RUSH, A. J., SHAW, B. F., & EMERY, G. (1979). *Cognitive therapy of depression.* New York: Guilford Press.

BECKER, E. (1968). *The structure of evil.* New York: George Braziller.

BECKER, E. (1973). *The denial of death.* New York: The Free Press.

BEDNAR, R. L., WELLS, M. G., & PETERSON, S. R. (1989). *Self-esteem: Paradoxes and innovations in clinical theory and practice.* Washington, D.C.: American Psychological Association.

BEGGAN, J. K. (1992). On the social nature of nonsocial perception: The mere ownership effect. *Journal of Personality and Social Psychology, 62*, 229–237.

BELK, R. W. (1988). Possessions and the extended self. *Journal of Consumer Research, 15*, 139–168.

BEM, D. J. (1972). Self-perception theory. In L. Berkowitz (Ed.), *Advances in experimental social psychology* (Vol. 6, pp. 1–63). New York: Academic Press.

BEM, D. J., & ALLEN, A. (1974). On predicting some of the people some of the time: The search for cross-situational consistencies in behavior. *Psychological Review, 81*, 506–520.

BERGLAS, S., & JONES, E. E. (1978). Drug choice as a self-handicapping strategy in response to noncontingent success. *Journal of Personality and Social Psychology, 36*, 405–417.

BEYER, S. (1990). Gender differences in the accuracy of self-evaluations of performance. *Journal of Personality and Social Psychology, 59*, 960–970.

BIBRING, E. (1953). The mechanism of depression. In P. Greenacre (Ed.), *Affective disorders: Psychoanalytic contributions to their study* (pp. 13–48). New York: International Universities Press.

BJORKLUND, D. F., & GREEN, B. L. (1992). The adaptive nature of cognitive immaturity. *American Psychologist, 47*, 46–54.

BLAINE, B., & CROCKER, J. (1993). Self-esteem and self-serving biases in reactions to positive and negative events: An integrative review. In R. F. Baumeister (Ed.), *Self-esteem: The puzzle of low self-regard* (pp. 55–85). New York: Plenum Press.

BLANEY, P. H. (1986). Affect and memory: A review. *Psychological Bulletin, 99*, 229–246.

BLASCOVICH, J., & TOMAKA, J. (1990). Measures of self-esteem. In J. P. Robinson, P. R. Shaver, & L. M. Wrightsman (Eds.), *Measures of social psychological attitudes* (3rd ed.). Orlando, FL: Academic Press.

BLATT, S. J. (1985). The destructiveness of perfectionism. *American Psychologist, 50*, 1003–1020.

BLATT, S. J., QUINLAN, D. M., CHEVRON, E. S., MCDONALD, C., & ZUROFF, D. C. (1982). Dependence and self-criticism: Psychological dimensions of depression. *Journal of Counseling and Clinical Psychology, 50*, 113–124.

BLOCH, M., FAHY, M., FOX, S., & HAYDEN, M. R. (1989). Predictive testing for Huntington's disease: II. Demographic characteristics, life-style patterns, attitudes, and psychosocial assessments of the first fifty-one test candidates. *American Journal of Medical Genetics, 32*, 217–224.

BLUMBERG, H. H. (1972). Communication of interpersonal evaluations. *Journal of Personality and Social Psychology, 23*, 157–162.

BOGGIANO, A. K., & MAIN, D. S. (1986). Enhancing children's interest in activities used as rewards: The bonus effect. *Journal of Personality and Social Psychology, 51*, 1116–1126.

BOHRNSTEDT, G. W., & FELSON, R. B. (1983). Explaining the relations among children's actual and perceived performances and self-esteem: A comparison of several causal models. *Journal of Personality and Social Psychology, 45*, 43–56.

BORING, E. G. (1951). *A history of experimental psychology*. New York: Appleton, Century, Crofts.

BORKENAU, P., & LIEBLER, A. (1992). Trait inferences: Sources of validity at zero acquaintance. *Journal of Personality and Social Psychology, 62*, 645–657.

BORKENAU, P., & LIEBLER, A. (1993). Convergence of stranger ratings of personality and intelligence with self-ratings, partner ratings, and measured intelligence. *Journal of Personality and Social Psychology, 65*, 546–553.

BOWER, G. H. (1981). Mood and memory. *American Psychologist, 36*, 129–148.

BOWER, G. H., & GILLIGAN, S. G. (1979). Remembering information related to one's self. *Journal of Research in Personality, 13*, 420–432.

BOWERMAN, W. R. (1978). Subjective competence: The structure, process, and function of self-referent causal attributions. *Journal of the Theory of Social Behaviour, 8*, 45–75.

BOWLBY, J. (1969). *Attachment and loss: Vol. 1. Attachment.* New York: Basic Books.
BOWLBY, J. (1973). *Attachment and loss: Vol. 2. Separation: Anxiety and anger.* New York: Basic Books.
BOWLBY, J. (1979). *The making and breaking of affectional bonds.* London: Tavistock.
BOWLBY, J. (1988). Developmental psychiatry comes of age. *The American Journal of Psychiatry, 145,* 1–10.
BRADLEY, G. W. (1978). Self-serving biases in the attribution process: A reexamination of the fact or fiction question. *Journal of Personality and Social Psychology, 36,* 56–71.
BRANDEN, N. (1994). *The six pillars of self-esteem.* New York: Bantam Books.
BRANDTSTÄDTER, J., & GREVE, W. (1994). The aging self: Stabilizing and protective processes. *Developmental Review, 14,* 52–80.
BRENNAN, K. A., & MORRIS, K. A. (1997). Attachment styles, self-esteem, and patterns of seeking feedback from romantic partners. *Personality and Social Psychology Bulletin, 23,* 23–31.
BRETHERTON, I. (1984). Representing the social world in symbolic play: Reality and fantasy. In I. Bretherton (Ed.), *Symbolic play* (pp. 3–41). New York: Academic Press.
BREWER, M. B. (1991). The social self: On being the same and different at the same time. *Personality and Social Psychology Bulletin, 17,* 475–482.
BREWER, M. B., & GARDNER, W. (1996). Who is this "we"? Levels of collective identity and self-representations. *Journal of Personality and Social Psychology, 71,* 83–93.
BREWER, M. B., MANZI, J. M., & SHAW, J. S. (1993). In-group identification as a function of depersonalization, distinctiveness, and status. *Psychological Science, 4,* 88–92.
BREWER, M. B., & WEBER, J. G. (1994). Self-evaluation effects of interpersonal versus intergroup social comparison. *Journal of Personality and Social Psychology, 66,* 268–275.
BREWIN, C. R. (1985). Depression and causal attributions: What is their relation? *Psychological Bulletin, 98,* 297–309.
BRICKMAN, P., COATES, D., & JANOFF-BULMAN, R. J. (1978). Lottery winners and accident victims: Is happiness relative? *Journal of Personality and Social Psychology, 36,* 916–927.
BRICKMAN, P., & BULMAN, R. J. (1977). Pleasure and pain in social comparison. In J. Suls & R. Miller (Eds.), *Social comparison processes: Theoretical and empirical perspectives* (pp. 149–186). Washington, DC: Hemisphere.
BRIGGS, S. R., CHEEK, J. M., & BUSS, A. H. (1980). An analysis of the self-monitoring scale. *Journal of Personality and Social Psychology, 38,* 679–686.
BRISSETT, D. (1972). Toward a clarification of self-esteem. *Psychiatry, 35,* 255–263.
BROCKNER, J. (1979). The effects of self-esteem, success-failure, and self-consciousness on task performance. *Journal of Personality and Social Psychology, 37,* 1732–1741.
BROCKNER, J. (1984). Low self-esteem and behavioral plasticity: Some implications for personality and social psychology. In L. Wheeler (Ed.), *Review of personality and social psychology* (Vol. 4, pp. 237–271). Beverly Hills: Sage.
BROCKNER, J., & CHEN, Y-R. (1996). The moderating role of self-esteem and self-construal in reaction to a threat to the self: Evidence from the People's Republic of China and the United States. *Journal of Personality and Social Psychology, 71,* 603–615.
BROCKNER, J., GARDNER, M., BIERMAN, J., MAHAN, T., THOMAS, B., WEISS, W., WINTERS, L., & MITCHELL, A. (1983). The roles of self-esteem and self-consciousness in the Wortman-Brehm model of reactance and learned helplessness. *Journal of Personality and Social Psychology, 45,* 199–209.
BROCKNER, J., & GUARE, J. (1983). Improving the performance of low self-esteem individuals: An attributional approach. *Academy of Management Journal, 26,* 642–656.

BROCKNER, J., HJELLE, L., & PLANT, R. (1985). Self-focused attention, self-esteem, and the experience of state depression. *Journal of Personality, 53,* 425–434.

BROCKNER, J., & HULTON, A. J. B. (1978). How to reverse the vicious cycle of low self-esteem: The importance of attentional focus. *Journal of Experimental Social Psychology, 14,* 564–578.

BROCKNER, J., WIESENFELD, B. M., & RASKAS, D. F. (1993). Self-esteem and expectancy-value discrepancy: The effects of believing that you can (or can't) get what you want. In R. F. Baumeister (Ed.), *Self-esteem: The puzzle of low self-regard* (pp. 219–240). New York: Plenum Press.

BROWN, G. W., ANDREWS, B., HARRIS, T. O., ADLER, Z., & BRIDGE, L. (1986). Social support, self-esteem, and depression. *Psychological Medicine, 16,* 813–831.

BROWN, G. W., BIFULCO, A., & ANDREWS, B. (1990). Self-esteem and depression: III. Aetiological issues. *Social Psychiatry and Psychiatric Epidemiology, 25,* 235–243.

BROWN, G. W., BIFULCO, A., VEIEL, H. O. F., & ANDREWS, B. (1990). Self-esteem and depression: II. Social correlates of self-esteem. *Social Psychiatry and Psychiatric Epidemiology, 25,* 225–234.

BROWN, G. W., & HARRIS, T. O. (1978). *Social origins of depression: A study of psychiatric disorder in women.* London: Tavistock.

BROWN, J. D. (1986). Evaluations of self and others: Self-enhancement biases in social judgments. *Social Cognition, 4,* 353–376.

BROWN, J. D. (1990). Evaluating one's abilities: Shortcuts and stumbling blocks on the road to self-knowledge. *Journal of Experimental Social Psychology, 26,* 149–167.

BROWN, J. D. (1991). Accuracy and bias in self-knowledge. In C. R. Snyder & D. F. Forsyth (Eds.), *Handbook of social and clinical psychology: The health perspective* (pp. 158–178). New York: Pergamon Press.

BROWN, J. D. (1993). Self-esteem and self-evaluation: Feeling is believing. In J. Suls (Ed.), *Psychological perspectives on the self* (Vol. 4, pp. 27–58). Hillsdale, NJ: Lawrence Erlbaum Associates.

BROWN, J. D., COLLINS, R. L., & SCHMIDT, G. W. (1988). Self-esteem and direct versus indirect forms of self-enhancement. *Journal of Personality and Social Psychology, 55,* 445–453.

BROWN, J. D., & DUTTON K. A. (1991). *The many faces of self-love: Self-esteem and its correlates.* Unpublished manuscript. University of Washington, Seattle.

BROWN, J. D., & DUTTON, K. A. (1995a). Truth and consequences: The costs and benefits of accurate self-knowledge. *Personality and Social Psychology Bulletin, 21,* 1288–1296.

BROWN, J. D., & DUTTON, K. A. (1995b). The thrill of victory, the complexity of defeat: Self-esteem and people's emotional reactions to success and failure. *Journal of Personality and Social Psychology, 68,* 712–722.

BROWN, J. D., DUTTON, K. A., & COOK, K. E. (1997). *From the top down: Self-esteem and self-evaluation.* Manuscript submitted for publication.

BROWN, J. D., & GALLAGHER, F. M. (1992). Coming to terms with failure: Private self-enhancement and public self-effacement. *Journal of Experimental Social Psychology, 28,* 3–22.

BROWN, J. D., & MANKOWSKI, T. A. (1993). Self-esteem, mood, and self-evaluation: Changes in mood and the way you see you. *Journal of Personality and Social Psychology, 64,* 421–430.

BROWN, J. D., & MCGILL, K. L. (1989). The cost of good fortune: When positive life events produce negative health consequences. *Journal of Personality and Social Psychology, 57,* 1103–1110.

BROWN, J. D., NOVICK, N. J., LORD, K. A., & RICHARDS, J. M. (1992). When Gulliver travels: Social context, psychological closeness, and self-appraisals. *Journal of Personality and Social Psychology, 60*, 717–727.

BROWN, J. D., & ROGERS, R. J. (1991). Self-serving attributions: The role of physiological arousal. *Personality and Social Psychology Bulletin, 17*, 501–506.

BROWN, J. D., & SMART, S. A. (1991). The self and social conduct: Linking self-representations to prosocial behavior. *Journal of Personality and Social Psychology, 60*, 368–375.

BROWN, J. D., & TAYLOR, S. E. (1986). Affect and the processing of personal information: Evidence for mood-activated self-schemata. *Journal of Experimental Social Psychology, 22*, 436–452.

BRUNER, J. S. (1957). On perceptual readiness. *Psychological Review, 64*, 123–152.

BRUNSTEIN, J. C. (1993). Personal goals and subjective well-being: A longitudinal study. *Journal of Personality and Social Psychology, 65*, 1061–1070.

BUCHANAN, C. M., ECCLES, J. S., & BECKER, J. B. (1992). Are adolescents the victims of raging hormones: Evidence for activational effects of hormones on moods and behavior at adolescence. *Psychological Bulletin, 111*, 62–107.

BUCHWALD, A. M., & RUDICK-DAVIS, D. (1993). The symptoms of major depression. *Journal of Abnormal Psychology, 102*, 197–295.

BURGER, J. M., & BURNS, L. (1988). The illusion of unique invulnerability and the use of effective contraception. *Personality and Social Psychology Bulletin, 14*, 264–270.

BURGER, J. M., MCWARD, J., & LATORRE, D. (1989). Boundaries of self-control: Relinquishing control over aversive events. *Journal of Social and Clinical Psychology, 8*, 209–221.

BURKE, P. A., KRAUT, R. E., & DWORKIN, R. H. (1984). Traits, consistency, and self-schemata: What do our methods measure? *Journal of Personality and Social Psychology, 47*, 568–579.

BURNS, R. B. (1979). *The self-concept: Theory, measurement, development, and behaviour.* London: Longman.

BUSS, A. H. (1980). *Self-consciousness and social anxiety.* San Francisco: W. H. Freeman.

BUSS, A. H., & BRIGGS, S. R. (1984). Drama and the self in social interaction. *Journal of Personality and Social Psychology, 47*, 1310–1324.

BUTLER, A. C., HOKANSON, J. E., & FLYNN, H. A. (1994). A comparison of self-esteem lability and low self-esteem as vulnerability factors for depression. *Journal of Personality and Social Psychology, 66*, 166–177.

BUTTERWORTH, G. (1992). Origins of self-perception in infancy. *Psychological Inquiry, 3*, 103–111.

BUUNK, B. P., COLLINS, R. L., TAYLOR, S. E., VANYPEREN, N. W., & DAKOF, G. A. (1990). The affective consequences of social comparison: Either ways has its ups and down. *Journal of Personality and Social Psychology, 59*, 1238–1249.

BUUNK, B. P., & VAN DER EIJNDEN, R. J. J. M. (1997). Perceived prevalence, perceived superiority, relationship satisfaction: Most relationships are good, but ours is the best. *Personality and Social Psychology Bulletin, 23*, 219–228.

BYRNE, B. M., & SHAVELSON, R. J. (1996). On the structure of social self-concept for pre-, early, and late adolescents: A test of the Shavelson, Hubner, and Stanton (1976) model. *Journal of Personality and Social Psychology, 70*, 599–613.

……

要查询更多的参考文献请登陆 www.ncc-pub.com 下载。

CAMPBELL, J. D. (1990). Self-esteem and clarity of the self-concept. *Journal of Personality and Social Psychology, 59,* 538–549.

CAMPBELL, J. D., & FAIREY, P. J. (1985). Effects of self-esteem, hypothetical explanations, and verbalization of expectancies on future performance. *Journal of Personality and Social Psychology, 48,* 1097–1111.

CAMPBELL, J. D., & FEHR, B. (1990). Self-esteem and perceptions of conveyed impressions: Is negative affectivity associated with greater realism? *Journal of Personality and Social Psychology, 58,* 122–133.

CAMPBELL, J. D., & LAVALLEE, L. F. (1993). Who am I? The role of self-concept confusion in understanding the behavior of people with low self-esteem. In R. F. Baumeister (Ed.), *Self-esteem: The puzzle of low self-regard* (pp. 3–20). New York: Plenum Press.

CANTOR, N., & NOREM, J. K. (1989). Defensive pessimism and stress and coping. *Social Cognition, 7,* 92–112.

CARNEGIE, D. (1936). *How to win friends and influence people.* New York: Simon & Schuster.

CARSTENSEN, L. L., & FREUND, A. M. (1994). The resilience of the aging self. *Developmental Review, 14,* 81–92.

CARVER, C. S., BLANEY, P. H., & SCHEIER, M. F. (1979). Reassertion and giving up: The interactive role of self-directed attention and outcome expectancy. *Journal of Personality and Social Psychology, 37,* 1859–1870.

CARVER, C. S., & GANELLEN, R. J. (1983). Depression and components of self-punitiveness: High standards, self-criticism, and overgeneralization. *Journal of Abnormal Psychology, 92,* 330–337.

CARVER, C. S., GANELLEN, R. J., & BEHAR-MITRANI, V. (1985). Depression and cognitive style: Comparisons between measures. *Journal of Personality and Social Psychology, 49,* 722–728.

CARVER, C. S., POZO, C., HARRIS, S. D., NORIEGA, V., SCHEIER, M. F., ROBINSON, D. S., KETCHAM, A. S., MOFFAT, F. L., JR., & CLARK, K. C. (1993). How coping mediates the effects of optimism on distress: A study of women with early stage breast cancer. *Journal of Personality and Social Psychology, 65,* 375–390.

CARVER, C. S., & SCHEIER, M. F. (1981). *Attention and self-regulation: A control-theory approach to human behavior.* New York: Springer-Verlag.

CARVER, C. S., & SCHEIER, M. F. (1982a). Control theory: A useful framework for personality-social, clinical, and health psychology. *Psychological Bulletin, 92,* 111–135.

CARVER, C. S., & SCHEIER, M. F. (1982b). Outcome expectancy, locus of attribution for expectancy, and self-directed attention as determinants of evaluations and performance. *Journal of Experimental Social Psychology, 18,* 184–200.

CARVER, C. S., & SCHEIER, M. F. (1985). Aspects of self, and the control of behavior. In B. R. Schlenker (Ed.), *The self and social life* (pp. 146–174). New York: McGraw-Hill.

CARVER, C. S., & SCHEIER, M. F. (1990). Origins and functions of positive and negative affect: A control-process view. *Psychological Review, 97,* 19–35.

CASSIDY, J. (1990). Theoretical and methodological considerations in the study of attachment and the self in young children. In M. T. Greenberg, D. Cicchetti, & E. M. Cummings (Eds.), *Attachment in the preschool years: Theory, research, and intervention* (pp. 87–119). Chicago: The University of Chicago Press.

CAUCE, A. M. (1987). School and peer competence in early adolescence: A test of domain-specific self-perceived competence. *Developmental Psychology, 23,* 287–291.

CHANG, E. C. (1996). Cultural differences in optimism, pessimism, and coping: Predictors of subsequent adjustment in Asian American and Caucasian American college students. *Journal of Counseling Psychology, 43,* 113–123.

CHEEK, J. M. (1989). Identity-orientations and self-interpretation. In D. Buss & N. Cantor (Eds.), *Personality psychology: Recent trends and emerging directions* (pp. 275–285). New York: Springer-Verlag.

CHEEK, J. M., TROPP, L. R., CHEN, L. C., & UNDERWOOD, M. K. (1994). *Identity orientations: Personal, social, and collective.* Paper presented at the 102nd Annual Convention of the American Psychological Association, Los Angeles.

CIALDINI, R. B., BORDEN, R. J., THORNE, A., WALKER, M. R., FREEMAN, S., & SLOAN, L. R. (1976). Basking in reflected glory: Three (football) field studies. *Journal of Personality and Social Psychology, 34,* 366–375.

CIALDINI, R. B., & DE NICHOLAS, M. E. (1989). Self-presentation by association. *Journal of Personality and Social Psychology, 57,* 626–631.

CIALDINI, R. B., & RICHARDSON, K. D. (1980). Two indirect tactics of image management: Basking and blasting. *Journal of Personality and Social Psychology, 39,* 406–415.

CLARK, D. M., & TEASDALE, J. D. (1982). Diurnal variation in clinical depression and accessibility of memories of positive and negative experiences. *Journal of Abnormal Psychology, 91,* 87–95.

COHEN, S. (1980). Aftereffects of stress on human performance and social behavior: A review of research and theory. *Psychological Bulletin, 88,* 82–108.

COHLER, B. J. (1982). Personal narrative and life course. In P. B. Baltes & O. G. Brim, Jr. (Eds.), *Life span development and behavior* (Vol. 4, pp. 205–241). New York: Academic Press.

COLLINS, N. L., & READ, S. J. (1990). Adult attachment, working models, and relationship quality in dating couples. *Journal of Personality and Social Psychology, 58,* 644–663.

COLLINS, R. L. (1996). For better or worse: The impact of upward social comparisons on self-evaluations. *Psychological Bulletin, 119,* 51–69.

COLVIN, C. R., & BLOCK, J. (1994). Do positive illusions foster mental health? An examination of the Taylor and Brown formulation. *Psychological Bulletin, 116,* 3–20.

COLVIN, C. R., BLOCK, J., & FUNDER, D. C. (1995). Overly positive self-evaluations and personality: Negative implications for mental health. *Journal of Personality and Social Psychology, 68,* 1152–1162.

CONWAY, M., GIANNOPOULOS, C., CSANK, P., & MENDELSON, M. (1993). Dysphoria and specificity in self-focused attention. *Personality and Social Psychology Bulletin, 19,* 265–268.

CONWAY, M., & ROSS, M. (1984). Getting what you want by revising what you had. *Journal of Personality and Social Psychology, 47,* 738–748.

COOLEY, C. H. (1902). *Human nature and the social order.* New York: Charles Scribner's Sons.

COOPER, J., & FAZIO, R. H. (1984). A new look at dissonance theory. In L. Berkowitz (Ed.), *Advances in experimental social psychology* (Vol. 17, pp. 229–266). Orlando, FL: Academic Press.

COOPERSMITH, S. (1967). *The antecedents of self-esteem.* San Francisco: W. H. Freeman.

COSTA, P. T., JR., & MCCRAE, R. R. (1988). Personality in adulthood: A six-year longitudinal study of self-reports and spouse ratings on the NEO Personality Inventory. *Journal of Personality and Social Psychology, 54,* 853–863.

COUSINS, S. D. (1989). Culture and self-perception in Japan and the United States. *Journal of Personality and Social Psychology, 56,* 124–131.

COVINGTON, M. V., & BEERY, R. (1976). *Self-worth and school learning.* New York: Holt, Rinehart, & Winston.

COYNE, J. C. (1994). Self-reported distress: Analog or ersatz depression. *Psychological Bulletin, 116,* 29–45.

COYNE, J. C., & GOTLIB, I. H. (1983). The role of cognition in depression: A critical appraisal. *Psychological Bulletin, 94,* 472–505.

COYNE, J. C., & WHIFFEN, V. E. (1995). Issues in personality as diathesis for depression: The case of sociotropy-dependence and autonomy self-criticism. *Psychological Bulletin, 118,* 358–378.

CRAIK, F. I. M., & TULVING, E. (1975). Depth of processing and the retention of words in episodic memory. *Journal of Experimental Psychology: General, 11,* 268–294.

CROCKER, J. LUHTANEN, R., BLAINE, B., & BROADNAX, S. (1994). Collective self-esteem and psychological well-being among White, Black, and Asian college students. *Personality and Social Psychology Bulletin, 20,* 503–513.

CROCKER, J., & MAJOR, B. (1989). Social stigma and self-esteem: The self-protective properties of stigmas. *Psychological Review, 96,* 608–630.

CROCKER, J., THOMPSON, L. L., McGRAW, K. M., & INGERMAN, C. (1987). Downward comparison, prejudice and evaluations of others: Effects of self-esteem and threat. *Journal of Personality and Social Psychology, 52,* 907–916.

CROCKER, J., VOELKL, K., TESTA, M., & MAJOR, B. (1991). Social stigma: The affective consequences of attributional ambiguity. *Journal of Personality and Social Psychology, 60,* 218–228.

CRONBACH, L. J. (1955). Processes affecting scores on "understanding of others" and "assumed similarity." *Psychological Bulletin, 52,* 177–193.

CROSS, P. (1977). Not can but will college teaching be improved. *New Directions for Higher Education, 17,* 1–15.

CROSS, S., & MARKUS, H. (1991). Possible selves across the life span. *Human Development, 34,* 230–255.

CROWNE, D. P., & MARLOWE, D. (1964). *The approval motive: Studies in evaluative dependence.* New York: Wiley.

CROYLE, R. T., SUN, Y-C., & LOUIE, D. H. (1993). Psychological minimization of cholesterol test results: Moderators of appraisal in college students and community residents. *Health Psychology, 12,* 503–507.

CSIKSZENTMIHALYI, M. (1975). *Beyond boredom and anxiety.* San Francisco: Jossey-Bass.

CUSHMAN, P. (1990). Why the self is empty: Toward a historically situated psychology. *American Psychologist, 45,* 599–611.

DAMON, W., & HART, D. (1988). *Self-understanding in childhood and adolescence.* New York: Cambridge University Press.

DARLEY, J. M., & GOETHALS, G. R. (1980). People's analyses of the causes of ability-linked performances. In L. Berkowitz (Ed.), *Advances in experimental social psychology* (Vol. 13, pp. 1–37). San Diego, CA: Academic Press.

DARWIN, C. (1872). *The expression of the emotions in man and animals.* London: John Murray.

DAVIS, J. A. (1966). The campus as a frog pond: An application of the theory of relative deprivation to career decisions of college men. *American Journal of Sociology, 72,* 17–31.

DAVIS, M. H., CONKLIN, L., Smith, A., & LUCE, C. (1996). Effect of perspective taking on the cognitive representation of persons: A merging of self and other. *Journal of Personality and Social Psychology, 70,* 713–726.

DAWES, R. M. (1976). Shallow psychology. In J. S. Carroll & J. W. Payne (Eds.), *Cognition and social behavior* (pp. 3–11). Hillsdale, NJ: Lawrence Erlbaum Associates.

DE LA RONDE, C., & SWANN, W. B., JR. (1993). Caught in the crossfire: Positivity and self-verification strivings among people with low self-esteem. In R. F. Baumeister (Ed.), *Self-esteem: The puzzle of low self-regard* (pp. 147–165). New York: Plenum Press.

Deaux, K., Reid, A., Mizrahi, K., & Ethier, K. A. (1995). Parameters of social identity. *Journal of Personality and Social Psychology, 68,* 280–291.

deCharms, R. (1968). *Personal causation: The internal-affective determinants of behavior.* New York: Academic Press.

Deci, E. L. (1971). Effects of externally mediated rewards on intrinsic motivation. *Journal of Personality and Social Psychology, 18,* 105–115.

Deci, E. L. (1975). *Intrinsic motivation.* New York: Plenum Press.

Deci, E. L., & Ryan, R. M. (1995). Human autonomy: The basis for true self-esteem. In M. H. Kernis (Ed.), *Efficacy, agency, and self-esteem* (pp. 31–49). New York: Plenum Press.

Deci, E. L., Vallerand, R. J., Pelletier, L. G., & Ryan, R. M. (1991). Motivation and education: The self-determination perspective. *Educational Psychologist, 26,* 325–346.

Demo, D. H. (1985). The measurement of self-esteem: Refining our methods. *Journal of Personality and Social Psychology, 48,* 1490–1502.

Demo, D. H. (1992). The self-concept over time: Research issues and directions. *Annual Review of Sociology, 18,* 303–326.

Dent, J., & Teasdale, J. D. (1988). Negative cognition and the persistence of depression. *Journal of Abnormal Psychology, 97,* 29–34.

DePaulo, B. M., Kashy, D. A., Kirkendol, S. E., Wyer, M. M., & Epstein, J. A. (1996). Lying in everyday life. *Journal of Personality and Social Psychology, 70,* 979–995.

Derry, P. A., & Kuiper, N. A. (1981). Schematic processing and self-reference in clinical depression. *Journal of Abnormal Psychology, 90,* 286–297.

Deutsch, F. M., Ruble, D. N., Fleming, A., Brooks-Gunn, J., & Stangor, C. (1988). Information-seeking and maternal self-definition during the transition to motherhood. *Journal of Personality and Social Psychology, 55,* 420–431.

Diener, E. (1994). Assessing subjective well-being: Progress and opportunities. *Social Indicators Research, 31,* 103–157.

Diener, E., & Diener, M. (1995). Cross-cultural correlates of life satisfaction and self-esteem. *Journal of Personality & Social Psychology, 68,* 653–663.

Diener, E., & Wallbom, M. (1976). Effects of self-awareness on antinormative behavior. *Journal of Research in Personality, 10,* 413–423.

Dittes, J. (1959). Attractiveness of a group as a function of self-esteem and acceptance by group. *Journal of Abnormal and Social Psychology, 59,* 77–82.

Ditto, P. H., & Lopez, D. F. (1992). Motivated skepticism: Use of differential decision criteria for preferred and nonpreferred conclusions. *Journal of Personality and Social Psychology, 63,* 568–584.

Dixon, T. M., & Baumeister, R. F. (1991). Escaping the self: The moderating effect of self-complexity. *Personality and Social Psychology Bulletin, 17,* 363–368.

Dohr, K. B., Rush, A. J., & Bernstein, I. H. (1989). Cognitive biases and depression. *Journal of Abnormal Psychology, 98,* 263–267.

Dollinger, S. J., & Clancy, S. M. (1993). Identity, self, and personality: II. Glimpses through the autophotographic eye. *Journal of Personality and Social Psychology, 64,* 1064–1071.

Dollinger, S. J., Preston, L. A., O'Brien, S. P., & DiLalla, D. L. (1996). Individuality and relatedness of the self: An autophotographic study. *Journal of Personality and Social Psychology, 71,* 1268–1278.

Donahue, E. M., Robins, R. W., Roberts, B. W., & John, O. P. (1993). The divided self: Concurrent and longitudinal effects of psychological adjustment and social roles on self-concept differentiation. *Journal of Personality and Social Psychology, 64,* 834–846.

DOWNEY, G., & COYNE, J. C. (1990). Children of depressed parents: An integrative review. *Psychological Bulletin, 108,* 50–76.

DUNNING, D. (1993). Words to live by: The self and definitions of social concepts and categories. In J. Suls (Ed.), *Psychological perspectives on the self* (Vol. 4, pp. 99–126). Hillsdale, NJ: Lawrence Erlbaum Associates.

DUNNING, D. (1995). Trait importance and modifiability as factors influencing self-assessment and self-enhancement motives. *Personality and Social Psychology Bulletin, 21,* 1297–1306.

DUNNING, D., & HAYES, A. F. (1996). Evidence for egocentric comparison in social judgment. *Journal of Personality and Social Psychology, 71,* 213–229.

DUNNING, D., LEUENBERGER, A., & SHERMAN, D. A. (1995). A new look at motivated inference: Are self-serving theories of success a product of motivational forces. *Journal of Personality and Social Psychology, 69,* 58–68.

DUNNING, D., MEYEROWITZ, J. A., & HOLZBERG, A. D. (1989). Ambiguity and self-evaluation: The role of idiosyncratic trait definitions in self-serving assessments of ability. *Journal of Personality and Social Psychology, 57,* 1082–1090.

DUNNING, D., PERIE, M., & STORY, A. L. (1991). Self-serving prototypes of social categories. *Journal of Personality and Social Psychology, 61,* 957–968.

DUNNING, D., & STORY, A. L. (1991). Depression, realism, and the overconfidence effect: Are the sadder wiser when predicting future actions and events? *Journal of Personality and Social Psychology, 61,* 521–532.

DUTTON, K. A. (1995). *Self-esteem and cognitive reactions to failure.* Unpublished raw data, University of Washington, Seattle.

DUTTON, K. A., & BROWN, J. D. (1997). Global self-esteem and specific self-views as determinants of people's reactions to success and failure. *Journal of Personality and Social Psychology.*

DUVAL, S. & WICKLUND, R. A. (1972). *A theory of objective self-awareness.* New York: Academic Press.

DWECK, C. S. (1991). Self-theories and goals: Their role in motivation, personality, and development. In R. Dienstbar (Ed.), *Nebraska symposium on motivation* (Vol. 38, pp. 199–235). Lincoln: University of Nebraska Press.

DWECK, C. S., & LEGGETT, E. L. (1988). A social-cognitive approach to motivation and personality. *Psychological Review, 95,* 256–273.

DYKMAN, B. M., & ABRAMSON, L. Y. (1990). Contributions of basic research to the cognitive theories of depression. *Personality and Social Psychology Bulletin, 16,* 42–57.

ECCLES, J. S., WIGFIELD, A., HAROLD, R. D., & BLUMENFELD, P. (1993). Age and gender differences in children's self- and task perceptions during elementary school. *Child Development, 64,* 830–847.

EDWARDS, A. L. (1957). *The social desirability variable in personality assessment and research.* New York: Wiley.

EKMAN, P. (1993). Facial expression and emotion. *American Psychologist, 48,* 384–392.

ELKIND, D. (1967). Egocentrism in adolescence. *Child Development, 38,* 1025–1034.

ELLIOTT, E. S., & DWECK, C. S. (1988). Goals: An approach to motivation and achievement. *Journal of Personality and Social Psychology, 54,* 5–12.

ELLIS, A. (1962). *Reason and emotion in psychotherapy.* Secaucus, NJ: Citadel Press.

EMMONS, R. A. (1986). Personal strivings: An approach to personality and subjective well-being. *Journal of Personality and Social Psychology, 51,* 1058–1068.

EPSTEIN, S. (1973). The self-concept revisited: Or a theory of a theory. *American Psychologist, 28,* 404–416.

EPSTEIN, S. (1980). The self-concept: A review and the proposal of an integrated theory of personality. In E. Staub (Ed.), *Personality: Basic issues and current research* (pp. 82–132). Englewood Cliffs, NJ: Prentice-Hall.

EPSTEIN, S. (1990). Cognitive-experiential self-theory. In L. A. Pervin (Ed.), *Handbook of personality: Theory and research* (pp. 165–192). New York: Guilford Press.

EPSTEIN, S. (1992). Coping ability, negative self-evaluation, and overgeneralization: Experiment and theory. *Journal of Personality and Social Psychology, 62*, 826–836.

EPSTEIN, S., & FEIST, G. J. (1988). Relation between self- and other-acceptance and its moderation by identification. *Journal of Personality and Social Psychology, 54*, 309–315.

ERDELYI, M. H. (1974). A new look at the new look: Perceptual defense and vigilance. *Psychological Review, 81*, 1–25.

ERIKSON, E. (1956). The problem of ego identity. *Journal of the American Psychiatric Association, 4*, 56–121.

ERIKSON, E. H. (1963). *Childhood and society* (2nd ed.). New York: W. W. Norton.

ERIKSON, E. H. (1968). *Identity youth and crisis*. New York: W. W. Norton.

ETHIER, K. A., DEAUX, K. (1994). Negotiating social identity when contexts change: Maintaining identification and responding to threat. *Journal of Personality and Social Psychology, 67*, 243–251.

FALBO, T. POSTON, D. L., JR., TRISCARI, R. S., & ZHANG, X. (1997). Positive evaluations of the self and others among Chinese schoolchildren. *Journal of Cross Cultural Psychology, 28*, 172–191.

FAUNCE, W. A. (1984). School achievement, social status, and self-esteem. *Social Psychology Quarterly, 47*, 3–14.

FAZIO, R. H., EFFREIN, E. A., & FALENDER, V. J. (1981). Self-perception following social interaction. *Journal of Personality and Social Psychology, 41*, 232–242.

FEATHER, N. T. (1969). Attribution of responsibility and valence of success and failure in relation to initial confidence and task performance. *Journal of Personality and Social Psychology, 13*, 129–144.

FEENEY, J. A., & NOLLER, P. (1990). Attachment style as a predictor of adult romantic relationships. *Journal of Personality and Social Psychology, 58*, 281–291.

FEINGOLD, A. (1992). Good-looking people are not what we think. *Psychological Bulletin, 111*, 304–341.

FEINGOLD, A. (1994). Gender differences in personality: A meta analysis. *Psychological Bulletin, 116*, 429–456.

FELSON, R. B. (1981). Ambiguity and bias in the self-concept. *Social Psychology Quarterly, 44*, 64–69.

FELSON, R. B. (1984). The effect of self-appraisals of ability on academic performance. *Journal of Personality and Social Psychology, 47*, 944–952.

FELSON, R. B. (1993). The (somewhat) social self: How others affect self-appraisals. In J. Suls (Ed.), *Psychological perspectives on the self* (Vol. 4, pp. 1–27). Hillsdale, NJ: Lawrence Erlbaum Associates.

FELTZ, D. L., & LANDERS, D. M. (1983). The effects of mental practice on motor skill learning and performance: A meta analysis. *Journal of Sport Psychology, 5*, 25–57.

FENICHEL, O. (1945). *The psychoanalytic theory of neurosis*. New York: W. W. Norton.

FENIGSTEIN, A., SCHEIER, M. F., & BUSS, A. H. (1975). Public and private self-consciousness: Assessment and theory. *Journal of Consulting and Clinical Psychology, 43*, 522–528.

FESTINGER, L. (1954). A theory of social comparison processes. *Human Relations, 7*, 117–140.

FESTINGER, L. (1957). *A theory of cognitive dissonance*. Evanston, IL: Row Peterson.

FILIPP, S-H., & KLAUER, T. (1986). Conceptions of self over the life span: Reflections on the dialectics of change. In. M. M. Baltes & P. B. Baltes (Eds.), *The psychology of control and aging* (pp. 167–205). Hillsdale, NJ: Lawrence Erlbaum Associates.

FINCH, J. F., & CIALDINI, R. B. (1989). Another indirect tactic of (self-) image management: Boosting. *Personality and Social Psychology Bulletin, 15*, 222–232.

FISKE, S. T., & TAYLOR, S. E. (1991). *Social cognition* (2nd ed.). New York: McGraw-Hill.

FLETT, G.L., VREDENBURG, K., & KRAMES, L. (1997). The continuity of depression in clinical and nonclinical samples. *Psychological Bulletin, 121*, 395–416.

FOLKMAN, S. (1984). Personal control and stress and coping processes: A theoretical analysis. *Journal of Personality and Social Psychology, 46*, 839–852.

FONG, G. T., & MARKUS, H. (1982). Self-schemas and judgments about others. *Social Cognition, 3*, 191–204.

FRANKS, D. D., & MAROLLA, J. (1976). Efficacious action and social approval as interacting dimensions of self-esteem: A tentative formulation through construct validation. *Social Psychology Quarterly, 39*, 324–341.

FREUD, S. (1957). Mourning and melancholia. In J. Strachey (Ed. and Trans.), *The standard edition of the complete psychological works of Sigmund Freud* (Vol. 14, pp. 243–258). London: Hogarth Press. Original work published 1917.

FREUD, S. (1957). Repression. In J. Strachey (Ed. and Trans.), *The standard edition of the complete psychological works of Sigmund Freud* (Vol. 14, pp. 143–158). London: Hogarth Press. Original work published 1915.

FREY, D. (1978). Reactions to success and failure in public and private conditions. *Journal of Experimental Social Psychology, 14*, 172–179.

FROMM, E. (1955). *The sane society.* New York: Rinehart.

FROMM, E. (1963). *The art of loving.* New York: Bantam.

FUNDER, D. C. (1987). Errors and mistakes: Evaluating the accuracy of social judgment. *Psychological Bulletin, 101*, 75–90.

FUNDER, D. C. (1995). On the accuracy of personality judgment: A realistic approach. *Psychological Review, 102*, 652–670.

FUNDER, D. C., & COLVIN, C. R. (1988). Friends and strangers: Acquaintanceship, agreement, and the accuracy of personality judgment. *Journal of Personality and Social Psychology, 55*, 149–158.

FUNDER, D. C., & DOBROTH, K. M. (1987). Differences between traits: Properties associated with interjudge agreement. *Journal of Personality and Social Psychology, 52*, 409–418.

GALLUP, G. S. (1977). Self-recognition in primates: A comparative approach in bidirectional properties of consciousness. *American Psychologist, 32*, 329–338.

GANGESTAD, S., & SNYDER, M. (1985). "To carve nature at its joints": On the existence of discrete classes in personality. *Psychological Review, 92*, 317–349.

GARBER, J., & HOLLON, S. D. (1980). Universal versus personal helplessness in depression: Belief in uncontrollability or incompetence? *Journal of Abnormal Psychology, 89*, 56–66.

GARLAND, A. F., & ZIGLER, E. (1993). Adolescent suicide prevention: Current research and social policy implications. *American Psychologist, 48*, 169–182.

GECAS, V., & SCHWALBE, M. L. (1983). Beyond the looking-glass self: Social structure and efficacy-based self-esteem. *Social Psychology Quarterly, 46*, 77–88.

GERGEN, K. J. (1971). *The concept of self.* New York: Holt, Rinehart, & Winston.

GERGEN, K. J. (1982). From self to science: What is there to know? In J. Suls (Ed.), *Psychological perspectives on the self* (Vol. 1, pp. 129–149). Hillsdale, NJ: Lawrence Erlbaum Associates.

GERGEN, K. J. (1985). The social constructionist movement in modern psychology. *American Psychologist, 40,* 266–275.

GERGEN, K. J., & GERGEN, M. (1983). Narrative of the self. In T. Sarbin & K. Scheibe (Eds.), *Studies in social identity* (pp. 254–273). New York: Praeger.

GERRARD, M., GIBBONS, F. X., & BUSHMAN, B. J. (1996). Relation between perceived vulnerability to HIV and precautionary sexual behavior. *Psychological Bulletin, 119,* 390–409.

GIBBONS, F. X., & GERRARD, M. (1989). Effects of upward and downward social comparison on mood states. *Journal of Social and Clinical Psychology, 8,* 14–31.

GIBBONS, F. X., & GERRARD, M. (1991). Downward comparison and coping with threat. In J. Suls & T. A. Wills (Eds.), *Social comparison: Contemporary theory and research* (pp. 317–345). Hillsdale, NJ: Lawrence Erlbaum Associates.

GIBBONS, F. X., SMITH, T. W., INGRAM, R. E., PEARCE, K., BREHM, S. S., & SCHROEDER, D. J. (1985). Self-awareness and self-confrontation: Effects of self-focused attention on members of a clinical population. *Journal of Personality and Social Psychology, 48,* 662–675.

GILBERT, D. T., & MALONE, P. S. (1995). The correspondence bias. *Psychological Bulletin, 117,* 21–38.

GILOVICH, T. (1991). *How we know what isn't so: The fallibility of human reason in everyday life.* New York: The Free Press.

GILOVICH, T., & MEDVEC, V. H. (1994). The temporal pattern to the experience of regret. *Journal of Personality and Social Psychology, 67,* 357–365.

GLASS, D. C., & SINGER, J. E. (1972). *Urban stress.* New York: Academic Press.

GOETHALS, G. R., & DARLEY, J. (1977). Social comparison theory: An attributional approach. In J. Suls & R. L. Miller (Eds.), *Social comparison processes: Theoretical and empirical perspectives* (pp. 259–278). Washington, DC: Hemisphere.

GOFFMAN, E. (1959). *The presentation of self in everyday life.* New York: Doubleday.

GOLDSTEIN, K. (1940). *Human nature in the light of psychopathology.* Cambridge, MA: Harvard University Press.

GOLLWITZER, P. M. (1986). Striving for specific identities: The social reality of self-symbolizing. In R. F. Baumeister (Ed.), *Public self and private life* (pp. 143–159). New York: Springer-Verlag.

GOLLWITZER, P. M., EARLE, W. B., & STEPHAN, W. G. (1982). Affect as a determinant of egotism: Residual excitation and performance attributions. *Journal of Personality and Social Psychology, 43,* 702–709.

GOLLWITZER, P. M., & KINNEY, R. F. (1989). Effects of deliberative and implemental mind-sets on illusion of control. *Journal of Personality and Social Psychology, 56,* 531–542.

GONG-GUY, E., & HAMMEN, C. (1980). Causal perceptions of stressful events in depressed and nondepressed outpatients. *Journal of Abnormal Psychology, 89,* 662–669.

GONZALES, R., & GRIFFIN, D. (1995). The statistics of interdependence: Treating dyadic data with respect. In S. W. Duck (Ed.), *Handbook of personal relationships: Theory, research, and interventions* (2nd ed., pp. 1–22). Chichester, England: Wiley.

GORDON, C. (1968). Self-conceptions: Configurations of content. In C. Gordon & K. J. Gergen (Eds.), *The self in social interaction* (pp. 115–136). New York: Wiley.

GOTLIB, I. B., & CANE, D. B. (1987). Construct accessibility and clinical depression: A longitudinal investigation. *Journal of Abnormal Psychology, 96,* 199–204.

GOTLIB, I. B., & MCCANN, C. D. (1984). Construct accessibility and depression: An examination of cognitive and affective factors. *Journal of Personality and Social Psychology, 47,* 427–439.

Gove, W. R., Hughes, M., & Geerken, M. R. (1980). Playing dumb: A form of impression management with undesirable side effects. *Social Psychology Quarterly, 43*, 89–102.

Greenberg, J., & Pyszczynski, T. (1985). Compensatory self-inflation: A response to the threat to self-regard of public failure. *Journal of Personality and Social Psychology, 49*, 273–280.

Greenberg, J., & Pyszczynski, T. (1986). Persistent high self-focus after failure and low self-focus after success: The depressive self-focusing style. *Journal of Personality and Social Psychology, 50*, 1039–1044.

Greenberg, J., Pyszczynski, T., & Solomon, S. (1982). The self-serving attributional bias: Beyond self-presentation. *Journal of Experimental Social Psychology, 18*, 56–67.

Greenberg, J., Solomon, S., & Pyszczynski, T. (1997). Terror management theory of self-esteem and cultural worldviews: Empirical assessments and cultural refinements. In M. P. Zanna (Ed.), *Advances in experimental social psychology* (Vol. 29). Orlando: Academic Press.

Greenberg, J., Solomon, S., Pyszczynski, T., Rosenblatt, A., Burling, J., Lyon, D., Simon, L., & Pinel, E. (1992). Why do people need self-esteem? Converging evidence that self-esteem serves an anxiety-buffering function. *Journal of Personality and Social Psychology, 63*, 913–922.

Greenwald, A. G. (1980). The totalitarian ego: Fabrication and revision of personal history. *American Psychologist, 35*, 603–618.

Greenwald, A. G. (1981). Self and memory. *The Psychology of Learning and Motivation, 15*, 201–236.

Greenwald, A. G. (1988). Self-knowledge and self-deception. In J. S. Lockard & D. L. Paulhus (Eds.), *Self-deception: An adaptive mechanism?* (pp. 113–131). Englewood Cliffs, NJ: Prentice Hall.

Greenwald, A. G., & Banaji, M. R. (1989). The self as a memory system: Powerful but ordinary. *Journal of Personality and Social Psychology, 57*, 41–54.

Greenwald, A. G., & Banaji, M. R. (1991). Implicit social cognition: Attitudes, self-esteem, and stereotypes. *Psychological Review, 102*, 4–27.

Greenwald, A. G., & Breckler, S. J. (1985). To whom is the self presented? In B. R. Schlenker (Ed.), *The self and social life* (pp. 126–145). New York: McGraw-Hill.

Greenwald, A. G., Carnot, C. G., Beach, R., & Young, B. (1987). Increasing voting behavior by asking people if they expect to vote. *Journal of Applied Psychology, 72*, 315–318.

Greenwald, A. G., & Pratkanis, A. R. (1984). The self. In R. S. Wyer & T. K. Srull (Eds.), *Handbook of social cognition* (Vol. 3, pp. 3–26). Hillsdale, NJ: Lawrence Erlbaum Associates.

Griffin, D., & Bartholomew, K. (1994). Models of the self and other: Fundamental dimensions underlying measures of adult attachment. *Journal of Personality and Social Psychology, 67*, 430–445.

Gump, B. B., & Kulik, J. A. (1995). The effect of a model's HIV status on self-perceptions: A self-protective similarity bias. *Personality and Social Psychology Bulletin, 21*, 827–833.

Gur, R. C, & Sackeim, H. A. (1979). Self-deception: A concept in search of a phenomenon. *Journal of Personality and Social Psychology, 37*, 147–169.

Haaga, D. A. F., Dyck, M. J., & Ernst, D. (1991). Empirical status of cognitive theory of depression. *Psychological Bulletin, 110*, 215–236.

Haan, N. (1977). *Coping and defending: Processes of self-environment organization.* New York: Academic Press.

HAMILTON, E. W., & ABRAMSON, L. Y. (1983). Cognitive patterns and major depressive disorder: A longitudinal study in a hospital setting. *Journal of Abnormal Psychology, 92*, 173–184.

HAMMEN, C., ELLICOTT, A., GITLIN, M., & JAMISON, K. R. (1989). Sociotropy/autonomy and vulnerability to specific life events in patients with unipolar depression and bipolar depressives. *Journal of Abnormal Psychology, 98*, 154–160.

HAMMEN, C., MARKS, T., DEMAYO, R., & MAYOL, A. (1985). Self-schemas and risk for depression: A prospective study. *Journal of Personality and Social Psychology, 49*, 1147–1159.

HANSFORD, B. C., & HATTIE, J. A. (1982). The relationship between self and achievement/performance measures. *Review of Educational Research, 52*, 123–142.

HARACKIEWICZ, J. M., & ELLIOT, A. J. (1988). Achievement goals and intrinsic motivation. *Journal of Personality and Social Psychology, 65*, 904–915.

HARDIN, C., & HIGGINS, E. T. (1996). Shared reality: How social verification makes the subjective objective. In R. M. Sorrentino & E. T. Higgins (Eds.), *Handbook of motivation and cognition: The interpersonal context* (Vol. 3, pp. 28–84). New York: Guilford.

HARTER, S. (1983). Developmental perspectives on the self-system. In M. Hetherington (Ed.), *Handbook of child psychology: Social and personality development* (Vol. 4, pp. 275–385). New York: Wiley.

HARTER, S. (1986). Processes underlying the construction, maintenance, and enhancement of the self-concept in children. In J. Suls & A. G. Greenwald (Eds.), *Psychological perspectives on the self* (Vol. 3, pp. 137–181). Hillsdale, NJ: Lawrence Erlbaum Associates.

HARTER, S. (1993). Causes and consequences of low self-esteem in children and adolescents. In R. F. Baumeister (Ed.), *Self-esteem: The puzzle of low self-regard* (pp. 87–116). New York: Plenum Press.

HARTLAGE, S., ALLOY, L. B., VÁSQUEZ, C., & DYKMAN, B. (1993). Automatic and effortful processing in depression. *Psychological Bulletin, 113*, 247–278.

HATFIELD, E. (1965). The effect of self-esteem on romantic liking. *Journal of Experimental Social Psychology, 1*, 184–197.

HAWKINS, J. D., CATALANO, R. F., & MILLER, J. Y. (1992). Risk and protective factors for alcohol and other drug problems in adolescence and early adulthood: Implications for substance abuse programs. *Psychological Bulletin, 112*, 64–105.

HAYES, A. F., & DUNNING, D. (1997). Construal processes and trait ambiguity: Implications for self-peer agreement in personality judgment. *Journal of Personality and Social Psychology, 72*, 664–677.

HEATHERTON, T. F., & POLIVY, J. (1991). Development and validation of a scale for measuring state self-esteem. *Journal of Personality and Social Psychology, 60*, 895–910.

HEIDER, F. (1958). *The psychology of interpersonal relationships.* New York: Wiley.

HEINE, S. J., & LEHMAN, D. R. (1995). Cultural variation in unrealistic optimism: Does the West feel more invulnerable than the East? *Journal of Personality and Social Psychology, 68*, 595–607.

HEINE, S. J., & LEHMAN, D. R. (1996). *Culture and group-serving biases.* Manuscript submitted for publication.

HELGESON, V. S., & MICKELSON, K. D. (1995). Motives for social comparison. *Personality and Social Psychology Bulletin, 21*, 1200–1209.

HELGESON, V. S., & TAYLOR, S. E. (1993). Social comparisons and adjustment among cardiac patients. *Journal of Applied Social Psychology, 23*, 1171–1195.

HELMREICH, R., & STAPP, J. (1974). Short forms of the Texas Social Behavior Inventory (TSBI), an objective measure of self-esteem. *Bulletin of the Psychonomic Society, 4,* 473–475.

HEWITT, J. P. (1997). *Self and society: A symbolic interactionist social psychology* (7th ed.). Boston: Allyn & Bacon.

HEWITT, P. L. & FLETT, G. L. (1993). Dimensions of perfectionism: Daily stress and depression: A test of the specific vulnerability hypothesis. *Journal of Abnormal Psychology, 102,* 58–65.

HEYES, C. M. (1994). Reflections on self-recognition in primates. *Animal Behavior, 47,* 909–919.

HEYMAN, G. D., DWECK, C. S., & CAIN, K. M. (1992). Young children's vulnerability to self-blame and helplessness: Relationship to beliefs about goodness. *Child Development, 63,* 401–415.

HIGGINS, E. T. (1987). Self-discrepancy: A theory relating self and affect. *Psychological Review, 94,* 319–340.

HIGGINS, E. T., & KING, G. (1981). Accessibility of social constructs: Information processing consequences of individual and contextual variability. In N. Cantor & J. Kihlstrom (Eds.), *Personality, cognition, and social interaction* (pp. 69–121). Hillsdale, NJ: Lawrence Erlbaum Associates.

HIGGINS, E. T., KLEIN, R., & STRAUMAN, T. (1985). Self-concept discrepancy theory: A psychological model for distinguishing among different aspects of depression and anxiety. *Social Cognition, 3,* 51–76.

HIGGINS, E. T., LEE, J., KWON, J., & TROPE, Y. (1995). When combining intrinsic motivations undermines intrinsic interest: A test of activity engagement theory. *Journal of Personality and Social Psychology, 68,* 749–767.

HILGARD, E. R. (1949). Human motives and the concept of the self. *American Psychologist, 4,* 374–382.

HILL, M. G., WEARY, G., & WILLIAMS, J. (1986). Depression: A self-presentation formulation. In R. F. Baumeister (Ed.), *Public self and private life* (pp. 213–240). New York: Springer-Verlag.

HILSMAN, R., & GARBER, J. (1995). A test of the cognitive diathesis-stress model of depression in children: Academic stressors, attributional style, perceived competence, and control. *Journal of Personality and Social Psychology, 69,* 370–380.

HIRSCH, B. J., & RAPKIN, B. D. (1987). The transition to junior high school: A longitudinal study of self-esteem, psychological symptomatology, school life, and social support. *Child Development, 58,* 1235–1243.

HIRSCHFELD, R. M. A., KLERMAN, G. L., CHODOFF, P., KORCHIN, S., & BARRETT, J. (1976). Dependency—self-esteem—clinical depression. *Journal of American Academy of Psychoanalysis, 4,* 373–388.

HIRT, E. R., ZILLMANN, D., ERICKSON, G. A., & KENNEDY, C. (1992). Costs and benefits of allegiance: Changes in fans' self-ascribed competencies after team victory versus defeat. *Journal of Personality and Social Psychology, 63,* 724–738.

HIXON, J. G., & SWANN, W. B., JR. (1993). When does introspection bear fruit? Self-reflection, self-insight, and interpersonal choices. *Journal of Personality and Social Psychology, 64,* 35–43.

HOEHN-HYDE, D., SCHLOTTMANN, R. S., & RUSH, A. J. (1982). Perception of social interactions in depressed psychiatric patients. *Journal of Counseling and Clinical Psychology, 50,* 209–212.

HOGAN, R., & BRIGGS, S. R. (1986). A socioanalytic interpretation of the public and the private selves. In R. F. Baumeister (Ed.), *Public self and private life* (pp. 179–188). New York: Springer-Verlag.

HOGE, D. R., & MCCARTHY, J. D. (1984). Influence of individual and group identity salience in the global self-esteem of youth. *Journal of Personality and Social Psychology, 47,* 403–414.

HOOLEY, J. M., & RICHTERS, J. E. (1992). Allure of self-confirmation: A comment on Swann, Wenzlaff, Krull, and Pelham. *Journal of Abnormal Psychology, 101,* 307–309.

HORNEY, K. (1945). *Our inner conflicts.* New York: W. W. Norton.

HSEE, C. K., & ABELSON, R. P. (1991). Velocity relation: Satisfaction as a function of the first derivative of outcome over time. *Journal of Personality and Social Psychology, 60,* 341–347.

HSEE, C. K., SALOVEY, P., & ABELSON, R. P. (1994). The quasi-acceleration relation: Satisfaction as a function of the change of velocity of outcome over time. *Journal of Personality and Social Psychology, 60,* 341–347.

HULL, J. G. (1981). A self-awareness model of the causes and effects of alcohol consumption. *Journal of Abnormal Psychology, 90,* 586–600.

HULL, J. G., LEVENSON, R. W., YOUNG, R. D., & SHER, K. J. (1983). The self-awareness reducing effects of alcohol consumption. *Journal of Personality and Social Psychology, 44,* 461–473.

HULL, J. G., & YOUNG, R. D. (1983). Self-consciousness, self-esteem, and success-failure as determinants of alcohol consumption in male social drinkers. *Journal of Personality and Social Psychology, 44,* 1097–1109.

HUME, D. (1739–1740). *A treatise on human nature.* London: Longman's Green & Co.

INGRAM, R. E. (1984). Toward an information-processing analysis of depression. *Cognitive Therapy and Research, 8,* 443–478.

INGRAM, R. E. (1990). Self-focused attention in clinical disorders: Review and a conceptual model. *Psychological Bulletin, 107,* 156–176.

INGRAM, R. E., LUMRY, A. E., CRUET, D., & SIEBER, W. (1987). Attentional processes in depressive disorders. *Cognitive Therapy and Research, 11,* 351–360.

INGRAM, R. E., & SMITH, T. W. (1984). Depression and internal versus external focus of attention. *Cognitive Therapy and Research, 8,* 139–151.

ISEN, A. M. (1984). Toward understanding the role of affect in cognition. In R. S. Wyer, Jr. & T. S. Srull (Eds.), *Handbook of social cognition* (Vol. 3, pp. 179–236). Hillsdale, NJ: Lawrence Erlbaum Associates.

ISLAM, M. R., & HEWSTONE, M. (1993). Intergroup attributions and affective consequences in majority and minority groups. *Journal of Personality and Social Psychology, 64,* 936–950.

JACKSON, L. A., SULLIVAN, L. A., HARNISH, R., & HODGE, C. N. (1996). Achieving positive social identity: Social mobility, social creativity, and permeability of group boundaries. *Journal of Personality and Social Psychology, 70,* 241–254.

JACOBY, L. L., & WITHERSPOON, D. (1982). Remembering without awareness. *Canadian Journal of Psychology, 36,* 300–324.

JAHODA, M. (1958). *Current concepts of positive mental health.* New York: Basic Books.

JAMES, W. (1890). *The principles of psychology* (Vol. 1). New York: Holt.

JANOFF-BULMAN, R. (1979). Characterological versus behavioral self-blame: Inquiries into depression and rape. *Journal of Personality and Social Psychology, 37,* 1798–1809.

JANOFF-BULMAN, R. (1982). Esteem and control bases of blame: "Adaptive" strategies for victims and observers. *Journal of Personality, 50,* 180–192.

JANOFF-BULMAN, R., & BRICKMAN, P. (1982). Expectations and what people learn from failure. In N. T. Feather (Ed.), *Expectations and action: Expectancy-value models in psychology* (pp. 207–272). Hillsdale, NJ: Lawrence Erlbaum Associates.

JANOFF-BULMAN, R., & MARSHALL, G. (1982). Mortality, well-being, and control: A study of a population of institutionalized aged. *Personality and Social Psychology Bulletin, 8*, 691–698.

JAYNES, J. (1976). *The origin of consciousness in the breakdown of the bicameral mind.* Boston, MA: Houghton Mifflin.

JENKINS, H. M., & WARD, W. C. (1965). Judgment of contingency between response and outcome. *Psychological Monographs, 79* (1, Whole No. 594).

JENSEN, M. R. (1987). Psychobiological factors predicting the course of breast cancer. *Journal of Personality, 55*, 317–342.

JOHN, O. P., & ROBINS, R. W. (1993). Determinants of interjudge agreement on personality traits: The big five domains, observability, evaluativeness, and the unique perspective of the self. *Journal of Personality, 61*, 521–551.

JOHN, O. P., & ROBINS, R. W. (1994). Accuracy and bias in self-perception: Individual differences in self-enhancement and the role of narcissism. *Journal of Personality and Social Psychology, 66*, 206–219.

JOHNSON, J. T., & BOYD, K. R. (1995). Dispositional traits versus the content of experience: Actor/observer differences in judgments of the "authentic self." *Personality and Social Psychology Bulletin, 21*, 375–383.

JONES, E. E. (1990). *Interpersonal perception.* New York: W. H. Freeman.

JONES, E. E., & BERGLAS, S. (1978). Control of attributions about the self through self-handicapping strategies: The appeal of alcohol and the role of under-achievement. *Personality and Social Psychology Bulletin, 4*, 200–206.

JONES, E. E., & GERARD, H. B. (1967). *Foundations of social psychology.* New York: Wiley.

JONES, E. E., & PITTMAN, T. S. (1982). Toward a general theory of strategic self-presentation. In J. Suls (Ed.), *Psychological perspectives on the self* (Vol. 1, pp. 231–262). Hillsdale, NJ: Lawrence Erlbaum Associates.

JONES, E. E., RHODEWALT, F., BERGLAS, S., & SKELTON, J. A. (1981). Effects of strategic self-presentation on subsequent self-esteem. *Journal of Personality and Social Psychology, 41*, 407–421.

JONES, E. E., & Wortman, C. (1973). *Ingratiation: An attributional approach.* Morristown, NJ: General Learning Press.

JONES, S. C. (1973). Self- and interpersonal evaluations: Esteem theories versus consistency theories. *Psychological Bulletin, 79*, 185–199.

JOSEPHS, R. A., LARRICK, R. P., STEELE, C. M., & NISBETT, R. E. (1992). Protecting the self from the negative consequences of risky decisions. *Journal of Personality and Social Psychology, 62*, 26–37.

JOSEPHS, R. A., MARKUS, H. R, & TAFARODI, R. W. (1992). Gender and self-esteem. *Journal of Personality and Social Psychology, 63*, 391–402.

JOURARD, S. M., & LANDSMAN, T. (1980). *Healthy personality: An approach from the viewpoint of humanistic psychology* (4th ed.). New York: Macmillan.

JUSSIM, L., COLEMAN, L., & NASSAU, S. (1987). The influence of self-esteem on perceptions of performance and feedback. *Social Psychology Quarterly, 50*, 95–99.

KAGAN, J. (1989). Temperamental contributions to social behavior. *American Psychologist, 44*, 668–674.

KAPLAN, H. B. (1975). *Self-attitudes and deviant behavior.* Pacific Palisades, CA: Goodyear.

KASHIMA, Y., YAMAGUCHI, S., KIM, U., CHOI, S., GELFAND, M., & YUKI, M. (1995). Culture, gender, and self: A perspective from individualism-collectivism research. *Journal of Personality and Social Psychology, 69*, 925–937.

KASSER, T., & RYAN, R. M. (1993). A dark side of the American dream: Correlates of financial success as a central life aspiration. *Journal of Personality and Social Psychology, 65*, 410–422.

KEENAN, J. M., & BAILLET, S. D. (1980). Memory for personally and socially significant events. In R. S. Nickerson (Ed.), *Attention and performance* (Vol. 8, pp. 651–669). Hillsdale, NJ: Lawrence Erlbaum Associates.

KELLY, G. A. (1963). *The psychology of personal constructs.* New York: W. W. Norton & Co.

KENDALL, P. C., HOLLON, S. D., BECK, A. T., HAMMEN, C. L., & INGRAM, R. E. (1987). Issues and recommendations regarding use of the Beck Depression Inventory. *Cognitive Therapy and Research, 11*, 289–299.

KENNY, D. A. (1991). A general model of consensus and accuracy in interpersonal perception. *Psychological Review, 98*, 155–163.

KENNY, D. A. (1994). *Interpersonal perception: A social relations analysis.* New York: Guilford Press.

KENNY, D. A., & DEPAULO, B. M. (1993). Do people know how others view them? An empirical and theoretical account. *Psychological Bulletin, 114*, 145–161.

KERNBERG, O. (1975). *Borderline conditions and pathological narcissism.* New York: Jason Alexander.

KERNIS, M. H. (1993). The role of stability and level of self-esteem in psychological functioning. In R. F. Baumeister (Ed.), *Self-esteem: The puzzle of low self-regard* (pp. 167–182). New York: Plenum Press.

KERNIS, M. H., BROCKNER, J., & FRANKEL, B. S. (1989). Self-esteem and reactions to failure: The mediating role of overgeneralization. *Journal of Personality and Social Psychology, 57*, 707–714.

KERNIS, M. H., CORNELL, D. P., SUN, C., BERRY, A., & HARLOW, T. (1993). There's more to self-esteem than whether it is high or low: The importance of stability of self-esteem. *Journal of Personality and Social Psychology, 65*, 1190–1204.

KERNIS, M. H., GRANNEMAN, B. D., & MATHIS, L. C. (1991). Stability of self-esteem as a moderator of the relation between level of self-esteem and depression. *Journal of Personality and Social Psychology, 61*, 80–84.

KERNIS, M. H., GRANNEMANN, B. D., & BARCLAY, L. C. (1989). Stability and level of self-esteem as predictors of anger arousal and hostility. *Journal of Personality and Social Psychology, 56*, 1013–1022.

KIHLSTROM, J. F., & CANTOR, N. (1984). Mental representations of the self. In L. Berkowitz (Ed.), *Advances in experimental social psychology* (Vol. 17, pp. 1–47). New York: Academic Press.

KINCH, J. W. (1963). A formalized theory of the self-concept. *American Journal of Sociology, 68*, 481–486.

KINNIER, R. T., & METHA, A. T. (1989). Regrets and priorities at three stages of life. *Counseling and Values, 33*, 182–193.

KLEIN, S. B., & KIHLSTROM, J. F. (1986). Elaboration, organization, and the self-reference effect in memory. *Journal of Experimental Psychology: General, 115*, 26–38.

KLEIN, S. B., & LOFTUS, J. (1988). The nature of self-referent encoding: The contributions of elaborative and organizational process. *Journal of Personality and Social Psychology, 55*, 5–11.

KLEIN, W. M., & KUNDA, Z. (1993). Maintaining self-serving social comparisons: Biased reconstruction of one's past behaviors. *Personality and Social Psychology Bulletin, 19*, 732–739.

KLINGER, E. (1977). *Meaning and void: Inner experience and the incentives in people's lives.* Minneapolis: University of Minnesota Press.

KOHUT, H. K. (1971). *The analysis of the self*. Madison, WI: International University Press.

KOLDITZ, T. A., & ARKIN, R. M. (1982). An impression management interpretation of the self-handicapping strategy. *Journal of Personality and Social Psychology, 43*, 492–502.

KRAMER, P. D. (1993). *Listening to Prozac*. New York: Penguin Books.

KRANTZ, S., & HAMMEN, C. (1979). Assessment of cognitive bias in depression. *Journal of Abnormal Psychology, 88*, 611–619.

KRUGLANSKI, A. W. (1989). The psychology of being "right": The problem of accuracy in social perception and cognition. *Psychological Bulletin, 106*, 395–409.

KRUGLANSKI, A. W. (1990). Lay epistemic theory in social-cognitive psychology. *Psychological Inquiry, 1*, 181–197.

KUHL, J. (1985). Volitional mediators of cognition-behavior consistency: Self-regulatory processes and action versus state orientation. In J. Kuhl & L. Beckman (Eds.), *Action control: From cognition to behavior*. New York: Springer-Verlag.

KUHN, M. H., & MCPARTLAND, T. S. (1954). An empirical investigation of self-attitudes. *American Sociological Review, 19*, 68–76.

KUIPER, N. A. (1978). Depressed and causal attributions for success and failure. *Journal of Personality and Social Psychology, 36*, 236–246.

KUIPER, N. A., & DERRY, P. A. (1982). Depressed and nondepressed content self-reference in mild depression. *Journal of Personality, 50*, 67–79.

KUNDA, Z. (1987). Motivated inference: Self-serving generation and evaluation of causal theories. *Journal of Personality and Social Psychology, 53*, 636–647.

KUNDA, Z. (1990). The case for motivated reasoning. *Psychological Bulletin, 108*, 480–498.

KUNDA, Z., FONG, G. T., SANITIOSO, R., & REBER, E. (1993). Directional questions direct self-conceptions. *Journal of Experimental Social Psychology, 29*, 63–86.

KUNDA, Z., & SANITIOSO, R. (1989). Motivated changes in the self-concept. *Journal of Experimental Social Psychology, 25*, 272–285.

KURMAN, J., & SRIRAM, N. (1995). *Self-enhancement, generality of self-evaluation, and affectivity in Israel and Singapore*. Manuscript submitted for publication.

LAIRD, J. D. (1974). Self-attribution of emotion: The effects of expressive behavior on the quality of emotional experience. *Journal of Personality and Social Psychology, 29*, 475–486.

LANGER, E. J. (1975). The illusion of control. *Journal of Personality and Social Psychology, 32*, 311–328.

LANGER, E., & RODIN, J. (1976). The effects of choice and enhanced personal responsibility for the aged: A field experiment in an institutional setting. *Journal of Personality and Social Psychology, 34*, 191–198.

LARRICK, R. P. (1993). Motivational factors in decision theories: The role of self-protection. *Psychological Bulletin, 113*, 440–450.

LAVALLEE, L. F., & CAMPBELL, J. D. (1995). Impact of personal goals on self-regulation processes elicited by daily negative events. *Journal of Personality and Social Psychology, 69*, 341–352.

LAZARUS, R. S. (1983). The costs and benefits of denial. In S. Breznitz (Ed.), *Denial of stress* (pp. 1–30). New York: International Universities Press.

LAZARUS, R. S. (1991). *Emotion and adaptation*. New York: Oxford University Press.

LAZARUS, R. S., & FOLKMAN, S. (1984). *Stress, adaptation, and coping*. New York: Springer.

LAZARUS, R. S., & LAUNIER, R. (1978). Stress-related transactions between person and environment. In L. A. Pervin & M. Lewis (Eds.), *Perspectives in interactional psychology* (pp. 287–327). New York: Plenum.

LEARY, M. R. (1993). The interplay of private self-processes and interpersonal factors in self-presentation. In J. Suls (Ed.), *Psychological perspectives on the self* (Vol. 4, pp. 127–155). Hillsdale, NJ: Lawrence Erlbaum Associates.

LEARY, M. R., & KOWALSKI, R. M. (1990). Impression management: A literature review and two-component model. *Psychological Bulletin, 107,* 34–47.

LEARY, M. R., & MILLER, R. S. (1986). *Social psychology and dysfunctional behavior.* New York: Springer-Verlag.

LEARY, M. R., NEZLEK, J. B., DOWNS, D., RADFORD-DAVENPORT, J., MARTIN, J., & MCMULLEN, A. (1994). Self-presentation in everyday interactions: Effects of target familiarity and gender composition. *Journal of Personality and Social Psychology, 67,* 664–673.

LEARY, M. R., TAMBOR, E. S., TERDAL, S. K., & DOWNS, D. L. (1995). Self-esteem as an interpersonal social monitor: The sociometer hypothesis. *Journal of Personality and Social Psychology, 68,* 518–530.

LEARY, M. R., TCHIVIDJIAN, L. R., & KRAXBERGER, B. E. (1994). Self-presentation can be hazardous to your health: Impression management and health risk. *Health Psychology, 13,* 461–470.

LECKY, P. (1945). *Self-consistency: A theory of personality.* New York: Island Press.

LEE, Y.-T., & SELIGMAN, M. E. P. (1997). Are Americans more optimistic than the Chinese? *Personality and Social Psychology Bulletin, 23,* 32–40.

LEFCOURT, H. M. (1973). The function of the illusions of control and freedom. *American Psychologist, 28,* 417–425.

LEMYRE, L., & SMITH, P. M. (1985). Intergroup discrimination and self-esteem in the minimal group paradigm. *Journal of Personality and Social Psychology, 49,* 660–670.

LEPPER, M. R., GREENE, D., & NISBETT, R. E. (1973). Undermining of children's intrinsic interest with extrinsic rewards: A test of the "overjustification" hypothesis. *Journal of Personality and Social Psychology, 28,* 129–137.

LEWICKI, P. (1983). Self-image bias in person perception. *Journal of Personality and Social Psychology, 45,* 384–393.

LEWICKI, P. (1984). Self-schema and social information processing. *Journal of Personality and Social Psychology, 47,* 1177–1190.

LEWIN, K. (1948). *Resolving social conflicts.* New York: Harper.

LEWIN, K. (1951). *Field theory in social science.* New York: Harper & Brothers.

LEWIN, K., DEMBO, T., FESTINGER, L., & SEARS, P. S. (1944). Level of aspiration. In J. M. Hunt (Ed.), *Personality and the behavioral disorders* (pp. 333–378). New York: Holt.

LEWINSOHN, P. M., MISCHEL, W., CHAPLIN, W., & BARTON, R. (1980). Social competence and depression: The role of illusory self-perceptions. *Journal of Abnormal Psychology, 89,* 203–212.

LEWINSOHN, P. M., STEINMETZ, J. L., LARSON, D. W., & FRANKLIN, J. (1981). Depression-related cognitions: Antecedent or consequence? *Journal of Abnormal Psychology, 90,* 213–219.

LEWIS, H. B. (1971). *Shame and guilt in neurosis.* New York: International Universities Press.

LEWIS, M., & BROOKS-GUNN, J. (1979). *Social cognition and the acquisition of self.* New York: Plenum Press.

LIBERMAN, A., & CHAIKEN, S. (1992). Defensive processing of personally relevant health messages. *Personality and Social Psychology Bulletin, 18,* 669–679.

LINVILLE, P. W. (1985). Self-complexity and affective extremity: Don't put all of your eggs in one cognitive basket. *Social Cognition, 3,* 94–120.

LINVILLE, P. W. (1987). Self-complexity as a cognitive buffer against stress-related illness and depression. *Journal of Personality and Social Psychology, 52,* 663–676.

LINVILLE, P. W., & CARLSTON, D. (1994). Social cognition of the self. In P. G. Devine, D. L. Hamilton, & T. M. Ostrom (Eds.), *Social cognition: Its impact on social psychology* (pp. 143–193). New York: Academic Press.

LITTLE, B. R. (1981). Personal projects analysis: Trivial pursuits, magnificent obsessions, and the search for coherence. In N. Cantor & J. F. Kihlstrom (Eds.), *Personality, cognition, and social interaction* (pp. 15–31). Hillsdale, NJ: Lawrence Erlbaum Associates.

LOCKE, E. A., & LATHAM, G. P. (1990). *A theory of goal setting and task performance.* Englewood Cliffs, NJ: Prentice Hall.

LOCKE, J. (1979). *An essay concerning human understanding.* New York: Oxford University Press. (Original work published in 1690).

LOFTUS, E. (1980). *Memory.* Reading, MA: Addison-Wesley.

LORD, C. G. (1980). Schemas and images as memory aids: Two modes of processing social information. *Journal of Personality and Social Psychology, 38,* 257–269.

LUGINBUHL, J., & PALMER, R. (1991). Impression management aspects of self-handicapping: Positive and negative effects. *Personality and Social Psychology Bulletin, 17,* 655–662.

LUHTANEN, R., & CROCKER, J. (1992). A collective self-esteem scale: Self-evaluation of one's social identity. *Personality and Social Psychology Bulletin, 18,* 302–318.

LYON, A. J. (1988). Problems of personal identity. In G. Parkinson (Ed.), *An Encyclopedia of Philosophy* (pp. 441–462). London: Rutledge.

LYONS, W. (1986). *The disappearance of introspection.* Cambridge, MA: MIT Press.

LYUBOMIRSKY, S., & NOLEN-HOEKSEMA, S. (1993). Self-perpetuating properties of dysphoric rumination. *Journal of Personality and Social Psychology, 65,* 339–349.

MAASS, A., CECCARELLI, R., & RUDIN, S. (1996). Linguistic intergroup bias: Evidence for in-group protective motivation. *Journal of Personality and Social Psychology, 71,* 512–526.

MACCOBY, E. E., & JACKLIN, C. N. (1974). *The psychology of sex differences.* Stanford, CA: Stanford University Press.

MACDONALD, T. K., ZANNA, M. P., & FONG, G. T. (1996). Why common sense goes out the window: Effects of alcohol on intentions to use condoms. *Personality and Social Psychology Bulletin, 22,* 763–775.

MACFARLAND, C., & ROSS, M. (1982). The impact of causal attributions on affective reactions to success and failure. *Journal of Personality and Social Psychology, 43,* 937–946.

MAHLER, M. S., PINE, F., & BERGMAN, A. (1975). *The psychological birth of the human infant.* New York: Basic Books.

MAIER, S. F., SELIGMAN, M. E. P., & SOLOMON, R. S. (1969). Pavlovian fear conditioning and learned helplessness. In B. A. Campbell, & R. A. Church (Eds.), *Punishment and aversive behavior* (pp. 229–243). New York: Appleton-Century Crofts.

MAJOR, B., TESTA, M., & BYLSMA, W. H. (1991). Responses to upward and downward social comparison: The impact of esteem-relevance and perceived control. In J. Suls & T. A. Wills (Eds.), *Social comparison: Contemporary theory and research* (pp. 237–257). Hillsdale, NJ: Lawrence Erlbaum Associates.

MALLOY, T. E., YARLAS, A., MONTVILO, R. K., & SUGARMAN, D. B. (1996). Agreement and accuracy in children's interpersonal perceptions: A social relations analysis. *Journal of Personality and Social Psychology, 71,* 692–702.

MANDLER, J. M. (1990). A new perspective on cognitive development in infancy. *American Scientist, 78,* 236–243.

MARCIA, J. E. (1966). Development and validation of ego-identity status. *Journal of Personality and Social Psychology, 5,* 551–558.

MARECEK, J., & METTEE, D. R. (1972). Avoidance of continued success as a function of self-esteem, level of esteem certainty, and responsibility for success. *Journal of Personality and Social Psychology, 22,* 98–107.

MARKUS, H. (1977). Self-schemata and processing information about the self. *Journal of Personality and Social Psychology, 35,* 63–78.

MARKUS, H. (1983). Self-knowledge: An expanded view. *Journal of Personality, 51,* 543–565.

MARKUS, H., CROSS, S., & WURF, E. (1990). The role of the self-system in competence. In R. Sternberg & J. Kolligan (Eds.), *Competence considered* (pp. 205–225). New Haven, CT: Yale University Press.

MARKUS, H. R., & KITAYAMA, S. (1991). Culture and the self: Implications for cognition, emotion, and motivation. *Psychological Review, 98,* 224–253.

MARKUS, H., & KUNDA, Z. (1986). Stability and malleability of the self-concept. *Journal of Personality and Social Psychology, 51,* 858–866.

MARKUS, H., & NURIUS, P. (1986). Possible selves. *American Psychologist, 41,* 954–969.

MARKUS, H., & OYSERMAN, D. (1989). Gender and thought: The role of the self-concept. In M. Crawford & M. Gentry (Eds.), *Gender and thought: Psychological perspectives* (pp. 100–127). New York: Springer-Verlag.

MARKUS, H., & RUVOLO, A. (1989). Possible selves: Personalized representations of goals. In L. A. Pervin (Ed.), *Goal concepts in personality and social psychology* (pp. 211–242). Hillsdale, NJ: Lawrence Erlbaum Associates.

MARKUS, H., & SMITH, J. (1981). The influence of self-schemata on the perception of others. In N. Cantor & J. F. Kihlstrom (Eds.), *Personality, cognition, and social interaction* (pp. 232–262). Hillsdale, NJ: Lawrence Erlbaum Associates.

MARKUS, H., & WURF, E. (1987). The dynamic self-concept: A social psychological perspective. *Annual Review of Psychology, 38,* 299–337.

MARSH, H. W. (1986). Global self-esteem: Its relation to specific facets of self-concept and their importance. *Journal of Personality and Social Psychology, 51,* 1224–1236.

MARSH, H. W. (1989). Age and sex effects in multiple dimensions of self-concept: Preadolescence to adulthood. *Journal of Educational Psychology, 81,* 417–430.

MARSH, H. W. (1990). A multidimensional, hierarchical model of self-concept: Theoretical and empirical justification. *Educational Psychology Review, 2,* 77–172.

MARSH, H. W. (1993a). Academic self-concept: Theory, measurement, and research. In J. Suls (Ed.), *Psychological perspectives on the self* (Vol. 4, pp. 59–98). Hillsdale, NJ: Lawrence Erlbaum Associates.

MARSH, H. W. (1993b). Relations between global and specific domains of self: The importance of individual importance, certainty, and ideals. *Journal of Personality and Social Psychology, 65,* 975–992.

MARSH, H. W. (1995). A Jamesian model of self-investment and self-esteem: Comment on Pelham (1995). *Journal of Personality and Social Psychology, 69,* 1151–1160.

MARSH, H. W., & PARKER, J. W. (1984). Determinants of student self-concept: Is it better to be a relatively large fish in a small pond even if you don't learn to swim as well? *Journal of Personality and Social Psychology, 47,* 213–231.

MASLOW, A. H. (1950). Self-actualizing people: A study of psychological health. *Personality,* Symposium No. 1, 11–34.

MASLOW, A. H. (1970). *Motivation and personality* (rev. ed.). New York: Harper & Row.

MCADAMS, D. P. (1996). Personality, modernity, and the storied self: A contemporary framework for studying persons. *Psychological Inquiry, 7,* 295–321.

MCARTHUR, L. Z., & BARON, R. M. (1983). Toward an ecological theory of social perception. *Psychological Review, 90,* 215–238.

McCall, G. J., & Simmons, J. L. (1966). *Identities and interactions*. New York: The Free Press.

McCrae, R. R. (1982). Consensual validation of personality traits: Evidence from self-reports and ratings. *Journal of Personality and Social Psychology, 43*, 293–303.

McCrae, R. R., & Costa, P. T., Jr. (1988). Age, personality, and the spontaneous self-concept. *Journal of Gerontology, 43*, S177–S185.

McCrae, R. R., & Costa, P. T., Jr. (1994). The stability of personality: Observations and evaluations. *Current Directions in Psychological Science, 3*, 173–175.

McCune-Nicolich, L. (1981). Toward symbolic functioning: Structure of early pretend games and potential parallels with language. *Child Development, 52*, 785–797.

McDougall, W. (1923). *Outline of psychology*. New York: Scribner.

McFarland, C., & Buehler, R. (1995). Collective self-esteem as a moderator of the frog-pond effect in reactions to performance feedback. *Journal of Personality and Social Psychology, 68*, 1055–1070.

McFarlin, D. B. (1985). Persistence in the face of failure: The impact of self-esteem and contingency information. *Personality and Social Psychology Bulletin, 11*, 153–163.

McFarlin, D. B., Baumeister, R. F., & Blascovich, J. (1984). On knowing when to quit: Task failure, self-esteem, advice, and nonproductive assistance. *Journal of Personality, 52*, 138–155.

McGuire, W. J., & McGuire, C. V. (1981). The spontaneous self-concept as affected by personal distinctiveness. In M. D. Lynch, A. A. Norem-Hebeisen, & K. J. Gergen (Eds.), *Self-concept: Advances in theory and research* (pp. 147–171). Cambridge, MA: Balinger.

McGuire, W. J., & McGuire, C. V. (1988). Content and process in the experience of self. In L. Berkowitz (Ed.), *Advances in experimental social psychology* (Vol. 21, pp. 97–144). New York: Academic Press.

McGuire, W. J., & McGuire, C. V. (1996). Enhancing self-esteem by directed-thinking tasks: Cognitive and affective positivity asymmetries. *Journal of Personality and Social Psychology, 70*, 1117–1125.

McLeod, B. (1984). In the wake of disaster. *Psychology Today, 18*, 54–57.

McNulty, S. E., & Swann, W. B., Jr. (1994). Identity negotiation in roommate relationships: The self as architect and consequence of social reality. *Journal of Personality and Social Psychology, 67*, 1012–1023.

Mead, G. H. (1934). *Mind, self, and society*. Chicago: The University of Chicago Press.

Mecca, A. M., Smelser, N. J., & Vasconcellos, J. (1989). (Eds.) *The social importance of self-esteem*. Berkeley: University of California Press.

Meddin, J. (1979). Chimpanzees, symbols, and the reflective self. *Social Psychology Quarterly, 42*, 99–109.

Medvec, V. H., Madey, S. F., & Gilovich, T. (1995). When less is more: Counterfactual thinking and satisfaction among Olympic medalists. *Journal of Personality and Social Psychology, 69*, 603–610.

Meltzer, B. N., Petras, J. W., & Reynolds, L. T. (1975). *Symbolic interactionism: Genesis, varieties, and criticism*. London: Routledge & Kegan Paul.

Meltzoff, A. N. (1990). Foundations for developing a concept of self: The role of imitation in relating self to other and the value of social mirroring, social modeling, and self practice in infancy. In D. Cicchetti & M. Beeghly (Eds.), *The self in transition: Infancy to childhood* (pp. 139–164). Chicago: The University of Chicago Press.

Meltzoff, A. N., & Moore, M. K. (1977). Imitation of facial and manual gestures by human neonates. *Science, 198*, 75–78.

MELTZOFF, A. N., & MOORE, M. K. (1993). Newborn infants imitate adult facial gestures. *Child Development, 54,* 265–301.

MELTZOFF, A. N., & MOORE, M. K. (1994). Imitation, memory, and the representation of persons. *Infant Behavior and Development, 17,* 83–99.

MENNINGER, K. A. (1963). *The vital balance.* New York: Viking.

MESSICK, D. M., BLOOM, S., BOLDIZAR, J. P., & SAMUELSON, C. D. (1985). Why we are fairer than others. *Journal of Experiment Social Psychology, 21,* 480–500.

METALSKY, G. I., HALBERSTADT, L. J., & ABRAMSON, L. Y. (1987). Vulnerability to depressive mood reactions: Toward a more powerful test of the diathesis-stress and causal mediation components of the reformulated theory of depression. *Journal of Personality and Social Psychology, 52,* 386–393.

METALSKY, G. I., & JOINER, T. E., JR. (1992). Vulnerability to depressive symptomatology: A prospective test of the diathesis-stress and causal mediation components of the hopelessness theory of depression. *Journal of Personality and Social Psychology, 63,* 667–675.

METALSKY, G. I., JOINER, T. E., JR., HARDIN, T. S., & ABRAMSON, L. Y. (1993). Depressive reactions to failure in a naturalistic setting: A test of the hopelessness and self-esteem theories of depression. *Journal of Abnormal Psychology, 102,* 101–109.

MILLAR, M. G., & TESSER, A. (1992). The role of beliefs and feelings in guiding behavior: The mismatch model. In L. L. Martin & A. Tesser (Eds.), *The construction of social judgments* (pp. 277–300). Hillsdale, NJ: Lawrence Erlbaum Associates.

MILLER, D. T. (1976). Ego involvement and attributions for success and failure. *Journal of Personality and Social Psychology, 34,* 901–906.

MILLER, D. T., & ROSS, M. (1975). Self-serving biases in the attribution of causality: Fact or fiction? *Psychological Bulletin, 82,* 213–235.

MILLER, I. W., III, & NORMAN, W. H. (1979). Learned helplessness in humans: A review and attribution-theory model. *Psychological Bulletin, 86,* 93–118.

MILLER, P. M., KREITMAN, N. B., INGHAM, J. G., & SASHIDHARAN, S. P. (1989). Self-esteem, life stress, and psychiatric disorder. *Journal of Affective Disorders, 17,* 65–75.

MINKOFF, K., BERGMAN, E., BECK, A. T., & BECK, R. (1973). Hopelessness, depression, and attempted suicide. *American Journal of Psychiatry, 130,* 455–459.

MIRANDA, J., & PERSONS, J. B. (1988). Dysfunctional attitudes are mood-state dependent. *Journal of Abnormal Psychology, 97,* 76–79.

MIRANDA, J., PERSONS, J. B., & BYERS, C. N. (1990). Endorsement of dysfunctional beliefs depends on current mood state. *Journal of Abnormal Psychology, 99,* 237–241.

MISCHEL, W. (1968). *Personality and assessment.* New York: Wiley.

MISCHEL, W. (1979). On the interface of cognition and personality: Beyond the person-situation debate. *American Psychologist, 34,* 740–754.

MISCHEL, W., SHODA, Y., & PEAKE, P. K. (1988). The nature of adolescent competencies predicted by preschool delay of gratification. *Journal of Personality and Social Psychology, 54,* 687–696.

MONROE, S. M., & SIMONS, A. D. (1991). Diathesis-stress theories in the context of life stress research: Implications for the depressive disorders. *Psychological Bulletin, 110,* 406–425.

MORELAND, R. L., & SWEENEY, P. D. (1984). Self-expectancies and reactions to evaluations of personal performance. *Journal of Personality, 52,* 156–176.

MORSE, S., & GERGEN, K. J. (1970). Social comparison, self-consistency, and the concept of the self. *Journal of Personality and Social Psychology, 16,* 148–156.

MORTIMER, J. T., FINCH, M. D., & KUMKA, D. (1982). Persistence and change in development: The multidimensional self-concept. In P. B. Baltes & O. G. Brim, Jr.

(Eds.), *Life span development and behavior* (Vol. 4, pp. 263–313). New York: Academic Press.

MORTIMER, J. T., & LORENCE, J. (1979). Occupational experience and the self-concept: A longitudinal study. *Social Psychology Quarterly, 42,* 307–323.

MRUK, C. (1995). *Self-esteem: Research, theory, and practice.* New York: Springer.

MULLEN, B. (1986). Atrocity as a function of lynch mob composition: A self-attention perspective. *Personality and Social Psychology Bulletin, 12,* 187–197.

MURRAY, S. L., HOLMES, J. G., & GRIFFIN, D. W. (1996a). The benefits of positive illusions: Idealization and the construction of satisfaction in close relationships. *Journal of Personality and Social Psychology, 70,* 79–98.

MURRAY, S. L., HOLMES, J. G., & GRIFFIN, D. W. (1996b). The self-fulfilling nature of positive illusions in romantic relationships: Love is not blind but perscient. *Journal of Personality and Social Psychology, 71,* 1155–1180.

MYERS, D. G. (1993). *Social psychology* (4th ed.). New York: McGraw-Hill.

MYERS, D. G., & DIENER, E. (1995). Who is happy? *Psychological Science, 6,* 10–19.

MYERS, T., ORR, K. W., LOCKER, D., & JACKSON, E. A. (1993). Factors affecting gay and bisexual men's decisions and intentions to seek HIV testing. *American Journal of Public Health, 83,* 701–704.

NEISSER, U. (1988). Five kinds of self-knowledge. *Philosophical Psychology, 1,* 35–59.

NELSON, L. J., & MILLER, D. T. (1995). The distinctiveness effect in social categorization: You are what makes you unusual. *Psychological Science, 6,* 246–249.

NICHOLLS, J. G. (1984). Achievement motivation: Conceptions of ability, subjective experience, task choice, and performance. *Psychological Review, 91,* 328–346.

NIEDENTHAL, P. M., CANTOR, N., & KIHLSTROM, J. F. (1985). Prototype matching: A strategy for social decision making. *Journal of Personality and Social Psychology, 48,* 575–584.

NIEDENTHAL, P. M., SETTERLUND, M. B., & WHERRY, M. B. (1992). Possible self-complexity and affective reactions to goal-relevant evaluation. *Journal of Personality and Social Psychology, 63,* 5–16.

NIEDENTHAL, P. M., TANGNEY, J. P., & GAVANSKI, I. (1994). "If only I weren't" versus "If only I hadn't": Distinguishing shame and guilt in counterfactual thinking. *Journal of Personality and Social Psychology, 67,* 585–595.

NISBETT, R. E., & ROSS, L. (1980). *Human inference: Strategies and shortcomings of social judgment.* Englewood Cliffs, NJ: Prentice Hall.

NISBETT, R. E., & WILSON, T. D. (1977). Telling more than we can know: Verbal reports on mental processes. *Psychological Review, 84,* 231–259.

NOLEN-HOEKSEMA, S. (1987). Sex differences in unipolar depression: Evidence and theory. *Psychological Bulletin, 101,* 259–282.

NOLEN-HOEKSEMA, S. (1991a). Responses to depression and their effects on the duration of depressive episodes. *Journal of Abnormal Psychology, 100,* 569–582.

NOLEN-HOEKSEMA, S. (1991b). *Coding guide for Responses to Depression Questionnaire.* Unpublished manuscript, Stanford University, Palo Alto, CA.

NOLEN-HOEKSEMA, S. (1993). Sex differences in control of depression. In D. M. Wegner & J. W. Pennebaker (Eds.), *Handbook of mental control* (pp. 306–324). Englewood Cliffs, NJ: Prentice Hall.

NOLEN-HOEKSEMA, S., & GIRGUS, J. S. (1994). The emergence of gender differences in depression during adolescence. *Psychological Bulletin, 115,* 424–443.

NOLEN-HOEKSEMA, S., & MORROW, J. (1991). A prospective study of depression and posttraumatic stress symptoms after a natural disaster: The 1989 Loma Prieta earthquake. *Journal of Personality and Social Psychology, 61,* 115–121.

Nolen-Hoeksema, S., Morrow, J., & Fredrickson, B. L. (1993). Response styles and the duration of depressed mood. *Journal of Abnormal Psychology, 102*, 20–28.

Nolen-Hoeksema, S., Parker, L. E., & Larson, J. (1994). Ruminative coping with depressed mood following loss. *Journal of Personality and Social Psychology, 67*, 92–104.

Norem, J. K., & Cantor, N. (1986). Anticipatory and post hoc cushioning strategies: Optimism and defensive pessimism in "risky" situations. *Cognitive Therapy and Research, 10*, 347–362.

Nozick, R. (1981). *Philosophical explanations*. Cambridge, MA: Harvard University Press.

Nuttin, J. M. (1985). Narcissism beyond Gestalt and awareness: The name letter effect. *European Journal of Social Psychology, 15*, 353–361.

Nuttin, J. M. (1987). Affective consequences of mere ownership: The name letter effect in twelve European languages. *European Journal of Social Psychology, 17*, 381–402.

Oakes, P. J., & Turner, J. C. (1980). Social categorization and intergroup behavior: Does minimal intergroup discrimination make social identity more positive? *European Journal of Social Psychology, 10*, 295–301.

Oakley, A. (1980). *Women confined: Towards a sociology of childbirth*. New York: Schocken Books.

Oatley, K., & Bolton, W. (1985). A social-cognitive theory of depression in reaction to life events. *Psychological Review, 92*, 372–388.

Ogilvie, D. M. (1987). The undesired self: A neglected variable in personality research. *Journal of Personality and Social Psychology, 52*, 379–385.

Olson, J. M., & Hafer, C. L. (1990). Self-inference processes: Looking back and ahead. In J. M. Olson & M. P. Zanna (Eds.), *Self-inference processes: The Ontario symposium* (Vol. 6, pp. 293–320). Hillsdale, NJ: Lawrence Erlbaum Associates.

Orwell, G. (1949). *1984*. New York: Harcourt, Brace.

Osberg, T. M., & Shrauger, J. S. (1986). Self-prediction: Exploring the parameters of accuracy. *Journal of Personality and Social Psychology, 51*, 1044–1057.

Overmier, J. B., & Seligman, M. E. P. (1967). Effects of inescapable shock upon subsequent escape and avoidance learning. *Journal of Comparative and Physiological Psychology, 89*, 358–367.

Oyserman, D., & Markus, H. R. (1990). Possible selves and delinquency. *Journal of Personality and Social Psychology, 59*, 112–125.

Park, B., & Judd, C. M. (1989). Agreement on initial impressions: Differences due to perceivers, trait dimensions, and target behaviors. *Journal of Personality and Social Psychology, 56*, 493–505.

Park, R. E. (1927). Human nature and collective behavior. *American Journal of Sociology, 32*, 733–741.

Paulhus, D. L. (1984). Two-component model of socially desirable responding. *Journal of Personality and Social Psychology, 46*, 598–609.

Paulhus, D. L. (1994). *Reference manual for The Balanced Inventory of Desirable Responding—Version 6*. University of British Columbia, Vancouver. Unpublished manuscript.

Paulhus, D. L., & Bruce, M. N. (1992). The effect of acquaintanceship on the validity of personality impressions: A longitudinal study. *Journal of Personality and Social Psychology, 63*, 816–824.

Paulhus, D. L., & Reid, D. B. (1991). Enhancement and denial in socially desirable responding. *Journal of Personality and Social Psychology, 60*, 307–317.

Paunonen, S. V. (1989). Consensus in personality judgments: Moderating effect of target-rater acquaintanceship and behavior observability. *Journal of Personality and Social Psychology, 56*, 823–833.

PAYKEL, E. S. (1979). Recent life events in the development of the depressive disorder. In R. A. Depue (Ed.), *The psychobiology of the depressive disorders: Implications for the effects of stress* (pp. 245–262). New York: Academic Press.

PELHAM, B. W. (1991a). On confidence and consequence: The certainty and importance of self-knowledge. *Journal of Personality and Social Psychology, 60,* 518–530.

PELHAM, B. W. (1991b). On the benefits of misery: Self-serving biases in the depressive self-concept. *Journal of Personality and Social Psychology, 61,* 670–681.

PELHAM, B. W. (1995). Self-investment and self-esteem: Evidence for a Jamesian model of self-worth. *Journal of Personality and Social Psychology, 69,* 1141–1150.

PELHAM, B. W., & SWANN, W. B., JR. (1989). From self-conceptions to self-worth: On the sources and structure of global self-esteem. *Journal of Personality and Social Psychology, 57,* 672–680.

PELHAM, B. W., & WACHSMUTH, J. O. (1995). The waxing and waning of the social self: Assimilation and contrast in social comparison. *Journal of Personality and Social Psychology, 69,* 825–838.

PENNEBAKER, J. W. (1989). Confession, inhibition, and disease. In L. Berkowitz (Ed.), *Advances in experimental social psychology* (Vol. 22, pp. 211–244). New York: Academic Press.

PENNEBAKER, J. W. (1993). Putting stress into words: Health, linguistic, and therapeutic implications. *Behaviour Research and Therapy, 31,* 539–548.

PERLOFF, L. S., & FETZER, B. K. (1986). Self-other judgments and perceived vulnerability of victimization. *Journal of Personality and Social Psychology, 50,* 502–510.

PETERSEN, A. C., COMPAS, B. E., BROOKS-GUNN, J., STEMMLER, M., EY, S., & GRANT, K. E. (1993). Depression in adolescence. *American Psychologist, 48,* 155–164.

PETERSON, C., LUBORSKY, L., & SELIGMAN, M. E. P. (1983). Attributions and depressive mood shifts: A case study using the symptom-context method. *Journal of Abnormal Psychology, 92,* 96–103.

PETERSON, C., & SELIGMAN, M. E. P. (1984). Causal explanations as a risk factor for depression: Theory and evidence. *Psychological Review, 91,* 347–374.

PETERSON, C., SEMMEL, A., VON BAEYER, C., ABRAMSON, L. Y., METALSKY, G. I., & SELIGMAN, M. E. P. (1982). The Attributional Style Questionnaire. *Cognitive Therapy and Research, 6,* 287–300.

PETTIGREW, T. F. (1967). Social evaluation theory: Convergences and applications. In D. Levine (Ed.), *Nebraska symposium on motivation* (Vol. 15, pp. 241–311). Lincoln: University of Nebraska Press.

PETTIGREW, T. F. (1979). The ultimate attribution error: Extending Allport's cognitive analysis of prejudice. *Personality and Social Psychology Bulletin, 5,* 461–476.

PHILLIPS, D. A., & ZIMMERMAN, M. (1990). The developmental course of perceived competence and incompetence among competent children. In R. J. Sternberg & J. Kolligan (Eds.), *Competence considered* (pp. 41–67). New Haven, CT: Yale University Press.

PHINNEY, J. S. (1990). Ethnic identity in adolescents and adults: Review of research. *Psychological Bulletin, 108,* 499–514.

PIAGET, J. (1952). *The origins of intelligence in children.* New York: International Universities Press.

PLINER, P., CHAIKEN, S., & FLETT, G. L. (1990). Gender differences in concern with body weight and physical appearance over the life span. *Personality and Social Psychology Bulletin, 16,* 263–273.

Povinelli, D. J., Rulf, A. B., Landau, K. R., & Bierschwale, D. T. (1993). Self-recognition in chimpanzees (*Pan troglodytes*): Distribution, ontogeny, and patterns of emergence. *Journal of Comparative Psychology, 107*, 347–372.

Powers, W. T. (1973). *Behavior: The control of perception.* Chicago: Aldine.

Pratkanis, A. R., Eskenazi, J., & Greenwald, A. G. (1994). What you expect is what you believe (but not necessarily what you get): A test of the effectiveness of subliminal self-help audiotapes. *Basic & Applied Social Psychology, 15*, 251–276.

Prentice, D. A. (1990). Familiarity and differences in self- and other-representations. *Journal of Personality and Social Psychology, 59*, 369–383.

Prentice, D. A., Miller, D. T., & Lightdale, J. R. (1994). Asymmetries in attachments to groups and to their members: Distinguishing between common-identity and common-bond groups. *Personality and Social Psychology Bulletin, 20*, 484–493.

Pyszczynski, T., & Greenberg, J. (1986). Evidence for a depressive self-focusing style. *Journal of Research in Personality, 20*, 95–106.

Pyszczynski, T., & Greenberg, J. (1987a). Toward an integration of cognitive and motivational perspectives on social inference: A biased hypothesis-testing model. In L. Berkowitz (Ed.), *Advances in experimental social psychology* (Vol. 20, pp. 297–340). New York: Academic Press.

Pyszczynski, T., & Greenberg, J. (1987b). Self-regulatory perseveration and the depressive self-focusing style: A self-awareness theory of reactive depression. *Psychological Bulletin, 102*, 122–138.

Pyszczynski, T., Greenberg, J., & LaPrelle, J. (1985). Social comparison after success and failure: Biased search for information consistent with a self-serving conclusion. *Journal of Experimental Social Psychology, 21*, 195–211.

Pyszczynski, T., Holt, K., & Greenberg, J. (1987). Depression, self-focused attention, and expectancies for positive and negative future life events for self and others. *Journal of Personality and Social Psychology, 52*, 994–1001.

Quadrel, M. J., Fischhoff, B., & Davis, W. (1993). Adolescent (In)vulnerability. *American Psychologist, 48*, 102–116.

Quatrrone, G. A., & Tversky, A. (1984). Causal versus diagnostic contingencies: On self-deception and on the voter's illusion. *Journal of Personality and Social Psychology, 46*, 237–248.

Radloff, L. S. (1977). The CES-D scale: A self-report depression scale for research in the general population. *Applied Psychological Measurement, 1*, 385–401.

Rado, S. (1928). The problem of melancholia. *International Journal of Psychoanalysis, 9*, 420–438.

Rank, O. (1936). *Will therapy and truth and reality.* New York: Knopf.

Raskin, R., & Hall, C. S. (1979). A narcissistic personality inventory. *Psychological Reports, 46*, 55–60.

Raskin, R., & Terry, H. (1988). A principal-components analysis of the Narcissistic Personality Inventory and further evidence of its construct validity. *Journal of Personality and Social Psychology, 54*, 890–902.

Raskin, R., Novacek, J., & Hogan, R. (1991). Narcissism, self-esteem, and defensive self-enhancement. *Journal of Personality, 59*, 19–37.

Regan, P. C., Snyder, M., & Kassin, S. M. (1995). Unrealistic optimism: Self-enhancement or person positivity. *Personality and Social Psychology Bulletin, 21*, 1073–1082.

Reiss, M., Rosenfeld, P., Melburg, V., & Tedeschi, J. T. (1981). Self-serving attributions: Biased private perceptions and distorted public descriptions. *Journal of Personality and Social Psychology, 41*, 224–251.

RHODES, N., & WOOD, W. (1992). Self-esteem and intelligence affect influenceability: The mediating role of message reception. *Psychological Bulletin, 111,* 156–171.

RHODEWALT, F., & AGUSTSDOTTIR, S. (1986). Effects of self-presentation on the phenomenal self. *Journal of Personality and Social Psychology, 50,* 47–55.

RHODEWALT, F., MORF, C., HAZLETT, S., & FAIRFIELD, M. (1991). Self-handicapping: The role of discounting and augmentation in the preservation of self-esteem. *Journal of Personality and Social Psychology, 61,* 122–131.

RHODEWALT, F., SANBONMATSU, D. M., TSCHANZ, B., FEICK, D. L., & WALLER, A. (1995). Self-handicapping and interpersonal trade-offs: The effects of claimed self-handicaps on observers' performance evaluations and feedback. *Personality and Social Psychology Bulletin, 10,* 1042–1050.

RIESS, M., ROSENFELD, P., MELBURG, V., & TEDESCHI, J. T. (1981). Self-serving attributions: Biased private perceptions and distorted public descriptions. *Journal of Personality and Social Psychology, 41,* 224–231.

RINGER, R. J. (1973). *Winning through intimidation.* Los Angeles: Los Angeles Publishing.

RISKIND, J. H., & RHOLES, W. S. (1984). Cognitive accessibility and the capacity of cognitions to predict future depression: A theoretical note. *Cognitive Therapy and Research, 8,* 1–12.

RIZLEY, R. (1978). Depression and distortion in the attribution of causality. *Journal of Abnormal Psychology, 87,* 32–48.

ROBERTS, B. W., & DONAHUE, E. M. (1994). One personality, multiple selves: Integrating personality and social roles. *Journal of Personality, 62,* 199–218.

ROBERTS, J. E., GOTLIB, I. H., & KASSEL, J. D. (1996). Adult attachment security and symptoms of depression: The mediating role of dysfunctional attitudes and low self-esteem. *Journal of Personality and Social Psychology, 70,* 310–320.

ROBERTS, J. E., KASSEL, J. D., & GOTLIB, I. H. (1995). Level and stability of self-esteem as predictors of depressive symptoms. *Personality and Individual Differences, 19,* 217–224.

ROBERTS, J. E., & MONROE, S. M. (1992). Vulnerable self-esteem and depressive symptoms: Prospective findings comparing three alternative conceptualizations. *Journal of Personality and Social Psychology, 62,* 804–812.

ROBERTS, J. E., & MONROE, S. M. (1994). A multidimensional model of self-esteem in depression. *Clinical Psychology Review, 14,* 161–182.

ROBERTSON, L. S. (1977). Car crashes: Perceived vulnerability and willingness to pay for crash protection. *Journal of Community Health, 3,* 136–141.

ROBINS, C. J. (1990). Congruence of personality and life events in depression. *Journal of Abnormal Psychology, 99,* 393–397.

ROBINS, C. J., BLOCK, P., & PESELOW, E. D. (1989). Relations of sociotropic and autonomous personality characteristics to specific symptoms in depressed patients. *Journal of Abnormal Psychology, 98,* 86–88.

ROBINS, R. W., & JOHN, O. P. (1997). The quest for self-insight: Theory and research on accuracy and bias in self-perception. In R. Hogan, J. Johnson, & S. Briggs (Eds.), *Handbook of personality psychology* (pp. 649–679). New York: Academic Press.

ROBSON, P. J. (1988). Self-esteem: A psychiatric view. *British Journal of Psychology, 153,* 6–15.

RODIN, J. (1986). Aging and health: Effects of the sense of control. *Science, 233,* 1271–1276.

ROGERS, C. R. (1951). *Client-centered therapy.* Boston: Houghton Mifflin.

ROGERS, C. R., & DYMOND, R. (1954). (Eds.). *Psychotherapy and personality change.* Chicago: The University of Chicago Press.

ROGERS, T. B., KUIPER, N. A., & KIRKER, W. S. (1977). Self-reference and the encoding of personal information. *Journal of Personality and Social Psychology, 35,* 677–688.

ROSEMAN, I. J., WIEST, C., & SWARTZ, T. S. (1994). Phenomenology, behaviors, and goals differentiate discrete emotions. *Journal of Personality and Social Psychology, 67,* 206–221.

ROSENBERG, M. (1965). *Society and the adolescent self-image.* Princeton, NJ: Princeton University Press.

ROSENBERG, M. (1979). *Conceiving the self.* New York: Basic Books.

ROSENBERG, M., SCHOOLER, C., SCHOENBACH, C., & ROSENBERG, F. (1995). Global self-esteem and specific self-esteem: Different concepts, different outcomes. *American Sociological Review, 60,* 141–156.

ROSENBERG, S., & GARA, M. A. (1985). The multiplicity of personal identity. *Review of Personality and Social Psychology, 6,* 87–113.

ROSS, L. (1977a). The intuitive scientist and his shortcomings: Distortions in the attribution process. In L. Berkowitz (Ed.), *Advances in experimental social psychology* (Vol. 10, pp. 174–221). New York: Academic Press.

ROSS, L. (1977b). Problems in the interpretation of "self-serving" asymmetries in causal attribution: Comments on the Stephan et al. paper. *Sociometry, 40,* 112–114.

ROSS, M. (1989). Relation of implicit theories to the construction of personal histories. *Psychological Review, 96,* 341–357.

ROSS, M., & SICOLY, P. (1979). Egocentric biases in availability and attribution. *Journal of Personality and Social Psychology, 37,* 322–336.

ROTH, D. L., & INGRAM, R. E. (1985). Factors in the Self-Deception Questionnaire: Associations with depression. *Journal of Personality and Social Psychology, 48,* 243–251.

ROTH, D. L., SNYDER, C. R., & PACE, L. M. (1986). Dimensions of favorable self-presentation. *Journal of Personality and Social Psychology, 51,* 867–874.

ROTHBAUM, F., WEISZ, J. R., & SNYDER, S. S. (1982). Changing the world and changing the self: A two-process model of perceived control. *Journal of Personality and Social Psychology, 42,* 5–37.

ROTTER, J. B. (1954). *Social learning and clinical psychology.* Englewood Cliffs, NJ: Prentice Hall.

RUBIN, J. Z., PROVENZANO, F. J., & LURIA, Z. (1974). The eye of the beholder: Parents' views on sex of newborns. *American Journal of Orthopsychiatry, 44,* 512–519.

RUBLE, D. (1983). The development of social comparison processes and their role in achievement-related self-socialization, In E. T. Higgins, D. N. Ruble, & W. W. Hartup (Eds.), *Social cognition and social development: A socio-cultural perspective* (pp. 134–157). New York: Cambridge University Press.

RUBLE, D. N., EISENBERG, R., & HIGGINS, E. T. (1994). Developmental changes in achievement evaluation: Motivational implications of self-other differences. *Child Development, 65,* 1095–1110.

RUGGIERO, K. M., & TAYLOR, D. M. (1997). Why minority group members perceive or do not perceive the discrimination that confronts them: The role of self-esteem and perceived control. *Journal of Personality and Social Psychology, 72,* 373–389.

RUEHLMAN, L. S., WEST, S. G., & PASAHOW, R. J. (1985). Depression and evaluative schemata. *Journal of Personality, 53,* 46–92.

RYAN, R. M., & KUCZKOWSKI, R. (1994). The imaginary audience, self-consciousness, and public individuation in adolescence. *Journal of Personality, 62,* 219–238.

RYAN, R. M., MIMS, V., & KOESTNER, R. (1983). Relation of reward contingency and interpersonal context to intrinsic motivation: A review and test using cognitive evaluation theory. *Journal of Personality and Social Psychology, 45,* 736–770.

RYFF, C. D. (1989). Happiness is everything, or is it? Explorations on the meaning of psychological well-being. *Journal of Personality and Social Psychology, 57,* 1069–1081.

RYFF, C. D. (1995). Psychological well-being in adult life. *Current Directions in Psychological Science, 4,* 99–104.

SACHS, P. R. (1982). Avoidance of diagnostic information in self-evaluation of ability. *Personality and Social Psychology Bulletin, 8,* 242–246.

SACKEIM, H. A. (1983). Self-deception, self-esteem, and depression: The adaptive value of lying to oneself. In J. Masling (Ed.), *Empirical studies of psychoanalytical theories* (Vol. 1, pp. 101–157). Hillsdale, NJ: Analytic Press.

SACKEIM, H. A., & GUR, R. C. (1979). Self-deception, other-deception, and self-reported psychopathology. *Journal of Consulting and Clinical Psychology, 47,* 213–215.

SALANCIK, G. R., & CONWAY, M. (1975). Attitude inference from salient and relevant cognitive content about behavior. *Journal of Personality and Social Psychology, 32,* 829–840.

SAMPSON, E. E. (1985). The decentralization of identity: Towards a revised concept of personal and social order. *American Psychologist, 40,* 1203–1211.

SANBONMATSU, D. M., HARPSTER, L. L., AKIMOTO, S. A., & MOULIN, J. B. (1994). Selectivity in generalizations about self and others from performance. *Personality and Social Psychology Bulletin, 20,* 358–366.

SANDE, G. N., GOETHALS, G. R., & RADLOFF, C. E. (1988). Perceiving one's own traits and others': The multifaceted self. *Journal of Personality and Social Psychology, 54,* 13–20.

SANDELANDS, L. E., BROCKNER, J., & GLYNN, M. A. (1988). If at first you don't succeed, try, try again: Effects of persistence-performance contingencies, ego-involvement, and self-esteem in task persistence. *Journal of Applied Psychology, 73,* 208–216.

SANITIOSO, R., KUNDA, Z., & FONG, G. T. (1990). Motivated recruitment of autobiographical memories. *Journal of Personality and Social Psychology, 59,* 229–241.

SARBIN, T. R. (1952). A preface to a psychological analysis of the self. *Psychological Review, 59,* 11–22.

SARBIN, T. R., & ALLEN, V. L. (1968). Role theory. In G. Lindzey & E. Aronson (Eds.), *The handbook of social psychology* (2nd ed., Vol. 1, pp. 488–567). Reading, MA: Addison-Wesley.

SARTRE, J-P. (1958). *Being and nothingness: An essay on phenomenological ontology.* (H. Barnes, Trans.). London: Methuen.

SCHACHTER, S., & SINGER, J. (1962). Cognitive, social, and physiological determinants of the emotional state. *Psychological Review, 69,* 379–399.

SCHAUFELI, W. B. (1988). Perceiving the causes of unemployment: An evaluation of the causal dimension scale in a real-life situation. *Journal of Personality and Social Psychology, 54,* 347–356.

SCHEIBE, K. E. (1985). Historical perspectives on the presented self. In B. R. Schlenker (Ed.), *The self and social life* (pp. 33–64). New York: McGraw-Hill.

SCHEIER, M. F., & CARVER, C. S. (1977). Self-focused attention and the experience of emotion: Attraction, repulsion, elation, and depression. *Journal of Personality and Social Psychology, 35,* 625–636.

SCHEIER, M. F., & CARVER, C. S. (1982a). Self-consciousness, outcome expectancy, and persistence. *Journal of Experimental Social Psychology, 16,* 409–418.

Scheier, M. F., & Carver, C. S. (1982b). Two sides of the self: One for you and one for me. In J. Suls & A. G. Greenwald (Eds.), *Psychological perspectives on the self* (Vol. 2, pp. 123–157). Hillsdale, NJ: Lawrence Erlbaum Associates.

Scheier, M. F., & Carver, C. S. (1983). Self-directed attention and the comparison of self with standards. *Journal of Experimental Social Psychology, 19,* 205–222.

Scheier, M. F., & Carver, C. S. (1985). Optimism, coping, and health: Assessment and implications of generalized outcome expectancies. *Health Psychology, 4,* 219–247.

Scheier, M. F., & Carver, C. S. (1987). Dispositional optimism and physical well-being: The influence of generalized outcome expectancies on health. *Journal of Personality, 55,* 169–210.

Scheier, M. F., Carver, C. S., & Bridges, M. W. (1994). Distinguishing optimism from neuroticism (and trait anxiety, self-mastery, and self-esteem): A reevaluation of the life orientation test. *Journal of Personality and Social Psychology, 67,* 1063–1078.

Scheier, M. F., Mathews, K. A., Owens, J. F., Magovern, G. J., Sr., Lefebvre, R. C., Abbott, R. A., & Carver, C. S. (1989). Dispositional optimism and recovery from coronary artery bypass surgery: The beneficial effects on physical and psychological well-being. *Journal of Personality, 57,* 1024–1040.

Scheier, M. F., Weintraub, J. K., & Carver, C. S. (1986). Coping with stress: Divergent strategies of optimists and pessimists. *Journal of Personality and Social Psychology, 51,* 1257–1264.

Schlenker, B. R. (1975). Self-presentation: Managing the impression of consistency when reality interferes with self-enhancement. *Journal of Personality and Social Psychology, 32,* 1030–1037.

Schlenker, B. R. (1980). *Impression management: The self-concept, social identity, and interpersonal relationships.* Monterey, CA: Brooks/Cole.

Schlenker, B. R. (1982). Translating actions into attitudes: An identity-analytic approach to the explanation of social conduct. In L. Berkowitz (Ed.), *Advances in experimental social psychology* (Vol. 15, pp. 193–247). New York: Academic Press.

Schlenker, B. R. (1985). Identity and self-identification. In B. R. Schlenker (Ed.), *The self and social life* (pp. 65–99). New York: McGraw-Hill.

Schlenker, B. R. (1986). Self-identification: Toward an integration of the private and public self. In R. F. Baumeister (Ed.), *Public self and private life* (pp. 21–62). New York: Springer-Verlag.

Schlenker, B. R., & Britt, T. W. (1996). Depression and the explanation of events that happen to self, close others, and strangers. *Journal of Personality and Social Psychology, 71,* 180–192.

Schlenker, B. R., Dlugolecki, D. W., & Doherty, K. (1994). The impact of self-presentations on self-appraisals and behavior: The power of public commitment. *Personality and Social Psychology Bulletin, 20,* 20–33.

Schlenker, B. R., & Leary, M. R. (1982a). Social anxiety and self-presentation: A conceptualization and model. *Psychological Bulletin, 92,* 641–669.

Schlenker, B. R., & Leary, M. R. (1982b). Audiences' reactions to self-enhancing, self-denigrating, and accurate self-presentations. *Journal of Experimental Social Psychology, 18,* 89–104.

Schlenker, B. R., Phillips, S. T., Boniecki, K. A., & Schlenker, D. R. (1995). Championship pressures: Choking or triumphing in one's own territory? *Journal of Personality and Social Psychology, 68,* 632–643.

Schlenker, B. R., & Trudeau, J. V. (1990). The impact of self-presentations on private self beliefs: Effects of prior self-beliefs and misattribution. *Journal of Personality and Social Psychology, 58,* 22–32.

SCHLENKER, B. R., & WEIGOLD, M. F. (1989). Goals and the self-identification process: Constructing desired identities. In L. A. Pervin (Ed.), *Goal concepts in personality and social psychology* (pp. 243–290). Hillsdale, NJ: Erlbaum.
SCHLENKER, B. R., & WEIGOLD, M. F. (1990). Self-consciousness and self-presentation: Being autonomous versus appearing autonomous. *Journal of Personality and Social Psychology, 59*, 820–828.
SCHLENKER, B. R., & WEIGOLD, M. F. (1992). Interpersonal processes involving impression regulation and management. *Annual Review of Psychology, 43*, 133–168.
SCHLENKER, B. R., WEIGOLD, M. F., & DOHERTY, K. (1991). Coping with accountability: Self-identification and evaluative reckonings. In C. R. Snyder & D. F. Forsyth (Eds.), *Handbook of social and clinical psychology: The health perspective* (pp. 96–115). Elmsford, NY: Pergamon Press.
SCHLENKER, B. R., WEIGOLD, M. F., & HALLAM, J. R. (1990). Self-serving attributions in social context: Effects of self-esteem and social pressure. *Journal of Personality and Social Psychology, 58*, 855–863.
SCHNEIDER, M. E., MAJOR, B., LUHTANEN, R., & CROCKER, J. (1996). Social stigma and the potential costs of assumptive help. *Personality and Social Psychology Bulletin, 22*, 201–209.
SCHULZ, R., & DECKER, S. (1985). Long-term adjustment to physical disability: The role of social support, perceived control, and self-blame. *Journal of Personality and Social Psychology, 48*, 1162–1172.
SCHUTZ, A. (1972). *The phenomenology of the social world*. London: Heinemann.
SCHWARTZ, G. E. (1977). Psychosomatic disorders and biofeedback: A psychobiological model of disregulation. In J. A. Maser & M. E. P. Seligman (Eds.), *Psychopathology: Experimental models* (pp. 271–307). San Francisco: W. H. Freeman.
SCOTT, M. B., & LYMAN, S. M. (1960). Accounts. *American Sociological Review, 33*, 46–62.
SEARS, D. O. (1986). College sophomores in the laboratory: Influences of a narrow data base on social psychology's view of human nature. *Journal of Personality and Social Psychology, 51*, 515–530.
SECORD, P. F., & BACKMAN, C. W. (1965). An interactional approach to personality. In B. A. Maher (Ed.), *Progress in experimental personality research* (pp. 91–125). New York: Academic Press.
SECUNDA, S., KATZ, M. M., & FRIEDMAN, R. (1973). The depressive disorders in 1973. National Institute of Mental Health. Washington, DC: U.S. Government Printing Office.
SEDIKIDES, C. (1993). Assessment, enhancement, and verification determinants of the self-evaluation process. *Journal of Personality and Social Psychology, 65*, 317–338.
SEDIKIDES, C. (1995). Central and peripheral self-conceptions are differentially influenced by mood: Tests of the different sensitivity hypothesis. *Journal of Personality and Social Psychology, 69*, 759–777.
SEDIKIDES, C., & STRUBE, M. J. (in press). Motivated self-evaluation: To thine own self be good, to thine own self be sure, and to thine own self by true. In M. P. Zanna (Ed.), *Advances in experimental social psychology*. San Diego: Academic Press.
SEGAL, Z. V., & DOBSON, K. S. (1992). Cognitive models of depression: Report from a consensus development conference. *Psychological Inquiry, 3*, 219–224.
SEGAL, Z. V., SHAW, B. F., VELLA, D. D., & KATZ, R. (1992). Cognitive and life stress predictors of relapse in remitted unipolar depressed patients: Test of the congruency hypothesis. *Journal of Abnormal Psychology, 101*, 26–36.
SELIGMAN, M. E. P. (1975). *Helplessness: On depression, development, and death*. San Francisco: W. H. Freeman.
SELIGMAN, M. E. P. (1991). *Learned optimism*. New York: Knopf.

SELIGMAN, M. E. P., ABRAMSON, L. Y., SEMMEL, A., & VON BAEYER, C. (1979). Depressive attributional style. *Journal of Abnormal Psychology, 88,* 242–247.

SELIGMAN, M. E. P., CASTELLON, C., CACCIOLA, J., SCHULMAN, P., LUBORSKY, L., OLLOVE, M., & DOWNING, R. (1988). Explanatory style change during cognitive therapy for unipolar depression. *Journal of Abnormal Psychology, 97,* 13–18.

SENNETT, R. (1978). *The fall of public man: On the social psychology of capitalism.* New York: Vintage.

SETTERLUND, M. B., & NIEDENTHAL, P. M. (1993). "Who am I? Why am I here?" Self-esteem, self-clarity, and prototype matching. *Journal of Personality and Social Psychology, 65,* 769–780.

SHAPIRO, D. H., SCHWARTZ, C. E., & ASTIN, J. A. (1996). Controlling ourselves, controlling our world: Psychology's role in understanding positive and negative consequences of seeking and gaining control. *American Psychologist, 51,* 1213–1230.

SHARP, M. J., & GETZ, J. G. (1996). Substance use as impression management. *Personality and Social Psychology Bulletin, 22,* 60–67.

SHAVELSON, R. J., HUBNER, J. J., & STANTON, G. C. (1976). Self-concept: Validation of construct interpretations. *Review of Educational Research, 46,* 407–441.

SHEDLER, J., MAYMAN, M., & MANIS, M. (1993). The *illusion* of mental health. *American Psychologist, 48,* 1117–1131.

SHEPPERD, J. A. (1993). Student derogation of the scholastic aptitude test: Biases in perceptions and presentations of college board scores. *Basic and Applied Social Psychology, 14,* 455–473.

SHERMAN, S. J., SKOV, R. B., HERVITZ, E. F., & STOCK, C. B. (1981). The effects of explaining hypothetical future events: From possibility to probability to actuality and beyond. *Journal of Experimental Social Psychology, 17,* 142–158.

SHRAUGER, J. S. (1972). Self-esteem and reactions to being observed by others. *Journal of Personality and Social Psychology, 23,* 192–200.

SHRAUGER, J. S. (1975). Responses to evaluation as a function of initial self-perceptions. *Psychological Bulletin, 82,* 581–596.

SHRAUGER, J. S. (1982). Selection and processing of self-evaluative information: Experimental evidence and clinical implications. In G. Weary & H. L. Mirels (Eds.), *Integrations of clinical and social psychology* (pp. 128–153). New York: Oxford University Press.

SHRAUGER, J. S., & LUND, A. K. (1975). Self-evaluation and reactions to evaluations from others. *Journal of Personality, 43,* 94–108.

SHRAUGER, J. S., & PATTERSON, M. B. (1974). Self-evaluation and the selection of dimensions for evaluating others. *Journal of Personality, 42,* 569–585.

SHRAUGER, J. S., & ROSENBERG, S. E. (1970). Self-esteem and the effects of success and failure feedback on performance. *Journal of Personality, 38,* 404–417.

SHRAUGER, J. S., & SCHOENEMAN, T. J. (1979). Symbolic interactionist view of self-concept: Through the looking glass darkly. *Psychological Bulletin, 86,* 549–573.

SHRAUGER, J. S., & SORMAN, P. B. (1977). Self-evaluations, initial success and failure, and improvement as determinants of persistence. *Journal of Consulting and Clinical Psychology, 45,* 784–795.

SIMMONS, R. G., BLYTH, D. A., VAN CLEAVE, E. F., & BUSH, D. M. (1979). Entry into early adolescence: The impact of school structure, puberty, and early dating on self-esteem. *American Sociological Review, 44,* 948–967.

SIMON, B., & HAMILTON, D. L. (1994). Self-stereotyping and social context: The effects of relative in-group size and in-group status. *Journal of Personality and Social Psychology, 66,* 699–711.

SIMON, B., PANTALEO, G., & MUMMENDEY, A. (1995). Unique individual or interchangeable group member: Accentuation of intragroup differences versus similarities as an indicator of the individual self versus the collective self. *Journal of Personality and Social Psychology, 69,* 106–119.

SKINNER, B. F. (1990). Can psychology be a science of mind? *American Psychologist, 45,* 1206–1210.

SKINNER, E. A. (1996). A guide to constructs of control. *Journal of Personality and Social Psychology, 71,* 549–570.

SMITH, E. R., & HENRY, S. (1996). An in-group becomes part of the self: Response time evidence. *Personality and Social Psychology Bulletin, 22,* 635–642.

SMITH, R. E., & SMOLL, F. L. (1990). Self-esteem and children's reactions to youth sport coaching behaviors: A field study of self-enhancement processes. *Developmental Psychology, 26,* 987–993.

SMITH, S. H., & WHITEHEAD, G. I., III (1988). The public and private use of consensus-raising excuses. *Journal of Personality, 56,* 355–371.

SMITH, S. M., & PETTY, R. E. (1995). Personality moderators of mood congruency effects on cognition: The role of self-esteem and negative mood regulation. *Journal of Personality and Social Psychology, 68,* 1092–1107.

SMITH, T. W., & GREENBERG, J. (1981). Depression and self-focused attention. *Motivation and Emotion, 5,* 323–331.

SMITH T. W., INGRAM, R. E., & ROTH, D. L. (1985). Self-focused attention and depression: Self-evaluation, affect, and life stress. *Motivation and Emotion, 9,* 381–389.

SMITH, T. W., SNYDER, C. R., & HANDELSMAN, M. M. (1982). On the self-serving function of an academic wooden leg: Test anxiety as a self-handicapping strategy. *Journal of Personality and Social Psychology, 42,* 314–321.

SMITH, T. W., SNYDER, C. R., & PERKINS, S. C. (1983). The self-serving function of hypochondriacal complaints: Physical symptoms as self-handicapping strategies. *Journal of Personality and Social Psychology, 44,* 787–797.

SNYDER, C. R. (1985). Collaborative companions: The relationship of self-deception and excuse making. In M. W. Martin (Ed.), *Self-deception and self-understanding: New essays in philosophy and psychology* (pp. 35–51). Lawrence: University of Kansas Press.

SNYDER, C. R., & HIGGINS, R. L. (1988). Excuses: Their effective role in the negotiation of reality. *Psychological Bulletin, 104,* 23–35.

SNYDER, C. R., & SMITH, T. W. (1982). Symptoms as self-handicapping strategies: The virtues of old wine in a new bottle. In G. Weary & H. R. Mirels (Eds.), *Integration of clinical and social psychology* (pp. 104–127). New York: Oxford University Press.

SNYDER, C. R., SMITH, T. W., AUGELLI, R. W., & INGRAM, R. E. (1985). On the self-serving function of social anxiety: Shyness as a self-handicapping strategy. *Journal of Personality and Social Psychology, 48,* 970–980.

SNYDER, M. (1974). Self-monitoring of expressive behavior. *Journal of Personality and Social Psychology, 30,* 526–537.

SNYDER, M. (1979). Self-monitoring processes. In L. Berkowitz (Ed.), *Advances in experimental social psychology* (Vol. 12, pp. 85–128). New York: Academic Press.

SNYDER, M. (1987). *Public appearances/private realities: The psychology of self-monitoring.* New York: W. H. Freeman.

SNYDER, M. L., & WICKLUND, R. A. (1981). Attribute ambiguity. In J. Harvey, W. Ickes, & R. F. Kidd (Eds.), *New directions in attribution research* (Vol. 3, pp. 197–221). Hillsdale, NJ: Lawrence Erlbaum Associates.

SNYGG, D, & COMBS, A. W. (1949). *Individual behavior.* New York: Harper & Row.

SOLOMON, S., GREENBERG, J., & PYSZCZYNSKI, T. (1991). A terror management theory of social behavior: The psychological function of self-esteem and cultural worldviews. In M. P. Zanna (Ed.), *Advances in experimental social psychology* (Vol. 24, pp. 93–159). San Diego, CA: Academic Press.

SOROKIN, P. A. (1947). *Society, culture, and personality: Their structure and dynamics.* New York: Harper.

SPENCER, S. J., JOSEPHS, R. A., & STEELE, C. M. (1993). Low self-esteem: The uphill struggle for self-integrity. In R. F. Baumeister (Ed.), *Self-esteem: The puzzle of low self-regard* (pp. 21–36). New York: Plenum Press.

SPENCER, S. M., & NOREM, J. K. (1996). Reflection and distraction: Defensive pessimism, strategic optimism, and performance. *Personality and Social Psychology Bulletin, 22,* 354–365.

SROUFE, L. A. (1983). Infant-caregiver attachment and patterns of adaptation in preschool: The roots of maladaptation and competence. *Minnesota Symposium on Child Psychology, 16,* 41–85.

SROUFE, L. A., CARLSON, E., & SHULMAN, S. (1993). Individuals in relationships: Development from infancy through adolescence. In D. F. Funder, R. D. Parke, C. Tomlinson-Keasey, & K. Widaman (Eds.), *Studying lives through time: Personality and development* (pp. 315–342). Washington, DC: American Psychological Association.

STEELE, C. M. (1988). The psychology of self-affirmation: Sustaining the integrity of the self. In L. Berkowitz (Ed.), *Advances in experimental social psychology* (Vol. 21, 261–302). New York: Academic Press.

STEELE, C. M. (1992). Race and the schooling of Black Americans. *The Atlantic Monthly* (April), 68–80.

STEELE, C. M., & ARONSON, J. (1995). Stereotype threat and the intellectual test performance of African Americans. *Journal of Personality and Social Psychology, 69,* 797–811.

STEELE, C. M., & JOSEPHS, R. A. (1990). Alcohol myopia: Its prized and dangerous effects. *American Psychologist, 45,* 921–933.

STEELE, C. M., & LUI, T. J. (1983). Dissonance processes as self-affirmation. *Journal of Personality and Social Psychology, 45,* 5–19.

STEELE, C. M., SOUTHWICK, L., & CRITCHLOW, B. (1981). Dissonance and alcohol: Drinking your troubles away. *Journal of Personality and Social Psychology, 41,* 831–846.

STEELE, C. M., & SPENCER, S. J. (1992). The primacy of self-integrity. *Psychological Inquiry, 3,* 345–346.

STEELE, C. M., SPENCER, S. J., & LYNCH, M. (1993). Self-image resilience and dissonance: The role of affirmational resources. *Journal of Personality and Social Psychology, 64,* 885–896.

STEPHAN, W. G., BERNSTEIN, W. M., STEPHAN, C., & DAVIS, M. H. (1979). Attributions for achievement: Egotism vs. expectancy confirmation. *Social Psychology Quarterly, 42,* 5–17.

STEPHAN, W. G., & GOLLWITZER, P. M. (1981). Affect as a determinant of attributional egotism. *Journal of Experimental Social Psychology, 17,* 443–458.

STEVENS, L., & JONES, E. E. (1976). Defensive attribution and the Kelley Cube. *Journal of Personality and Social Psychology, 34,* 809–820.

STIPEK, D. (1984). Young children's performance expectations: Logical analysis or wishful thinking? In J. G. Nicholls (Ed.), *Advances in motivation and achievement: Vol. 3. The development of achievement motivation* (pp. 33–56). Greenwich, CT: JAI Press.

STIPEK, D., RECCHIA, S., & MCCLINTIC, S. (1992). Self-evaluation in young children. *Monographs of the Society for Research in Child Development,* Serial No. 226, Volume 57.

STOUFFER, S. A., SUCHMAN, E. A., DeVINNEY, L. C., STARR, S. A., & WILLIAMS, R. M. (1949). *The American soldier: Adjustment during Army life* (Vol. 1). Princeton, NJ: Princeton University Press.

STRACK, F., MARTIN, L. L., & STEPPER, S. (1988). Inhibiting and facilitating conditions of the human smile: A nonobtrusive test of the facial feedback hypothesis. *Journal of Personality and Social Psychology, 54*, 768–777.

STRAUMAN, T. J. (1989). Self-discrepancies in clinical depression and social phobia: Cognitive structures that underlie emotional disorders? *Journal of Abnormal Psychology, 98*, 14–22.

STRAUMAN, T. J., & HIGGINS, E. T. (1987). Automatic activation of self-discrepancies and emotional syndromes: When cognitive structures influence affect. *Journal of Personality and Social Psychology, 53*, 1004–1014.

STRUBE, M. J., LOTT, C. L., LE-XUAN-HY, G. M., OXENBERG, J., & DEICHMANN, A. K. (1986). Self-evaluation of abilities: Accurate self-assessment versus biased self-enhancement. *Journal of Personality and Social Psychology, 51*, 16–25.

STRYKER, S. (1980). *Symbolic interactionism.* Menlo Park, CA: Benjamin Cummings.

STRYKER, S., & STATHAM, A. (1985). Symbolic interaction and role theory. In G. Lindzey & E. Aronson (Eds.), *The handbook of social psychology* (3rd ed., Vol. 1, pp. 311–378). New York: Random House.

SULLIVAN, H. S. (1953). *The interpersonal theory of psychiatry.* New York: W. W. Norton.

SVENSON, O. (1981). Are we all less risky and more skillful than our fellow drivers? *Acta Psychologica, 47*, 143–148.

SWANN, W. B., JR. (1984). Quest for accuracy in person perception. A matter of pragmatics. *Psychological Review, 91*, 457–477.

SWANN, W. B., JR. (1990). To be adored or to be known? The interplay of self-enhancement and self-verification. In R. M. Sorrentino & E. T. Higgins (Eds.), *Motivation and cognition* (Vol. 2, pp. 408–448). New York: Guilford Press.

SWANN, W. B., JR. (1996). *Self-traps: The elusive quest for higher self-esteem.* New York: W. H. Freeman.

SWANN, W. B., JR., DE LA RONDE, C., & HIXON, J. G. (1994). Authenticity and positivity strivings in marriage and courtship. *Journal of Personality and Social Psychology, 66*, 857–869.

SWANN, W. B., JR., & ELY, R. J. (1984). A battle of wills: Self-verification versus behavioral confirmation. *Journal of Personality and Social Psychology, 46*, 1287–1302.

SWANN, W. B., JR., GRIFFIN, J. J., PREDMORE, S. C., & GAINES, B. (1987). The cognitive-affective crossfire: When self-consistency confronts self-enhancement. *Journal of Personality and Social Psychology, 52*, 881–889.

SWANN, W. B., JR., & HILL, C. A. (1982). When our identities are mistaken: Reaffirming self-conceptions through social interaction. *Journal of Personality and Social Psychology, 43*, 59–66.

SWANN, W. B., JR., PELHAM, B. W., & KRULL, D. S. (1989). Agreeable fancy or disagreeable truth? Reconciling self-enhancement and self-verification. *Journal of Personality and Social Psychology, 57*, 782–791.

SWANN, W. B., JR., STEIN-SEROUSSI, A., & GIESLER, R. B. (1992). Why people self-verify. *Journal of Personality and Social Psychology, 62*, 392–401.

SWANN, W. B., JR., WENZLAFF, R. M., KRULL, D. S., & PELHAM, B. W. (1992). Allure of negative feedback: Self-verification strivings among depressed persons. *Journal of Abnormal Psychology, 101*, 293–306.

SWEENEY, P. D., ANDERSON, K., & BAILEY, S. (1986). Attributional style in depression: A meta-analytic review. *Journal of Personality and Social Psychology, 50*, 974–991.

Symons, C. S., & Johnson, B. T. (1997). The self-reference effect in memory: A meta-analysis. *Psychological Bulletin, 121,* 371–394.

Tafarodi, R. W., & Swann, W. B., Jr. (1995). Self-liking and self-competence as dimensions of global self-esteem: Initial validation of a measure. *Journal of Personality Assessment, 65,* 322–342.

Tajfel, H., & Turner, J. C. (1986). The social identity theory of intergroup behavior. In S. Worchel & W. Austin (Eds.), *Psychology of intergroup relations* (pp. 7–24). Chicago: Nelson-Hall.

Tangney, J. P., & Fischer, K. W. (Eds.) (1995). *Self-conscious emotions: The psychology of shame, guilt, pride, and embarrassment.* New York: Guilford Press.

Taylor, S. E. (1983). Adjustment to threatening events: A theory of cognitive adaptation. *American Psychologist, 38,* 1161–1173.

Taylor, S. E. (1989). *Positive illusions: Creative self-deception and the healthy mind.* New York: Basic Books.

Taylor, S. E. (1991). Asymmetrical effects of positive and negative events: The mobilization-minimization hypothesis. *Psychological Bulletin, 110,* 67–85.

Taylor, S. E., & Brown, J. D. (1988). Illusion and well-being: A social psychological perspective on mental health. *Psychological Bulletin, 103,* 193–210.

Taylor, S. E., & Brown, J. D. (1994). Positive illusions and well-being revisited: Separating fact from fiction. *Psychological Bulletin, 116,* 21–27.

Taylor, S. E., & Clark, L. F. (1986). Does information improve adjustment to noxious medical procedures? In M. J. Saks & L. Saxe (Eds.), *Advances in applied social psychology* (Vol. 3, pp. 1–28). Hillsdale, NJ: Lawrence Erlbaum Associates.

Taylor, S. E., & Gollwitzer, P. M. (195). Effects of mindset on positive illusions. *Journal of Personality and Social Psychology, 69,* 213–226.

Taylor, S. E., Kemeny, M. E., Aspinwall, L. G., Schneider, S. G., Rodriguez, R., & Herbert, M. (1992). Optimism, coping, psychological distress, and high-risk sexual behavior among men at risk for AIDS. *Journal of Personality and Social Psychology, 63,* 460–473.

Taylor, S. E., Kemeny, M. E., Reed, G. M., & Aspinwall, L. G. (1991). Assault on the self: Positive illusions and adjustment to threatening events. In G. A. Goethals & J. A. Strauss (Eds.), *The self: An interdisciplinary perspective* (pp. 239–254). New York: Springer-Verlag.

Taylor, S. E., Lichtman, R. R., & Wood, J. V. (1984). Attributions, beliefs about control, and adjustment to breast cancer. *Journal of Personality and Social Psychology, 46,* 489–502.

Taylor, S. E., & Lobel, M. (1989). Social comparison activity under threat: Downward evaluation and upward contacts. *Psychological Review, 96,* 569–575.

Teasdale, J. D. (1983). Negative thinking in depression: Cause, effect, or reciprocal relationship? *Advances in Behaviour Research and Therapy, 5,* 3–25.

Teasdale, J. D. (1988). Cognitive vulnerability to persistent depression. *Cognition and Emotion, 2,* 247–274.

Teasdale, J. D., & Fogarty, S. J. (1979). Differential effects of induced mood on retrieval of pleasant and unpleasant events from episodic memory. *Journal of Abnormal Psychology, 88,* 248–257.

Teasdale, J. D., Taylor, R., & Fogarty, S. J. (1980). Effects of induced elation-depression on the accessibility of memories of happy and unhappy experiences. *Behaviour Research and Therapy, 18,* 339–346.

Tedeschi, J. T. (1986). Private and public experiences and the self. In R. F. Baumeister (Ed.), *Public self and private life* (pp. 1–20). New York: Springer-Verlag.

TEDESCHI, J. T., & NORMAN, N. (1985). Social power, self-presentation, and the self. In B. R. Schlenker (Ed.), *The self and social life* (pp. 293–322). New York: McGraw-Hill.

TEDESCHI, J. T., SCHLENKER, B. R., & BONOMA, T. V. (1971). Cognitive dissonance: Private ratiocination or public spectacle? *American Psychologist, 26,* 685–695.

TENNEN, H., & AFFLECK, G. (1987). The costs and benefits of optimistic explanations and dispositional optimism. *Journal of Personality, 55,* 378–393.

TESSER, A. (1988). Toward a self-evaluation maintenance model of social behavior. In L. Berkowitz (Ed.), *Advances in experimental social psychology* (Vol. 21, pp. 181–227). New York: Academic Press.

TESSER, A. (1991). Emotion in social comparison and reflection processes. In J. Suls & T. A. Wills (Eds.), *Social comparison: Contemporary theory and research* (pp. 115–145). Hillsdale, NJ: Lawrence Erlbaum Associates.

TESSER, A., CAMPBELL, J., & SMITH, M. (1984). Friendship choice and performance: Self-evaluation maintenance in children. *Journal of Personality and Social Psychology, 46,* 561–574.

TESSER, A., & CORNELL, D. P. (1991). On the confluence of self processes. *Journal of Experimental Social Psychology, 27,* 501–526.

TESSER, A., & MOORE, J. (1986). On the convergence of public and private aspects of self. In R. F. Baumeister (Ed.), *Public self and private life* (pp. 99–116). New York: Springer-Verlag.

TESSER, A., & ROSEN, S. (1975). The reluctance to transmit bad news. In L. Berkowitz (Ed.), *Advances in experimental social psychology* (Vol. 8, pp. 193–232). New York: Academic Press.

TETLOCK, P. E., & LEVI, A. (1982). Attribution bias: On the inconclusiveness of the cognition-motivation debate. *Journal of Experimental Social Psychology, 18,* 68–88.

TETLOCK, P. E., & MANSTEAD, A. S. R. (1985). Impression management versus intrapsychic explanations in social psychology. *Psychological Review, 92,* 59–77.

THOITS, P. (1983). Multiple identities and psychological well-being. *American Sociological Review, 48,* 174–187.

THOMPSON, S. C. (1981). Will it hurt less if I can control it? A complex answer to a simple question. *Psychological Bulletin, 90,* 89–101.

THOMPSON, S. C., SOBOLEW-SHUBIN, A., GALBRAITH, M. E., SCHWANKOVSKY, L., & CRUZEN, D. (1993). Maintaining perceptions of control: Finding perceived control in low-control circumstances. *Journal of Personality and Social Psychology, 64,* 293–304.

THOMPSON, S. C., & SPACAPAN, S. (1991). Perceptions of control in vulnerable populations. *Journal of Social Issues, 47,* 1–21.

THORNDIKE, E. L. (1911). *Animal intelligence.* New York: Macmillan.

TICE, D. M. (1991). Esteem protection or enhancement? Self-handicapping motives and attributions differ by trait self-esteem. *Journal of Personality and Social Psychology, 60,* 711–725.

TICE, D. M. (1992). Self-concept change and self-presentation: The looking glass self is also a magnifying glass. *Journal of Personality and Social Psychology, 63,* 435–451.

TICE, D. M. (1993). The social motivations of people with low self-esteem. In R. F. Baumeister (Ed.), *Self-esteem: The puzzle of low self-regard* (pp. 37–53). New York: Plenum Press.

TICE, D. M., BUTLER, J. L., MURAVEN, M. B., & STILLWELL, A. M. (1995). When modesty prevails: Differential favorability of self-presentation to friends and strangers. *Journal of Personality and Social Psychology, 69,* 1120–1138.

TIGER, L. (1979). *Optimism: The biology of hope.* New York: Simon & Schuster.

TOLMAN, E. C. (1948). Cognitive maps in rats and men. *Psychological Review, 55,* 189–208.

TOMAKA, J., BLASCOVICH, J., & KELSEY, R. M. (1992). Effects of self-deception, social desirability, and repressive coping on psychophysiological reactivity to stress. *Personality and Social Psychology Bulletin, 18,* 616–624.

TOMARELLI, M. M., & SHAFFER, D. R. (1985). What aspects of self do self-monitors monitor? *Bulletin of the Psychonomic Society, 23,* 135–138.

TRAFIMOW, D., TRIANDIS, H. C., & GOTO, S. G. (1991). Some tests of the distinction between the private and the collective self. *Journal of Personality and Social Psychology, 60,* 649–655.

TRIANDIS, H. C. (1989). The self and social behavior in differing cultural contexts. *Psychological Review, 96,* 506–520.

TRILLING, L. (1971). *Sincerity and authenticity.* Cambridge, MA: Harvard University Press.

TROPE, Y. (1975). Seeking information about one's ability as a determinant of choice among tasks. *Journal of Personality and Social Psychology, 32,* 1004–1013.

TROPE, Y. (1979). Uncertainty-reducing properties of achievement tasks. *Journal of Personality and Social Psychology, 37,* 1505–1518.

TROPE, Y. (1986). Self-enhancement, self-assessment, and achievement behavior. In R. M. Sorrentino & E. T. Higgins (Eds.), *Handbook of motivation and cognition* (pp. 350–378). New York: Guilford Press.

TURNER, J. C., HOGG, M. A., OAKES, P. J., REICHER, S. D., & WETHERELL, M. S. (1987). *Rediscovering the social group: A self-categorization theory.* Oxford, England: Basil Blackwell.

TVERSKY, A., & KAHNEMAN, D. (1981). The framing of decisions and the psychology of choice. *Science, 211,* 453–458.

UNRUH, D. R. (1983). Death and personal history: Strategies of identity preservation. *Social Problems, 30,* 340–351.

VALLACHER, R. R., & WEGNER, D. M. (1987). What do people think they're doing? Action identification and human behavior. *Psychological Review, 94,* 3–15.

VALLONE, R. P., GRIFFIN, D. W., LIN, S., & ROSS, L. (1990). Overconfident prediction of future actions and outcomes by self and others. *Journal of Personality and Social Psychology, 58,* 582–592.

VAN DER VELDE, F. W., VAN DER PLIGT, J., & HOOYKAAS, C. (1994). Perceiving AIDS-related risk: Accuracy as a function of differences in actual risk. *Health Psychology, 13,* 25–33.

VAN LANGE, P. A. M., & RUSBULT, C. E. (1995). My relationship is better than—and not as bad as—yours is: The perception of superiority in close relationships. *Personality and Social Psychology Bulletin, 21,* 32–44.

VREDENBURG, K., FLETT, G. L., & KRAMES, L. (1993). Analogue versus clinical depression: A clinical reappraisal. *Psychological Bulletin, 113,* 327–344.

WASCHULL, S. B., & KERNIS, M. H. (1996). Level and stability of self-esteem as predictors of children's intrinsic motivation and reasons for anger. *Personality and Social Psychology Bulletin, 22,* 4–13.

WATERMAN, A. S. (1982). Identity development from adolescence to adulthood: An extension of theory and a review of research. *Developmental Psychology, 18,* 341–358.

WATSON, D. (1989). Strangers' ratings of the five robust personality factors: Evidence of a surprising convergence with self-report. *Journal of Personality and Social Psychology, 57,* 120–128.

WATSON, D., & CLARK, L. A. (1984). Negative affectivity: The disposition to experience aversive emotional states. *Psychological Bulletin, 96,* 465–490.

WATSON, J. B. (1913). Psychology as the behaviorist views it. *Psychological Review, 20,* 158–177.

WATZLAWICK, P. (1976). *How real is real?* New York: Random House.

Weary Bradley, G. (1978). Self-serving biases in the attribution process: A reexamination of the fact or fiction question. *Journal of Personality and Social Psychology, 36*, 56–71.

Weary, G., Harvey, J. H., Schwieger, P., Olson, C. T., Perloff, R., & Pritchard, S. (1982). Self-presentation and the moderation of self-serving attributional biases. *Social Cognition, 2*, 140–159.

Weber, J. G. (1994). The nature of ethnocentric attribution bias: Ingroup protection or enhancement? *Journal of Experimental Social Psychology, 30*, 482–504.

Weinberger, D. A. (1990). The construct validity of the repressive coping style. In J. L. Singer (Ed.), *Repression and dissociation* (pp. 337–386). Chicago: University of Chicago Press.

Weinberger, D. A., Schwartz, G. E., & Davidson, R. J. (1979). Low-anxious, high-anxious, and repressive coping styles: Psychometric patterns and behavioral and physiological responses to stress. *Journal of Abnormal Psychology, 88*, 369–380.

Weiner, B. (1980). *Human motivation*. New York: Holt, Rinehart, & Winston.

Weiner, B. (1985). An attributional theory of achievement motivation and emotion. *Psychological Review, 92*, 548–573.

Weiner, B. (1993). On sin versus sickness: A theory of perceived responsibility and social motivation. *American Psychologist, 48*, 957–965.

Weiner, B., Amirkhan, J., Folkes, V. S., & Verette, J. A. (1987). An attributional analysis of excuse giving: Studies of a naïve theory of emotion. *Journal of Personality and Social Psychology, 52*, 316–324.

Weiner, B., & Litman-Adizes, T. (1980). An attributional, expectancy-value analysis of learned helplessness and depression. In J. Garber & M. E. P. Seligman (Eds.), *Human helplessness: Theory and applications* (pp. 35–58). New York: Academic Press.

Weinstein, N. D. (1980). Unrealistic optimism about future life events. *Journal of Personality and Social Psychology, 39*, 806–820.

Weinstein, N. D. (1982). Unrealistic optimism about susceptibility to health problems. *Journal of Behavioral Medicine, 5*, 441–460.

Weinstein, N. D. (1984). Why it won't happen to me: Perceptions of risk factors and susceptibility. *Health Psychology, 3*, 431–457.

Weinstein, N. D., & Klein, W. M. (1995). Resistance of personal risk perceptions to debiasing interventions. *Health Psychology, 14*, 132–140.

Weisz, J. R., Rothbaum, F. M., & Blackburn, T. C. (1984). Standing out and standing in: The psychology of control in American and Japan. *American Psychologist, 39*, 955–969.

Wells, G. E., & Marwell, G. (1976). *Self-esteem: Its conceptualization and measurement*. Beverly Hills, CA: Sage.

Wenzlaff, R. M., & Grozier, S. A. (1988). Depression and the magnification of failure. *Journal of Abnormal Psychology, 97*, 90–93.

Wenzlaff, R. M., Wegner, D. M., & Roper, D. W. (1988). Depression and mental control: The resurgence of unwanted negative thoughts. *Journal of Personality and Social Psychology, 55*, 882–892.

Wertheimer, M. (1912). Über das Denken des Naturvolker. *Zeitschrift Psychologie, 60*, 321–378.

Westen, D. (1990a). Psychoanalytic approaches to personality. In L. A. Pervin (Ed.), *Handbook of personality: Theory and research* (pp. 21–276). New York: Guilford Press.

Westen, D. (1990b). The relations among narcissism, egocentrism, self-concept, and self-esteem: Experimental, clinical, and theoretical considerations. *Psychoanalysis and Contemporary Thought, 13*, 183–239.

WHEELER, L., & MIYAKE, K. (1992). Social comparison in everyday life. *Journal of Personality and Social Psychology, 62,* 760–773.

WHITE, J. (1982). *Rejection.* Reading, MA: Addison-Wesley.

WHITE, R. W. (1959). Motivation reconsidered: The concept of competence. *Psychological Review, 66,* 297–335.

WHITLEY, B. E., & HERN, A. L. (1991). Perceptions of vulnerability to pregnancy and the use of effective contraception. *Personality and Social Psychology Bulletin, 17,* 104–110.

WICKER, A. W. (1969). Attitudes vs. actions: The relationship of verbal and overt behavioral responses to attitude objects. *Journal of Social Issues, 41,* 41–78.

WICKLUND, R. A., & GOLLWITZER, P. M. (1982). *Symbolic self-completion.* Hillsdale, NJ: Erlbaum.

WICKLUND, R. A., & GOLLWITZER, P. M. (1987). The fallacy of the private-public self-focus distinction. *Journal of Personality, 55,* 491–523.

WIENER, N. (1948). *Cybernetics: Control and communication in the animal and the machine.* Cambridge, MA: MIT Press.

WILLS, T. A. (1981). Downward comparison principles in social psychology. *Psychological Bulletin, 90,* 245–271.

WILSON, T. D., & HODGES, S. D. (1992). Attitudes as temporary constructions. In L. L. Martin & A. Tesser (Eds.), *The construction of social judgments* (pp. 37–65). Hillsdale, NJ: Lawrence Erlbaum Associates.

WILSON, T. D., & LAFLEUR, S. J. (1995). Knowing what you'll do: Effects of analyzing reasons on self-prediction. *Journal of Personality and Social Psychology, 68,* 21–35.

WILSON, T. D., LISLE, D., SCHOOLER, J., HODGES, S. D., KLAAREN, K. J., & LAFLEUR, S. J. (1993). Introspecting about reasons can reduce post-choice satisfaction. *Personality and Social Psychology Bulletin, 19,* 331–339.

WOOD, J. V. (1989). Theory and research concerning social comparisons of personal attributes. *Psychological Bulletin, 106,* 231–248.

WOOD, J. V., GIORDANO-BEECH, M., TAYLOR, K. L., MICHELA, J. L., & GAUS, V. (1994). Strategies of social comparison among people with low self-esteem: Self-protection and self-enhancement. *Journal of Personality and Social Psychology, 67,* 713–731.

WOOD, J. V., SALTZBERG, J. A., & GOLDSAMT, L. A. (1990). Does affect induce self-focused attention? *Journal of Personality and Social Psychology, 58,* 899–908.

WOOD, J. V., TAYLOR, S. E., & LICHTMAN, R. R. (1985). Social comparison and adjustment to breast cancer. *Journal of Personality and Social Psychology, 49,* 1169–1183.

WOODWORTH, R. S. (1948). *Contemporary schools of psychology* (2nd ed.). New York: Ronald Press.

WOOLFOLK, R. L., NOVALANY, J., GARA, M. A., ALLEN, L. A., & POLINO, M. (1995). Self-complexity, self-evaluation, and depression: An examination of forma and content within the self-schema. *Journal of Personality and Social Psychology, 68,* 1108–1120.

WORTMAN, C. B., & BREHM, J. C. (1975). Responses to uncontrollable outcomes: An integration of reactance theory and the learned helplessness model. In L. Berkowitz (Ed.), *Advances in experimental social psychology* (Vol. 8, pp. 278–336). San Diego, CA: Academic Press.

WYLIE, R. C. (1979). *The self-concept* (Vol. 2). Lincoln: University of Nebraska Press.

ZAUTRA, A. J., GUENTHER, R. T., & CHARTIER, G. M. (1985). Attributions for real and hypothetical events: Their relation to self-esteem and depression. *Journal of Abnormal Psychology, 94,* 530–540.

ZIRKEL, S., & CANTOR, N. (1990). Personal construal of life tasks: Those who struggle for independence. *Journal of Personality and Social Psychology, 58,* 172–185.

ZUCKERMAN, M. (1979). Attribution of success and failure revisited, or: The motivational bias is alive and well in attribution theory. *Journal of Personality, 47,* 245–287.